·重金属污染防治丛书·

汞矿区污染环境修复原理与技术

冯新斌　王建旭　等　著

科学出版社

北京

内 容 简 介

本书系统阐述我国汞矿区污染环境修复原理与技术。全书共 6 章，深入展示作者研究团队近十五年在我国主要大型汞矿床集中区域对汞污染特性及环境风险的探究，以及针对汞污染风险防控所取得的显著成果。本书主要内容涵盖：汞矿区汞污染特征、汞污染源头控制与过程阻断策略、汞污染土壤修复技术的创新应用、汞污染农田风险防控技术的实践探索等。本书不仅是对研究团队成果的汇总，而且是对汞矿区污染修复研究理论、方法和思路的系统梳理，同时还反映该领域的研究动态。

本书适合环境地球化学、环境化学、环境工程、环境科学、农业资源与环境、土壤污染与修复等领域的研究人员，各级生态环境部门和相关企事业单位的研发人员，以及高等院校和科研院所的师生参考阅读。

图书在版编目（CIP）数据

汞矿区污染环境修复原理与技术 / 冯新斌等著. -- 北京：科学出版社，2025.5. -- （重金属污染防治丛书）. -- ISBN 978-7-03-081806-5

I. X753；X322.2

中国国家版本馆 CIP 数据核字第 2025ND9795 号

责任编辑：徐雁秋　刘　畅 / 责任校对：高　嵘
责任印制：彭　超 / 封面设计：苏　波

科学出版社 出版
北京东黄城根北街 16 号
邮政编码：100717
http://www.sciencep.com

武汉精一佳印刷有限公司 印刷
科学出版社发行　各地新华书店经销

*

开本：787×1092　1/16
2025 年 5 月第 一 版　　印张：14 1/2
2025 年 5 月第一次印刷　　字数：340 000

定价：228.00 元
（如有印装质量问题，我社负责调换）

"重金属污染防治丛书"编委会

主　　编：柴立元

副主编：（以姓氏汉语拼音为序）

　　　　高　翔　李芳柏　李会泉　林　璋

　　　　闵小波　宁　平　潘丙才　孙占学

编　　委：

　　　　柴立元　陈思莉　陈永亨　冯新斌　高　翔

　　　　郭华明　何孟常　景传勇　李芳柏　李会泉

　　　　林　璋　刘　恢　刘承帅　闵小波　宁　平

　　　　潘丙才　孙占学　谭文峰　王祥科　夏金兰

　　　　张伟贤　张一敏　张永生　朱廷钰

"重金属污染防治丛书"序

重金属污染具有长期性、累积性、潜伏性和不可逆性等特点，严重威胁生态环境和群众健康，治理难度大、成本高。长期以来，重金属污染防治是我国环保领域的重要任务之一。2009年，国务院办公厅转发了环境保护部等部门《关于加强重金属污染防治工作的指导意见》，标志着重金属污染防治上升成为国家层面推动的重要环保工作。2011年，《重金属污染综合防治"十二五"规划》发布实施，有力推动了重金属的污染防治工作。2013年以来，习近平总书记多次就重金属污染防治做出重要批示。2022年，《关于进一步加强重金属污染防控的意见》提出要进一步从重点重金属污染物、重点行业、重点区域三个层面开展重金属污染防控。

近年来，我国科技工作者在重金属防治领域取得了一系列理论、技术和工程化成果，社会、环境和经济效益显著，为我国重金属污染防治工作起到了重要的科技支撑作用。但同时应该看到，重金属环境污染风险隐患依然突出，重金属污染防治仍任重道远。未来特征污染物防治工作将转入深水区。一方面，环境法规和标准日益严苛，重金属污染面临深度治理难题。另一方面，处理对象转向更为新型、更为复杂、更难处理的复合型污染物。重金属污染防治学科基础与科学认知能力尚待系统深化，重金属与人体健康风险关系研究刚刚起步，标准规范与管理决策仍需有力的科学支撑。我国重金属污染防治的科技支撑能力亟需加强。

为推动我国重金属污染防治及相关领域的发展，组建了"重金属污染防治丛书"编委会，各分册主编来自中南大学、广州大学、浙江工业大学、中国地质大学（北京）、北京师范大学、山东大学、昆明理工大学、南京大学、东华理工大学、华中农业大学、华北电力大学、同济大学、武汉科技大学等高校和生态环境部华南环境科学研究所（生态环境部生态环境应急研究所）、中国科学院地球化学研究所、中国科学院生态环境研究中心、广东省科学院生态环境与土壤研究所、中国科学院过程工程研究所等科研院所，都是重金属污染防治相关领域的领军人才和知名学者。

丛书分为八个版块，主要包括前沿进展、多介质协同基础理论、水/土/气/固多介质中重金属污染防治技术及应用、毒理健康及放射性核素污染防治等。各分册介绍了相关主题下的重金属污染防治原理、方法、应用及工程化案例，介绍了一系列理论性强、创新性强、关注度高的科技成果。丛书内容系统全面、案例丰富、图文并茂，反映了当前重金属污染防治的最新科研成果和技术水平，有助于相关领域读者了解基本知识及最新进展，对科学研究、技术应用和管理决策均具有重要指导意义。丛书亦可作为高校和科研院所研究生的教材及参考书。

丛书是重金属污染防治领域的集大成之作，各分册及章节由不同作者撰写，在体例和陈述方式上不尽一致但各有千秋。丛书中引用了大量的文献资料，并列入了参考文献，部分做了取舍、补充或变动，对于没有说明之处，敬请作者或原资料引用者谅解，在此表示衷心的感谢。丛书中疏漏之处在所难免，敬请读者批评指正。

柴立元
中国工程院院士

前言

汞（Hg）是一种毒性极强且具有挥发性的重金属污染物，已被我国和联合国环境规划署、世界卫生组织、欧盟及美国国家环境保护局多个国家（机构）列为优先控制污染物。为了控制和削减全球人为源汞排放和含汞产品的使用，降低汞对环境和人体的危害，全球128个国家和地区共同签署了具有法律约束力的国际公约《关于汞的水俣公约》，并于2017年8月16日生效。我国是《关于汞的水俣公约》的缔约国之一，面临巨大的汞减排与汞污染控制压力。

贵州省位于全球汞矿化带内，分布多个大型汞矿床，是我国重要的汞工业基地。其中，铜仁市的万山汞矿，被称为"中国汞都"。由于汞矿资源趋于枯竭和矿冶活动带来的环境重金属污染问题，大部分汞矿已经停产。虽然汞矿已经停产，但是长期的汞矿开采与冶炼活动将大量的含汞污染物排放到矿区及周边环境中，导致汞矿区环境污染问题突出。同时，汞矿开采和冶炼活动遗留了大量的废渣，在自然作用（如降雨冲刷与风力搬运等）下，废渣中含汞污染物会进入周边土壤、大气和地表水，造成汞污染。我国高度关注贵州省汞矿区的汞污染问题。2016年5月，国务院印发了《土壤污染防治行动计划》，明确提出在全国范围内启动六个土壤污染综合防治先行区建设。贵州省铜仁市被列为六个先行区之一，重点在土壤汞污染源头预防、风险管控、治理与修复、监管能力建设等方面进行探索，使土壤环境质量得到明显改善。因此，对汞矿区实施汞污染综合治理，不仅是改善矿区生态环境质量的迫切要求，也是契合国家环境保护的发展战略。

鉴于汞矿区汞污染问题的严重性和突出性，中国科学院地球化学研究所、中国科学院大学冯新斌研究员领衔的科研团队以贵州省典型的汞矿区为研究区域，围绕汞矿区汞污染环境风险评估，以及汞污染源头控制、汞污染传输阻断、汞污染土壤修复治理等方面开展了大量的研究，揭示了汞污染环境风险，建立了汞矿渣、地表水和汞污染土壤的风险管控和治理技术并揭示了科学原理。获得的系列研究成果为汞矿区污染环境综合治理提供了重要的理论依据和科学指导，强有力地支撑了铜仁市国家土壤污染综合防治先行区的建设。

本书系统介绍作者研究团队近十五年来主要在我国贵州汞矿区汞污染特征和汞污染环境风险管控与修复技术方面的研究成果，全书共6章，主要内容如下。

第1章从汞矿区基本概况，矿渣汞污染特征，大气汞污染特征，土壤、植物和地表水汞污染特征，土壤中不同形态无机汞转化特征等方面对汞矿区的污染特征进行总结概括。

第2章主要介绍汞矿渣和汞污染地表水的修复治理技术，主要包括利用植物固定修复技术和围堰分别对汞矿渣和汞污染地表水进行治理的系列成果。

第3章介绍汞污染农田土壤原位钝化修复技术的应用和原理，主要运用活性炭、黏土矿物、含硒化合物和改性蒙脱土等钝化剂对汞污染农田进行修复。

第4章详细阐明利用生物炭对汞污染稻田进行钝化修复的原理与技术，主要介绍生物炭对土壤汞的活化和水稻富集甲基汞的影响与机理。

第5章介绍汞污染土壤植物提取修复技术，对植物提取螯合剂的筛选、螯合剂辅助植物修复技术的建立、植物修复机理进行详细的阐述。

第6章主要介绍汞污染农田农艺调控策略，包括稻田和旱田土壤汞形态分布特征、农田水改旱调控原理、农田缓释氧肥调控技术、低积累汞水稻品种筛选与原理，以及低积累汞农作物种类筛选与农艺调控方案构建。

本书主要由中国科学院地球化学研究所、中国科学院大学冯新斌研究员，中国科学院地球化学研究所王建旭研究员、满意助理研究员、徐晓航博士、夏吉成博士，以及贵州大学何天容教授等共同执笔完成。

由于作者学识水平有限，书中不足和欠妥之处在所难免，敬请读者、专家、学者批评指正。

作　者

2024年11月

目　录

第1章　汞矿区汞污染特征 ·· 1
　1.1　汞矿区基本概况 ··· 1
　　　1.1.1　万山汞矿 ··· 1
　　　1.1.2　务川汞矿 ··· 2
　　　1.1.3　丹寨金汞矿 ·· 2
　　　1.1.4　云场坪汞矿 ·· 2
　　　1.1.5　其他汞矿 ··· 3
　1.2　矿渣汞污染特征 ··· 3
　　　1.2.1　试验设计 ··· 5
　　　1.2.2　矿渣中汞形态分布特征 ··· 5
　　　1.2.3　矿渣–大气界面汞交换通量特征 ··· 7
　　　1.2.4　矿渣中汞淋滤特征 ··· 12
　1.3　大气汞污染特征 ··· 14
　　　1.3.1　试验设计 ··· 14
　　　1.3.2　汞矿区大气汞污染特征 ··· 15
　1.4　土壤、植物和地表水汞污染特征 ·· 17
　　　1.4.1　试验设计 ··· 17
　　　1.4.2　土壤/植物汞污染特征 ··· 18
　　　1.4.3　地表水汞污染特征 ··· 30
　1.5　土壤中不同形态无机汞转化特征 ·· 32
　　　1.5.1　试验设计 ··· 32
　　　1.5.2　土壤/孔隙水汞含量 ·· 34
　　　1.5.3　水稻甲基汞含量 ·· 37
　参考文献 ··· 39

第2章　汞矿渣/汞污染地表水修复 ·· 44
　2.1　汞矿渣植物固定修复 ··· 44
　　　2.1.1　试验设计 ··· 44

· v ·

2.1.2 植物固定修复效果 ··· 45
 2.2 汞污染土壤植物固定修复 ·· 47
　　2.2.1 试验设计 ··· 47
　　2.2.2 植物固定修复效果 ··· 48
 2.3 植物固定修复对矿渣/土壤汞排放的影响 ··· 50
　　2.3.1 矿渣-大气界面汞交换通量特征 ··· 50
　　2.3.2 土壤-大气界面汞交换通量特征 ··· 51
 2.4 含汞尾渣原位钝化修复 ·· 53
　　2.4.1 试验设计 ··· 53
　　2.4.2 单一添加剂钝化修复效果与机理 ··· 54
　　2.4.3 复合添加剂钝化修复效果与机理 ··· 59
 2.5 汞污染地表水治理修复 ·· 61
　　2.5.1 围堰设计与修建 ·· 62
　　2.5.2 围堰对河流水质参数和汞浓度的影响 ··· 65
　　2.5.3 暴雨事件对围堰拦截河流汞的影响 ·· 74
　　2.5.4 围堰对河流汞传输通量的影响 ·· 76
 参考文献 ·· 80

第3章 汞污染农田土壤原位钝化修复 ·· 84
 3.1 汞污染土壤活性炭钝化修复 ·· 84
　　3.1.1 试验设计 ··· 84
　　3.1.2 活性炭钝化修复汞污染土壤效果 ··· 85
　　3.1.3 活性炭钝化修复汞机理 ··· 90
 3.2 汞污染旱田黏土矿物钝化修复 ··· 94
　　3.2.1 试验设计 ··· 94
　　3.2.2 黏土矿物钝化汞效果与机理 ··· 97
　　3.2.3 田间钝化修复试验 ··· 101
 3.3 汞污染农田含硒化合物钝化修复 ·· 103
　　3.3.1 试验设计 ··· 103
　　3.3.2 含硒化合物钝化修复汞污染土壤效果 ··· 105
　　3.3.3 含硒化合物钝化修复汞污染土壤机理 ··· 108
 3.4 汞污染农田改性蒙脱土钝化修复 ·· 109
　　3.4.1 试验设计 ··· 109
　　3.4.2 改性蒙脱土钝化修复汞污染土壤效果 ··· 110
　　3.4.3 钝化剂对水稻富集汞的影响 ··· 115
 参考文献 ·· 117

第4章 汞污染稻田生物炭钝化修复················121
4.1 生物炭组分对土壤汞活化影响················121
4.1.1 试验设计················121
4.1.2 生物炭不同组分对土壤汞活化的影响················122
4.1.3 生物炭不同组分影响土壤汞活化的原理················123
4.2 生物炭对水稻富集甲基汞的影响················126
4.2.1 试验设计················126
4.2.2 生物炭对土壤汞甲基化微生物的影响················128
4.2.3 生物炭钝化修复土壤甲基汞效果················130
4.3 生物炭修复汞污染稻田-田间案例················134
4.3.1 试验设计················134
4.3.2 生物炭钝化修复汞污染土壤效果················135
4.3.3 生物炭钝化修复汞污染土壤机理················141
参考文献················143

第5章 汞污染土壤植物提取修复················145
5.1 汞污染土壤植物提取螯合剂筛选················145
5.1.1 试验设计················145
5.1.2 螯合剂筛选················146
5.1.3 螯合剂施用量················149
5.2 硫代硫酸铵诱导植物富集汞的机理················151
5.2.1 试验设计················151
5.2.2 硫代硫酸铵对植物根系元素渗漏的影响················152
5.2.3 硫代硫酸铵对植物中汞迁移路径的影响················154
5.3 植物修复田间示范················157
5.3.1 试验设计················158
5.3.2 植物修复效果················159
参考文献················166

第6章 汞污染农田农艺调控策略················169
6.1 稻田和旱田土壤汞形态分布特征················169
6.1.1 试验设计················169
6.1.2 土壤汞含量与形态················169
6.2 汞污染农田水改旱调控原理················171
6.2.1 试验设计················171

  6.2.2 E_h调控土壤汞活化的原理 ·· 172
  6.2.3 E_h调控土壤甲基汞的原理 ·· 178
 6.3 汞污染农田缓释氧肥调控技术 ·· 179
  6.3.1 缓释氧肥的制备 ·· 180
  6.3.2 缓释氧肥最佳施用条件 ·· 184
  6.3.3 缓释氧肥调控土壤汞活性原理 ·· 187
 6.4 低积累汞水稻品种筛选与原理 ·· 197
  6.4.1 试验设计 ·· 197
  6.4.2 低积累汞水稻品种筛选 ·· 198
  6.4.3 高、低积累水稻品种富集汞差异原理 ·· 203
 6.5 低积累汞农作物种类筛选与农艺调控方案构建 ·· 211
  6.5.1 试验设计 ·· 211
  6.5.2 低积累汞农作物筛选 ·· 212
  6.5.3 汞污染农田农艺调控方案构建 ·· 214
参考文献 ·· 216

第1章 汞矿区汞污染特征

1.1 汞矿区基本概况

全球汞矿资源主要集中分布于三个大型汞矿化带：环太平洋汞矿化带、地中海—中亚汞矿化带及大西洋中脊汞矿化带。这些地带孕育了众多大型汞矿，如西班牙的阿尔马登汞矿、斯洛文尼亚的伊德里亚汞矿、意大利的阿米亚塔汞矿、美国的新阿尔马登汞矿、菲律宾的巴拉望汞矿及中国的万山汞矿等（Gustin et al., 1999）。全球汞资源储量大致为70万 t，其中，中国约有 8.14 万 t。在中国，汞矿床主要集中分布于西南地区，如贵州省的万山汞矿、务川汞矿，湖南省的新晃汞矿，陕西省的旬阳汞矿及重庆市的秀山汞矿等。贵州省的汞矿资源丰富，是中国的汞生产基地，其中万山汞矿的朱砂储量和汞产量位居亚洲之首，因此万山被誉为中国的"汞都"。

1.1.1 万山汞矿

万山汞矿坐落于贵州省铜仁市万山区，该区域横跨贵州与湖南两省的交界，下辖万山镇、下溪侗族乡、敖寨侗族乡、高楼坪侗族乡。万山区的地势西高东低，河流从中部向东南西北四个方向延伸，喀斯特地貌特征显著。万山区的气候温暖湿润，夏季雨水充沛，年平均气温维持在 13～17 ℃，年降水量为 1 200～1 400 mm。在铜仁市万山区，农作物播种面积为 50 175 亩（1 亩=666.667 m^2，后同），其中水稻播种面积为 12 900 亩。

此外，万山区还拥有丰富的矿产资源，目前已经探明储量的固定矿产多达 20 余种，其中磷、硒、锰、汞、石英砂等矿产储量尤为可观。

万山汞矿区的汞矿床主要集中在万山镇的红山、冲脚、大坪、张家湾、杉木董、黑硐子、山羊硐、冷风硐、梅子溪等地。此外，高楼坪侗族乡的猫坡、小客寨、黄家寨、文家屋场，敖寨侗族乡的金家场，以及瓦屋侗族乡的岩屋坪等地均有分布。除这些主要的汞矿床之外，龙田、苏棚、鸡关岩、竹林苗、白竹湾等地也存在一些矿化点。

截至 2000 年，万山汞矿已拥有约 478 个矿洞，这些矿洞相连的洞口隧道总长度达 970 km。在 1950～1998 年，万山汞矿为国家贡献了约 19 400 t 的汞，为国家的经济发展作出了巨大贡献。然而，受限于当时的经济与科技发展水平，汞矿的开采对矿区生态环境造成了极大的破坏。据统计，自 1950 年建成投产至 1995 年的 45 年间，共排放含汞烟尘废气达 202 亿 m^3、含汞废水 5 192 万 t、炼汞炉渣 947 万 t、采矿废石 263 万 t（孟博，2011）。2001 年，因资源枯竭，万山汞矿被迫停产，与汞矿生产相关的设施也随之被废弃。

1.1.2　务川汞矿

务川汞矿坐落于贵州省务川县城东北方向直线距离 11 km 处的大坪镇。其矿田横跨南北 5.4 km，东西宽度则在 0.6~1.0 km。矿田位于务川汞矿带的中部，受北北东向木油厂背斜构造的控制，属于典型的碳酸盐岩型层控层状汞矿床。矿田由南北两大段的矿床共同构成，北段囊括了蓬岩、岭旗山、白洋面和水幅四大矿床；而南段则包含了三家田、小岬口及茅坪头三大矿床。在矿田范围内，汞矿化在寒武系中、下统中尤为显著，矿化厚度达 800 m。至于矿石矿物，辰砂是最主要的成分，同时还伴有少量辉锑矿和闪锌矿，偶见雄黄、方铅矿和辉铜矿等矿物。1965~2002 年，务川汞矿消耗矿石量高达 213 万 t。2002 年汞矿因资源枯竭而停产。

在汞矿的开采和冶炼过程中，产生的含汞废气和废水未经妥善处理直接排放到周边环境中。同时，汞矿开采还产生了大量的冶炼炉渣和废矿石，这些含汞固体废弃物未经处理，沿山势堆放或在山谷中堆积。务川汞矿的尾矿和渣场均分布于二郎沟区和老虎沟区。在务川汞矿区大坪镇，农田面积约为 30 150 亩，其中水田有 10 035 亩。

1.1.3　丹寨金汞矿

贵州省丹寨金汞矿是典型的卡林型矿床，坐落于贵州省黔东南苗族侗族自治州丹寨县。据历史记载，这座矿山的开采与冶炼活动已持续逾 600 余年，直至 1985 年停产，其间年产汞量约为 80 t。矿石以次显微金和微细粒显微金为主，矿石中金（Au）、砷（As）、汞（Hg）、锑（Sb）等元素密切共生。在开采初期，受技术水平的限制，开采和冶炼过程相对粗放和简单，导致尾渣中残留了大量的汞和砷等污染物。丹寨金汞矿闭坑后，遗留了约 186 万 t 的矿渣。部分矿渣未得到妥善处置而被遗弃在矿山的峡谷中，紧邻地表河流。受自然风化和降雨冲刷等作用的影响，尾渣中砷和汞被淋滤出来，进入周边环境。

1.1.4　云场坪汞矿

云场坪汞矿坐落于贵州省铜仁市云场坪镇，其矿田面积约为 3.7 km²。该矿田位于扬子地块与东江南造山带的交界地带，主要出露地层为下古生界寒武系。在地理构造上，矿床位于铜仁冲断带东侧，其北东边界由滑石断裂划定，南西则以岩层坪断裂为界，东端延伸至盆地相带，整体形态呈现为菱形断块。矿石以辰砂为主，通常以地形粒状集合体的形式填充在角砾白云岩中，浸染状的矿石也较为常见，偶见晶体状矿石析出在洞穴之中。

云场坪汞矿有着悠久的开采历史。早在隋唐五代时期，这里便开始了汞矿的开采与冶炼活动。到了明初，政府设立了水银场局，标志着有组织、有规模的汞矿开采活动的开始。1953 年铜仁汞矿正式成立，至 1988 年，其年产汞量保持在 150~180 t。然而，长时间、大规模且不合理的开采冶炼活动，导致大量未经处理的废气和废水直接排入环境，对河流水体、底泥及土壤造成了汞污染。此外，遗留的含汞冶炼废渣和尾矿被堆砌在河道的中上游地区，易造成河流汞污染。云场坪汞矿的尾矿堆主要分布在螃蟹溪、路腊村和后山等地，尾矿面积达到 30 万 m^2。云场坪镇有农田 3 733 亩，其中水田 2 585 亩。

1.1.5 其他汞矿

阿尔马登汞矿坐落于西班牙西南部的卡斯蒂利亚-拉曼恰自治区雷阿尔城省，其占地面积达 100 km^2，堪称全球最大的汞矿。据报道，阿尔马登汞矿的汞产量约占全球汞总产量的三分之一（Hernández et al.，1999），主要生产朱砂和金属汞。阿尔马登地区的采矿历史源远流长，可追溯至约 2000 年前，当时罗马人已将朱砂作为颜料使用。2000 年，欧盟对汞及其产品的销售和使用实施了严格限制，这给阿尔马登汞矿业的发展带来了巨大挑战。2003 年，阿尔马登汞矿的采矿和冶炼活动全面停止（Gray et al.，2004）。受长期且大规模的汞矿开采和冶炼活动的影响，阿尔马登地区的土壤汞污染问题突出。研究发现，埃尔恩特尔迪科露天汞矿和拉斯库瓦斯阿尔马登汞矿周边土壤汞质量分数达 140～1 750 mg/kg。在植物组织中，汞质量分数达 100～1 000 mg/kg（Higueras et al.，2004；Millán et al.，2003）。

伊德里亚汞矿坐落于斯洛文尼亚首都卢布尔雅那以西约 50 km 处，被誉为世界第二大汞矿，其汞储量占全球已探明汞储量的 10%。这座汞矿长度达 1 500 m，宽度介于 300～600 m，自西北至东南方向深入伊德里亚山谷地表之下，开采深度超过 360 m（−33～330 m）（Jošt et al.，2003）。自 1490 年起，伊德里亚汞矿已累计开采出汞矿石超 1 270 万 t，其中汞有 14.5 万 t（Bourdineaud et al.，2020）。伊德里亚汞矿于 1988 年停产。汞矿开采和冶炼活动不仅导致汞矿周边土壤、水体环境和农作物汞污染问题严重（Tomiyasu et al.，2017；Gosar et al.，2016；Miklavčič et al.，2013；Faganeli et al.，2003），而且给汞矿工人带来了汞暴露健康风险（Falnoga et al.，2000）。

1.2 矿渣汞污染特征

在长期的汞矿开采和冶炼活动中，大量的冶炼废渣和尾渣未经妥善处理而被随意堆放在矿区周边的山体峡谷中。仅在万山汞矿区，就有超 1.0 亿 t 的冶炼废渣和尾渣被堆弃在环境中。图 1.1 展示了万山汞矿区尾矿库和地表河流的地理位置。从图 1.1 中可以看出，冶炼炉渣和尾渣临近地表河流，且位于河流上游。据统计，铜仁市万山区和碧江区目前共有 9 处规模较大的尾矿库，详细信息参见表 1.1。

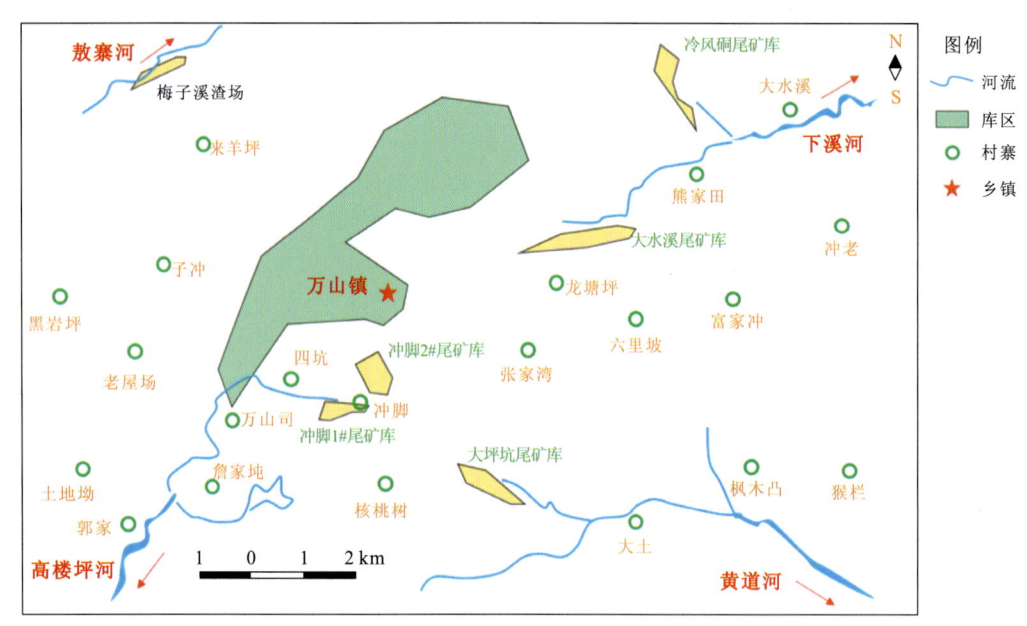

图 1.1 万山汞矿区尾矿库和地表河流位置示意图

表 1.1 铜仁市万山区和碧江区冶炼废渣堆的基本信息

区域	渣堆	渣堆储量/($\times 10^6$ t)	总汞储量/t	Hg^{2+}储量/t	Hg^0储量/t	受影响的水域面积/km^2	受影响的土地面积/亩
万山区	大水溪（DSX）	2.0	172	7.49	75.3	4.13	6 343
	冲脚1#（CJ1#）	0.2	58.6	0.09	18.6	1.35	—
	冲脚2#（CJ2#）	0.3	20.4	0.76	9.26	0.91	—
	冷风硐（LFD）	0.5	—	—	—	1.28	800
	梅子溪（MZX）	0.3	5.36	2.37	4.27	4.06	2 000
碧江区	洪水硐/后山（HSD/HS）	1.0	123	2.19	45.6	3.33	2 600
	路腊（LL）	1.4	193	7.01	78.8	1.33	1 360
	螃蟹溪（PXX）	2.8	214	4.66	105	3.33	3 600

汞矿渣是汞矿石高温焙烧的残留物，不仅包含了大量在高温条件下生成的易溶和次生汞矿物，还残留有部分尚未被释放的单质汞。在光照等自然因素作用下，矿渣中的汞会不断释放到大气中，成为大气的重要污染源。同时，在降雨冲刷下，矿渣中的汞会被淋滤出来，随着径流进入地表水，导致地表水污染。因此，研究矿渣中汞的含量、形态

及淋出特征，对评估矿渣中汞的迁移风险具有重要的科学意义。

1.2.1 试验设计

1. 矿渣中汞的形态分布特征

选取贵州省万山汞矿区五号矿坑矿渣堆作为研究对象。在该矿渣堆采集剖面样品，每隔 10 cm 采集一个矿渣混合样品，采集深度为 70 cm。采集的矿渣样品经过风干、研磨和过筛后，利用 X 射线吸收近边结构（X-ray absorption near edge structure，XANES）技术分析矿渣中汞的形态（Yin et al.，2016）。

2. 矿渣−大气界面汞交换通量

在贵州省万山汞矿区和务川汞矿区分别开展矿渣−大气界面汞交换通量的观测研究。在万山汞矿区，选择四号和五号矿坑作为研究对象，在夏季和冬季对矿渣−大气界面汞交换通量进行测定。在务川汞矿区，选择老虎沟的矿渣堆（即 WC-F1，主要由汞矿石冶炼后的炉渣组成）和罗溪的尾矿堆（即 WC-F2，主要由汞矿石选矿后产生的尾矿组成）作为研究对象。随机选取较为平整的渣堆，移除表层矿渣后，进行矿渣−大气界面汞交换通量的测定。

3. 矿渣中汞的淋滤特征

为了探究汞矿渣对邻近河流的影响，分别对贵州省万山汞矿和丹寨金汞矿矿渣样品进行淋滤研究，并同时监测这些渣堆附近河流中的汞含量。对于贵州省万山汞矿区的矿渣样品，利用去离子水对矿渣进行淋滤，测定滤液中的总汞含量。采集地表水样品时，以汞矿渣堆为源头，沿着矿渣下游方向采集 3~4 个水样样品，测定总汞（THg）含量。

对于贵州丹寨金汞矿区的矿渣样品，分别利用去离子水、0.1 mol/L $CaCl_2$、0.1 mol/L CH_3COONH_4 淋洗矿渣，测定滤液中的总汞含量。采集地表水样品时，沿着尾矿堆上游和下游共采集 8 个地表水样品，以及 1 个渣堆淋滤液样品，测定总汞（THg）含量。

1.2.2 矿渣中汞形态分布特征

图 1.2 为汞矿渣剖面的照片。从图中可以清晰地看出，汞矿渣表层约 30 cm 呈现褐色，这是氧化层。继续向下，30~50 cm 的部分是胶结层。而在 50~70 cm 处，矿渣呈现灰色，这是由部分矿渣未被完全氧化而导致的。在高温冶炼过程中，汞矿石中的碳酸钙会分解形成 CaO 并残留在废渣中。在矿渣的表层，CaO 和 $CaCO_3$ 在自然环境的作用下会反应生成 $Ca(HCO_3)_2$，其在降雨的冲刷作用下会逐渐向渣堆的深层迁移。当条件适宜时，$Ca(HCO_3)_2$ 会分解形成 $CaCO_3$，这些 $CaCO_3$ 随着时间的推移逐渐在渣堆剖面中累积，最终形成胶结层。

矿渣剖面样品中的总汞含量见表 1.2。可以看出，不同深度剖面的矿渣中总汞含量

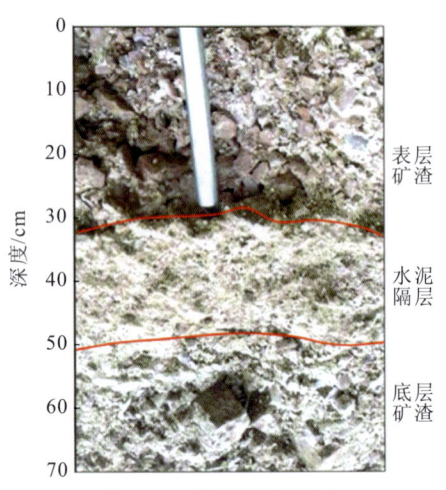

图 1.2 矿渣堆剖面照片

呈现出明显的变化。具体来说,在 0~10 cm、10~20 cm 和 20~30 cm 处剖面的矿渣,其平均总汞质量分数分别约为 20 mg/kg、73 mg/kg 和 74 mg/kg。随着深度的增加,在 30~40 cm 和 40~50 cm 这两个胶结层中,平均总汞质量分数分别约为 133 mg/kg 和 59 mg/kg。然而,在更深层的 50~60 cm 和 60~70 cm 剖面时,平均总汞质量分数分别降低至约 35 mg/kg 和 23 mg/kg。从剖面总汞含量的分布特征可以看出,与表层和底层矿渣相比,胶结层矿渣的总汞含量明显升高,这一现象可能是因为表层矿渣中的汞在向下淋滤过程中被胶结层中的碳酸钙等矿物固定,从而导致汞在胶结层中累积(Yin et al.,2016)。

表 1.2 矿渣堆剖面中总汞和甲基汞含量及不同形态汞占总汞的比例

深度/cm	总汞质量分数/(mg/kg)	甲基汞质量分数/(ng/g)	$F_{\alpha\text{-HgS}}$ /%	$F_{\beta\text{-HgS}}$ /%	F_{Hg^0} /%	F_{HgCl_2} /%
0~10	20±4.4	0.4±0.0	<5	85.0±4.6	15.0±2.2	<5
10~20	73±11.7	1.2±0.1	13.8±1.4	69.5±3.0	15.4±1.4	<5
20~30	74±4.9	9.6±0.6	45.9±1.8	35.6±3.7	13.1±1.8	5.4±0.9
30~40	133±17.7	11.3±0.7	23.1±1.8	62.5±3.6	13.3±1.7	<5
40~50	59±3.5	1.4±0.1	31.1±0	44.3±0.0	19.1±0.0	5.5±0.0
50~60	35±5.9	1.0±0.1	16.3±0	57.8±0.0	25.8±0.0	<5
60~70	23±1.3	0.5±0.0	8.3±3.1	79.7±2.1	12±0.0	<5

矿渣剖面中甲基汞含量和甲基汞与总汞含量比值(F_{MeHg} = 甲基汞含量/总汞含量)分别见表 1.2 和图 1.3。矿渣剖面中甲基汞含量和 F_{MeHg} 值的范围分别为 0.4~11.3 ng/g 和 0.002%~0.013%,表明矿渣中部分汞被转化为甲基汞。甲基汞含量和 F_{MeHg} 的峰值出现在胶结层与表层矿渣界面(剖面 20~30 cm 处)。胶结层具有拦截作用,这样水分得以滞留在胶结层与矿渣界面,从而形成厌氧环境,易于汞的甲基化。此外,矿渣中溶解态汞(Hg^{2+})迁移到胶结层与表层矿渣界面后,也会进一步促进汞的甲基化。由于胶结层的拦截,甲基汞难以向下迁移,剖面底层矿渣中甲基汞含量较低。

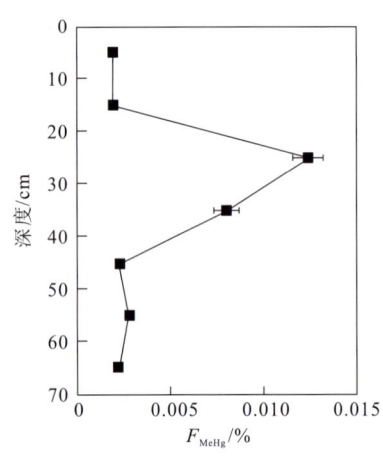

图 1.3 矿渣剖面 F_{MeHg} 随深度变化曲线

汞的 L$_3$-边 XANES 分析结果表明，矿渣中汞主要以α-HgS、β-HgS 和 Hg^0 及少量的 HgCl$_2$ 形态存在。α-HgS 是汞矿石（辰砂）中汞的主要赋存形态。在汞矿石冶炼不完全的情况下，α-HgS 会遗留在矿渣中。在冶炼过程中，α-HgS 可被转化为 Hg^0 和β-HgS 等形态，同样存在于矿渣中（Kim et al., 2000）。随着矿渣剖面深度的变化，α-HgS 和β-HgS 占总汞的比例也呈现出不同的变化趋势。在矿渣剖面的 0～10 cm、10～20 cm 和 20～30 cm 处，α-HgS 和β-HgS 占总汞的比例分别约为<5%和 85%、13.8%和 69.5%、45.9%和 35.6%；在 30～40 cm 和 40～50 cm 处，这一比例分别为 23.1%和 62.5%、31.1% 和 44.3%。到了 50～60 cm 和 60～70 cm 处，α-HgS 和β-HgS 占总汞的比例为 16.3%和 57.8%、8.3%和 79.7%。除了 40～50 cm 和 50～60 cm 处矿渣，矿渣剖面中单质汞占总汞的比例变化幅度相对较小。此外，α-HgS 占总汞的比例在胶结层明显升高。这可能是由于胶结层对矿渣颗粒物的迁移起到了阻碍作用，颗粒物中的α-HgS 在胶结层富集。同时，胶结层底部的矿渣中 Hg^0 占总汞的比例高于表层，这可能是因为胶结层作为物理屏障，阻碍了 Hg^0 向上扩散。

1.2.3 矿渣−大气界面汞交换通量特征

1. 矿渣−大气界面汞交换通量测定

采用通量箱与高时间分辨率大气自动测汞仪（加拿大 Tekran®2537A 型）联用对矿渣-大气界面的汞交换通量进行测定（即动力学通量箱法），时间分辨率为 5 min。通量箱以石英玻璃为材质，呈半圆柱状（底面积为 0.06 m^2，体积为 4.68 L），柱状两端的截面分别留有 6 个进气孔和 3 个出气孔，防止产生负压。

动力学通量箱法通过测定通量箱进气孔和出气孔的气体汞质量浓度来计算基质释汞通量，计算公式如下：

$$F = \frac{C_o - C_i}{A} \times Q \tag{1.1}$$

式中：F 为平均汞交换通量，ng/(m^2·h)；C_o 为出气孔气体中汞质量浓度，ng/m^3；C_i 为进气孔气体汞质量浓度，ng/m^3；Q 为通量箱中空气流量，m^3/h；A 为通量箱的底面积，m^2。当 F 为正值时，表示矿渣向大气释放 Hg^0，负值则表示大气 Hg^0 沉降到矿渣表面。

将通量箱置于矿渣表面并将通量箱的边缘密封，然后用聚四氟乙烯管将通量箱与大气自动测汞仪 Tekran®2537A 连接，测定通量箱覆盖的矿渣汞释放通量（图 1.4 和图 1.5）。通过 Tekran®1100 来控制 Tekran®2537A 交替采集并测定流出通量箱和进入通量箱气体的大气汞含量（C_i 和 C_o）。利用抽气泵对通量箱进行抽气，使通量箱中空气流量保持在 14 L/min，避免空气流速变化对通量测定产生影响。在测定汞交换通量的同时，利用微型气象工作站现场测定空气温度、土壤温度、空气相对湿度、风速、风向及光照强度等气象参数，用以探究环境因子对矿渣汞释放通量的影响。微型气象站每秒采集一个气象数据，每 5 min 记录一个平均值。

图 1.4　石英玻璃通量箱

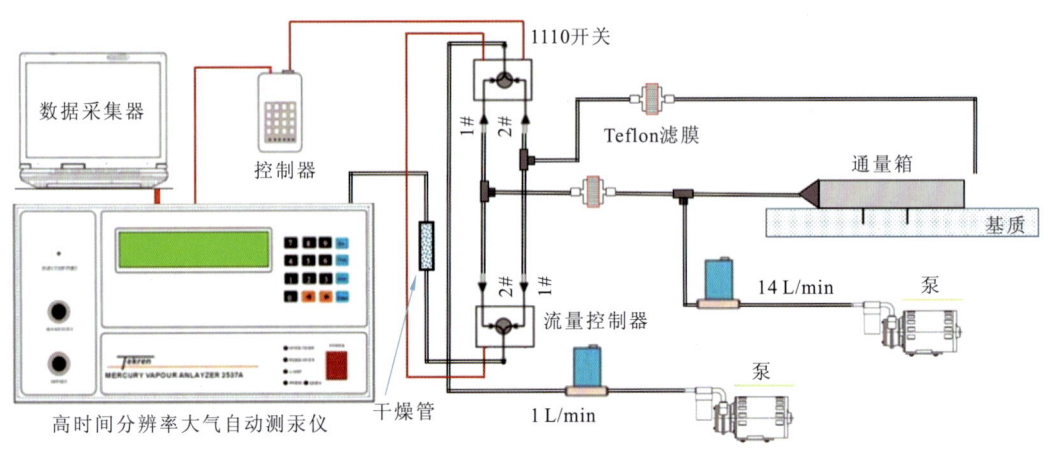

图 1.5　矿渣-大气界面汞交换通量测定原理

2. 万山汞矿区矿渣汞的释放通量

在冬季和夏季分别对贵州省万山汞矿区五号矿坑和四号矿坑的渣堆进行汞交换通量的测定（表 1.3）。无论是在夏季还是冬季，矿渣均表现为净的大气汞源。在夏季，汞交换通量最大值可达 16 090 ng/(m²·h)，平均汞交换通量为 5 720 ng/(m²·h)；在冬季，汞交换通量最大值可达 6 660 ng/(m²·h)，平均汞交换通量为 1 710 ng/(m²·h)。在所有汞交换通量数据中，仅有个别数据指示大气汞沉降，其余数据均指示矿渣汞的释放。这一结果表明，汞矿区的矿渣是大气中汞污染的一个重要来源。

表 1.3　贵州省万山汞矿区矿渣-大气界面汞交换通量

采样位置	数据量	汞交换通量/[ng/(m²·h)]			大气汞沉降/矿渣汞释放
		平均值	最小值	最大值	
五号矿坑（冬季）	44	1 710	160	6 660	矿渣汞释放
	1	0.91	0.91	0.91	大气汞沉降
四号矿坑（夏季）	70	5 720	990	16 090	矿渣汞释放
	1	320	320	320	大气汞沉降

·8·

矿渣-大气界面汞交换通量的昼夜变化特征见图 1.6。在白天，汞交换通量明显升高，而到了夜间则呈现下降趋势。随光照强度的逐渐增强，从早上 8:00 左右开始，汞交换通量逐渐升高，至中午 13:00 达到峰值。随光照强度的减弱，汞交换通量逐渐回落，至凌晨 2:00 左右达到最小值。这一现象表明，矿渣-大气界面汞交换通量随着光照强度的变化而呈现明显的昼夜变化规律。总体来看，无论是白天还是夜间，汞矿渣均表现出较强的汞释放通量，尤其在白天，由于光照强度的增强，矿渣的汞释放更为显著。

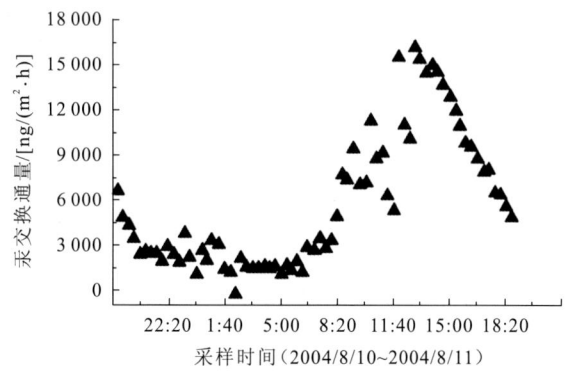

图 1.6　矿渣-大气界面汞交换通量的昼夜变化特征

图中时间表示为"年/月/日"，后同

汞交换通量与光照辐射强度之间存在极为显著的线性相关关系。在夏季，两者的线性相关系数（R^2）达到了 0.95（$n=47$，$P<0.0001$）；而在冬季，这一相关系数达到了 0.96（$n=44$，$P<0.0001$）。这些结果表明，光照是驱动矿渣中汞挥发的关键因素。在光照作用下，矿渣中的活性汞通过光致还原作用被转化成气态单质汞（Hg^0），从而导致矿渣汞的释放通量升高，并且这一通量随光照强度变化呈现出明显的昼夜规律。通常，汞的光致还原作用随活性汞（Hg^{2+}）含量的升高而增强，且二者呈正相关关系（O'Driscoll et al.，2006）。在万山汞矿渣堆中，Hg^{2+} 占总汞比例仅为 5.3%。虽然这一比值较低，但是矿渣总汞质量分数高达 825 mg/kg，因而 Hg^{2+} 绝对含量高。此外，除了光照本身，汞的光致还原作用还受光辐射强度与波长、溶解性有机物（dissolved organic matter，DOM）和环境温度等影响（O'Driscoll et al.，2006）。

在夜间，矿渣仍保持了较高的汞释放通量，这表明除了光致还原作用，其他过程也会影响汞的释放。汞矿渣中 Hg^0 占总汞的比例可高达 46%，Hg^0 在常温下具有很强的挥发性，因而它可能在暗环境下被释放到大气中。

3. 万山汞矿区矿渣汞的释放量估算

不同位置与季节矿渣-大气界面汞交换通量的测定结果表明，汞矿渣是汞矿区大气中汞的重要来源之一。由于光辐射强度与矿渣汞释放通量呈显著的正相关关系，通过这一线性关系可粗略估算万山汞矿区矿渣向大气释放的汞量。具体计算方式为

$$F = a_0 \times \text{SI}_{\text{av}} + c_0 \tag{1.2}$$

$$\text{EM} = \int_0^T (F \times A) \text{d}t \tag{1.3}$$

式中：F 为平均汞交换通量，ng/(m²·h)；SI_{av} 为贵州省年平均光照，W/m²；a_0、c_0 为校准常数；EM 为年平均汞释放量，kg/a；A 为汞矿区炉渣表面积，m²；t 为时间，h。

表 1.4 贵州省万山汞矿区矿渣向大气的释汞因子

参数	估算因子
F/[ng/(m²·h)]	1 096～3 469
SI_{av}/(W/m²)	110
A/m²	100 000
EM/(kg/a)	0.96～3.00

4. 务川汞矿区汞矿渣汞释放通量

在务川汞矿区，WC-F1 和 WC-F2 处矿渣中的总汞质量分数分别为 95 mg/kg 和 151 mg/kg。图 1.7 展示了采样期间这两个点位的大气汞浓度变化特征。从图中可以看出，大气汞质量浓度最大值可接近 10 000 ng/m³。这一高浓度的出现，主要是因为在汞通量测定期间，研究区周边存在小规模的土法炼汞活动，这些活动导致了大气汞浓度的升高。WC-F1 和 WC-F2 点位的气象参数统计数据见表 1.5。由于采样主要集中在冬季进行，且阴天较多，空气温度、矿渣地表温度和光照强度都相对较低。

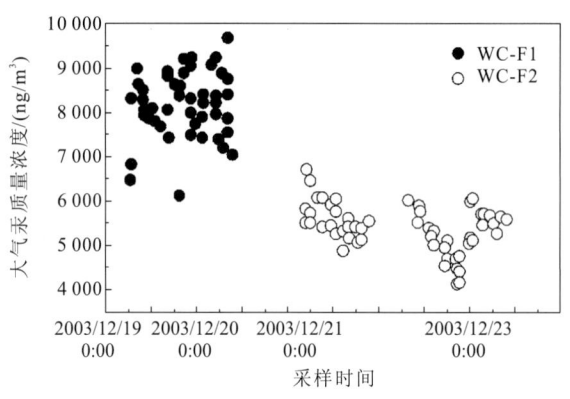

图 1.7 采样期间大气汞的浓度

表 1.5 采样点位的气象参数

采样点位	时间	风速/(m/s)	风向/(°)	空气温度/℃	相对湿度/%	矿渣地表温度/℃	光照强度/(W/m²)
WC-F1	2003/12/19～20	0.3±0.4	231±84	1.2±1.3	74.1±14.6	2.5±2.3	20±67
WC-F2	2002/12/21～23	0.1±0.0	228±65	1.7±2.4	93.1±10.4	4.0±1.9	3±39

注：WC-F1 样本量为 312；WC-F2 样本量为 269

务川汞矿区矿渣/尾矿-大气界面汞交换通量变化幅度较大（图 1.8 和图 1.9，表 1.6），既存在汞的释放，也有汞的沉降现象。矿渣和尾矿释汞通量为 18～11 528 ng/(m²·h)，而大气汞的沉降通量为 36～50 920 ng/(m²·h)（表 1.7）。务川汞矿区矿渣/尾矿-大气汞交换通量无明显的变化规律，且波动范围较大。然而，从整体趋势来看，大气汞沉降占矿渣/尾矿-大气界面汞交换通量的主导地位，矿渣和尾矿均表现为大气汞的汇。

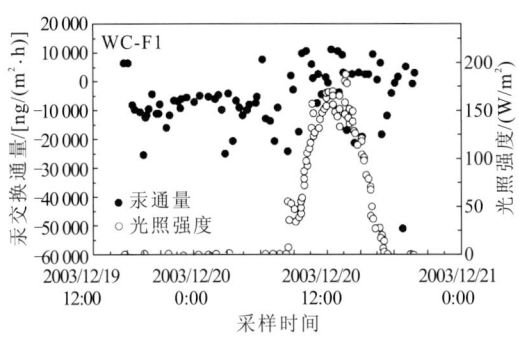

图1.8 矿渣-大气界面汞交换通量和光照强度随时间的变化特征

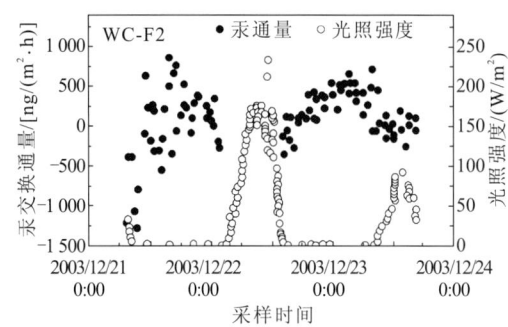

图1.9 尾矿-大气界面汞交换通量和光照强度随时间的变化特征

表1.6 务川汞矿区矿渣和尾矿采样点位大气汞的质量浓度

采样点位	时间	n	大气汞质量浓度/(ng/m³)			
			平均值	最小值	最大值	标准偏差
WC-F1	2003/12/19~20	154	2 115	238	12 222	1 480
WC-F2	2002/12/21~23	134	135	38.2	280	55

表1.7 务川汞矿区矿渣和尾矿-大气界面汞交换通量

采样点位	时间	n	汞交换通量/[ng/(m²·h)]				备注
			平均值	最小值	最大值	标准偏差	
WC-F1	2003/12/19~20	26	5 143	90	11 528	3 738	矿渣汞释放
		51	10 916	2 318	50 920	8 339	大气汞沉降
WC-F2	2003/12/19~20	51	293	18	717	192	尾矿汞释放
		17	132	36	345	98	大气汞沉降

WC-F1和WC-F2点位释汞通量（mercury emission flux，MEF）与大气汞含量之间呈显著的正相关关系，但其显著性水平较低（图1.10和图1.11）。这种现象主要受WC-F1点位大气汞和气象条件的影响，如大气汞含量波动大、光照强度低等。高的大气汞含量不仅能够抑制矿渣和尾矿中的汞向大气释放，而且可导致大气汞向地表沉降。WC-F2点位的基质主要以尾矿为主，虽然尾矿的总汞含量高，但汞的活性相对较弱。

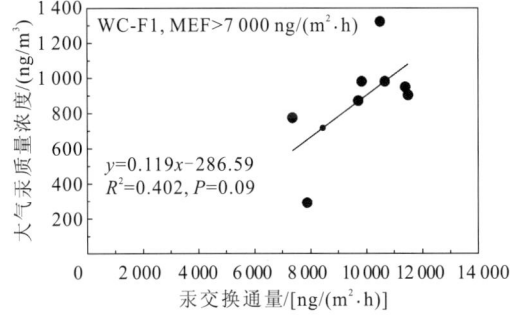

图1.10 矿渣-大气汞界面汞交换通量与大气汞含量的相关关系

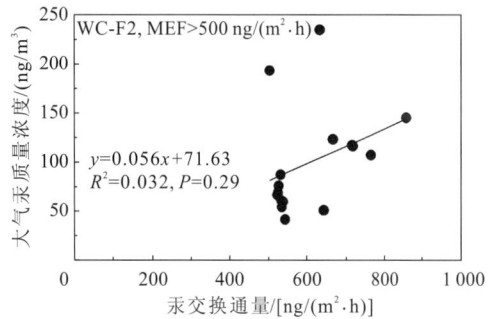

图1.11 尾矿-大气汞界面汞交换通量与大气汞含量的相关关系

影响矿渣/尾矿-大气界面汞交换通量的关键因素较多，包括矿渣和尾矿中的汞含量、光照强度、温度、湿度、降雨、大气汞含量及植被覆盖情况等。其中，矿渣和尾矿汞含量及汞活性是决定汞释放的主要因素，不同特性的矿渣和尾矿会对其与大气界面汞交换通量产生不同的影响。需要注意的是，光照强度是影响矿渣/尾矿-大气界面汞交换通量的关键环境因素（表 1.8）。然而，WC-F2 点位的矿渣-大气界面汞交换通量与光照强度的线性关系并不显著（图 1.12），这主要与以下原因有关：首先，冬季的光照强度低（>200 W/m²）；其次，尾矿渣中的活性汞含量低，导致汞的光致还原反应相对较弱；最后，大气中高的汞含量会抑制矿渣中汞的释放，从而使矿渣-大气界面汞交换通量出现较大的波动。

表 1.8 矿渣/尾矿-大气界面汞交换通量与光照强度的相关关系

采样点位	时间	相关系数	显著性水平（P）
WC-F1	2003/12/19 17:50~20 17:50	0.38	<0.001
WC-F2	2003/12/21 16:30~22 07:30	0.42	<0.005
	2003/12/22 17:45~23 16:05	0.43	<0.005

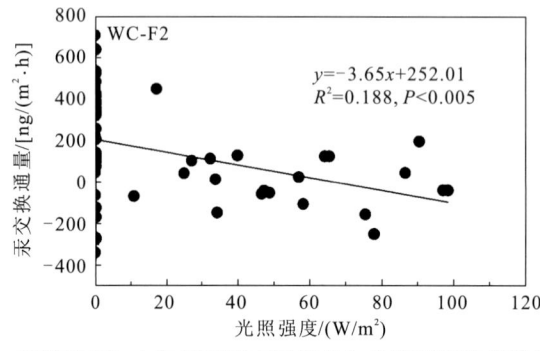

图 1.12 矿渣/尾矿-大气界面汞交换通量与光照强度的线性相关关系

1.2.4 矿渣中汞淋滤特征

1. 万山汞矿区矿渣中汞的淋滤特征

万山汞矿矿渣淋滤液 pH 介于 6.41~9.95，其平均值为 9.67。淋滤液中的总汞（THg）质量浓度为 0.029~193 μg/L，平均汞质量浓度为 11.3 μg/L。值得注意的是，部分废渣样品淋滤液中 THg 浓度超过了国家地表水质 Ⅴ 类标准（1 μg/L）。由此可见，汞矿渣中的汞存在较大的淋出风险，对周边水体构成潜在的威胁。

2. 万山汞矿区邻近矿渣地表水的汞污染特征

邻近矿渣堆的地表水 THg 质量浓度为 0.038~10.6 μg/L。如图 1.13 所示，不同冶炼废渣堆附近的地表水 THg 浓度存在显著差异。其中，梅子溪矿渣堆附近地表水中 THg 浓度明显低于其他渣堆，这得益于当地管理部门对梅子溪矿渣堆实施了生态修复措施。部分地表水样品 THg 浓度超过我国地表水环境质量 Ⅴ 类标准。地表水中汞浓度的空间分布特征显著，邻近矿渣堆的地表水中总汞浓度最高，且随着与矿渣堆距离的增加，地表水总汞浓度呈现下降趋势。由此可见，矿渣堆是地表水的重要汞污染源。

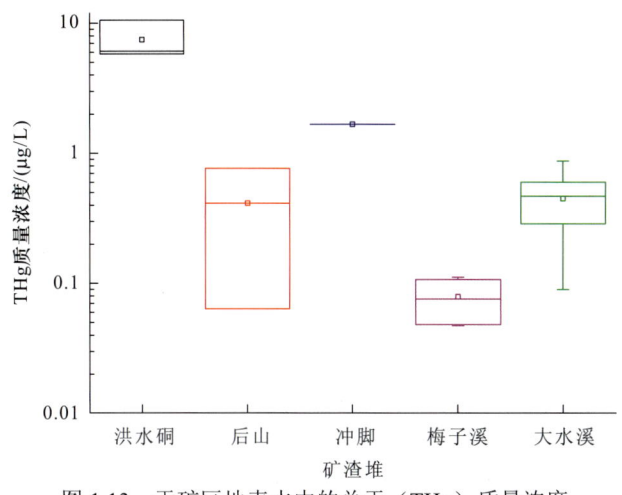

图1.13 汞矿区地表水中的总汞（THg）质量浓度

3. 丹寨金汞矿区矿渣堆中汞的淋滤特征

丹寨尾渣的pH为9.87，总汞质量分数为20.73 mg/kg。分别利用去离子水、0.1 mol/L CaCl$_2$ 和 0.1 mol/L HCl 来提取水溶态汞、可交换态汞和碳酸盐结合态汞（陈天虎 等，2001）。在这些汞形态中，水溶态和可交换态汞的淋出能力强，因而环境风险大。从表1.9可以看出，去离子水和 0.1 mol/L CaCl$_2$ 浸提液中的总汞质量浓度分别为11.27 μg/L 和 3.46 μg/L，均超过我国《地表水环境质量标准》（GB 3838—2002）V类水质标准所允许的最大总汞质量浓度（1 μg/L）。因此，在降雨和地表水淋溶冲刷作用下，矿渣中的汞易被淋出，进而污染河流。事实上，这种环境风险不仅存在于丹寨，世界其他汞矿区也面临着类似的环境问题。例如，菲律宾 Palawan 汞矿区的炉渣淋滤液中，水溶态汞质量浓度高达 30 μg/L，这些淋滤液汇入地表河流，导致两岸土壤受汞污染（Gray et al., 2003）。

表1.9 不同浸提剂浸提矿渣后浸提液中汞的含量

淋洗剂	Hg 质量浓度/(μg/L)	V类水质标准所允许最大汞质量浓度/(μg/L)
去离子水	11.27±1.33	
0.1 mol/L CH$_3$COONH$_4$	12.12±1.44	1
0.1 mol/L CaCl$_2$	3.46±0.39	

注：平均值±标准偏差，$n=3$

4. 丹寨汞矿区邻近矿渣地表水汞污染特征

邻近矿渣堆的地表水中汞浓度的空间分布特征见图1.14。在矿渣堆上游的地表水样本中，总汞质量浓度为 102～119 ng/L。当河水流经矿渣堆时，地表水中的总汞质量浓度显著升高，达到 160 ng/L，与上游地表水相比增加了约 45%。此前，刘鹏等（2005）也曾报道丹寨地区地表水中汞质量浓度为 6.18～578 ng/L。随着距离矿渣堆越来越远，地表水中的总汞浓度逐渐降低，这一现象主要与以下原因有关：一方面，河流的中下游无矿渣堆，无外源含汞污染物的输入；另一方面，水体中悬浮颗粒物自然沉淀等过程也会去除河流中的汞。

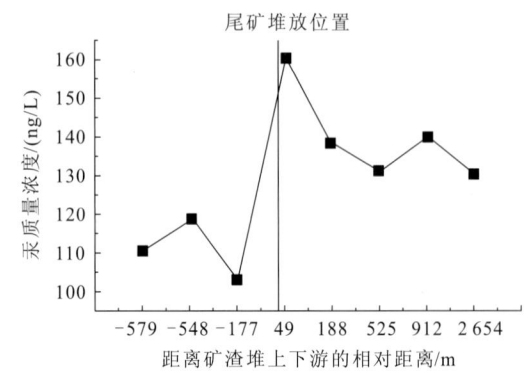

图1.14 距离矿渣堆不同位点地表水中总汞质量浓度的变化特征

横坐标：负值表示矿渣堆上游，正值则表示矿渣堆下游；竖线表示矿渣堆的堆放点位

1.3 大气汞污染特征

汞是唯一的主要以气态存在于大气中的重金属，它能长期滞留在大气中并随气流进行长距离迁移，从而导致全球性的汞污染问题（Lindqvist et al., 1991；Slemr et al., 1985）。20世纪80年代末，科学家在北美和欧洲偏远地区湖泊中相继发现鱼体内汞含量异常偏高的现象。这是由于大气汞经长距离迁徙后，最终沉降在这些湖泊中，导致鱼体内汞的异常富集（Fleming et al., 1995；Akielaszek et al., 1981）。

大气中汞的来源包括人为源和自然源。人为源主要包括工业燃煤、民用燃煤、汞矿冶炼、有色金属冶炼、氯碱工业、垃圾焚烧及水泥工业等；而自然源则主要包括火山与地热活动，以及土壤、水体和植被的自然释汞过程。值得注意的是，土壤是大气汞排放的重要源头之一（Gustin et al., 2003）。在背景区域，土壤平均释汞通量为 $1\sim10$ ng/(m²·h)（Scholtz et al., 2003；Poissant et al., 1998；Kim et al., 1995）。然而，在汞污染严重的区域，污染土壤的释汞通量可高达 $10^2\sim10^4$ ng/(m²·h)（Gustin et al., 2003）。因此，研究汞矿区大气汞的空间分布特征，对汞矿区的大气汞污染管控具有重要的意义。

1.3.1 试验设计

1. 万山汞矿区大气汞浓度监测

在贵州省万山汞矿区布置了67个大气气态单质汞（gaseous elemental mercury，GEM）浓度的监测点，利用便携式大气汞浓度分析仪（Lumex RA-915M）测定大气中汞的浓度，该仪器对 Hg^0 检出限为 2 ng/m³。在每个监测点连续测定 30 min，并记录 Hg^0 浓度的平均值。为了深入探究大气汞的季节和日变化特征，利用在线连续大气汞分析仪（Tekran 2537X）对万山汞矿区敖寨乡苏棚村大气汞浓度进行连续监测。

2. 汞矿区土壤-大气界面汞交换通量

以滥木厂、万山和务川汞矿区为研究区域，采用动力学通量箱法对这些区域的土壤-大气界面汞交换通量进行测定。具体测定方法参考 1.2.3 小节。

1.3.2 汞矿区大气汞污染特征

1. 汞矿区大气汞的空间分布特征

在万山汞矿区，大气气态单质汞（GEM）的质量浓度为 1.3~799 ng/m³，其平均质量浓度为 16.4 ng/m³。从图 1.15 可以看出，GEM 的高值出现在万山镇，低值出现在下溪乡、高楼坪乡、黄道乡和敖寨乡。经过现场勘查发现，高 GEM 值区接近某化工厂，因而可以推断该工厂在生产过程中可能向大气排放了汞，导致了周边环境大气中 GEM 浓度升高。

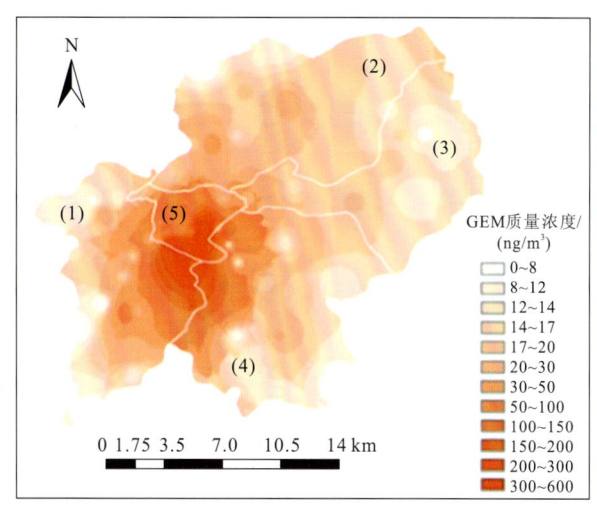

图 1.15　万山汞矿区大气 Hg⁰ 浓度的空间分布特征
（1）高楼坪乡；（2）敖寨乡；（3）下溪乡；（4）黄道乡；（5）万山镇

2. 大气汞季节和日变化特征

在万山汞矿区敖寨乡苏棚村，对气态单质汞（GEM）的季节和日变化特征进行详细监测。结果显示，当无明显人为活动影响时，苏棚村大气 Hg⁰ 的平均质量浓度为 42.40 ng/m³，这一数值显著高于长白山（3.58 ng/m³）和贡嘎山（3.90 ng/m³）等背景区域，也远超全球的背景值（1.5~1.8 ng/m³）。当受到人为活动影响时，苏棚村的大气汞质量浓度最高达 1 548 ng/m³。

图 1.16 展示了当无明显人为活动影响时，苏棚村暖季大气汞浓度的日变化特征。在 2017 年 5 月 28 日~2017 年 6 月 4 日，大气汞质量浓度为 0~310 ng/m³。通常，大气汞浓度的峰值出现在上午 11 点左右。在这一时段，光照强度强且地表温度高，这些因素共同促进了地表汞的挥发，从而导致该时间段内大气汞浓度显著上升。

图 1.17 展示了在人为活动的影响下，苏棚村暖季大气汞浓度的日变化特征。在监测初期，大气汞质量浓度为 0~1 000 ng/m³，这一数值比 2017 年 5~6 月测定的大气汞浓度高出 1 个数量级。大气汞浓度的峰值出现在每天上午 10~12 点这一时段。从图 1.18

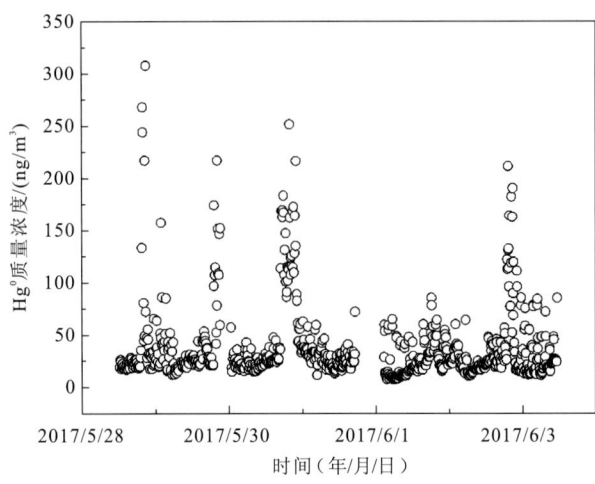

图 1.16 无明显人为活动影响下苏朋村暖季大气 Hg⁰ 浓度的变化特征

可以看出,在 2017 年 9 月 23~26 日、2017 年 10 月 12~16 日及 2017 年 12 月 3~15 日,人为活动对大气汞浓度的影响尤为显著(图 1.18)。

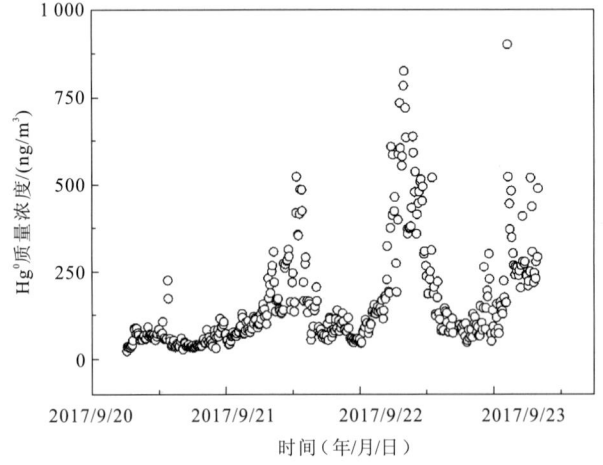

图 1.17 人为活动的影响下苏朋村暖季大气 Hg⁰ 浓度的变化特征

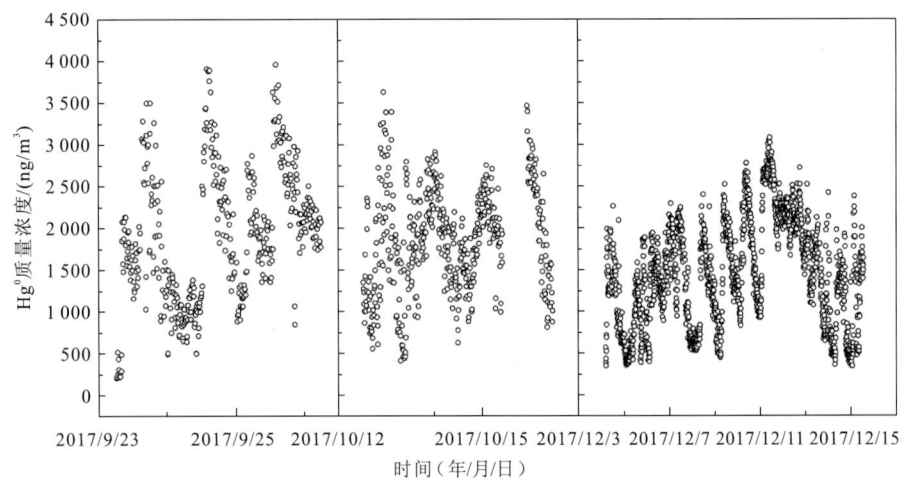

图 1.18 人为活动影响下苏朋村 Hg⁰ 浓度的变化特征

1.4 土壤、植物和地表水汞污染特征

据 2014 年发布的《全国土壤污染状况调查公报》数据，在全国范围内采集的土壤样品中，汞的超标点位比例达 1.6%，尤其西南地区的土壤汞污染问题十分突出。西南地区位于全球最大的喀斯特地貌连片区，该区碳酸盐岩发育丰富。在碳酸盐岩风化成土的过程中，重金属会在土壤中残留并富集。此外，西南地区属于低温成矿域，覆盖面积约为 100 万 km²，富含 Au、Hg、Sb、As、Pb-Zn 和 Ag 等多种金属矿床。其中，贵州省东南部分布有多个大型和超大型汞矿床（仇广乐 等，2006）。本节展示贵州省典型汞矿区土壤、植物和地表水的汞污染水平，为分析汞矿区的汞污染特征提供科学依据。

1.4.1 试验设计

1. 土壤和农作物样品的采集

1）万山汞矿区

在万山汞矿区的敖寨乡、下溪乡、黄道侗族乡和高楼坪侗族乡采集表层土壤和农作物样品。在敖寨乡和下溪乡，农田主要分布于河流两侧，而在黄道侗族乡和高楼坪侗族乡，农田分布则相对分散。共采集了 86 个表层（0～20 cm）土壤样品和 346 个农作物样品。将农作物样品清洗干净，随后风干并粉碎，然后用于总汞含量的测定。土壤样品经风干、研磨和过筛后，用于总汞含量的测定。

2）丹寨金汞矿区

沿着丹寨境内的乌水河，采集两岸农田的表层（0～20 cm）土壤样品，具体的采样点分布见图 1.19。根据地理位置和周边环境特征，将采样点划分为 4 个区域：国道区，包括 G1～G4 采样点；村落区，包括 C1～C7 采样点，这些点主要位于村落范围内；汞矿渣堆放区，包括 K1～K14 采样点，其中 K1～K4 采样点位于矿渣堆的上游，而 K5～K14 采样点则位于矿渣堆的下游；对照区，包括 D1～D3 采样点，这些采样点远离汞矿区。土壤样品经风干、研磨和过筛后，用于总汞含量的测定。

3）滥木厂

在滥木厂矿区采集不同点位的表层土壤及剖面土壤样品，同时采集林地土壤剖面样品。土壤样品经风干、研磨和过筛后，用于总汞含量和汞形态的测定。

2. 汞矿区土壤和野生植物样品的采集

在万山汞矿区的五号矿坑、四号矿坑和十八号矿坑采集野生植物样品，每种植物至少采集 3 株，并同时采集其根际土壤样品。将采集的植物样品带回实验室，用自来水冲洗干净，置于室内通风处晾干。然后，将植物分为根系、茎和叶片（或地上部分），粉碎后保存在自封袋中。土壤样品经自然风干后，研磨并过筛，保存在自封袋中。最后，测定土壤和植物样品中的总汞含量。

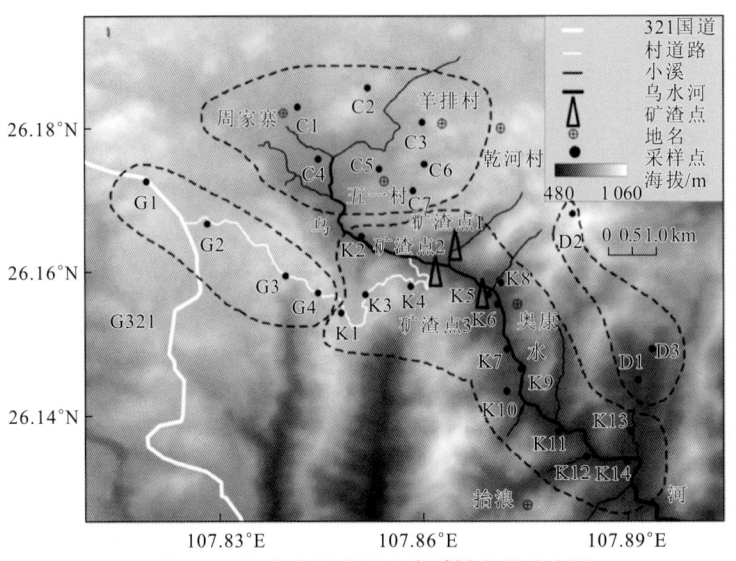

图 1.19 丹寨金汞矿区土壤采样点的分布图

3. 汞矿区地表水样品的采集

在贵州省铜仁市云场坪汞矿区，采集矿渣堆附近的地表水、居民饮用的山泉水及地表水样品。将采集的水样分为 2 份，其中，一份水样直接保存在硅硼玻璃瓶中，而另一份样品过 0.45 μm 醋酸纤维滤膜后再保存。向所有的水样中加入适量的盐酸。按照标准方法分析水样中的总汞、活性汞、溶解态汞和颗粒态汞的含量（阎海鱼 等，2003）。

1.4.2 土壤/植物汞污染特征

1. 万山汞矿区土壤-农作物汞污染特征

1）土壤汞含量

在万山汞矿区，土壤总汞质量分数为 0.05～335 mg/kg，算术平均值为 21.2 mg/kg。土壤汞的空间分布异质性大，靠近万山工业园区的土壤汞含量明显高于下溪乡、黄道侗族乡和高楼坪侗族乡。在采集的土壤样品中，约有 28%和 26%的样品汞含量分别超过了《土壤环境质量　农用地土壤污染风险管控标准（试行）》（GB 15618—2018）中的风险筛选值（3.4 mg/kg）和管制值（6.0 mg/kg）。

2）不同农作物中汞的含量

根据前人的研究结果，将农作物采集区域划分为 4 个类型：低汞大气-低汞土壤污染区域，这一类型以高楼坪侗族乡为典型代表；低汞大气-高汞土壤污染区域，这一类型以下溪乡为主要代表；高汞大气-高汞土壤污染区域，这一类型以垢溪村为典型代表；高汞大气-低汞土壤污染区域，这一类型以敖寨乡为主要代表。

（1）高楼坪侗族乡农作物的汞污染特征

从图 1.20 可以看出，块根类农作物可食用部分（如萝卜、红薯和地瓜）的总汞含量普遍较低，其汞质量分数为 0.2～6.7 ng/g，均低于我国《食品安全国家标准　食品中污染物限量》（GB 2762—2022）中所规定的最大允许汞含量（谷物：20 ng/g；蔬菜：10 ng/g）。然而，非块根类农作物的可食用部分汞含量相对较高，其汞质量分数为 1.0～53.5 ng/g。其中，四季豆的汞含量最高，辣椒、瓜类和番茄次之；茄子、西瓜和葡萄中汞含量最低，且基本达到我国《食品安全国家标准　食品中污染物限量》（GB 2762—2022）中所允许的最大汞含量。

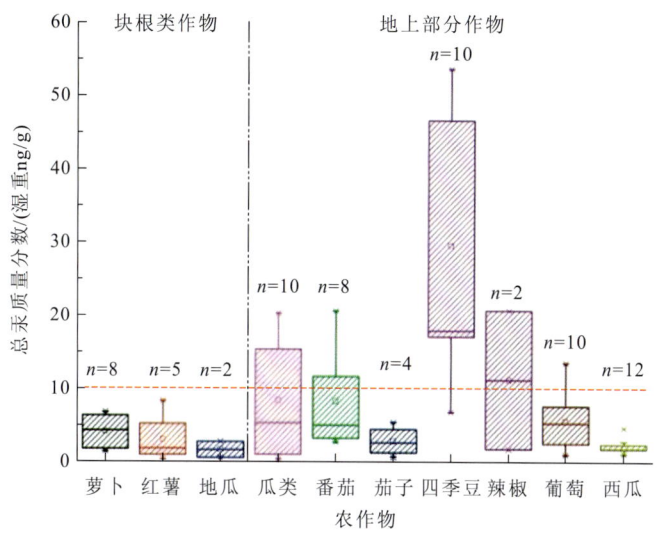

图 1.20　高楼坪侗族乡农作物的可食用部分汞含量

（2）下溪乡农作物的汞污染特征

从图 1.21 可以看出，除了玉米，块根类农作物（萝卜和红薯）及部分非块根类农作物（茄子、番茄和葡萄）的可食用部分汞含量均低于或接近我国《食品安全国家标准　食品中污染物限量》（GB 2762—2022）中所允许的最大汞含量（10 ng/g）。

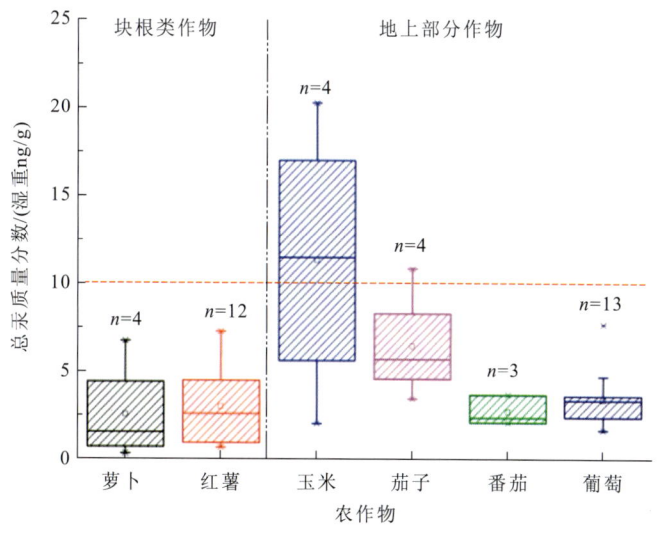

图 1.21　下溪乡农作物的可食用部分汞含量

（3）垢溪村农作物的汞污染特征

从图 1.22 可以看出，除了蒜苗，块根类农作物（萝卜、红薯和地瓜）和部分非块根类农作物（玉米、茄子和番茄）的可食用部分汞含量均低于或接近我国《食品安全国家标准　食品中污染物限量》（GB 2762—2022）中所允许的最大汞含量（10 ng/g）。

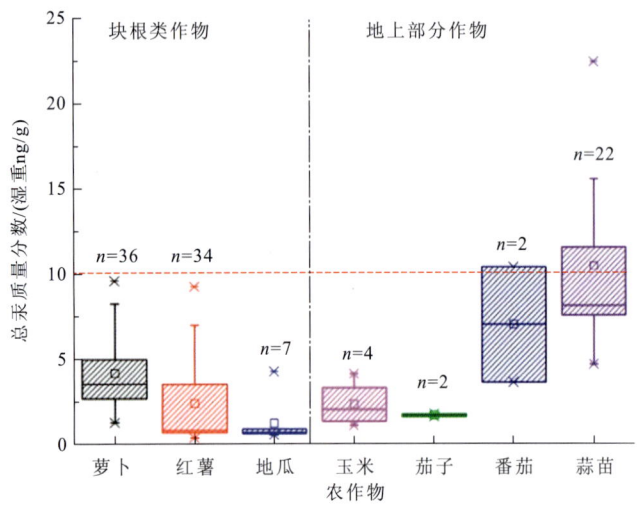

图 1.22　垢溪村农作物的可食用部分汞含量

（4）敖寨乡农作物的汞污染特征

从图 1.23 可以看出，除了块根类农作物（萝卜和红薯）和玉米，番茄、茄子、四季豆、叶类蔬菜、葡萄和西瓜中的汞含量均超出我国《食品安全国家标准　食品中污染物限量》（GB 2762—2022）中所允许的最大汞含量（10 ng/g）。

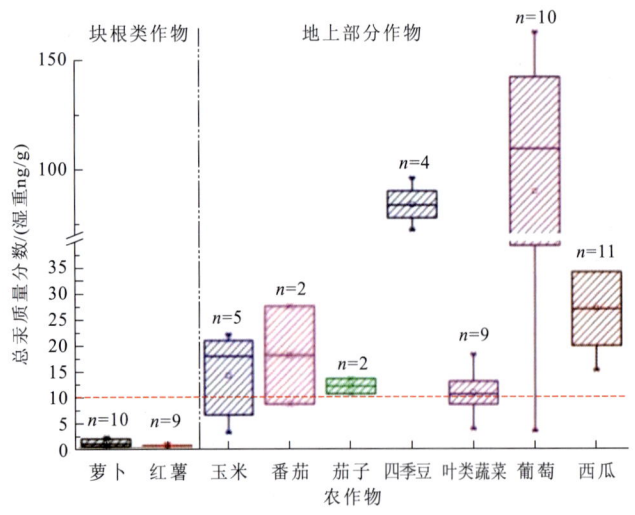

图 1.23　敖寨乡农作物的可食用部分汞含量

从图 1.24 可以看出，菌类（香菇、木耳及平菇）中的总汞质量分数为 25.1～241.2 ng/g，普遍高于其他农作物。菌类的种植方式与其他农作物不同，它们被种植在培养基质中，其不会与汞污染土壤直接接触，因此土壤中的汞不会进入菌体。普遍认为，菌类中的汞主要来源于大气。

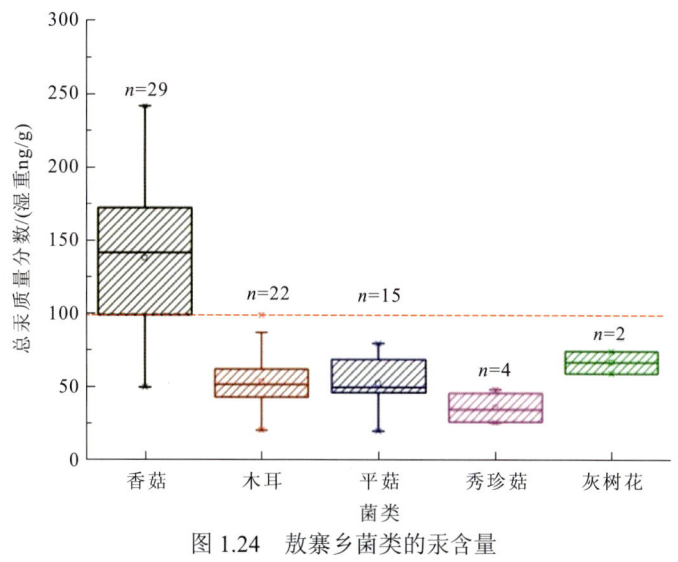

图1.24 敖寨乡菌类的汞含量

2. 丹寨金汞矿区土壤的汞污染特征

丹寨金汞矿区周边土壤汞质量分数为1.13～77.1 mg/kg，平均值为20.4 mg/kg。从汞的空间分布特征（图1.25）来看，汞矿渣堆放区域（K区）和邻近汞矿渣的村落（C区）汞含量高于国道区（G区）和对照区（D区）。邻近矿渣堆放区的土壤总汞含量明显高于其他区域，这主要是由于矿冶活动中产生的含汞废渣进入土壤，造成了污染。此外，矿渣堆中的汞经淋滤作用也能进入地表水和土壤，进一步加剧了汞污染。

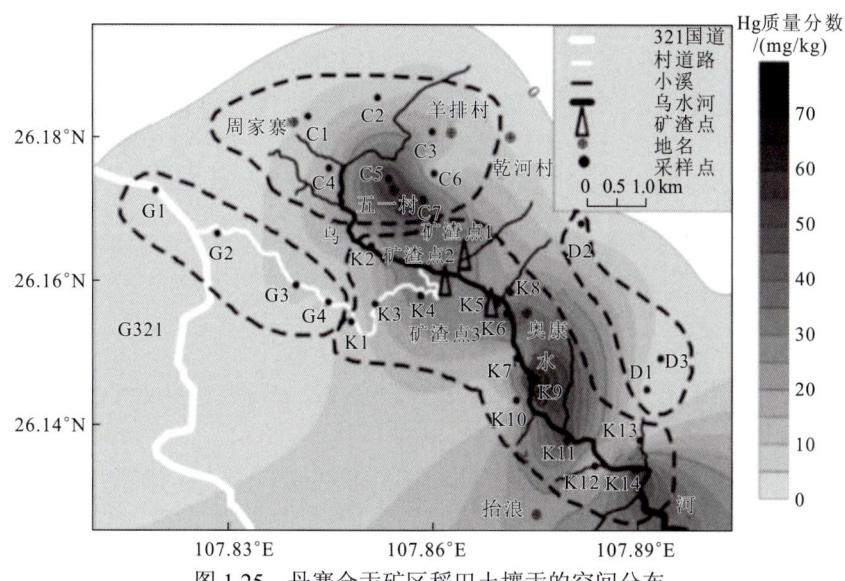

图1.25 丹寨金汞矿区稻田土壤汞的空间分布

3. 滥木厂矿区土壤的汞污染特征

1）土壤总汞

滥木厂矿区表层土壤的汞质量分数为 1.5～85.5 mg/kg。从图 1.26 可以看出不同点位表层土壤的汞含量存在显著的差异。林地表层土壤汞质量分数为 1.5～34.9 mg/kg，而农田表层土壤汞质量分数为 34.9～85.5 mg/kg。农田表层土壤汞含量明显高于林地土壤。

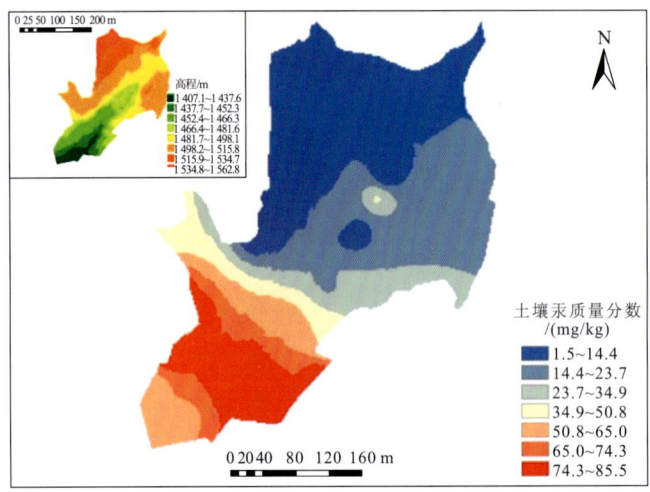

图 1.26　滥木厂矿区表层土壤汞的空间分布

左上图为高程图

进一步研究土壤剖面中汞含量的分布特征。通常，土壤剖面可以划分为三层：A 层即表土层、B 层为心土层、C 层为底土层。其中，表土层可进一步划分为耕作层和犁底层，也被称为腐殖质-淋溶层；在森林，还存在枯枝落叶层。心土层，即淀积层，是由表土淋溶下来的物质逐渐积累形成的。底土层，又称母质层，是土壤剖面的最下层。如图 1.27 所示，在农田剖面中，随着土壤深度的增加，耕作层（A 层）土壤中汞的含量逐渐降低，这一现象可能与大气汞沉降及化肥施用导致的表层土壤汞含量高有关；而从犁底层到心土层（B 层），土壤汞含量却呈现出升高的趋势，这可能是表层土壤中的汞经过淋溶作

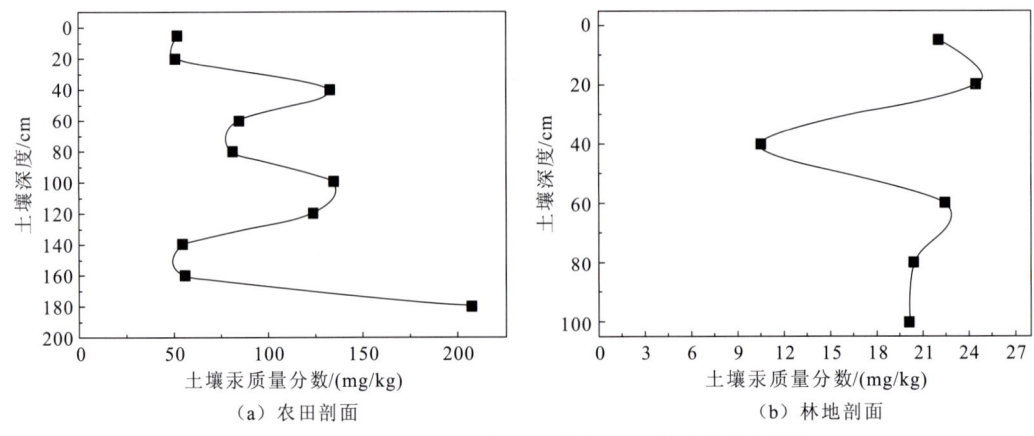

(a) 农田剖面　　　　　　　　　　　(b) 林地剖面

图 1.27　滥木厂矿区（回龙）土壤剖面汞含量的分布特征

用迁移到了心土层；在底土层（C层），土壤汞含量大幅度升高，这可能与靠近母岩有关。事实上，研究区域的母岩汞质量分数高达 97.7 mg/kg，这会导致发育的土壤中汞的背景值偏高。在林地剖面中，地表以下 30~40 cm 剖面处土壤汞含量明显高于表层和深层土壤，这是由于表层土壤中的汞经过淋溶作用后在此剖面富集。

2）土壤中汞的赋存形态

利用连续化学提取法（BCR）分析土壤中汞的形态，结果见图1.28。在农田土壤中，弱酸提取态汞和可还原态汞含量分别占总汞的<0.7%和<3%，可氧化态汞占比为36%~65%，残渣态汞占比为32%~60%。在林地土壤中，可氧化态汞的占比高达52%~77%，而残渣态汞占比为23%~45%。在农田土壤剖面中，从耕作层到母质层，弱酸提取态汞、可还原态汞和残渣态汞的比例逐渐升高，而有机结合态汞的比例则逐渐降低。类似地，在林地剖面土壤中，从有机质层到淋溶层也呈现出同样的趋势。尽管弱酸提取态汞和可还原态汞在农田和林地剖面土壤中占比较低，但是其移动性强，尤其在环境变化条件下易发生迁移，因而它们的环境风险不容忽视。

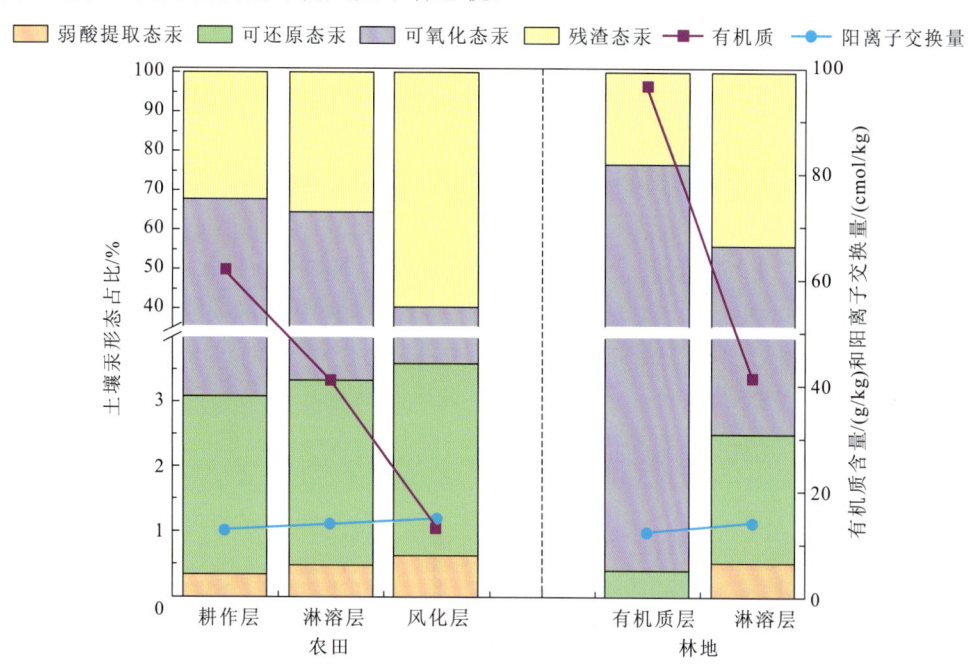

图1.28 农田和林地剖面土壤中不同形态汞占总汞的比例及有机质和阳离子交换量的分布特征

4. 万山汞矿区土壤与植物的汞污染特征

1）野生植物科属分布

图1.29展示了采集到的植物科属分布情况。从图中可见，菊科、禾本科、罂粟科、蓼科、豆科、木贼科、马鞭草科、凤尾蕨科、唇形科、玄参科、苋科、天南星科、漆树科和车前草科分别占据所调查植物科属的37%、12%、7%、7%、7%、5%、5%、5%、5%、2%、2%、2%、2%和2%。菊科和禾本科是矿坑周边最常见的植物科属，这可能与它们较强的重金属耐受性有关。据报道，重金属的耐性和超富集植物多出现在十字花科、

菊科、茄科和禾本科等植物科属中。例如，假臭草（*Praxelis clematidea*）、鬼针草（*Bidens pilosa* L.）、飞机草（*Chromolaena odorata*）和粗毛牛膝菊（*Galinsoga quadriradiata*）等菊科植物对镉具有很强的耐受性（Wei et al.，2018）。

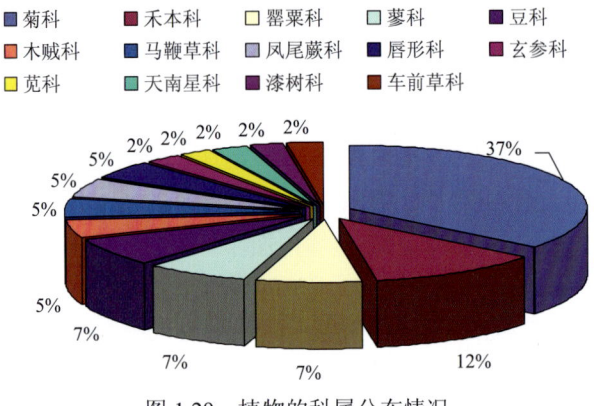

图 1.29　植物的科属分布情况

2）土壤汞含量

所有土壤样品的汞含量均超过我国土壤环境质量标准中所允许的最大总汞含量（3.4 mg/kg），其中汞质量分数最高可达 1 526 mg/kg（图 1.30）。根据 Qiu 等（2005）的研究报道，万山汞矿区梅子溪渣堆附近的土壤总汞质量分数可达 790 mg/kg。Wang 等（2011）的研究结果也显示，在万山汞矿区五号矿坑和四号矿坑周边汞污染农田中，土壤汞质量分数可高达 4 000 mg/kg。在西班牙阿尔马登汞矿区，土壤汞质量分数可达到 9 000 mg/kg（Higueras et al.，2003）。土壤中的汞主要来源于含汞废渣和大气汞的沉降。废渣中的汞在雨水冲刷和风力搬运的作用下进入土壤，导致污染。汞矿区大气汞浓度高，这些大气汞可通过干湿沉降的方式回到地表，造成污染。

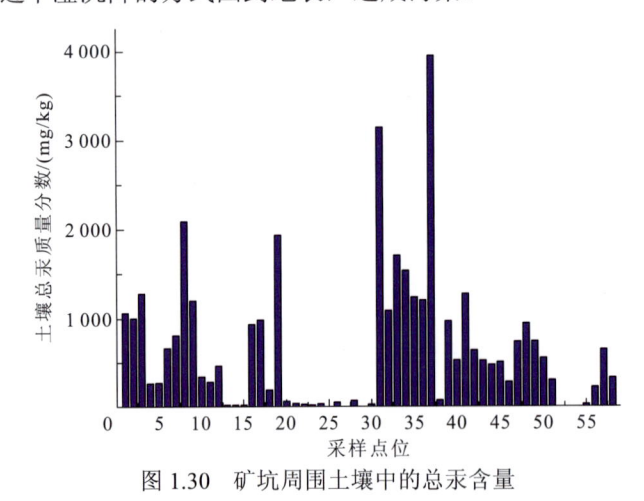

图 1.30　矿坑周围土壤中的总汞含量

利用 0.1 mol/L 稀盐酸提取土壤中的生物有效态汞。如图 1.31 所示，大部分土壤样品的生物有效态汞质量分数介于 0.001～1 mg/kg，占总汞含量的比例不足 0.1%（图 1.32）。包正铎等（2011）采用连续化学浸提法研究了万山汞矿区土壤中汞的形态。结果显示，溶解态与可交换态和特殊吸附态汞质量分数之和低于 0.1 mg/kg，它们占总汞的比例低于

0.07%。土壤中总汞含量和生物有效态汞含量之间并未呈现显著的线性关系（图 1.33），这表明土壤中汞的生物有效性受土壤总汞含量影响较小。通常认为，土壤中汞的生物有效性受 pH、有机质、氯离子等生物地球化学因子的调控。例如，Neculita 等（2005）曾报道土壤中汞的活性受到氯离子与总汞的偶联调控。

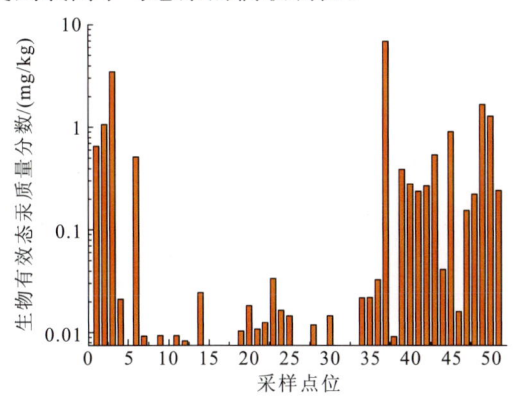

图 1.31 矿坑周围土壤生物有效态汞含量

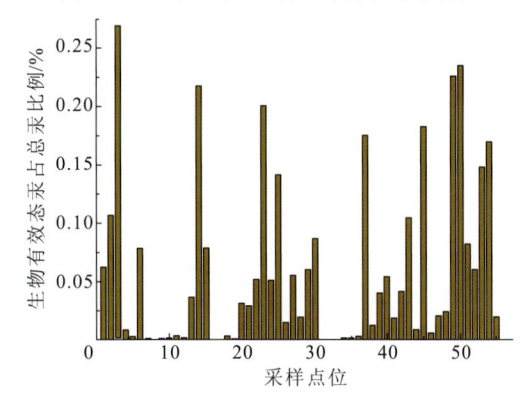

图 1.32 土壤中生物有效态汞占总汞的比例

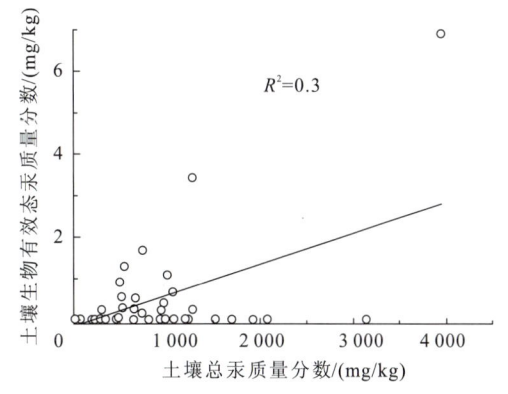

图 1.33 土壤总汞含量与生物有效态汞含量的相关性

3）野生植物中汞的含量

表 1.10 列出了从不同矿坑采集的植物根系、茎和叶片中的总汞含量，以及根系和茎（地上部分）的生物富集系数（bioaccumulation factor，BAF）和转运系数（translocation factor，TF）。

表 1.10 万山汞矿矿坑周边植物组织中汞含量、生物富集系数（BAF）和生物转运系数（TF）（平均值±标准偏差）

矿坑	植物种类	植物组织中汞质量分数/(mg/kg)					样品数	BAF茎	BAF根系	TF
		叶片	茎	根系	地上部分					
四号	博落回	0.96±0.21	0.57±0.34	2.3±3.1	—	3	0.002±0.001	0.007±0.009	0.52±0.32
四号	芒	—	—	0.93±0.4	0.7±0.21	3	0.002±0.001	0.003±0.001	0.97±0.76
四号	锯草	—	—	2.3±1.1	2.1±2.1	3	0.001±0.001	0.001±0.001	0.86±0.54
四号	蒿	—	—	1.4±0.4	3.7±1.6	3	0.004±0.002	0.001±0.001	2.7±0.9
四号	盐麸木	1.6±0.3	0.92±0.23	0.51±0.2	—	2	0.02±0.01	0.01±0.005	1.9±0.55
四号	蜈蚣草	—	—	2.4	1.5	3	0.004	0.01	0.7
四号	小蓬草	4.8±2.9	1.44±0.4	1.4±0.69	—	3	0.006±0.003	0.007±0.005	1.3±0.9
四号	臭牡丹	2.7±1.7	0.6±0.53	0.2±0.08	—	3	0.01±0.01	0.004±0.002	2.9±1.8
四号	木贼	—	—	18.2±5.8	2.5±0.15	3	0.004±0.001	0.03±0.01	0.15±0.05
四号	红蓼	—	—	3.26	0.38	1	0.0002	0.002	0.12
四号	首蓿	1.1±0.41	0.11±0.04	0.3±0.21	—	3	0.007±0.005	0.02±0.006	0.46±0.18
四号	蜈蚣草	2.31	0.79	2.74	—	1	0.002	0.006	0.29
四号	牛膝菊	—	—	0.4±0.36	0.54±0.14	3	0.1±0.1	0.07±0.05	1.94±0.99
四号	鬼针草	2.9±0.38	0.17±0.06	1.51±0.28	—	3	0.009±0.004	0.08±0.04	0.1±0.02
四号	狗尾草	—	—	2±0.78	1.1±0.02	3	0.09±0.03	0.15±0.06	0.6±0.3
四号	狗牙根	—	—	5.5±2.9	0.67±0.09	3	0.07±0.008	0.54±0.3	0.17±0.15
五号	一年蓬	26.7±16.9	6.8±3.8	23.8±5.4	—	3	0.04±0.03	0.11±0.07	0.28±0.13
五号	锯草	3.1±0.54	5.6±0.2	9.9±6.5	—	3	0.02±0.02	0.02±0.01	0.75±0.5
五号	瓦子草	10.3±3.4	3.6±2.1	14.8±20.6	—	3	0.02±0.02	0.09±0.14	0.73±0.74
五号	蜈蚣草	—	—	36.4±5.9	39.1±4.7	3	0.11±0.05	0.1±0.03	1.1±0.13
五号	蜈蚣草	—	—	7±0.68	22.8±12.7	3	0.002±0.001	0.007±0.004	0.43±0.34

续表

矿坑	植物种类	植物组织中汞质量分数/(mg/kg) 叶片	茎	根系	地上部分	样品数	BAF茎	BAF根系	TF
五号	蒿	3.8±2.1	0.3±0.1	0.8±0.3	—	3	0.001±0.001	0.002±0.001	0.5±0.5
五号	小蓬草	2.7±0.2	0.17±0.04	0.95±0.6	—	3	0.003±0.0001	0.01±0.01	0.2±0.09
五号	青蒿	2.8±0.3	0.2±0.01	0.4±0.07	—	3	0.004±0.0001	0.007±0.001	0.52±0.07
五号	菖蒲	—	—	1.4±0.8	1.1±0.4	3	0.01±0.005	0.02±0.009	0.9±0.2
五号	博落回	2.2±0.8	0.5±0.03	1.1±0.2	—	3	0.03±0.02	0.07±0.04	0.5±0.1
五号	瓦子草	9.9±1.7	2.8±0.3	39.2±5.1	—	3	0.004±0.0001	0.06±0.02	0.07±0.01
五号	青葙	4.6±0.3	1.0±0.2	1.6±0.2	—	3	0.03±0.02	0.05±0.02	0.66±0.03
五号	腺梗豨莶	3.5±0.1	0.6±0.5	2.0±0.7	—	3	0.01±0.007	0.06±0.04	0.42±0.5
五号	苍耳	2.8±0.3	0.6±0.2	4.7±2.9	—	3	0.01±0.004	0.1±0.06	0.13±0.05
五号	红蓼	2.0±0.08	0.2±0.03	1.3±0.2	—	3	0.003±0.0001	0.02±0.0001	0.15±0.04
五号	大狼巴草	2.1±0.1	0.4±0.1	1.0±0.04	—	3	0.01±0.003	0.03±0.0001	0.4±0.1
五号	瓦子草	3.9±0.6	0.6±0.3	1.0±0.2	—	3	0.03±0.02	0.04±0.02	0.6±0.2
五号	醉鱼草	4.5±2.6	1.8±1.6	5.7±1.7	—	3	0.02±0.02	0.06±0.02	0.4±0.9
五号	小蓬草	11.6±1.7	1.1±0.7	3.2±1.6	—	3	0.02±0.01	0.06±0.07	0.4±0.4
五号	狗牙根	—	—	1.9±0.6	1.0±0.2	3	0.02±0.005	0.04±0.01	0.6±0.1
五号	鬼针草	1.9±0.7	0.17±0.03	1.4±0.6	—	3	0.003±0.001	0.03±0.01	0.14±0.07
五号	灰绿藜	—	—	183±140	35.3±20.5	3	0.1±0.01	0.41±0.1	0.23±0.1
十八号	鬼针草	10.9±3.8	1.6±1.5	67.5±26.4	—	3	0.003±0.003	0.12±0.03	0.03±0.04
十八号	大狼巴草	2.7±0.2	0.5±0.1	2.3±0.3	—	3	0.02±0.01	0.07±0.06	0.2±0.06
十八号	小蓬草	5.7±0.7	0.5±0.03	12.1±5.4	—	3	0.008±0.009	0.3±0.4	0.04±0.02
十八号	薄荷	3.6±0.07	2.2±0.3	2.1±0.6	—	3	0.02±0.002	0.02±0.0001	1.1±0.3
十八号	博落回	2.9±1.4	4.3±4.2	4.6±2.8	—	3	0.003±0.003	0.004±0.003	0.4±0.5

在四号矿坑，植物根系的平均汞含量从高到低依次为：木贼（18.2 mg/kg）＞红蓼（3.26 mg/kg）＞蜈蚣草（2.74 mg/kg）＞博落回≈锯草（2.3 mg/kg）＞狗尾草（2 mg/kg）＞鬼针草（1.51 mg/kg）＞蒿≈小蓬草（1.4 mg/kg）＞芒（0.93 mg/kg）＞盐麸木（0.51 mg/kg）＞牛膝菊（0.4 mg/kg）＞苜蓿（0.3 mg/kg）＞臭牡丹（0.2 mg/kg）；植物地上部分的平均汞含量从高到低依次为：小蓬草（4.8 mg/kg）＞蒿（3.7 mg/kg）＞鬼针草（2.9 mg/kg）＞臭牡丹（2.7 mg/kg）＞木贼（2.5 mg/kg）＞锯草（2.1 mg/kg）＞盐麸木（1.6 mg/kg）＞蜈蚣草（1.5 mg/kg）＞苜蓿≈狗尾草（1.1 mg/kg）＞博落回（0.96 mg/kg）＞芒（0.7 mg/kg）＞狗牙根（0.67 mg/kg）＞牛膝菊（0.54 mg/kg）＞红蓼（0.38 mg/kg）。

在五号矿坑，植物根系的平均汞含量从高到低依次为：灰绿藜（183 mg/kg）＞瓦子草（39.2 mg/kg）＞蜈蚣草（36.4 mg/kg）＞一年蓬（23.8 mg/kg）＞锯草（9.9 mg/kg）＞醉鱼草（5.7 mg/kg）＞苍耳（4.7 mg/kg）＞小蓬草（3.2 mg/kg）＞腺梗豨莶（2.0 mg/kg）＞狗牙根（1.9 mg/kg）＞青葙（1.6 mg/kg）＞鬼针草（1.4 mg/kg）；植物地上部分的平均汞含量从高到低依次为：蜈蚣草（39.1 mg/kg）＞灰绿藜（35.3 mg/kg）＞一年蓬（26.7 mg/kg）＞小蓬草（11.6 mg/kg）＞瓦子草（10.3 mg/kg）＞青葙（4.6 mg/kg）＞醉鱼草（4.5 mg/kg）＞腺梗豨莶（3.5 mg/kg）。

在十八号矿坑，植物根系的平均汞含量从高到低依次为：鬼针草（67.5 mg/kg）＞小蓬草（12.1 mg/kg）＞博落回（4.6 mg/kg）＞大狼巴草（2.3 mg/kg）＞薄荷（2.1 mg/kg）；植物地上部分的平均汞含量从高到低依次为：鬼针草（10.9 mg/kg）＞小蓬草（5.7 mg/kg）＞薄荷（3.6 mg/kg）＞博落回（2.9 mg/kg）＞大狼巴草（2.7 mg/kg）。

综上，所有植物根系中总汞质量分数为 0.2～183 mg/kg，茎中汞质量分数为 0.11～6.8 mg/kg，而叶片中汞质量分数为 0.96～26.7 mg/kg。部分植物的茎和叶片被统一视作地上部分进行分析，其总汞质量分数为 0.38～39.1 mg/kg。通过比较植物不同组织的汞含量发现，根系最高，叶片次之，茎部最低。这一规律与西班牙阿尔马登汞矿区植物中汞的分布特征类似（表 1.11）。

在万山汞矿区，野生植物茎中的汞含量普遍较低，而根系汞含量则相对较高。值得注意的是，尽管叶片的总汞含量普遍高于茎部，但叶片中的汞主要来源于大气。植物叶片能够通过气孔和非气孔的路径从大气中吸收汞，并将其富集到叶片中。Wang 等（2011）的研究发现，植物地上部分的汞含量与大气汞浓度之间呈显著的线性相关关系，即大气汞浓度越高，植物地上部分的汞含量越高。植物叶片从大气吸收汞的过程受到多种环境因素的影响，包括大气汞浓度、叶片形貌、大气 CO_2 浓度及其他气象条件等（Stamenkovic et al.，2009；Millhollen et al.，2006；Egler et al.，2006）。在万山汞矿区，大气汞浓度可高达数千甚至上万 ng/m^3，远高于对照区贵阳市的大气汞浓度（8 ng/m^3）（Wang et al.，2011）。因此，为了客观地评估植物从土壤中富集汞的能力，主要参考植物茎的汞生物富集系数和转运系数，以尽量避免大气汞的干扰。

大部分植物均表现出较弱的汞富集能力。在所研究的植物中，根系汞的生物富集系数大于等于 0.1 的包括蜈蚣草、灰绿藜、鬼针草、一年蓬、苍耳、狗牙根和狗尾草；而茎中汞的生物富集系数大于等于 0.1 的则有牛膝菊、蜈蚣草和灰绿藜。其中，灰绿藜的根系平均汞含量最高，达到了 183 mg/kg，鬼针草次之，为 67.5 mg/kg；在茎（地上部分）中，蜈蚣草的平均汞含量最高（39.1 mg/kg），灰绿藜次之（35.3 mg/kg）。可见，灰绿藜不仅具

表 1.11 西班牙阿尔马登汞矿部分野生植物中汞含量（平均值±标准偏差）

植物种属	根系汞质量分数 /(mg/kg)	茎（地上部分）汞质量分数/(mg/kg)	叶片汞质量分数 /(mg/kg)	土壤汞质量分数 /(mg/kg)	TF	参考文献
夹竹桃 Nerium oleander	—	0.63±0.04	—	146±13	0.004±0.0005	Millán 等（2006）
鼠尾草叶岩蔷薇 Cistus salviifolius	—	0.52±0.03	—	5±0.43	0.1±0.01	Millán 等（2006）
白阿福花 Asphodelus albus	—	0.45±0.04	—	12.8±1.2	0.04±0.005	Millán 等（2006）
软毛老鹳草 Geranium molle	—	0.8±0.02	—	12.8±1.2	0.06±0.006	Millán 等（2006）
野芝麻菜 Eruca vesicaria	—	2.1±0.2	—	21±1.1	0.09±0.01	Millán 等（2006）
欧夏至草 Marrubium vulgare	4.6~85	0.7~4.5	5.1~30.6	1270~2695	—	Molina 等（2006）
唇萼薄荷 Mentha pulegium	0.8~11.1	0.04~5.2	1.3~60.9	1~76.4	—	Molina 等（2006）
酸模属 Rumex induratus	0.06~3.3	0.07~28.8	0.1~44.7	0.6~69.5	—	Molina 等（2006）

有较强的汞富集能力，而且生物量较大，是理想的汞污染土壤植物修复候选植物。值得注意的是，土壤总汞含量与植物根系和茎（地上部分）的汞含量之间并未表现出显著的线性相关关系，这表明植物从土壤中吸收汞的过程受土壤总汞的影响较小（图1.34和图1.35）。

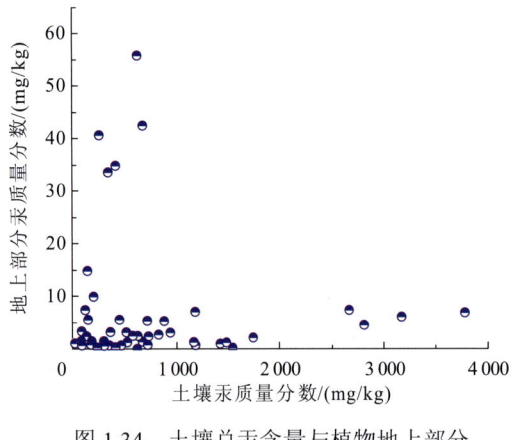

图 1.34 土壤总汞含量与植物地上部分汞含量的散点图

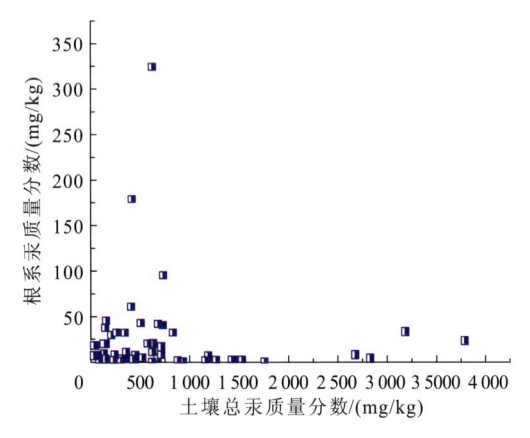

图 1.35 土壤总汞含量与植物根系汞含量的散点图

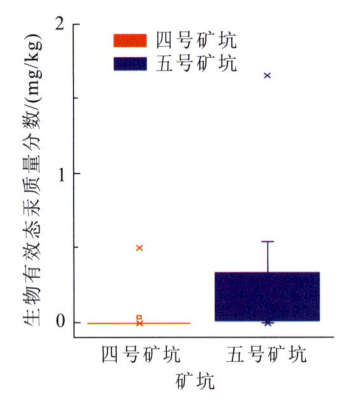

图 1.36 四号矿坑和五号矿坑周围土壤生物有效态汞的含量

土壤中生物有效态汞是影响植物富集汞的关键因素。例如，五号矿坑区域的土壤生物有效态汞含量普遍高于四号矿坑（图 1.36），同时生长在五号矿坑周围的植物中汞含量普遍高于四号矿坑的植物。四号矿坑所有植物根系和茎的平均汞质量分数分别为 0.6 mg/kg 和 3.1 mg/kg，而五号矿坑周边植物根系和茎的平均汞质量分数则分别高达 3.5 mg/kg 和 19.8 mg/kg。对同种植物而言，从五号矿坑采集的植物组织中汞的含量普遍高于四号矿坑。以小蓬草为例，从四号矿坑采集的小蓬草的茎和根系的汞质量分数分别为 1.4 mg/kg 和 1.44 mg/kg，而采集于五号矿坑的小蓬草的茎和根系的汞质量分数分别为 1.1 mg/kg 和 3.2 mg/kg。

1.4.3 地表水汞污染特征

对照点水样总汞质量浓度为 45.1～56.4 ng/L，平均汞质量浓度为 50.5 ng/L，这一数值与我国 I 类和 II 类地表水质量标准（50 ng/L）相近。云场坪汞矿区地表水中不同形态汞的分布特征见图 1.37。水样中的总汞（THg）质量浓度为 4 200～81 600 ng/L，平均汞质量浓度为 1 500 ng/L；活性汞（RHg）的质量浓度为 1.7～15.7 ng/L，平均汞质量浓度为 5.4 ng/L；溶解态汞（DHg）的质量浓度为 1 700～11 000 ng/L，平均汞质量浓度为 314 ng/L。颗粒态汞（PHg）的质量浓度为 2 500～49 400 ng/L，平均汞质量浓度为 1 200 ng/L。由以上数据可以看出，颗粒态汞是汞矿区地表水中汞的主要赋存形态。

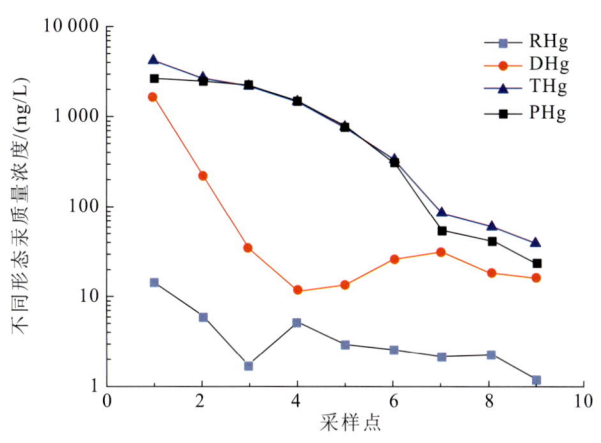

图 1.37 云场坪汞矿区地表水中不同形态汞的含量

采样点 1~6 为汞矿区，7~9 为对照区

云场坪汞矿区地表水总汞浓度显著高于对照点水样，这表明汞矿区地表水已受到了一定程度的汞污染，这与世界其他汞矿区的研究结果一致（表 1.12）。因此，云场坪汞矿区地表水汞污染带来的环境风险不容忽视。此外，尽管活性汞在总汞中的占比较小，但其平均质量浓度达到 5.4 ng/L。活性汞在水体中既有可能被还原成零价汞进入大气，也可能被微生物甲基化生成毒性更强的甲基汞，因此其环境风险也应受到重视。

表 1.12　国内外不同汞矿区地表水体的汞质量浓度

汞矿	所在国家	THg 质量浓度/(ng/L)	参考文献
阿尔马登矿	西班牙	7.6~20 300	Gray 等（2004）
伊德里亚汞矿	斯洛文尼亚	2.8~322	Hines 等（2000）
巴拉望汞矿	菲律宾	8~31 000	Gray 等（2003）
内华达汞矿	美国	3.1~2 000	Gray 等（2002）
加利福尼亚汞矿	美国	2~450 000	Ganguli 等（2000）
阿拉斯加汞矿	美国	1.0~2 500	Gray 等（2000）
阿巴迪亚-圣萨尔瓦托雷汞矿	意大利	3.8~1 400	Rimondi 等（2012）
务川汞矿区	中国	13~2 100	Qiu 等（2006a）
滥木厂汞矿区	中国	22~360	Qiu 等（2006b）
万山汞矿区	中国	17.3~12 000	Feng 等（2003）；Horvat 等（2003）；Qiu 等（2009）
云场坪汞矿区	中国	81.6~4 250	夏吉成等（2016）

如图 1.38 所示，汞矿区水体中的颗粒态汞与总汞含量之间呈现出显著的正相关关系，表明地表水中的汞主要与颗粒物结合在一起并进行迁移。这一结果为汞矿区地表水汞污染控制提供了思路，即通过在河流修建围堰/拦河坝可拦截颗粒物，从而控制河流中汞的迁移。

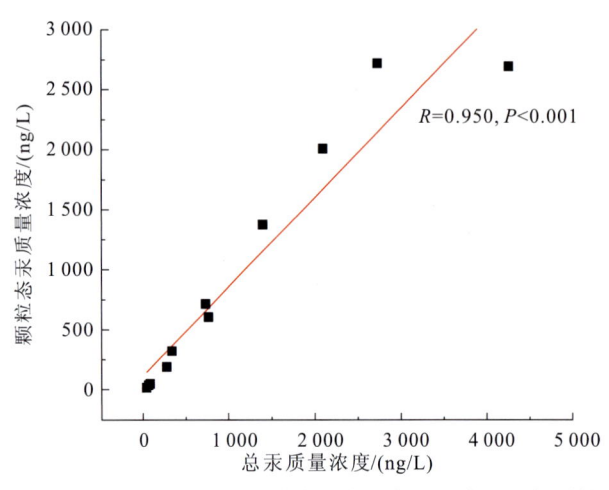

图1.38 汞矿区地表水颗粒态汞含量与总汞含量的相关性

1.5 土壤中不同形态无机汞转化特征

稻米中的甲基汞主要来源于土壤，因此控制土壤甲基汞是削减稻米甲基汞含量，进而降低人体甲基汞暴露健康风险的关键途径。明确土壤中何种形态的无机汞容易被转化为甲基汞是控制土壤甲基汞的前提。土壤中无机汞的主要赋存形态包括 Hg(II)、HgSO$_4$、硫化汞（α-HgS、β-HgS 和纳米 HgS）和有机质结合态汞（Hg-DOM）等（Manceau et al.，2018；Yin et al.，2016；Wang et al.，2012）。不同形态无机汞的迁移能力与甲基化潜力存在差异。相较于其他形态无机汞，硫化汞的溶解性较低，因而其甲基化潜力相对较弱（Jonsson et al.，2014）。然而，芳香类有机质能破坏硫化汞矿物表面的 Hg—S 键，从而促进其活化（Waples et al.，2005）。汞与 DOM 结合后，更利于汞的甲基化（Jonsson et al.，2014），这一过程受到硫化物（S^{2-}）和 DOM 共同调控（Pham et al.，2014；Deonarine et al.，2009）。当 S^{2-} 浓度较低时，Hg 与 DOM 结合形成大分子 Hg-DOM 化合物（Deonarine et al.，2009），这种大分子化合物不易跨越细菌细胞膜被转化为甲基汞。当 S^{2-} 浓度高时，DOM 能够抑制 HgS 的聚集，形成纳米 HgS（Nano-HgS），其能跨越细菌细胞膜被转化为甲基汞（Pham et al.，2014；Waples et al.，2005）。目前，稻田中何种地球化学形态的无机汞易被转化为甲基汞仍缺乏明确的认识。那么，对这一问题的深入探究将有助于理解稻田土壤中汞的转化机制，为汞污染稻田修复提供科学依据。

1.5.1 试验设计

供试土壤采集于某背景区无污染的农田，将其风干过筛后用于试验。如表 1.13 所示，该土壤属于粉质黏土，其 pH 呈中性。土壤中的总有机碳和总汞（THg）质量分数分别为 5.74% 和 0.11 mg/kg。

表 1.13　供试土壤的基本理化性质

理化性质		数值
pH		6.85±0.01
盐度/‰		0.16±0.003
总有机碳质量分数/%		5.74±0.04
总汞质量分数/(mg/kg)		0.11±0.02
钠长石，Na(AlSi$_3$O$_8$)质量分数/%		13.21
伊利石质量分数/%		20.67
粒度分布/%	>0.9 mm	1.23
	0.5～0.9 mm	2.18
	0.2～0.5 mm	5.65
	0.125～0.2 mm	6.17
	0.076～0.125 mm	16.1
	0.038～0.076 mm	21.4
	<0.038 mm	47.3

准备或制备 HgCl$_2$、α-HgS、β-HgS、Nano-HgS 和 Hg-DOM 等汞的标准物，其中 HgCl$_2$、α-HgS、β-HgS 从市场上购买获得，而 Nano-HgS 和 Hg-DOM 则在实验室合成。参考 Gai 等（2016）的方法合成 Hg-DOM。首先，将适量的 HgCl$_2$ 溶于超纯水中，并使用 1 mol/L HNO$_3$ 调整溶液 pH 至 1.9 左右，得到 0.1 mmol/L 的 HgCl$_2$ 溶液。接着，将 500 mg 腐殖酸溶解于 1 L 的超纯水中，形成饱和腐殖酸溶液。将 HgCl$_2$ 溶液和腐殖酸溶液分别过 0.2 μm 滤膜，然后按照 1∶5（体积比）将它们混合，获得 Hg-DOM（2.5 μmol Hg /1μmol C）。将 Hg-DOM 静置一周后，置于烘箱中烘干，备用。

参考 Gai 等（2016）的方法合成 Nano-HgS。首先，将 HgCl$_2$ 溶解于 0.1 mol/L HCl 溶液中，获得 10 mmol/L 的 HgCl$_2$ 原液。随后，将半胱氨酸及羟乙基哌嗪乙磺酸（HEPES）分别溶解于无氧的超纯水中，获得半胱氨酸原液（5 mmol/L）和 40 mmol/L、pH 为 7.5 的 HEPES 缓冲液。在厌氧箱中，将 HgCl$_2$ 和半胱氨酸原液按照 1∶2（体积比）混合，并加入适量的 HEPES 缓冲液，制备出 Nano-HgS 颗粒，其尺寸为 7.46 nm。采用 X 射线衍射（X-ray diffraction，XRD）技术对制备的 Nano-HgS 颗粒进行表征。如图 1.39 所示，样品的 XRD 谱与 β-HgS 的标准谱（3.37、2.06、1.76）基本一致，说明合成的 Nano-HgS 颗粒的晶相以 β-HgS 为主。

在田间试验中，设置 11 个面积为 1.5 m^2（1 m×1.5 m）的小区，每个小区均用聚乙烯薄膜覆盖，并置入约 25 kg 的土壤。随后，向这些土壤中分别添加 5 mg/kg 或 50 mg/kg 不同形态汞的化合物，包括 HgCl$_2$、α-HgS、β-HgS、Nano-HgS 和 Hg-DOM，并同时设置对照组（不加汞）。将汞与土壤混匀，测得的实际汞质量分数为 2.87～4.41 mg/kg（5 mg/kg 添加组）和 35.7～58.7 mg/kg（50 mg/kg 添加组）。

选用杂交水稻-杨油 6 号作为供试作物。将水稻幼苗移栽至各个试验小区，每个小区 20 株。在水稻生长期间，根据作物的生长需求进行灌溉。灌溉水中的总汞质量浓度为 2.51 ng/L，低于污染土壤中的总汞含量，因而灌溉对土壤汞含量的影响可忽略不计。分

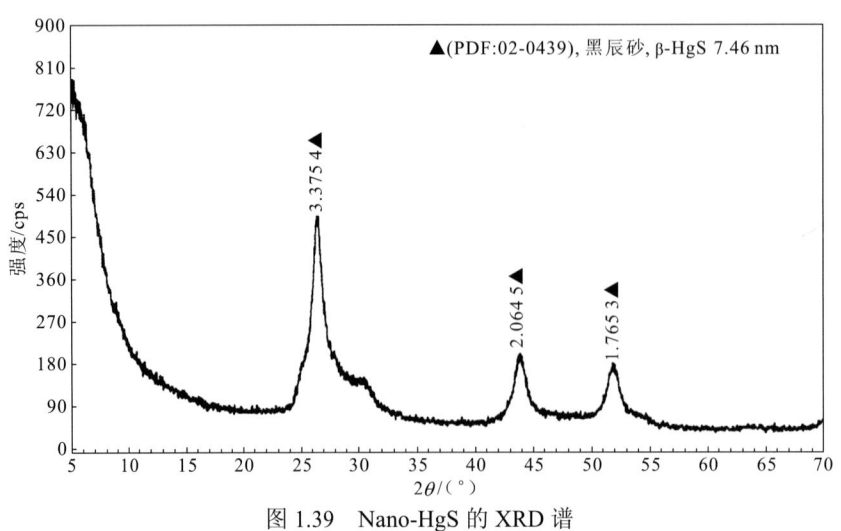

图 1.39 Nano-HgS 的 XRD 谱

cps 为每秒计数

别在水稻的分蘖期、有穗分化期和灌浆成熟期采集水稻植株及其对应的根际土壤样品，以及土壤孔隙水样品。采样时，分别利用 pH 计和氧化还原电位（oxidation reduction potential，ORP）测量仪现场测定稻田上覆水的 pH 和氧化还原电位。将清洗干净的水稻植株分为根、茎、叶和籽粒，然后经干燥粉碎后，用于汞含量的测定。将新鲜的土壤样品分为两部分：一部分样品经冷冻干燥过筛后，用于测定总汞和甲基汞含量；另一部分则保存在-20 ℃冰箱中，用于微生物群落分析。利用柱芯法采集土壤孔隙水，并将其分为四部分，分别用于总汞、甲基汞、溶解有机碳（dissolved organic carbon，DOC）和硫酸根含量的测定（Liu et al.，2011）。

1.5.2 土壤/孔隙水汞含量

1. 土壤甲基汞含量

如图 1.40 所示，在水稻生长期间，不同处理组与对照组土壤中的甲基汞（MeHg）含量差异明显。$HgCl_2$ 污染土壤的 MeHg 含量明显高于其他处理组。因此，与汞的硫化物（β-HgS、α-HgS 和 Nano-HgS）和 Hg-DOM 相比，$HgCl_2$ 更易于被微生物甲基化，这一结论与 Jonsson 等（2014，2012）的研究结果一致。Schaefer 等（2009）发现游离的 Hg(II)能与半胱氨酸（cysteine）结合形成 Hg(cysteine)$_2$ 化合物，该化合物易被还原硫杆菌转化为甲基汞。相较之下，HgS（包括 β-HgS 和 α-HgS）处理土壤中的 MeHg 含量较低，这表明 HgS 对微生物的生物可利用性相对较弱（Wang et al.，2012；Kim et al.，2003）。

在水稻分蘖期和灌浆成熟期，对于 5 mg/kg 汞含量处理组，Nano-HgS 处理土壤中 MeHg 含量显著（$P<0.05$）高于 Hg-DOM 和 HgS 处理土壤；而在水稻有穗分化期和灌浆成熟期，β-HgS 处理土壤中 MeHg 含量均明显高于 α-HgS 和 Nano-HgS 处理土壤，表明 β-HgS 在特定土壤环境条件下能够被微生物转化成甲基汞。对于 50 mg/kg 汞含量处理组，在水稻分蘖期，β-HgS 处理土壤中 MeHg 含量均超出其他硫化汞处理土壤。然而，在水稻有穗分化期和灌浆成熟期，HgS 和 Hg-DOM 处理土壤中的 MeHg 含量并未表现出显著差异。据报道，Hg-DOM 在土壤中会被转化为更稳定的 HgS，导致其活性减弱（Manceau et al.，2018）。

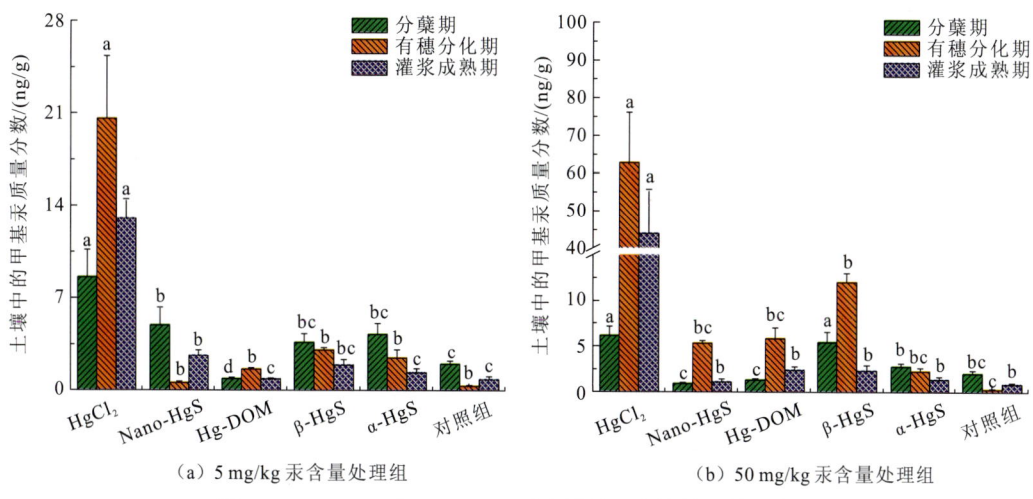

图 1.40　5 mg/kg 和 50 mg/kg 汞含量处理土壤的甲基汞含量

进一步比较不同汞含量处理土壤的 MeHg 含量，发现 5 mg/kg β-HgS 和 Hg-DOM 处理土壤的 MeHg 质量分数分别为 2.25 ng/g 和 0.95 ng/g，而当汞质量分数升至 50 mg/kg 时，它们则分别升高至 5.38 ng/g 和 3.15 ng/g，这表明土壤 MeHg 含量随着汞含量的升高而升高。相较于对照组，5 mg/kg α-HgS、β-HgS、Nano-HgS 和 Hg-DOM 处理土壤的甲基汞含量分别高出 3.9 倍、2.6 倍、2.4 倍和 1.7 倍，而在 50 mg/kg 汞含量处理组中则分别高出 4.4 倍、15.1 倍、6.7 倍和 10.9 倍。以上结果表明，在高汞污染条件下，HgS 和 Hg-DOM 能发生甲基化。然而，与 β-HgS 和 Hg-DOM 处理土壤相比，α-HgS 处理土壤中 MeHg 含量随土壤汞含量升高并未发生明显的变化，这表明 α-HgS 稳定性较高，不易被转化为甲基汞。

2. 孔隙水中汞的浓度

在 5 mg/kg 和 50 mg/kg 汞含量处理组中，HgCl₂ 处理土壤孔隙水中的 MeHg 浓度显著高于其他处理组和对照组（表 1.14），这一结果与土壤甲基汞的测定结果一致，并进一步表明 HgCl₂ 处理土壤中汞的生物有效性高。在 5 mg/kg 汞含量处理组中，Nano-HgS、Hg-DOM、β-HgS 和 α-HgS 处理土壤孔隙水中的 MeHg 浓度相较于对照组分别上升了 0.52 倍、2.10 倍、2.04 倍和 2.42 倍；而在 50 mg/kg 汞含量的处理组中 MeHg 浓度则分别上升了 7.52 倍、5.02 倍、4.56 倍和 5.77 倍（表 1.15）。

表 1.14　孔隙水中总汞与甲基汞的质量浓度及总汞与甲基汞比例

汞浓度 /(mg/kg)	不同形态汞处理组	总汞质量浓度/(μg/L) 范围	平均值	甲基汞质量浓度/(μg/L) 范围	平均值	(MeHg/THg)/% 范围	平均值
0.11	对照	37~257	114	0.42~0.53	0.48	0.14~1.43	0.76
5	HgCl₂	100~2 950	1 190	4.10~29.2	12.6	0.74~4.40	2.05
	Nano-HgS	100~1 220	500	0.45~1.18	0.73	0.09~0.45	0.28
	Hg-DOM	200~300	250	1.04~1.89	1.49	0.51~0.74	0.59
	β-HgS	40~290	200	0.37~2.64	1.46	0.14~6.56	2.38
	α-HgS	180~330	260	0.51~3.12	1.64	0.16~1.11	0.66

续表

汞浓度 /(mg/kg)	不同形态汞处理组	总汞质量浓度/(μg/L) 范围	总汞质量浓度/(μg/L) 平均值	甲基汞质量浓度/(μg/L) 范围	甲基汞质量浓度/(μg/L) 平均值	(MeHg/THg)/% 范围	(MeHg/THg)/% 平均值
50	HgCl$_2$	380～2 040	960	9.42～56.4	30.3	2.48～5.35	3.53
	Nano-HgS	260～3 040	1 470	2.38～6.58	4.09	0.11～0.93	0.55
	Hg-DOM	740～1 840	1 200	2.10～4.48	2.89	0.11～0.60	0.31
	β-HgS	80～1 190	510	1.22～3.44	2.67	0.29～4.01	1.58
	α-HgS	200～400	320	1.82～4.72	3.25	0.85～1.17	0.97

表 1.15 不同汞处理土壤孔隙水中总汞和甲基汞浓度超出对照土壤的倍数

汞形态	5 mg/kg 总汞超出倍数	5 mg/kg 甲基汞超出倍数	50 mg/kg 总汞超出倍数	50 mg/kg 甲基汞超出倍数
HgCl$_2$	9.43	25.25	7.42	62.13
Nano-HgS	3.38	0.52	11.89	7.52
Hg-DOM	1.19	2.10	9.52	5.02
β-HgS	0.75	2.04	3.47	4.56
α-HgS	1.28	2.42	1.81	5.77

在 5 mg/kg 汞含量处理组中，HgCl$_2$ 和 Nano-HgS 处理土壤孔隙水的总汞浓度高于 Hg-DOM、α-HgS 和 β-HgS 处理土壤，而在 50 mg/kg 汞含量处理组中，则为 Nano-HgS>Hg-DOM>HgCl$_2$>β-HgS>α-HgS。与 5 mg/kg HgCl$_2$ 处理土壤相比，50 mg/kg HgCl$_2$ 处理土壤孔隙水的总汞浓度并未显著升高，这可能是因为土壤中黏土矿物对 Hg^{2+} 的吸附降低了孔隙水中汞的浓度（Miretzky et al.，2005）。在 HgS（包括 α-HgS、β-HgS 和 Nano-HgS）处理组和 Hg-DOM 处理组中，土壤孔隙水的总汞浓度均显著高于对照组，这表明在稻田土壤中，HgS 和 Hg-DOM 均存在不同程度的活化现象。Nano-HgS 处理土壤孔隙水的总汞浓度相较 α-HgS 和 β-HgS 处理组更高，这表明 Nano-HgS 在土壤中的活化能力强于 α-HgS 和 β-HgS。Nano-HgS 的活化与土壤氧化还原条件密切相关。在厌氧条件下，Nano-HgS 能稳定存在，然而一旦吸附在其表面的有机物质发生氧化，Nano-HgS 的稳定性就会受到破坏发生活化。土壤经历周期性的氧化-还原过程也会加剧 Nano-HgS 的活化（Mazrui et al.，2018）。此外，Nano-HgS 在有机质或含硫化合物的作用下也能被活化（Slowey，2010；Ravichandran et al.，1999）。

Hg-DOM 处理土壤孔隙水的汞浓度（200～300 μg/L）相较 Nano-HgS（100～1 220 μg/L）和 HgCl$_2$ 处理土壤（100～2 950 μg/L）都低，且与 α-HgS 处理土壤孔隙水的汞浓度（180～330 μg/L）处于相近水平。这表明 Hg-DOM 复合物在稻田环境中随时间延长会逐渐变得更为稳定。Manceau 等（2018）发现，溶液中的 Hg-DOM 会随时间转化为无定形的硫化汞（HgS）。在水稻生长期内，土壤中大部分 Hg-DOM 很可能被转化为 HgS。

MeHg/THg 值常被视作衡量土壤中汞甲基化潜力的关键指标。在 5 mg/kg 汞含量处理组中，不同处理土壤中汞的甲基化潜力由高到低依次为 HgCl$_2$>β-HgS>α-HgS>Nano-HgS>Hg-DOM；而在 50 mg/kg 汞处理组中，不同处理土壤中汞的甲基化潜力由高到低依次为 HgCl$_2$>β-HgS>α-HgS>Hg-DOM>Nano-HgS。可以看出，HgCl$_2$ 在土壤中的甲基化潜力高于β-HgS、Hg-DOM、α-HgS和Nano-HgS。尽管Nano-HgS和Hg-DOM处理土壤孔隙水中THg浓度高于α-HgS和β-HgS处理组，但它们的MeHg/THg值却相对较低。这一结果表明，Nano-HgS和Hg-DOM对汞甲基化微生物的生物可利用性低。根据前人的研究，土壤中的Nano-HgS和Hg-DOM能够发生聚集，转化为不同粒径的HgS（Hsu-Kim et al.，2013；Slowey，2010；Ravichandran et al.，1999）。如果这些HgS的粒径小于滤膜的孔隙大小（即小于0.45 μm），它们就会透过滤膜进入滤液，从而被误认为是"水溶态"。但是，这些HgS很难被转化为甲基汞。

在5 mg/kg和50 mg/kg汞含量处理组中，MeHg/THg与DOC（经ln函数转换）之间存在显著的正相关关系（图1.41），表明DOC在汞甲基化过程中发挥了重要的作用。但是，MeHg/THg与SO_4^{2-}（经ln函数转换）之间的相关性并不显著，这暗示了硫酸根对汞甲基化的影响可能受其他地球化学过程的影响。如图1.42所示，土壤中汞的甲基化受THg和DOC共同调控。特别是，当ln(DOC)为3.6、ln(THg)为7.7的条件下（$HgCl_2$和β-HgS处理组），汞的甲基化潜力最大。

（a）ln(MeHg/THg)与ln(SO_4^{2-})的相关关系　　（b）ln(MeHg/THg)与ln(DOC)的相关关系

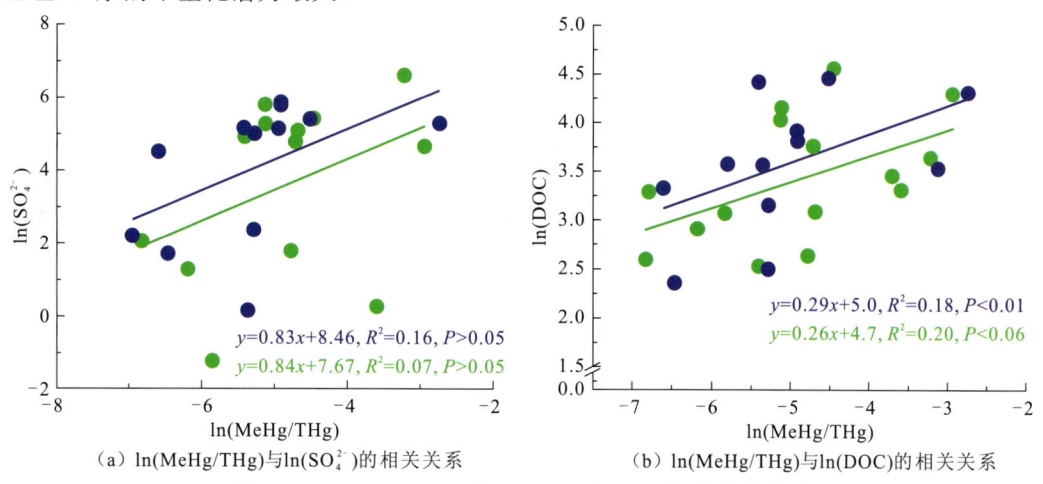

图1.41　ln(MeHg/THg)与ln(DOC)和ln(SO_4^{2-})的相关关系

蓝色圆圈表示5 mg/kg Hg含量处理；绿色圆圈表示50 mg/kg Hg含量处理

1.5.3　水稻甲基汞含量

图1.43展示了不同生长期水稻的根系、茎和叶片中的MeHg含量。50 mg/kg汞处理组的水稻根系、茎和叶片MeHg含量均高于5 mg/kg汞处理组。在5 mg/kg和50 mg/kg汞处理组中，$HgCl_2$处理组的水稻根系、茎和叶片中MeHg含量均超过了Hg-DOM、Nano-HgS、β-HgS和α-HgS处理组。在水稻分蘖期和灌浆成熟期，5 mg/kg β-HgS和α-HgS处理组的水

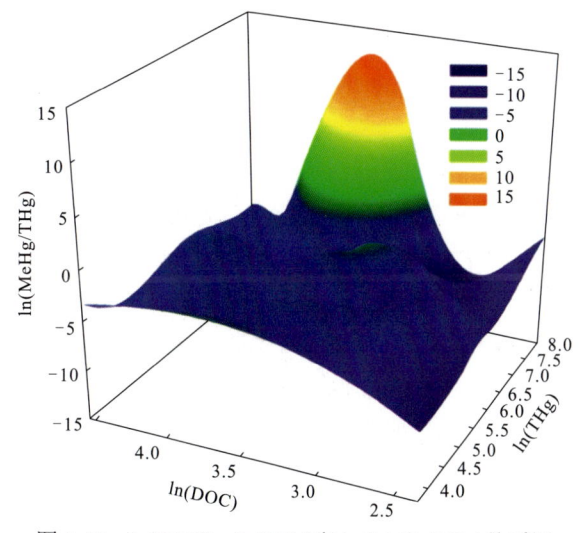

图1.42　ln(DOC)、ln(THg)和ln(MeHg/THg)关系图

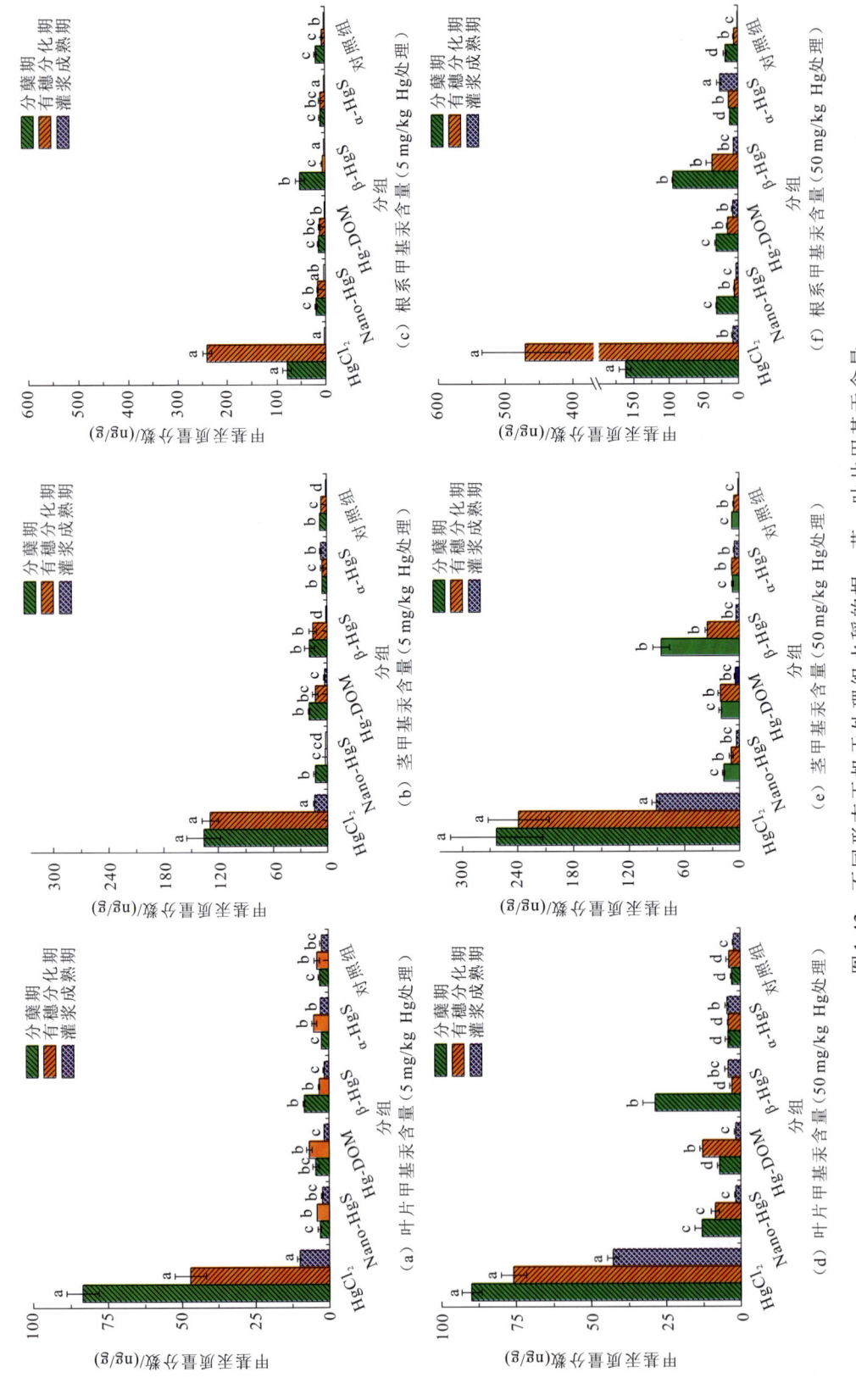

图1.43 不同形态无机汞处理组水稻的根、茎、叶片甲基汞含量

不同小写字母表示不同处理土壤的MeHg含量存在显著差异（$P<0.05$）

稻茎和根系中 MeHg 含量均高于 Nano-HgS 和 Hg-DOM 处理组及对照组。在水稻有穗分化期和分蘖期,β-HgS 处理组水稻的茎和根系中 MeHg 含量显著高于其他处理组。

在所有处理组中,水稻叶片和茎中的 MeHg 含量在分蘖期和有穗分化期最高,而在灌浆成熟期最低,表明水稻体内甲基汞的迁移与水稻生长期相关。此外,水稻糙米的 MeHg 含量与叶片和茎的 MeHg 含量分别存在显著的线性相关关系。可以推断,在水稻生长过程中,甲基汞可能与水稻中的某些有机化合物(如半胱氨酸)结合,储存在叶片和茎中,并在灌浆期随营养物质从叶片和茎迁移到籽粒中。

如图 1.44 所示,在 $HgCl_2$ 污染土壤中种植的水稻糙米 MeHg 含量要显著高于其他汞含量处理组。在 5 mg/kg 和 50 mg/kg $HgCl_2$ 处理组中,糙米中的甲基汞质量分数分别达到 51.6 ng/g 和 99 ng/g,均远超我国《食品安全国家标准 食品中污染物限量》(GB 2762—2022)中所允许的最大总汞含量(20 ng/g)。由此可见,在 $HgCl_2$ 污染土壤中种植水稻存在较高的环境风险。当水稻种植在 Hg-DOM、β-HgS、Nano-HgS 和 α-HgS 污染土壤中时,糙米中的 MeHg 含量相较对照组也呈现出升高趋势。在 5 mg/kg 和 50 mg/kg Hg-DOM、β-HgS、Nano-HgS 和 α-HgS 处理组中,糙米中 MeHg 质量分数分别为 3.3~7.6 ng/g 和 7~14 ng/g,均高于对照组水稻(2.4 ng/g);与 5 mg/kg Hg-DOM、β-HgS、Nano-HgS 和 α-HgS 处理组相比,对应的 50 mg/kg 处理组中,糙米 MeHg 质量分数分别升高了 44%、114%、68% 和 337%,表明土壤中高含量无机汞会在一定程度上造成水稻甲基汞污染。

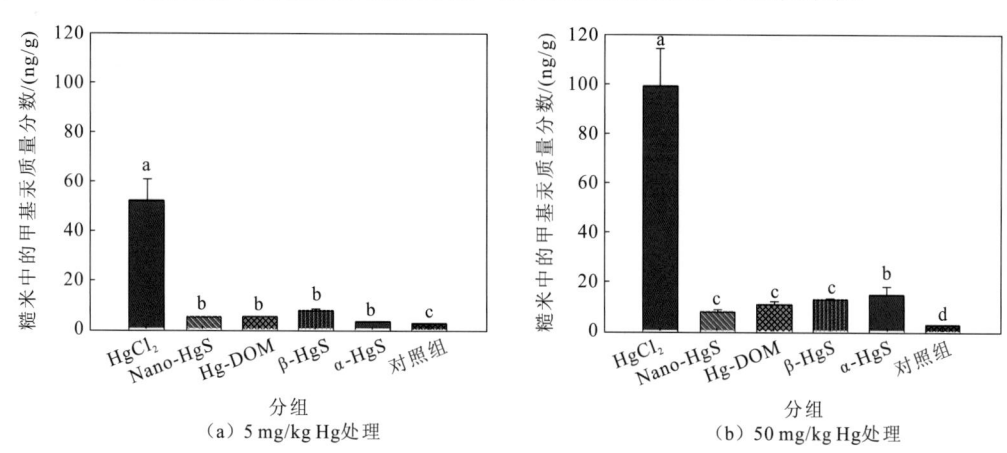

图 1.44 $HgCl_2$、Nano-HgS、Hg-DOM、β-HgS、α-HgS 处理组水稻糙米中的甲基汞含量

不同小写字母表示不同处理组糙米中的甲基汞含量存在显著差异($P<0.05$)

参 考 文 献

包正铎, 王建旭, 冯新斌, 等, 2011. 贵州万山汞矿区污染土壤中汞的形态分布特征. 生态学杂志, 30(5): 907-913.

陈天虎, 冯军会, 徐晓春, 2001. 国外尾矿酸性排水和重金属淋滤作用研究进展. 环境污染治理技术与设备, 2(2): 41-46.

刘鹏, 吴攀, 陶秀珍, 2005. 贵州丹寨汞矿土壤汞含量的变化趋势. 环境科学与技术, 28(S12): 9-10, 46.

孟博, 2011. 西南地区敏感生态系统汞的生物地球化学过程及健康风险评价. 北京: 中国科学院大学.

仇广乐, 冯新斌, 王少锋, 等, 2006. 贵州汞矿矿区不同位置土壤中总汞和甲基汞污染特征的研究. 环境科学, 27(3): 550-555.

夏吉成, 胡平, 王建旭, 等, 2016. 贵州省铜仁汞矿区汞污染特征研究. 生态毒理学报, 11(1): 231-238.

阎海鱼, 冯新斌, 商立海, 等, 2003. 天然水体中痕量汞的形态分析方法研究. 分析测试学报, 22(5): 10-13.

Akielaszek J J, Haines T A, 1981. Mercury in the muscle tissue of fish from three northern Maine lakes. Bulletin of Environmental Contamination and Toxicology, 27(2): 201-208.

Biester H, Gosar M, Müller G, 1999. Mercury speciation in tailings of the Idrija mercury mine. Journal of Geochemical Exploration, 65(3): 195-204.

Biester H, Gosar M, Covelli S, 2000. Mercury speciation in sediments affected by dumped mining residues in the drainage area of the Idrija mercury mine, Slovenia. Environmental Science & Technology, 34(16): 3330-3336.

Bourdineaud J P, Durn G, Režun B, et al., 2020. The chemical species of mercury accumulated by *Pseudomonas idrijaensis*, a bacterium from a rock of the Idrija mercury mine, Slovenia. Chemosphere, 248: 126002.

Deonarine A, Hsu-Kim H, 2009. Precipitation of mercuric sulfide nanoparticles in NOM-containing water: implications for the natural environment. Environmental Science & Technology, 43(7): 2368-2373.

Egler S G, Rodrigues-Filho S, Villas-Bôas R C, et al., 2006. Evaluation of mercury pollution in cultivated and wild plants from two small communities of the Tapajós gold mining reserve, Pará State, Brazil. Science of the Total Environment, 368(1): 424-433.

Faganeli J, Horvat M, Covelli S, et al., 2003. Mercury and methylmercury in the Gulf of Trieste (northern Adriatic Sea). Science of the Total Environment, 304(1/2/3): 315-326.

Falnoga I, Tušek-ŽnidaričM, Horvat M, et al., 2000. Mercury, selenium, and cadmium in human autopsy samples from Idrija residents and mercury mine workers. Environmental Research, 84(3): 211-218.

Feng X, Qiu G, Wang S, et al., 2003. Distribution and speciation of mercury in surface waters in mercury mining areas in Wanshan, Southwestern China. Journal de Physique IV (Proceedings), 107: 455-458.

Fleming L E, Walking S, Kaderman R, et al., 1995. Mercury exposure in humans through food consumption from the Everglades of Florida. Water, Air, and Soil Pollution, 80(1): 41-48.

Gai K, Hoelen T P, Hsu-Kim H, et al., 2016. Mobility of four common mercury species in model and natural unsaturated soils. Environmental Science & Technology, 50(7): 3342-3351.

Ganguli P M, Mason R P, Abu-Saba K E, et al., 2000. Mercury speciation in drainage from the new Idria mercury mine, California. Environmental Science & Technology, 34(22): 4773-4779.

Gosar M, Šajn R, Teršič T, 2016. Distribution pattern of mercury in the Slovenian soil: geochemical mapping based on multiple geochemical datasets. Journal of Geochemical Exploration, 167: 38-48.

Gray J E, Crock J G, Fey D L, 2002. Environmental geochemistry of abandoned mercury mines in West-Central Nevada, USA. Applied Geochemistry, 17(8): 1069-1079.

Gray J E, Greaves I A, Bustos D M, et al., 2003. Mercury and methylmercury contents in mine-waste calcine, water, and sediment collected from the Palawan Quicksilver Mine, Philippines. Environmental Geology, 43(3): 298-307.

Gray J E, Hines M E, 2006. Mercury: distribution, transport, and geochemical and microbial transformations from natural and anthropogenic sources. Applied Geochemistry, 21(11): 1819-1820.

Gray J E, Hines M E, Higueras P L, et al., 2004. Mercury speciation and microbial transformations in mine wastes, stream sediments, and surface waters at the Almadén Mining District, Spain. Environmental Science & Technology, 38(16): 4285-4292.

Gray J E, Theodorakos P M, Bailey E A, et al., 2000. Distribution, speciation, and transport of mercury in stream-sediment, stream-water, and fish collected near abandoned mercury mines in southwestern Alaska, USA. Science of the Total Environment, 260(1/2/3): 21-33.

Gustin M S, Coolbaugh M, Engle M, et al., 2003. Atmospheric mercury emissions from mine wastes and surrounding geologically enriched terrains. Environmental Geology, 43(3): 339-351.

Gustin M S, Lindberg S, Marsik F, et al., 1999. Nevada STORMS project: measurement of mercury emissions from naturally enriched surfaces. Journal of Geophysical Research: Atmospheres, 104(D17): 21831-21844.

Hernández A, Jébrak M, Higueras P, et al., 1999. The Almadén mercury mining district, Spain. Mineralium Deposita, 34(5): 539-548.

Higueras P, Oyarzun R, Biester H, et al., 2003. A first insight into mercury distribution and speciation in soils from the Almadén mining district, Spain. Journal of Geochemical Exploration, 80(1): 95-104.

Higueras P, Oyarzun R, Oyarzún J, et al., 2004. Environmental assessment of copper-gold-mercury mining in the Andacollo and Punitaqui districts, northern Chile. Applied Geochemistry, 19(11): 1855-1864.

Hines M E, Horvat M, Faganeli J, et al., 2000. Mercury biogeochemistry in the Idrija river, Slovenia, from above the mine into the Gulf of Trieste. Environmental Research, 83(2): 129-139.

Hsu-Kim H, Kucharzyk K H, Zhang T, et al., 2013. Mechanisms regulating mercury bioavailability for methylating microorganisms in the aquatic environment: a critical review. Environmental Science & Technology, 47(6): 2441-2456.

Horvat M, Nolde N, Fajon V, et al., 2003. Total mercury, methylmercury and selenium in mercury polluted areas in the province Guizhou, China. Science of the Total Environment, 304(1/2/3): 231-256.

Jonsson S, Skyllberg U, Nilsson M B, et al., 2012. Mercury methylation rates for geochemically relevant Hg(II) species in sediments. Environmental Science & Technology, 46(21): 11653-11659.

Jonsson S, Skyllberg U, Nilsson M B, et al., 2014. Differentiated availability of geochemical mercury pools controls methylmercury levels in estuarine sediment and biota. Nature Communications, 5: 4624.

Kim C S, Bloom N S, Rytuba J J, et al., 2003. Mercury speciation by X-ray absorption fine structure spectroscopy and sequential chemical extractions: a comparison of speciation methods. Environmental Science & Technology, 37(22): 5102-5108.

Kim C S, Brown G E, Rytuba J J, 2000. Characterization and speciation of mercury-bearing mine wastes using X-ray absorption spectroscopy. Science of the Total Environment, 261(1/2/3): 157-168.

Kim K H, Lindberg S E, Meyers T P, 1995. Micrometeorological measurements of mercury vapor fluxes over background forest soils in eastern Tennessee. Atmospheric Environment, 29(2): 267-282.

Lavrič J V, Spangenberg J E, 2003. Stable isotope (C, O, S) systematics of the mercury mineralization at Idrija, Slovenia: constraints on fluid source and alteration processes. Mineralium Deposita, 38(7): 886-899.

Lindqvist O, Johansson K, Bringmark L, et al., 1991. Mercury in the Swedish environment: recent research on causes, consequences and corrective methods. Water, Air, and Soil Pollution, 55(1): xi-261.

Liu J L, Feng X B, Qiu G L, et al., 2011. Intercomparison and applicability of some dynamic and equilibrium approaches to determine methylated mercury species in pore water. Environmental Toxicology and Chemistry, 30(8): 1739-1744.

Manceau A, Wang J X, Rovezzi M, et al., 2018. Biogenesis of mercury-sulfur nanoparticles in plant leaves from atmospheric gaseous mercury. Environmental Science & Technology, 52(7): 3935-3948.

Mazrui N M, Seelen E, King'ondu C K, et al., 2018. The precipitation, growth and stability of mercury sulfide nanoparticles formed in the presence of marine dissolved organic matter. Environmental Science Processes & Impacts, 20(4): 642-656.

Miklavčič A, Mazej D, Jaćimović R, et al., 2013. Mercury in food items from the Idrija Mercury Mine area. Environmental Research, 125: 61-68.

Millán J I, Ruiz J J, Camacho L, et al., 2003. Chronoamperometric study of the films formed by salts of heptyl viologen cation radical on mercury: desorption-nucleation and reorientation-nucleation mechanisms. Langmuir, 19(6): 2338-2343.

Millán R, Gamarra R, Schmid T, et al., 2006. Mercury content in vegetation and soils of the Almadén mining area (Spain). Science of the Total Environment, 368(1): 79-87.

Millhollen A G, Obrist D, Gustin M S. 2006. Mercury accumulation in grass and forb species as a function of atmospheric carbon dioxide concentrations and mercury exposures in air and soil. Chemosphere, 65(5): 889-897.

Miretzky P, Bisinoti M C, Jardim W F, 2005. Sorption of mercury(II) in Amazon soils from column studies. Chemosphere, 60(11): 1583-1589.

Molina J A, Oyarzun R, Esbrí J M, et al., 2006. Mercury accumulation in soils and plants in the Almadénmining district, Spain: one of the most contaminated sites on Earth. Environmental Geochemistry and Health, 28(5): 487-498.

Neculita C M, Zagury G J, Deschênes L, 2005. Mercury speciation in highly contaminated soils from chlor-alkali plants using chemical extractions. Journal of Environmental Quality, 34(1): 255-262.

O'Driscoll N J, Siciliano S D, Lean D S, et al., 2006. Gross photoreduction kinetics of mercury in temperate freshwater lakes and rivers: application to a general model of DGM dynamics. Environmental Science & Technology, 40(3): 837-843.

Pham A L, Morris A, Zhang T, et al., 2014. Precipitation of nanoscale mercuric sulfides in the presence of natural organic matter: structural properties, aggregation, and biotransformation. Geochimica et Cosmochimica Acta, 133: 204-215.

Poissant L, Casimir A, 1998. Water-air and soil-air exchange rate of total gaseous mercury measured at background sites. Atmospheric Environment, 32(5): 883-893.

Qiu G L, Feng X B, Wang S F, et al., 2005. Mercury and methylmercury in riparian soil, sediments, mine-waste calcines, and moss from abandoned Hg mines in east Guizhou province, southwestern China. Applied Geochemistry, 20(3): 627-638.

Qiu G L, Feng X B, Wang S F, et al., 2006a. Environmental contamination of mercury from Hg-mining areas in Wuchuan, northeastern Guizhou, China. Environmental Pollution, 142(3): 549-558.

Qiu G L, Feng X B, Wang S F, et al., 2006b. Mercury contaminations from historic mining to water, soil and vegetation in Lanmuchang, Guizhou, southwestern China. Science of the Total Environment, 368(1): 56-68.

Qiu G L, Feng X B, Wang S F, et al., 2009. Mercury distribution and speciation in water and fish from abandoned Hg mines in Wanshan, Guizhou province, China. Science of the Total Environment, 407(18): 5162-5168.

Ravichandran M, Aiken G R, Ryan J N, et al., 1999. Inhibition of precipitation and aggregation of metacinnabar (mercuric sulfide) by dissolved organic matter isolated from the Florida Everglades.

Environmental Science & Technology, 33(9): 1418-1423.

Rimondi V, Gray J E, Costagliola P, et al., 2012. Concentration, distribution, and translocation of mercury and methylmercury in mine-waste, sediment, soil, water, and fish collected near the Abbadia San Salvatore mercury mine, Monte Amiata district, Italy. Science of the Total Environment, 414: 318-327.

Schaefer J K, Morel F M M, 2009. High methylation rates of mercury bound to cysteine by *Geobacter sulfurreducens*. Nature Geoscience, 2(2): 123-126.

Scholtz M T, van Heyst B J, Schroeder W H. 2003. Modelling of mercury emissions from background soils. Science of the Total Environment. 304(1/2/3): 185-207.

Slemr F, Schuster G, Seiler W, 1985. Distribution, speciation, and budget of atmospheric mercury. Journal of Atmospheric Chemistry, 3(4): 407-434.

Slowey A J, 2010. Rate of formation and dissolution of mercury sulfide nanoparticles: the dual role of natural organic matter. Geochimica et Cosmochimica Acta, 74(16): 4693-4708.

Stamenkovic J, Gustin M S, 2009. Nonstomatal versus stomatal uptake of atmospheric mercury. Environmental Science & Technology, 43(5): 1367-1372.

Tan L C, Choa V, Tay J H, 1997. The influence of pH on mobility of heavy metals from municipal solid waste incinerator fly ash. Environmental Monitoring and Assessment, 44(1): 275-284.

Tomiyasu T, Kodamatani H, Imura R, et al., 2017. The dynamics of mercury near Idrija mercury mine, Slovenia: horizontal and vertical distributions of total, methyl, and ethyl mercury concentrations in soils. Chemosphere, 184: 244-252.

Wang J X, Feng X B, Anderson C W N, et al., 2011. Mercury distribution in the soil-plant-air system at the Wanshan mercury mining district in Guizhou, southwest China. Environmental Toxicology and Chemistry, 30(12): 2725-2731.

Wang J X, Feng X B, Anderson C W N, et al., 2012. Implications of mercury speciation in thiosulfate treated plants. Environmental Science & Technology, 46(10): 5361-5368.

Waples J S, Nagy K L, Aiken G R, et al., 2005. Dissolution of cinnabar (HgS) in the presence of natural organic matter. Geochimica et Cosmochimica Acta, 69(6): 1575-1588.

Wei H, Huang M Y, Quan G M, et al., 2018. Turn bane into a boon: application of invasive plant species to remedy soil cadmium contamination. Chemosphere, 210: 1013-1020.

Yin R S, Gu C H, Feng X B, et al., 2016. Transportation and transformation of mercury in a calcine profile in the Wanshan Mercury Mine, SW China. Environmental Pollution, 219: 976-981.

Zhang H, Feng X B, Larssen T, et al., 2010. Fractionation, distribution and transport of mercury in rivers and tributaries around Wanshan Hg mining district, Guizhou province, southwestern China: part 1-total mercury. Applied Geochemistry, 25(5): 633-641.

第 2 章　汞矿渣/汞污染地表水修复

2.1　汞矿渣植物固定修复

在我国西南汞矿床聚集区，累积了超过千万吨的含汞尾渣与冶炼废渣。这些含汞尾渣与废渣中汞含量可高达数千毫克每千克。在降雨冲刷下，其中的汞随地表径流进入河流，造成水体汞污染。同时，固体废弃物中的汞能被还原为气态单质汞，释放到大气中，造成大气汞污染。除了矿渣，汞污染土壤也是重要的汞污染源。土壤中的汞既可以随地表径流进行迁移，也可以挥发到大气中。因此，建立含汞固体废弃物和汞污染土壤的修复方法，对降低矿渣和污染土壤中汞的迁移风险具有重要的意义。植物固定技术是通过植物根系活动来控制基质中污染物迁移的一种绿色修复方法，该方法不仅能有效地阻止污染物的扩散，还能保护基质免受侵蚀。然而，汞矿渣具有养分含量低、保水能力差、pH 偏碱等特性，使植物很难正常生长。因此，应用植物固定技术进行修复前，需对矿渣基质进行改良，确保植物能够正常生长。香根草（*Chrysopogon zizanioides*）因其根系发达、对重金属具有强耐受性及能在酸碱环境中生存等特点，成为修复汞矿渣的理想植物。本节将重点介绍以香根草为修复植物，在汞矿冶炼废渣和汞污染土壤上开展的植物固定修复研究工作。

2.1.1　试验设计

供试汞矿渣采集于贵州省万山汞矿区，木屑（2 mm）和腐殖土（2 mm）购于贵阳某公司。背景土壤采集于贵阳市郊区某农田，香根草（茎长 10 cm，根长 8 cm）由贵州省农业科学研究院提供。矿渣、木屑和腐殖土中总汞的平均质量分数分别为 27.8 mg/kg、0.02 mg/kg 和 0.21 mg/kg。将汞矿渣过 2 cm 筛网后置于若干个塑料箱中，每个塑料箱中装入约 13 kg 的矿渣。按照预定的比例，将背景土、木屑和腐殖土分别加入对应的处理中。试验共设置 8 个处理组：①矿渣（T）；②矿渣+香根草（T&G）；③矿渣+10%背景土（T&S）；④矿渣+10%背景土+20%木屑（T&S&S）；⑤矿渣+10%背景土+20%腐殖土（T&S&H）；⑥矿渣+10%背景土+香根草（T&S&G）；⑦矿渣+10%背景土+20%木屑+香根草（T&S&S&G）；⑧矿渣+10%背景土+20%腐殖土+香根草（T&S&H&G）。随后，浇水确保矿渣底部被浸湿。两周后，按照行距和株距均为 10 cm 的规格，移栽香根草至矿渣中。将塑料箱体倾斜至与水平面呈 25°，并在箱体较低一侧放置硅硼玻璃瓶，用于收集地表径流。在香根草生长期间，定期浇水并避免水分渗出。待香根草生长 2 个月后，人工模拟短时降雨，并收集产生的地表径流。每个处理组共收集 3 个地表径流样品，将其分为 2 份，分别用于总汞和溶解态汞含量的测定。径流样品采集结束后，利用动力学通量箱与高时间分辨率大气自动测汞仪联用技术测定矿渣-大气界面汞交换通量。

2.1.2 植物固定修复效果

图 2.1 展示了各个处理组地表径流中的总汞含量。在未处理矿渣（T）中，地表径流总汞质量浓度达到 2.37 μg/L。与未处理矿渣（T）相比，除矿渣+10%背景土+20%腐殖土（T&S&H）处理（总汞质量浓度为 3.31 μg/L）外，其他处理均显著降低了地表径流中的总汞含量。特别是矿渣+10%背景土+20%腐殖土+香根草（T&S&H&G）处理的地表径流中总汞含量最低。单独添加木屑或/和背景土均能降低矿渣地表径流中的总汞含量，其中矿渣+10%背景土（T&S）处理的地表径流总汞质量浓度为 1.6 μg/L，矿渣+10%背景土+20%木屑（T&S&S）处理的地表径流总汞质量浓度为 0.57 μg/L。然而，当矿渣中添加腐殖质时，地表径流中的总汞含量呈上升趋势。在添加了木屑或/和背景土的矿渣中种植香根草后，地表径流中的总汞含量进一步降低。具体而言，T&G 处理的地表径流总汞质量浓度降低至 1.39 μg/L，T&S&G 处理为 0.75 μg/L，T&S&S&G 处理为 0.53 μg/L，T&S&H&G 处理为 0.40 μg/L。与未处理矿渣（T）相比，T&S、T&S&S、T&G、T&S&G、T&S&S&G 和 T&S&H&G 处理的地表径流总汞质量浓度分别降低了约 32%、76%、41%、68%、78%和 83%（图 2.2）。

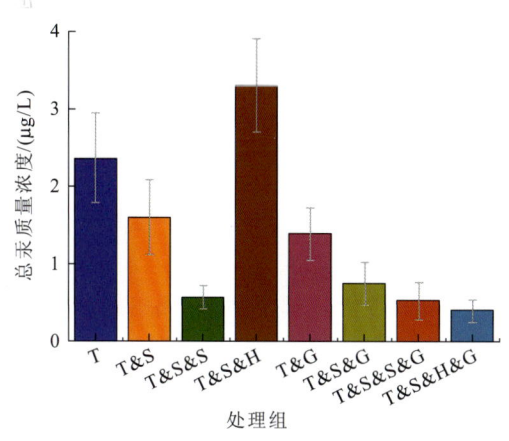

图 2.1　各个处理组地表径流中总汞质量浓度

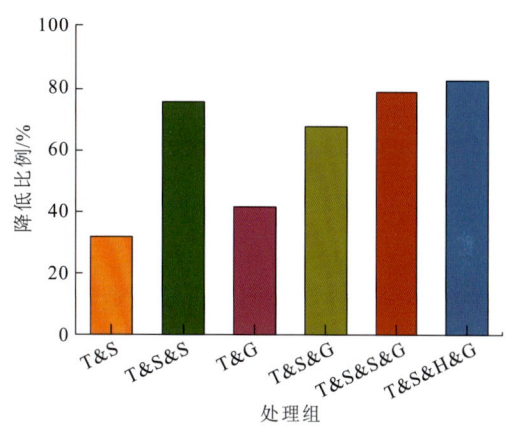

图 2.2　各个处理组地表径流中总汞质量浓度的降低比例

图 2.3 展示了各个处理组的地表径流中溶解态汞的质量浓度。未处理的矿渣（T）地表径流中的溶解态汞质量浓度为 0.43 μg/L。相比之下，其他处理组地表径流中溶解态汞的质量浓度均显著低于 T 处理，其中 T&S 处理为 0.17 μg/L，T&S&S 处理为 0.12 μg/L，T&S&H 处理为 0.19 μg/L，T&G 处理为 0.15 μg/L，T&S&G 处理为 0.09 μg/L，T&S&S&G 处理为 0.11 μg/L，以及 T&S&H&G 处理为 0.09 μg/L。进一步分析发现，在 T、T&S、T&S&S、T&S&H、T&G、T&S&G、T&S&S&G 和 T&S&H&G 处理的地表径流中，溶解态汞占总汞的比例分别为 18%、11%、21%、6%、11%、12%、21%和 23%。与未处理矿渣（T）对比，T&S、T&S&H、T&G 和 T&S&G 处理显著降低了溶解态汞占总汞比例，而 T&S&S、T&S&S&G 和 T&S&H&G 处理的影响则相对较小。

图 2.4 展示了各个处理组地表径流中颗粒态汞的质量浓度。由于颗粒态汞的质量浓度是通过总汞与溶解态汞质量浓度之差计算得出，且溶解态汞占总汞的比例较低，颗粒态汞质量浓度的变化趋势与总汞相似。在未处理矿渣（T）中，地表径流中颗粒态汞的质量浓度为 1.94 μg/L。与未处理的矿渣（T）相比，除矿渣+10%背景土+20%腐殖土（T&S&H：3.12 μg/L）外，其他处理均显著降低了地表径流中颗粒态汞的质量浓度。尤其在矿渣+10%背景土+20%腐殖土+香根草（T&S&H&G）处理中，颗粒态汞的质量浓度最低。单独添加木屑或/和背景土都能有效降低矿渣地表径流中颗粒态汞的质量浓度（T&S：1.43 μg/L；T&S&S：0.45 μg/L）。然而，腐殖质添加至矿渣中提高了地表径流中颗粒态汞的质量浓度。在添加了木屑或/和背景土的矿渣中种植香根草后，地表径流中的颗粒态汞质量浓度会进一步降低（T&G：1.25 μg/L；T&S&G：0.66 μg/L；T&S&S&G：0.42 μg/L；T&S&H&G：0.31 μg/L）。

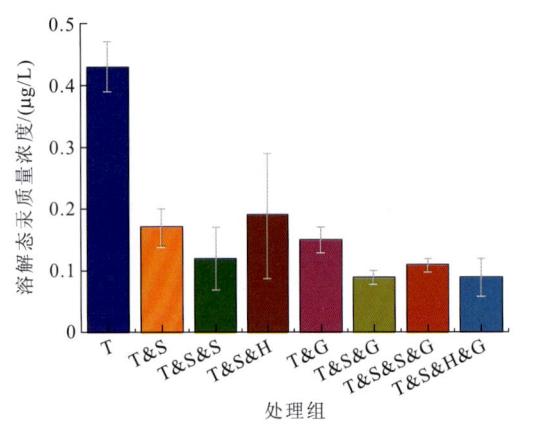

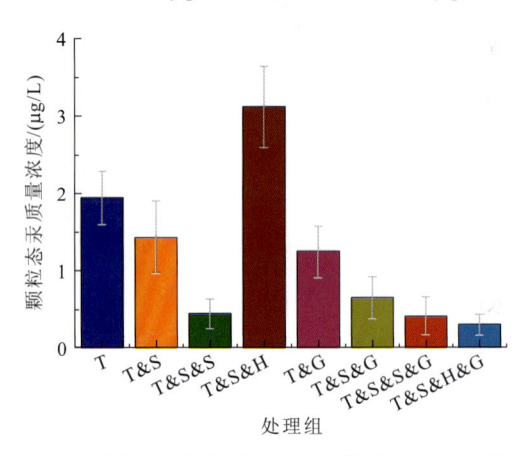

图 2.3　各个处理组地表径流中溶解态汞质量浓度　　图 2.4　各个处理组地表径流中颗粒态汞质量浓度

矿渣地表径流中约 80%的汞与悬浮颗粒物紧密结合。此前，Zhang 等（2010）的研究也指出，靠近汞矿渣堆河流中总汞质量浓度高达 12 000 ng/L，其中颗粒态汞占总汞的比例为 80%～99%。因此，降低地表径流中颗粒态汞的含量，对遏制矿渣中的汞向地表水迁移至关重要。除矿渣+10%背景土+20%腐殖土处理外，其他处理均显著降低了地表径流中颗粒态汞的质量浓度。特别是在添加改良剂的矿渣中种植香根草，能进一步降低颗粒态汞的质量浓度。

尽管溶解态汞在总汞中的占比相对较低，但其迁移能力和活性却最强，因此环境风险大。与未处理的矿渣相比，添加背景土或木屑均能有效降低地表径流中溶解态汞的浓度。土壤中含有大量的黏土矿物、铁锰氧化物和有机质等，它们对汞有很强的吸附能力。木屑富含纤维素、半纤维素和木质素等，其表面密布着羟基和羧基等活性基团，这些基团中的孤对电子能够与 Hg^{2+} 的空轨道及杂化轨道发生配位，使 Hg^{2+} 被固定。因此，当背景土或木屑与矿渣混合后，它们能够吸附并降低径流中溶解态汞的浓度。矿渣颗粒通常较大，而背景土和木屑能够填充到矿渣颗粒间的孔隙中，形成一道物理屏障，阻碍颗粒物的迁移。

种植香根草后不仅增强了矿渣抵抗径流对颗粒物分散、悬浮和运移的能力，其根系的生长代谢还可能促进矿渣、土壤颗粒和木屑之间的团聚作用，进一步阻碍颗粒物的迁移。此外，矿渣地表覆盖香根草后，还能显著减少雨水对矿渣颗粒的侵蚀作用，从而保护土壤结构，减少汞的释放。

2.2 汞污染土壤植物固定修复

2.2.1 试验设计

1. 室内试验

供试汞污染土壤采集于万山汞矿区，试验所用木屑、腐殖土和香根草均与 2.1 节相同。首先，将汞污染土壤过 4 mm 筛网，然后分装于若干个塑料箱中，每个箱子装入约 13 kg 土壤。随后，按照设定的比例，将木屑和腐殖土添加至土壤中。总共设置 6 个处理组，包括土壤（S）、土壤+5%木屑（S&S）、土壤+5%腐殖土（S&H）、土壤+香根草（S&G）、土壤+5%木屑+香根草（S&S&G）、土壤+5%腐殖土+香根草（S&H&G）。待改良剂加入土壤后，浇水使土壤底部被浸湿。两周后，按照行距 10 cm×株距 10 cm 的规格，将香根草移栽至相应的处理组中。随后，将塑料箱倾斜至与水平面呈 25℃，并在箱体较低的一侧放置硅硼玻璃瓶，用于收集地表径流。在香根草生长期间，定期浇水并避免产生地表径流。待香根草生长 4 个月后，进行人工模拟短时降雨，同时收集地表径流样品。每个处理组共收集 3 个地表径流样品，将收集的样品分为 2 份，一份用于总汞浓度的测定，另一份用于溶解态汞浓度的测定。径流样品采集结束后，利用动力学通量箱与高时间分辨率大气自动测汞仪联用技术测定土壤地表与大气汞之间的交换通量。

2. 野外试验设计

野外试验场地位于万山汞矿区大水溪村，试验所用的木屑、腐殖土和香根草均与盆栽试验相同。选取汞质量分数为 8.8 mg/kg 且坡度为 25° 的污染农田开展试验。在试验田中建设 4 个 4 m×1.5 m 的径流小区（图 2.5），具体处理如下：对照组（S）、污染土壤+香根草（S&G）、污染土壤+5%木屑+香根草（S&S&G）、污染土壤+5%腐殖土+香根草（S&H&G）。在加入改良剂后，充分浇水使土壤表层保持浸湿。两周后，按照行距 10 cm×株距 10 cm 的规格，将香根草移栽至相应的处理区域。待植物生长 120 天后，收集地表径流。将收集的径流样品分为 2 份，一份用于总汞浓度的测定，另一份用于溶解态汞浓度的测定。

图 2.5 野外试验小区照片

2.2.2 植物固定修复效果

1. 室内试验结果

图 2.6 展示了不同处理条件下地表径流中的总汞质量浓度。在对照组（S）中，地表径流中的总汞质量浓度为 86.3 μg/L。与对照组相比，除污染土壤+5%木屑（S&S：111.5 μg/L）和污染土壤+5%腐殖土（S&H：83 μg/L）的处理外，其他处理均显著降低了地表径流中的总汞质量浓度。其中，污染土壤+香根草（S&G）处理组地表径流中的总汞质量浓度最低。在土壤中添加木屑或腐殖土并种植香根草，都能显著地降低地表径流中的总汞质量浓度（S&S&G：15.9 μg/L；S&H&G：42.7 μg/L）。但是，土壤中单独添加木屑会提高地表径流中的总汞质量浓度。从图 2.7 可以看出，与对照组（S）相比，S&G、S&S&G 和 S&H&G 处理分别使地表径流中的总汞质量浓度降低了约 80%、82% 和 51%。

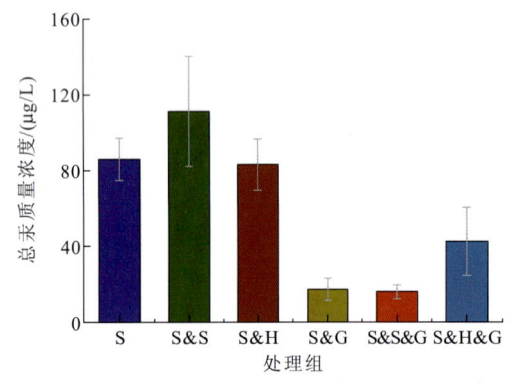

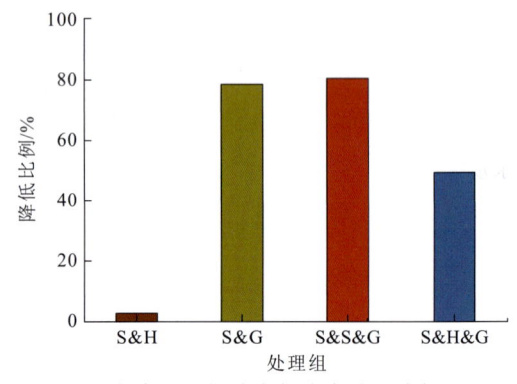

图 2.6　各个处理组地表径流中总汞质量浓度　　图 2.7　各个处理组地表径流中总汞降低比例

图 2.8（a）展示了地表径流中溶解态汞的质量浓度。在所有处理中，土壤+腐殖土（S&H）处理组的地表径流中溶解态汞的质量浓度最高（3.1 μg/L）。除 S&H 处理外，土壤+5%木屑（S&S：0.13 μg/L）、土壤+香根草（S&G：0.05 μg/L）、土壤+5%木屑+香根草（S&S&G：0.11 μg/L）和土壤+5%腐殖土+香根草（S&H&G：0.11 μg/L）处理组地表径流中的溶解态汞质量浓度均显著低于对照组（S）。进一步分析地表径流中溶解态汞占总汞的比例。结果显示，S、S&S、S&H、S&G、S&S&G 和 S&H&G 处理组地表径流中溶解态汞占总汞比例分别为 0.29%、0.12%、3.10%、0.28%、0.66% 和 0.25%。与对照组相比，S&S 处理降低了溶解态汞的占比，但 S&S&G 处理则提高了该占比，S&G 和 S&H&G 处理对该占比的影响相对较小。

图 2.8（b）展示了各个处理地表径流中颗粒态汞的质量浓度。由于颗粒态汞占总汞的比例高达 99%以上，其变化趋势与总汞质量浓度相似。在对照组（S）中，颗粒态汞的质量浓度为 86 μg/L。与对照组（S）相比，除污染土壤+5%木屑（S&S：111 μg/L）和污染土壤+5%腐殖土（S&H：80 μg/L）处理外，其他处理均显著降低了地表径流中颗粒态汞的质量浓度。特别是在污染土壤+5%木屑+香根草（S&S&G）处理中，其地表径流中颗粒态汞的质量浓度最低。总体来看，S&G、S&S&G 和 S&H&G 处理后的地表径流中颗粒态汞的质量浓度分别为 17 μg/L、15.8 μg/L 和 42.6 μg/L，均低于对照组（S）。

(a) 溶解态汞

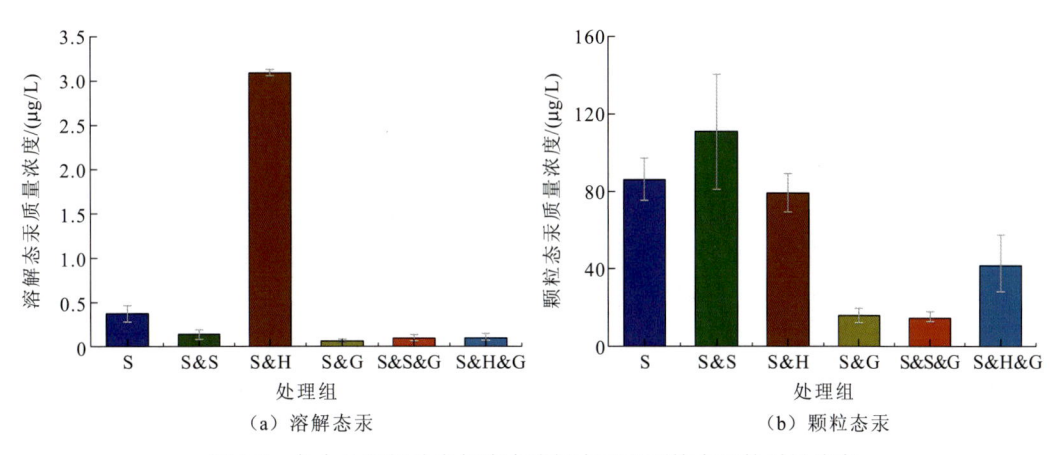

(b) 颗粒态汞

图 2.8　各个处理组地表径流中溶解态汞和颗粒态汞的质量浓度

2. 野外试验结果

图 2.9 展示了不同处理组地表径流中总汞质量浓度。在未处理的土壤（S）中，地表径流中的总汞质量浓度为 38 μg/L。与对照组（S）相比，所有处理均显著降低了地表径流的总汞质量浓度。其中，土壤+5%腐殖土+香根草（S&H&G）处理的地表径流中的总汞质量浓度最低。与室内试验的结果相似，土壤中添加木屑或腐殖土并种植香根草能够明显降低地表径流的总汞质量浓度（S&G: 21 μg/L；S&S&G: 16 μg/L；S&H&G: 13 μg/L）。与对照组（S）相比，S&G、S&S&G 和 S&H&G 处理组地表径流中总汞的质量浓度分别降低了约 45%、58%和 66%（图 2.10）。

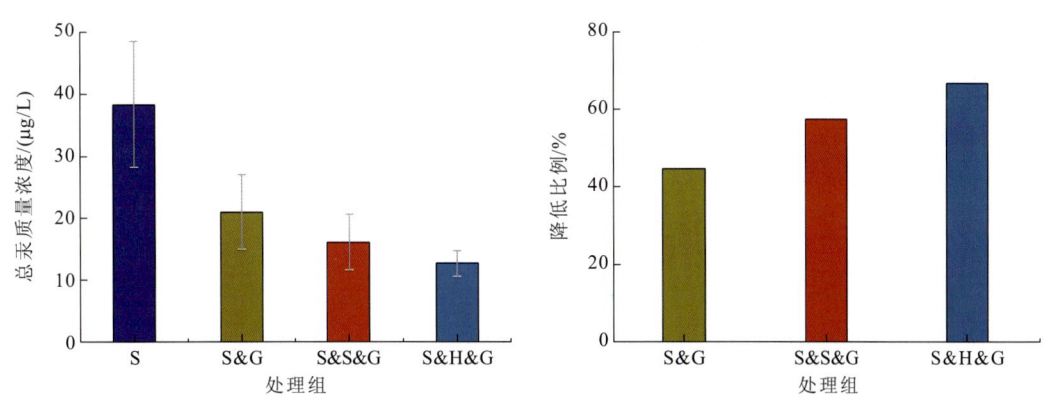

图 2.9　各个处理组地表径流中总汞质量浓度　　图 2.10　各个处理组地表径流中总汞降低比例

图 2.11 展示了不同处理组地表径流中溶解态汞的质量浓度。在所有处理中，对照组（S）的地表径流中溶解态汞的质量浓度最高，其值达到 0.64 μg/L。相比之下，其他处理如土壤+香根草（S&G）、土壤+5%木屑+香根草（S&S&G）及土壤+5%腐殖土+香根草（S&H&G）的地表径流中溶解态汞的质量浓度均低于对照组，其值分别为 0.55 μg/L、0.60 μg/L 和 0.44 μg/L。不同处理组中溶解态汞占总汞的比例也有所不同。具体来说，S、S&G、S&S&G 和 S&H&G 处理组中溶解态汞占总汞的比例分别为 1.68%、2.62%、3.75%和 3.38%。

图 2.12 展示了各个处理组地表径流中颗粒态汞的质量浓度。与室内试验结果相似，地表径流中的大部分汞与悬浮颗粒物结合。对照组（S）地表径流中的颗粒态汞质量浓

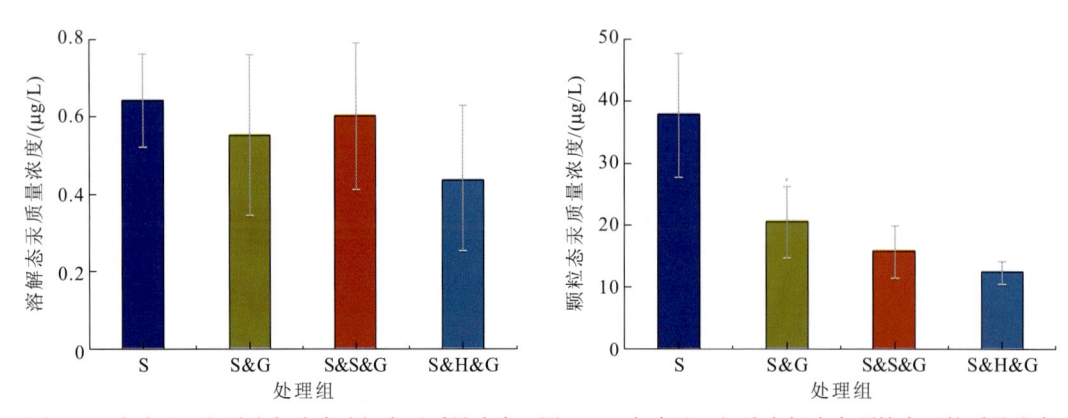

图 2.11 各个处理组地表径流中溶解态汞质量浓度　图 2.12 各个处理组地表径流中颗粒态汞的质量浓度

度为 38 μg/L。与对照组（S）相比，其他处理均明显降低了地表径流中颗粒态汞的质量浓度，其中 S&H&G 处理的效果最为显著。

通过室内和野外试验结果来看，种植香根草能有效控制污染土壤中汞随地表径流的迁移。这主要与以下机制有关：香根草能够显著增强土壤抵抗径流对其颗粒的分散、悬浮和运移能力，降低汞随土壤颗粒迁移的风险；同时，香根草还能减少雨水对土壤颗粒的侵蚀作用，进一步抑制了汞的迁移。

2.3 植物固定修复对矿渣/土壤汞排放的影响

2.3.1 矿渣-大气界面汞交换通量特征

图 2.13 展示了裸露矿渣和矿渣+香根草处理中矿渣-大气界面汞交换通量特征。研究期间，裸露矿渣的汞释放通量为 900～1 600 ng/(m²·h)，种植香根草后矿渣中汞的释放通量降低至 200～600 ng/(m²·h)；矿渣+土壤的汞释放通量为 40～120 ng/(m²·h)，种植香根草后汞释放通量降低至 2～40 ng/(m²·h)（图 2.14）；矿渣+土壤+木屑处理的汞释放通量为 22～45 ng/(m²·h)，种植香根草后汞释放通量降低至 15～34 ng/(m²·h)（图 2.15）；矿渣+土壤+腐殖土的汞释放通量为 35～70 ng/(m²·h)，种植香根草后汞释放通量降低至 10～35 ng/(m²·h)（图 2.16）。与裸露矿渣相比，矿渣+土壤+木屑+香根草处理平均汞释放通量削减约 98%。由此可知，矿渣中添加土壤、木屑或腐殖土均能有效降低汞的释放通量，而且种植香根草后能进一步抑制汞的释放。

图 2.17 为不同处理组中矿渣-大气界面汞交换通量箱式图。矿渣、矿渣+香根草、矿渣+土壤、矿渣+土壤+香根草、矿渣+土壤+木屑、矿渣+土壤+木屑+香根草、矿渣+土壤+腐殖土和矿渣+土壤+腐殖土+香根草处理组中矿渣-大气界面汞的平均交换通量分别为 1 106 ng/(m²·h)、416 ng/(m²·h)、55 ng/(m²·h)、24 ng/(m²·h)、36 ng/(m²·h)、23 ng/(m²·h)、42 ng/(m²·h)和 25 ng/(m²·h)。从这些数据可以看出，所有处理均能抑制矿渣汞的释放。

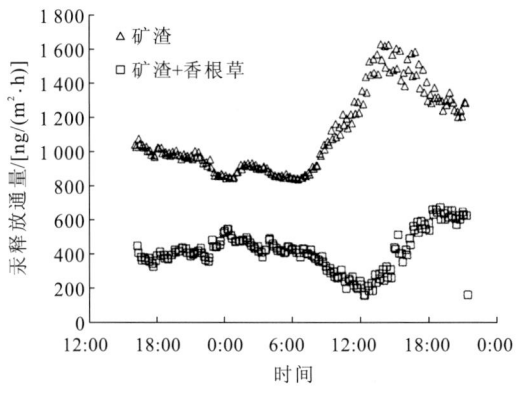

图 2.13 裸露矿渣和矿渣+香根草处理中矿渣-大气界面汞交换通量

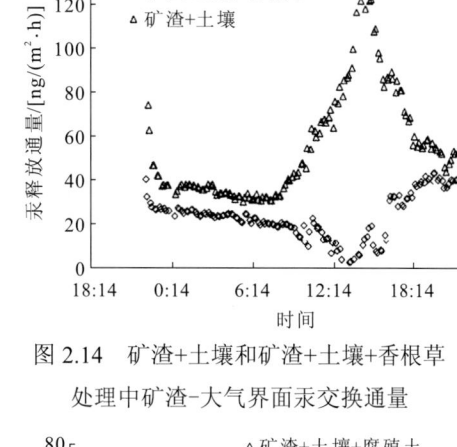

图 2.14 矿渣+土壤和矿渣+土壤+香根草处理中矿渣-大气界面汞交换通量

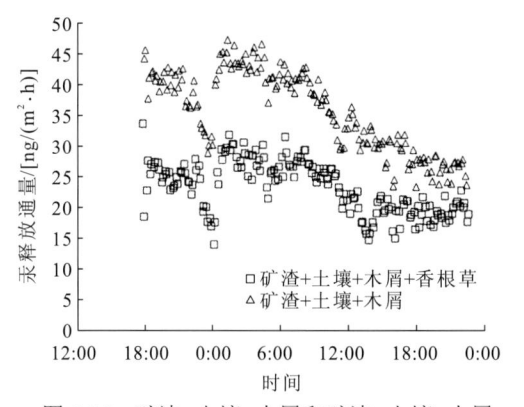

图 2.15 矿渣+土壤+木屑和矿渣+土壤+木屑+香根草处理中矿渣-大气界面汞交换通量

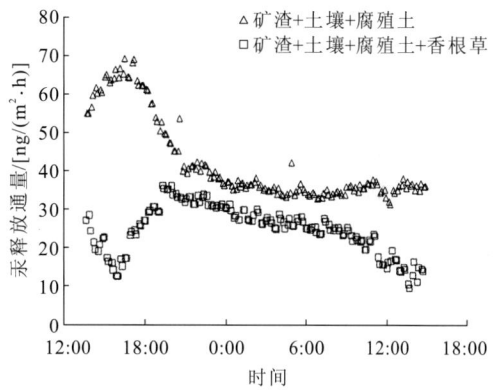

图 2.16 矿渣+土壤+腐殖土和矿渣+土壤+腐殖土+香根草处理中矿渣-大气界面汞交换通量

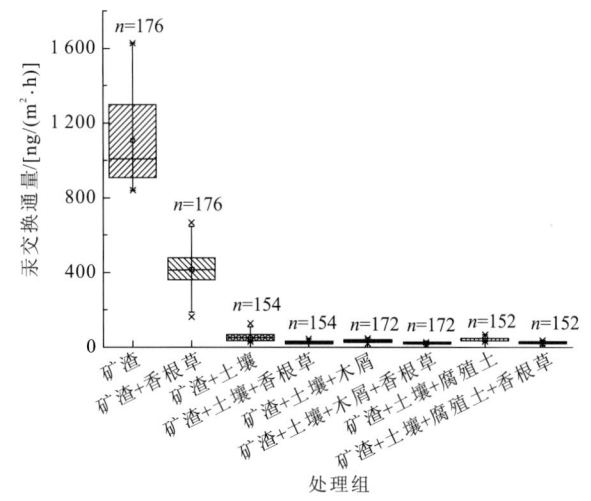

图 2.17 不同处理组中矿渣-大气界面汞交换通量箱式图

2.3.2 土壤-大气界面汞交换通量特征

图 2.18 展示了污染土壤和污染土壤+香根草处理组的土壤-大气界面汞交换通量随

· 51 ·

时间的变化特征。污染土壤处理中土壤-大气界面汞交换通量为 40～130 ng/(m²·h)，而种植香根草后汞交换通量为 1～100 ng/(m²·h)。从图 2.19 可以看出，污染土壤+木屑处理组的汞交换通量为 60～120 ng/(m²·h)，而种植香根草后汞交换通量为 35～80 ng/(m²·h)。同样，污染土壤+木屑处理组的汞交换通量为 20～180 ng/(m²·h)，种植香根草后汞交换通量为 0～180 ng/(m²·h)（图 2.20）。

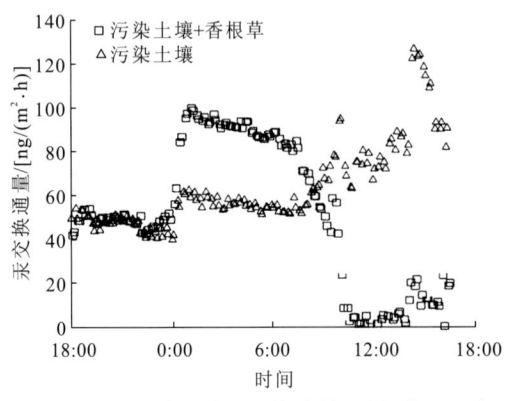

图 2.18　污染土壤和污染土壤+香根草处理中土壤-大气界面汞交换通量

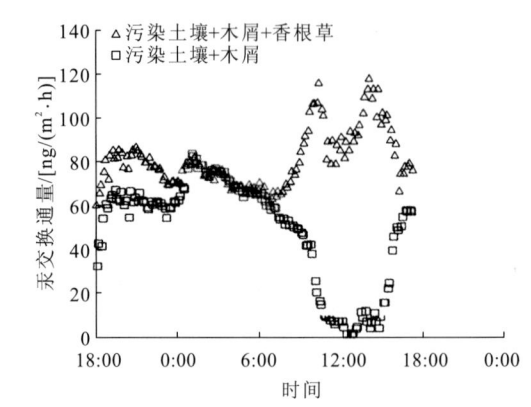

图 2.19　污染土壤+木屑和污染土壤+木屑+香根草处理中土壤-大气界面汞交换通量

图 2.21 为汞污染土壤在不同处理下土壤-大气界面汞交换通量箱式图。污染土壤、污染土壤+香根草、污染土壤+木屑、污染土壤+木屑+香根草、污染土壤+腐殖土、污染土壤+腐殖土+香根草处理中土壤-大气界面汞的平均交换通量分别为 63 ng/(m²·h)、50 ng/(m²·h)、81 ng/(m²·h)、49 ng/(m²·h)、62 ng/(m²·h)和 102 ng/(m²·h)。从这些数据可以看出，在污染土壤中种植香根草，或者添加木屑并种植香根草均能有效抑制土壤汞的释放。

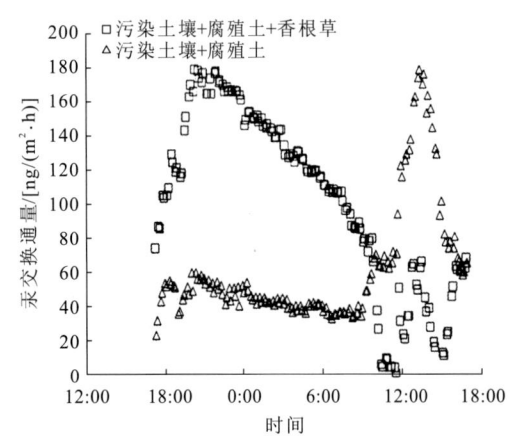

图 2.20　污染土壤+腐殖土和污染土壤+腐殖土+香根草处理中土壤-大气界面汞交换通量

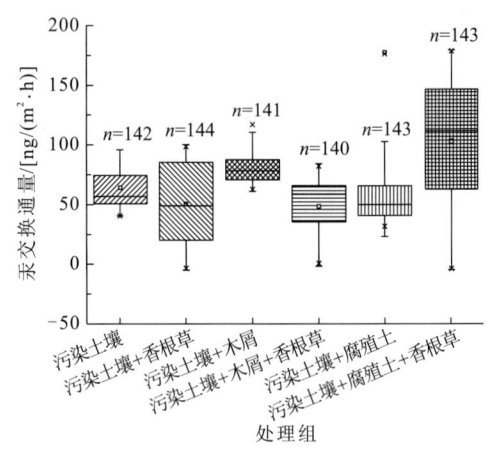

图 2.21　不同处理组中土壤-大气界面汞交换通量箱式图

矿渣或土壤与大气间汞交换通量受到多种环境因子的影响，如矿渣和土壤中汞的含量及其化学形态（Zehner et al.，2002）、太阳辐射强度（Gustin et al.，2002）、土壤温度和大气汞含量等（Engle et al.，2001）。其中，光诱导无机汞的还原被认为是土壤汞挥发的主要机制，并且这一过程与太阳辐射强度有着密切的关系。太阳辐射不仅促进了无机汞的光还原,同时也通过提高土壤温度来加速汞的挥发。此外,温度还能够影响光化学反应所需的激发能,从而进一步影响无机汞的还原(Eckley et al.,2016)。Wang等(2005)的研究也发现,土壤-大气界面汞交换通量与太阳辐射强度之间存在显著的正相关关系。

当矿渣中添加了土壤或土壤与木屑/腐殖土混合物后,矿渣汞的释放通量显著降低。这主要归因于以下原因:首先,土壤、木屑和腐殖土的加入减少了矿渣表面的裸露面积,从而减少了光与矿渣的直接接触,抑制了光诱导的汞还原作用;其次,土壤、木屑和腐殖土对汞具有强的吸附能力,这使得能够被还原的汞的量大幅度减少。在矿渣和土壤上种植香根草后,汞的释放被进一步抑制。这可能与香根草的遮阴作用有关,香根草遮盖削弱了矿渣和土壤表面的光照强度,从而减弱了汞的光致还原作用(Tao et al.,2017)。值得注意的是,与矿渣不同,土壤中仅添加木屑或腐殖土后,汞的挥发作用在一定程度上得到了增强。这可能是由于矿渣和土壤中汞的赋存形态存在差异。此外,土壤中木屑和腐殖土降解后产生的有机化合物可能作为土壤微生物的碳源,促进了微生物的活动和代谢过程,影响微生物对汞的还原。

综上所述,在汞矿渣中添加土壤和腐殖土并种植香根草,能够有效降低矿渣地表径流中的汞浓度,同时显著抑制矿渣中汞的挥发。因此,香根草与土壤和腐殖土的联合应用对减少汞矿渣中汞的迁移和释放具有显著的效果。对于汞污染土壤,通过添加木屑并种植香根草,同样能够显著降低土壤地表径流中的汞浓度,并抑制土壤中汞的挥发。

2.4 含汞尾渣原位钝化修复

2.4.1 试验设计

1. 室内试验

采集贵州省丹寨金汞矿区的尾渣用于室内培养试验。选用鸡粪(农业级,>99%)和七水合硫酸亚铁($FeSO_4 \cdot 7H_2O$,>99%)作为钝化剂。将钝化剂与尾渣按照预设的处理比例混匀,然后将其分装到各个花盆中(表2.1)。鸡粪和硫酸亚铁的总添加量控制在105 t/hm², 低于美国国家环境保护署规定的固体废弃物中所允许的最大添加量200 t/hm²(USEPA,1995)。

表2.1 不同处理组中矿渣、鸡粪和硫酸亚铁的添加量

编号	处理组	简写
1	对照组	—
2	添加30 t/hm²鸡粪	CM1
3	添加30 t/hm²鸡粪和1.5 t/hm²硫酸亚铁	CM1+FS1
4	添加30 t/hm²鸡粪和3 t/hm²硫酸亚铁	CM1+FS2
5	添加30 t/hm²鸡粪和9 t/hm²硫酸亚铁	CM1+FS3

续表

编号	处理组	简写
6	添加 30 t/hm² 鸡粪和 15 t/hm² 硫酸亚铁	CM1+FS4
7	添加 60 t/hm² 鸡粪	CM2
8	添加 60 t/hm² 鸡粪和 1.5 t/hm² 硫酸亚铁	CM2+FS1
9	添加 60 t/hm² 鸡粪和 3 t/hm² 硫酸亚铁	CM2+FS2
10	添加 60 t/hm² 鸡粪和 9 t/hm² 硫酸亚铁	CM2+FS3
11	添加 60 t/hm² 鸡粪和 15 t/hm² 硫酸亚铁	CM2+FS4
12	添加 90 t/hm² 鸡粪	CM3
13	添加 90 t/hm² 鸡粪和 1.5 t/hm² 硫酸亚铁	CM3+FS1
14	添加 90 t/hm² 鸡粪和 3 t/hm² 硫酸亚铁	CM3+FS2
15	添加 90 t/hm² 鸡粪和 9 t/hm² 硫酸亚铁	CM3+FS3
16	添加 90 t/hm² 鸡粪和 15 t/hm² 硫酸亚铁	CM3+FS4

注：CM 代表鸡粪、FS 代表硫酸亚铁

首先，将钝化剂和矿渣混合物装填至花盆中，添加适量的超纯水，确保混合物被完全浸透，同时避免水分从花盆底部渗出，保持 30 天。随后，在接下来的 3 个月里，每 2 天向花盆中添加 150 mL 的超纯水，使其保持湿润状态。在试验过程中，从花盆底部渗出的淋滤液通过硅胶管引流到采样瓶中。将每 30 天收集的淋滤液混匀，并用 0.45 μm 滤膜过滤。然后，将滤液分成 4 份，分别用于总砷、总汞、溶解有机碳（DOC）和阴离子含量的测定。

2. 田间试验

在丹寨金汞矿区尾渣堆进行现场试验，选择有适当坡度的渣堆，将其表面平整后，划分成 2 个面积约为 2 m² 的小区，其中一个作为对照组，另外一个则作为修复组。在每个小区铺设高密度聚乙烯防渗膜，随后将大约 350 kg 的尾渣置于防渗膜上。将鸡粪和硫酸亚铁分别按照 30 t/hm² 和 15 t/hm² 的处理量添加到矿渣中，并与矿渣混匀。在小区地势低的一侧安置硼硅酸玻璃瓶，用来收集试验过程中产生的淋滤液。根据当地的降雨情况，定期给每个小区浇水。在试验进行到第 30 天后，开始收集淋滤液，并持续收集 90 天。将每 30 天收集的滤液混合，并过 0.45 μm 醋酸纤维滤膜，用于测定滤液中的总砷和总汞浓度。

2.4.2　单一添加剂钝化修复效果与机理

1. 尾渣的基本理化性质

如表 2.2 所示，丹寨金汞矿尾渣呈碱性（pH=9.87），且有机质质量分数仅为 9 mg/g。尾渣的主要矿物包括 SiO_2 和 $CaMg(CO_3)_2$。尾渣中总汞、总砷、总铅、总锌、总铬、总铜和总锰的质量分数分别为 21 mg/kg、523 mg/kg、304 mg/kg、221 mg/kg、29 mg/kg、

15 mg/kg 和 610 mg/kg。汞和砷是丹寨尾渣堆中主要的重金属污染物。孙雪城等（2014）曾用 CH₃COONH₄ 溶液（0.1 mol/L）和 NaH₂PO₄（0.1 mol/L）：Na₂HPO₄（0.1 mol/L）（3：2 体积比）的混合液来淋洗尾渣，发现淋洗液中汞和砷的质量浓度分别达 12 ng/mL 和 9 929 ng/mL。这些数值远超出我国《地表水环境质量标准》（GB 3838—2002）中规定的 V 类水最大允许总汞（1 ng/mL）和总砷含量（100 ng/mL）（表 2.3）。由此可知，丹寨尾渣中的砷和汞存在较高的淋出风险。

表 2.2 丹寨金汞矿尾矿渣的基本理化性质（平均值±标准偏差，$n=3$）

理化指标	值/质量分数
pH	9.87±0.95
有机质/(mg/g)	9±2
总汞/(mg/kg)	21±0.92
总砷/(mg/kg)	523±19
总铅/(mg/kg)	304±21
总锌/(mg/kg)	221±8.5
总铬/(mg/kg)	29±3.6
总铜/(mg/kg)	15±4
总锰/(mg/kg)	610±34

表 2.3 丹寨金汞矿尾渣淋滤液中汞和砷的质量浓度

浸出剂	Hg 质量浓度/(ng/mL)	As 质量浓度/(ng/mL)
H₂O	11.27±1.33	140.96±15.88
0.1 mol/L CH₃COONH₄	12.12±1.44	—
0.1 mol/L CH₃COONa	—	221.82±41.74
0.1 mol/L CaCl₂	3.46±0.39	—
NaH₂PO₄：Na₂HPO₄(3:2)	—	9 929.85±79.09
地表水中所允许最大重（类）金属含量（GB 3838—2002 中 V 类）	汞：≤1 ng/mL	砷：≤100 ng/mL

注：—表示无数据

2. 施用鸡粪对尾渣中汞和砷淋滤的影响

如图 2.22 所示，未经处理的尾渣经过 30 天、60 天和 90 天淋滤后，淋滤液中总汞的平均质量浓度分别为 11 000 ng/L、10 000 ng/L 和 5 800 ng/L。根据 Li 等（2013）和 Yin 等（2016）的研究结果，尾渣中 Hg^{2+} 占总汞的比例为 2%～5%。这部分汞具有较强的移动性，在试验初期（<60 天）即随滤液淋出，导致淋滤液中总汞浓度较高。在淋滤后期（90 天），尾渣中 Hg^{2+} 的量减少，导致淋滤液中的总汞浓度降低。在淋滤初期，添加 30 t/hm²、60 t/hm²、90 t/hm² 鸡粪的尾渣淋滤液中的总汞质量浓度分别为 354 ng/L、

673 ng/L、345 ng/L。经过 90 天的淋滤后，这些处理组的淋滤液中总汞质量浓度分别降至 84 ng/L、118 ng/L、54 ng/L。与未经处理的尾渣相比，添加 30～90 t/hm² 的鸡粪处理组中，尾渣淋滤液中的总汞浓度降低了 94%～99%（表 2.4）。

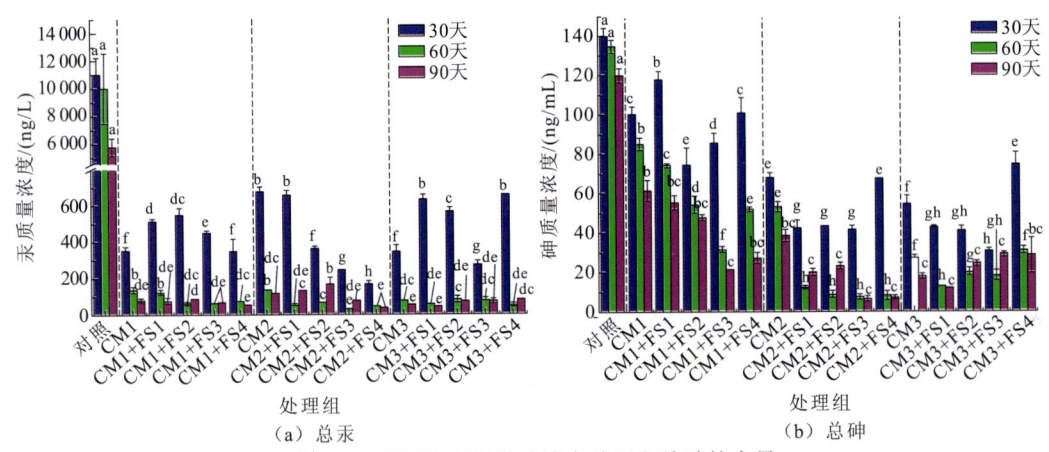

图 2.22 不同处理组淋滤液中总汞和总砷的含量

表 2.4 鸡粪和硫酸亚铁处理尾渣淋滤液中汞浓度的变化特征 （单位：%）

处理组	30 天	60 天	90 天
CM1	−97	−99	−99
CM1＋FS1	−95	−99	−99
CM1＋FS2	−95	−99	−98
CM1＋FS3	−96	−99	−99
CM1＋FS4	−97	−99	−99
CM2	−94	−99	−98
CM2＋FS1	−94	−99	−98
CM2＋FS2	−97	−99	−97
CM2＋FS3	−98	−100	−99
CM2＋FS4	−98	−100	−99
CM3	−97	−99	−99
CM3＋FS1	−94	−99	−99
CM3＋FS2	−95	−99	−99
CM3＋FS3	−98	−99	−99
CM3＋FS4	−94	−99	−99

注：升高/降低百分比（%）=（CM+FS 处理汞浓度−单独 CM 处理汞浓度）/单独 CM 处理汞浓度×100%；+为升高；−为降低，后同

经过 30 天、60 天和 90 天的淋滤，未经处理的尾渣淋滤液中总砷的平均含量分别为 140 ng/mL、135 ng/mL 和 120 ng/mL。相较之下，添加了 30～90 t/hm² 鸡粪的尾渣淋滤液中总砷浓度显著降低，并且下降幅度随鸡粪添加量的增加而增加。在淋滤初期，添加

30 t/hm², 60 t/hm², 90 t/hm² 鸡粪的尾渣处理中, 淋滤液中总砷质量浓度分别为 100 ng/mL、68 ng/mL、54 ng/mL。经过 90 天的淋滤后, 这些处理组的淋滤液中总砷的质量浓度分别降至 62 ng/mL、38 ng/mL、18 ng/mL。与未经处理的尾渣相比, 添加了 30~90 t/hm² 鸡粪的尾渣淋滤液中的总砷质量浓度降低了 49%~85%。

3. 鸡粪固定尾渣中汞和砷的机理

鸡粪中的有机组分富含羧基、羟基和胺基等官能团 (Merlin et al., 2014), 这些官能团能通过吸附、络合和沉淀等作用来降低有毒元素的迁移性 (Li et al., 2018; Wan Ngah et al., 2008)。进一步分析淋滤液中汞或砷与不同地球化学因子之间的相关性 (图 2.23) 发现, 汞与硫酸根之间存在显著的负相关关系, 这表明汞的活性随硫酸根含量的升高而降低。这可能是因为在富含硫酸根的环境中, 硫酸盐还原菌活性得到增强, 进而促进了 S^{2-} 的生成 (Widdel et al., 1992)。S^{2-} 与溶解态汞 (Hg^{2+}) 发生反应可将汞转化为相对惰性的硫化汞, 从而降低了汞的移动性 (Benoit et al., 1999)。

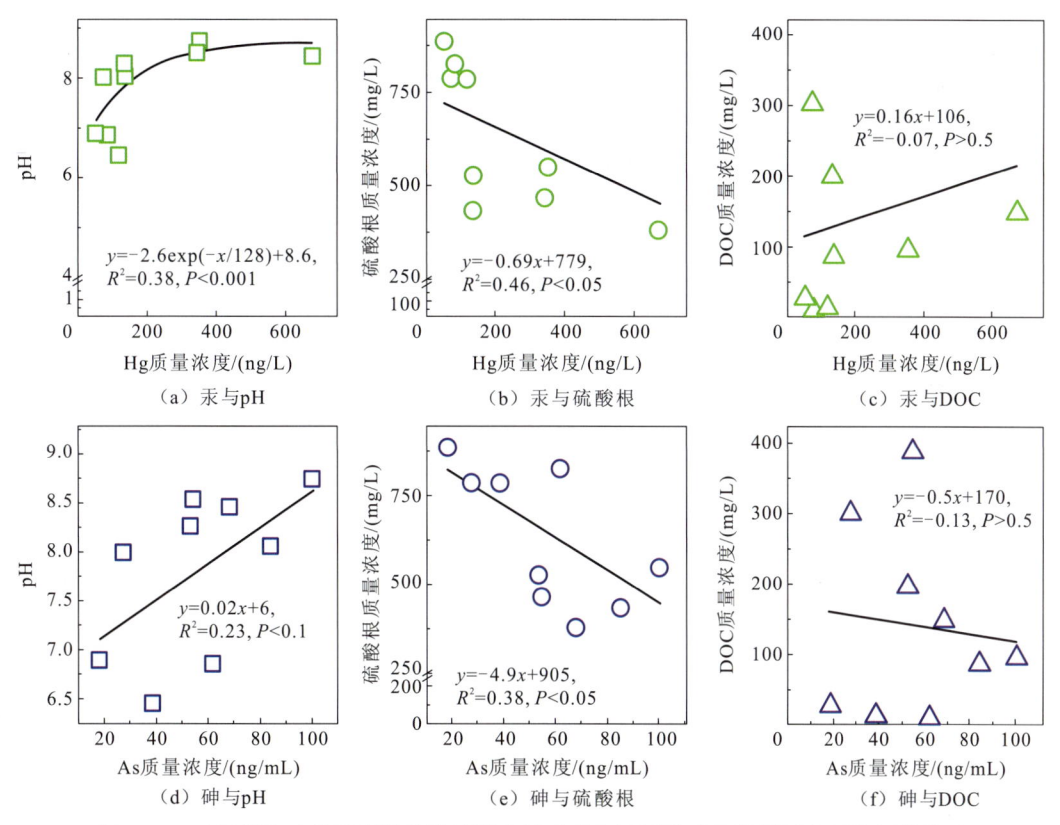

图 2.23 对照组和鸡粪处理组的淋滤液中汞或砷与不同地球化学因子之间的相关关系

如图 2.24 所示, 与对照组相比, 鸡粪处理尾渣的 pH 降低了约 2 个单位, 尤其在 3 个月后更为显著。鸡粪中部分有机物质可作为碳源, 促进微生物 (如产乙酸菌) 的代谢活动, 代谢过程中产生的酸性物质 (如乙酸) 会使尾渣 pH 降低 (Inglett et al., 2005)。对照组淋滤液的 pH 保持相对稳定, 这可能与微生物因缺乏碳源而代谢活动弱有关

（Moynahan et al.，2002）。pH 对汞的形态及其在环境中的迁移能力影响显著（Haitzer et al.，2003）。在酸性环境中，氢氧化物和碳酸盐岩等被溶解，与它们结合的重金属（如汞）随之被释放。同时，随着矿物和土壤颗粒表面负电荷的减少，它们对 Hg^{2+} 的吸附能力也会降低（Rieuwerts et al.，1998）。然而，淋滤液中的汞浓度随 pH 升高而逐渐升高，表明尾渣 pH 对汞的迁移影响较为复杂，这可能与尾渣中其他地球化学因子对汞迁移的影响有关。DOC 与汞结合后能显著影响汞的活性（Ravichandran，2004）。此外，DOC 也可通过破坏 HgS 的 Hg—S 键和 HgS 的成核过程来调控汞的活性（Waples et al.，2005）。在尾渣淋滤液中，DOC 与汞之间并未表现出明显的相关性，说明在尾渣中添加鸡粪后，DOC 对汞移动性的影响还受到其他反应过程调控。

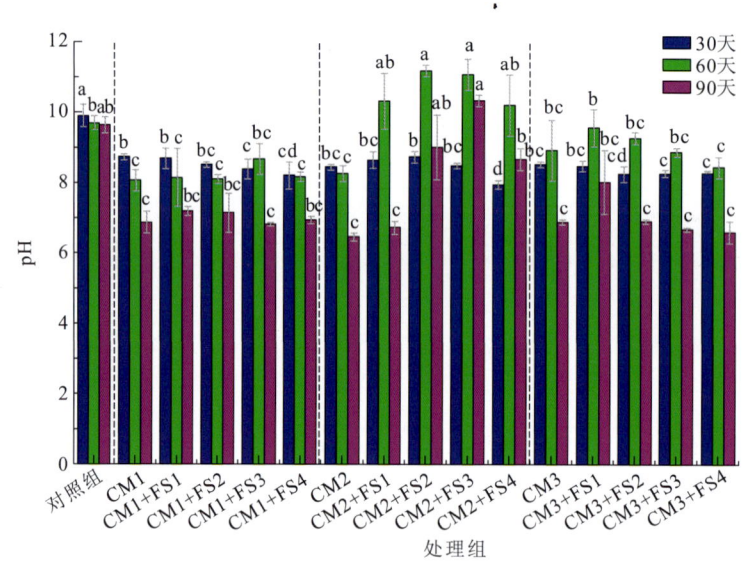

图 2.24 不同处理组淋滤液的 pH 随淋滤时间的变化特征

不同小写字母表示每次采样时不同处理组淋滤液中的 DOC 含量存在显著差异（$P<0.05$）

随着淋滤液 pH 的升高，溶液中 As 浓度呈现出升高的趋势，这一现象与碱性环境下矿物或土壤颗粒表面的正电荷位点减少，其对砷酸盐/亚砷酸盐的吸附能力降低有关（Masscheleyn et al.，1991）。添加鸡粪能够降低尾渣的 pH，促进矿物对砷的吸附。同时，淋滤液中 As 与硫酸根之间存在显著的负相关关系，这可能是由尾渣中硫酸根与亚砷酸盐/砷酸盐还原后的产物反应生成硫化砷（如 As_2S_3 等）所致。已有报道指出，当环境中存在适量的电子供体时，微生物能够驱动硫酸盐和砷酸盐的还原过程，进而形成硫化砷等化合物（Rodriguez-Freire et al.，2016）。尾渣中的砷主要以 As(V) 的价态存在（Ono et al.，2016；Paktunc et al.，2004）。鸡粪分解产生的小分子有机物质可能被作为电子供体，驱动微生物介导的硫酸盐和砷酸盐还原反应，生成硫化砷等化合物，从而降低 As 的活性。此外，淋滤液中的 As 和 DOC 之间并未表现出明显的相关关系。这可能与碱性环境下，DOC 与 As 的结合受 As 价态、pH 和阳离子等多种因素的影响有关（Chen et al.，2016；Liu et al.，2010；Buschmann et al.，2006）。

2.4.3 复合添加剂钝化修复效果与机理

1. 鸡粪和硫酸亚铁对尾渣中汞和砷的钝化

本小节研究鸡粪与硫酸亚铁联合施用对尾渣中汞和砷淋滤的影响。在淋滤初期（30天），CM1+FS1、CM1+FS2、CM1+FS3、CM1+FS4、CM2+FS1、CM2+FS2、CM2+FS3、CM2+FS4、CM3+FS1、CM3+FS2、CM3+FS3、CM3+FS4 处理组的淋滤液中汞/砷的含量存在显著差异（图 2.22）。随着淋滤时间的延长，至第 60 天和第 90 天，与 CM1 或 CM2 处理组相比，CM1+FS1、CM1+FS3、CM2+FS1、CM2+FS3、CM2+FS4 处理组淋滤液中汞浓度分别降低了 3.3%～53% 和 35%～77%（表 2.5）。同样地，对于砷，与 CM1 或 CM2 处理组相比，CM1+FS1、CM1+FS2、CM1+FS3、CM1+FS4、CM2+FS1、CM2+FS2、CM2+FS3、CM2+FS4 处理组的淋滤液中砷浓度分别降低了 10%～65% 和 38%～85%（表 2.6）。相比之下，CM3 联合不同剂量的 FS 对汞和砷的固定能力较弱。由上可见，CM1 和 CM2 鸡粪处理组联合 FS 可有效固定尾渣中的汞和砷。

表 2.5 鸡粪和硫酸亚铁处理组尾渣淋滤液中汞浓度的变化幅度 （单位：%）

处理组	30 天	60 天	90 天
CM1+FS1	+45	−9.1	−3.3
CM1+FS2	+55	−52	+4.6
CM1+FS3	+27	−53	−17
CM1+FS4	−1.2	−48	−34
CM2+FS1	−28	−58	+13
CM2+FS2	−493	−52	+42
CM2+FS3	−682	−77	−35
CM2+FS4	−801	−66	−67
CM3+FS1	+83	−24	−14
CM3+FS2	+64	+8.3	+35
CM3+FS3	−21	+6.3	+44
CM3+FS4	+90	−31	+52

注：升高/降低百分比（%）=（CM+FS 处理汞浓度−单独 CM 处理汞浓度）/单独 CM 处理汞浓度×100%

表 2.6 鸡粪和硫酸亚铁处理尾渣淋滤液中砷浓度的变化幅度 （单位：%）

处理组	30 天	60 天	90 天
CM1+FS1	+17	−12	−10
CM1+FS2	−25	−36	−22
CM1+FS3	−14	−62	−65
CM1+FS4	+0.5	−38	−56
CM2+FS1	−38	−75	−46
CM2+FS2	−56	−83	−38
CM2+FS3	−58	−85	−82

续表

处理组	30 天	60 天	90 天
CM2+FS4	−32	−83	−80
CM3+FS1	−21	−52	−32
CM3+FS2	−25	−24	+38
CM3+FS3	−43	−32	+62
CM3+FS4	+35	+14	+59

注：升高/降低百分比（%）=（CM+FS 处理砷浓度−单独 CM 处理砷浓度）/单独 CM 处理砷浓度×100%

2. 鸡粪和硫酸亚铁钝化尾渣中汞和砷的机理

与鸡粪处理组的结果不同，硫酸亚铁与鸡粪联合处理的尾渣淋滤液中，砷/汞浓度与硫酸根之间并未呈现出显著的相关关系，表明硫酸亚铁与鸡粪对砷和汞的固定机制与单独施用鸡粪有所不同。从图 2.25 可以看出，在第 60 天和第 90 天收集的淋滤液中，汞浓度基本不受 pH 变化的影响，这可能与在碱性环境下亚铁氧化后形成的铁氧化物对 Hg^{2+} 的吸附有关（Barrow et al.，1992；O'Connor et al.，1992）。此外，添加鸡粪可能进一步增强了铁氧化物对汞的吸附能力（Xu et al.，1991）。有研究发现，有机质（如 20 mg/L 富里酸）能够促进铁氧化物对汞的吸附（Bäckström et al.，2003）。除对汞的吸附作用外，铁氧化物对砷也表现出很强的吸附能力，而且这一吸附过程受 pH 的调控。例如，碱性环境不利于铁氧化物对砷的吸附（Dixit et al.，2003）。如图 2.25 所示，砷的浓度与 pH 呈现出负相关关系，这可能是由在碱性环境下铁氧化物对砷的吸附能力减弱所导致的。此外，砷与硫酸根/DOC 之间未表现出明显的相关性，这表明硫酸根和 DOC 对尾矿渣中砷的淋滤影响相对较小。

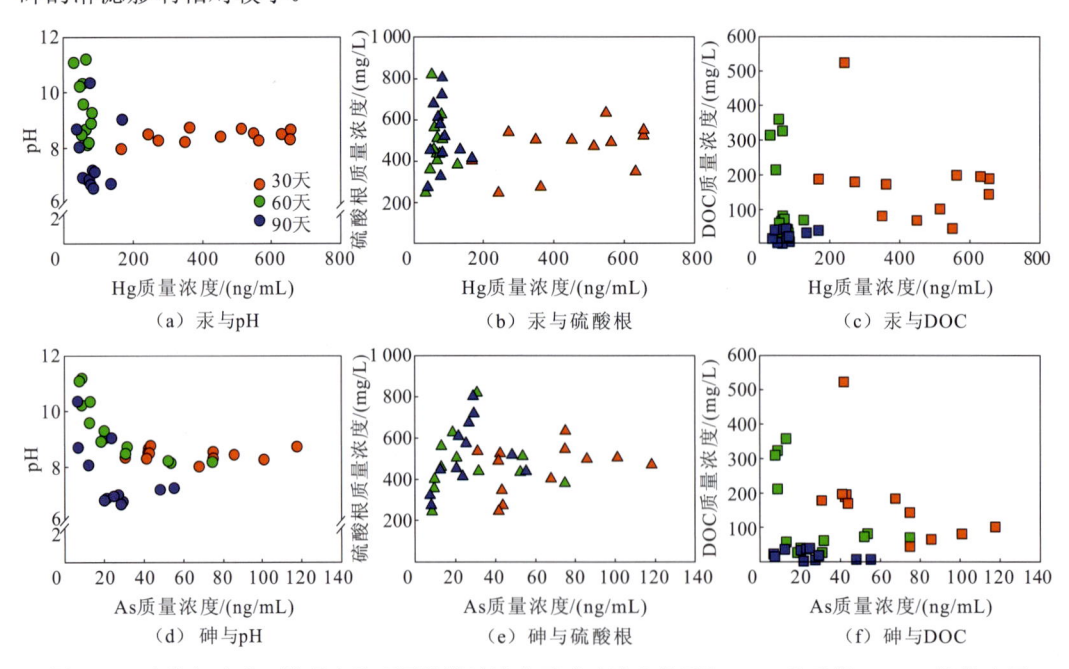

图 2.25 鸡粪与硫酸亚铁联合处理尾渣淋滤液中汞或砷浓度分别与 pH、硫酸根、DOC 的散点图

3. 野外现场试验

在贵州省丹寨金汞矿尾渣堆开展钝化试验，研究添加 30 t/hm² 鸡粪和 15 t/hm² 硫酸亚铁对尾渣中汞和砷的钝化效果。如图 2.26 所示，对照组尾渣淋滤液中总汞和总砷的质量浓度分别为 2 970～5 130 ng/L 和 330～450 ng/mL，超过了我国《地表水环境质量标准》（GB 3838—2002）中 V 类水质所允许的最大总汞（1 000 ng/L）和总砷含量（100 ng/mL）。与对照组相比，处理组淋滤液中的总汞和总砷的质量浓度分别降低了 37%～73%和 75%～82%。该结果与室内试验结果一致，进一步证实了鸡粪联合硫酸亚铁能有效降低尾渣中汞和砷的活性。综上所述，在丹寨金汞矿尾渣中添加 30 t/hm² 的鸡粪和 15 t/hm² 的硫酸亚铁能有效钝化尾渣中的汞和砷，降低尾渣淋滤液中汞和砷的浓度。

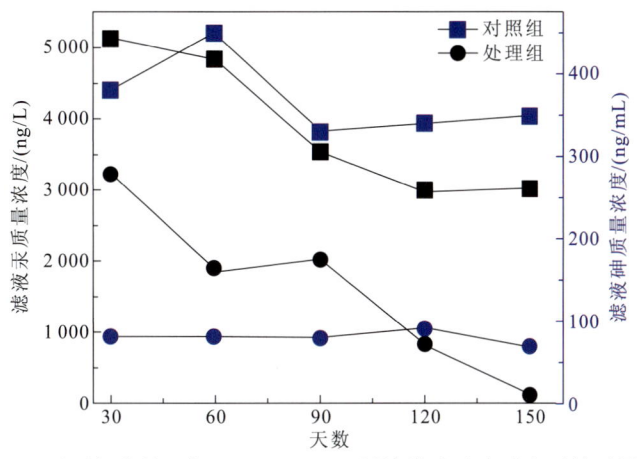

图 2.26 对照组和处理组（CM1+FS4）尾渣淋滤液中砷和汞的质量浓度

蓝色指示砷，黑色指示汞

2.5 汞污染地表水治理修复

在贵州省万山汞矿区，分布有一号坑、二号坑、三号坑、四号坑、五号坑、六号坑、七号坑、十八号坑、梅子溪和岩屋坪等多个采矿区，矿坑洞口数量达上千个。然而，这些汞矿区的尾矿和尾渣未得到妥善处置，成为汞矿闭坑后重要的汞污染源。含汞废渣大多被堆积在沿河岸或上游地区，且废渣中残留有高含量的汞。废渣中的汞在降雨冲刷下会迁移到地表水，造成河流汞污染。在万山汞矿区，临近矿渣河流中的总汞和甲基汞质量浓度分别达 12 000 ng/L 和 11 ng/L（Zhang et al.，2010a，2010b）。河流中的汞通过灌溉进入农田，并造成污染（Tanner et al.，2017；Bailey et al.，2002）。此外，汞进入河流沉积物后，在厌氧条件下会被转化为甲基汞，这进一步加剧了汞的环境风险（Biester et al.，2000）。因此，建立经济有效的修复方法来控制河流中汞迁移具有十分重要的意义。

前期研究结果（1.4.3 小节）表明，在汞矿区地表水中，汞主要与悬浮颗粒物结合并以颗粒态汞（PHg）的形式存在，且其浓度占总汞比例高达 80%以上，尤其在靠近矿渣堆的地表水中，这一比例可高达 99.6%（Zhang et al.，2010a，2010b）。鉴于这一现象，本节提出通过修建小水坝来改变河流水动力学环境，减缓水流速度，促进河流中的悬浮颗粒物沉淀，达到控制河流中汞迁移的目的。

小水坝横跨河流之上，能够显著改变河流局域的水动力学环境（Kim et al.，2016）。小水坝常被用于流量监测（Bragato et al.，2009）、入侵物种控制（Walker et al.，2015）和防洪（Kim et al.，2016）等。小水坝能减缓水流并使颗粒物发生沉降，这样与颗粒物结合的汞也随之沉降到河床底部（Heaven et al.，2000）。本节研究在贵州铜仁岩屋坪汞矿翁曼河的不同断面修建小水坝后，河流中汞的含量与形态，以及河流水化学参数的年际变化特征，研究结果可为利用小水坝来控制地表水中汞的迁移提供理论基础，同时为评估这一方法的成本提供科学依据。

2.5.1 围堰设计与修建

1. 研究区概况

将贵州省铜仁市碧江区六龙山侗族土家族乡岩屋坪汞矿区（YMM）的翁曼河作为研究对象（图 2.27）。该区域海拔为 340～1 010 m，年平均降水量达到 1 386 mm。翁曼河是长江水系的重要支流，贯穿整个矿区，夏季平均水深约为 1 m。岩屋坪汞矿主要生产辰砂（Zhang et al.，2012），其矿业活动产生了约 3.1×10^5 m³ 的废渣。这些废渣被堆积于翁曼河上游两岸的山坡上，占地面积约为 1 km²，形成了一处尾矿库。在降雨的冲刷和侵蚀作用下，废渣中的含汞污染物随降雨和淋滤液向下游扩散，对周边环境构成威胁。

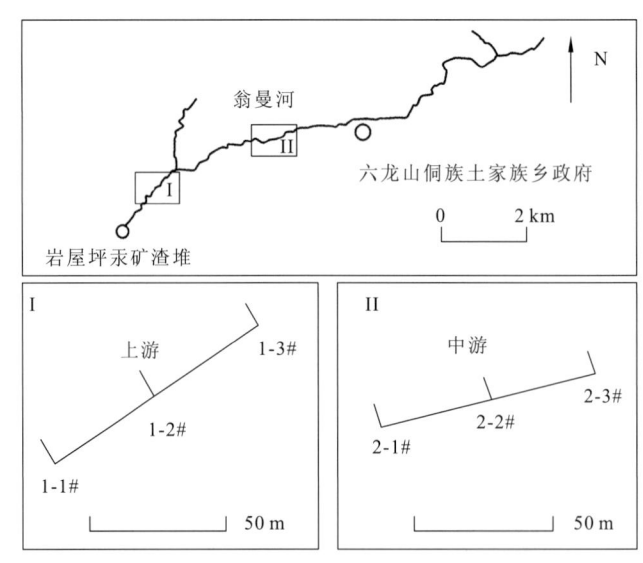

图 2.27 研究区域的地理位置与围堰水样采集点

2. 小水坝的修建

小水坝主要包括围堰、拦河坝和流量自动记录仪。围堰位于拦河坝中央，是测定河水流速的基础设施。流量自动记录仪负责实时记录河水的流速数据，提供拦河坝处水流流速的信息。考虑围堰和拦河坝均位于河的同一横断面上，为了表述简洁，在不产生歧义的前提下，本节将围堰拦河坝所处的位置简称为"围堰处"，而涉及围堰和拦河坝的工程则简称为"围堰拦河坝工程"。

1）V形围堰尺寸的设计

采用堰槽法来测量翁曼河的水流流速。根据水利部颁布的《水工建筑物与堰槽测流规范》（SL 537—2011）来修建V形围堰。V形围堰设计尺寸如图2.28所示。该堰体采用不锈钢板制成，厚度为1 cm。

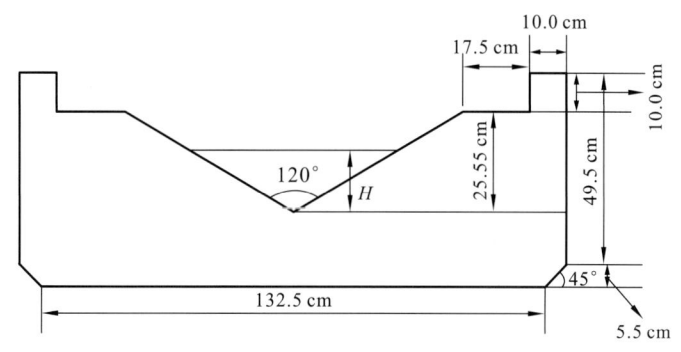

图2.28　V形围堰设计的尺寸图

2）工程设计与施工

岩屋坪河宽度为7~8 m，深度约为2 m。河流的河床表层由碎石构成，下层则是坚固的岩石，为修建围堰拦河坝提供了有利的自然条件。在雨季，河流涨水后平均深度可达1 m。在翁曼河上游和中游，分别修建拦河坝。坝体采用钢筋混凝土结构，能够有效应对河流的冲刷和侵蚀。坝体设计尺寸如图2.29~图2.32所示，堰的宽度和高度分别为7 m和1 m，堰体采用厚度为1 cm的不锈钢板制成。堰的水流出口处设置有堰槽，并安装有水流测定仪。

图2.29　上游处拦截大坝（安装V形围堰前）

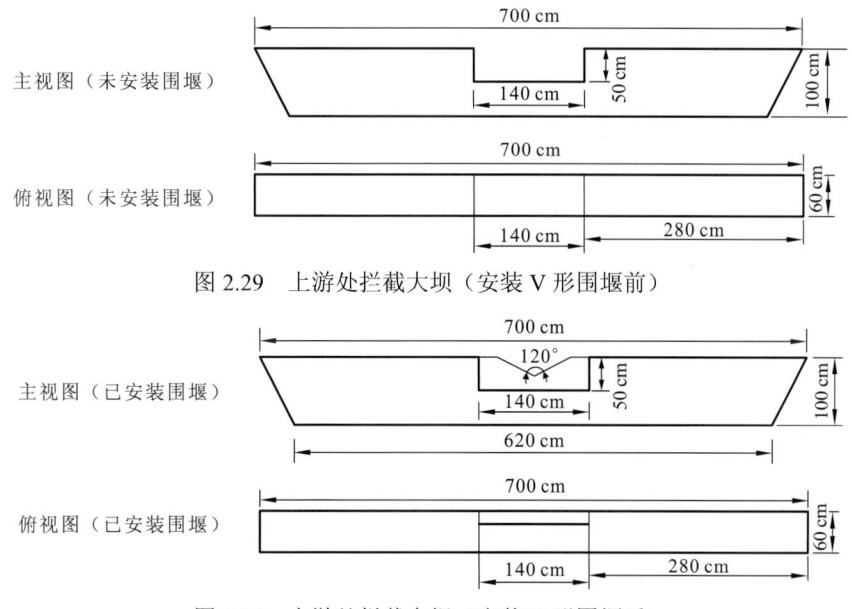

图2.30　上游处拦截大坝（安装V形围堰后）

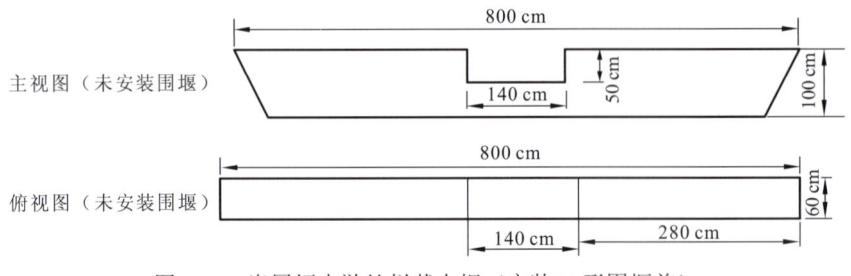

图 2.31 岩屋坪中游处拦截大坝（安装 V 形围堰前）

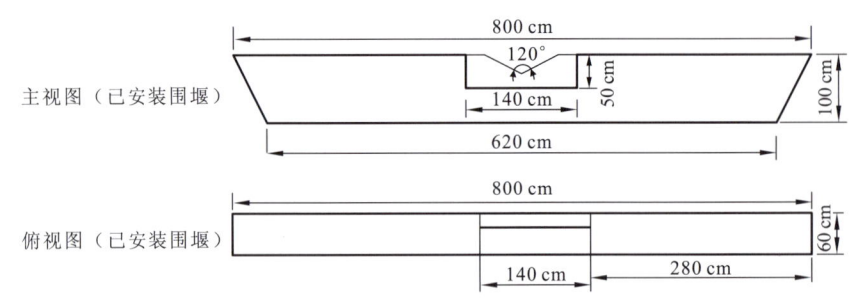

图 2.32 岩屋坪中游处拦截大坝（安装 V 形围堰后）

图 2.33 和图 2.34 展示了施工现场图片，施工的主要步骤包括：河床基础面清理→测量放线→安装钢筋→安装模板→混凝土浇筑→围堰安装→拆模→养护→使用。

图 2.33 围堰拦河坝施工

图 2.34 岩屋坪河流上游及中游围堰拦河坝

3）样品采集与分析

为了估算岩屋坪汞矿冶炼废渣中汞的储量，在矿渣堆上均匀布点并采集 8 个废渣样品。在围堰坝上游 50 m、围堰坝处及围堰坝下游 50 m，分别设置水样采集点。其中，I 号围堰拦河坝距离矿渣堆约 500 m，而 II 号围堰拦河坝则距离矿渣堆约 1 000 m。如图 2.27 所示，1-1#代表 I 号围堰上游 50 m 处的采样点，1-2#代表 I 号围堰处的采样点，1-3#代表 I 号围堰下游 50 m 处的采样点。同样地，2-1#、2-2#和 2-3#分别代表 II 号围堰上游 50 m、围堰处及下游 50 m 处的采样点。围堰修建完成后，从第 7 天开始采集样品，每 2 周采集 1 次水样，连续采集 1 年。每次采样时，现场测定河流 pH、电导率和总溶解性固体（total dissolved solids，TDS）。将每次采集的水样分为 3 份，其中一份用于测定总汞和甲基汞含量，另一份用于测定溶解态总汞（DHg）和溶解态甲基汞（DMeHg）的含量（USEPA，2002；USEPA，2001；Liang et al.，1994），剩余样品则用于测定总悬浮颗粒物（total suspended substance，TSS）。未过滤和过滤水样之间汞含量的差值为颗粒态汞的含量（Wang et al.，2013）。为了探究洪水对围堰阻隔汞效果的影响，在一次暴雨事件中进行了密集采样，每 5 min 采集一次样品，持续了 1.7 h。

河流中汞的净截留量可用式（2.1）来计算。岩屋坪尾渣堆中汞的储量可用式（2.2）来估算。围堰上下游水体中汞浓度差异可指示围堰对河流汞的截留效率（截留率）。假设围堰输入和输出水量相等，截留率可用式（2.3）来计算。

$$汞的净截留量 = \sum V_{water} \times (C_{input} - C_{output}) \quad (2.1)$$

式中：C_{input} 为输入 THg 或 TMeHg 浓度；C_{output} 为输出 THg 或 TMeHg 浓度；V_{water} 为某一时间段内的水量。

$$THg(DHg)储量 = C_{THg\ or\ DHg} \times \rho_{slagheap} \times V_{slagheap} \quad (2.2)$$

矿渣的平均体积密度（$\rho_{slagheap}$）估算为 2.6×10^3 kg/m^3，岩屋坪矿渣堆的总体积（$V_{slagheap}$）约为 3.1×10^5 m^3（Qiu et al.，2013）。

$$截留率 = \frac{C_{input} - C_{output}}{C_{input}} \times 100\% \quad (2.3)$$

2.5.2 围堰对河流水质参数和汞浓度的影响

1. 围堰对河流水质参数的影响

1）pH

如图 2.35 所示，在采样期间，河流 pH 均保持在 7.0 以上，平均值为 8.5，呈现出偏碱性的特征。这主要是由于该地区属于典型的喀斯特地貌，碳酸盐岩为主要母岩，从而使水体 pH 呈碱性。此外，汞矿冶炼废渣中含有氧化钙、氧化镁等碱性物质，导致矿渣淋滤液呈强碱性。这些淋滤液进入河流后，使水体 pH 升高。值得注意的是，无论是在平水期还是枯水期，围堰上游、围堰处及围堰下游的水体 pH 并未展现出明显的差异，这表明围堰的修建对水体 pH 并未产生显著的影响。

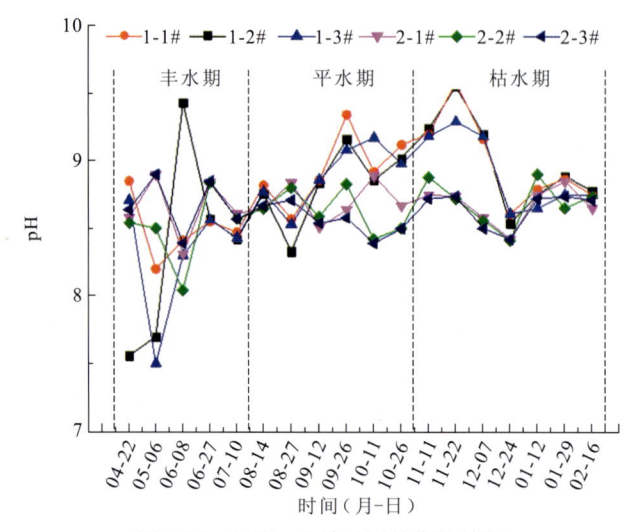

图 2.35 河流 pH 随时间的变化特征

2）电导率

从图 2.36 可以看出，在研究期间，河流的平均电导率为 294 μS/cm 左右。围堰上游、围堰处和围堰下游水体电导率非常接近，这说明围堰拦河坝未对地表水电导率产生显著的影响。进一步分析发现，电导率呈现出明显的季节性变化特征。特别是在枯水期末期和丰水期前期，河流样品的电导率明显高于丰水期末期和平水期。这种季节性变化可能由于丰水期河流水流量大，稀释了水体中的离子浓度，使电导率降低；而在枯水期，由于河流水流量的减少，水体中的离子浓度升高，使电导率升高。

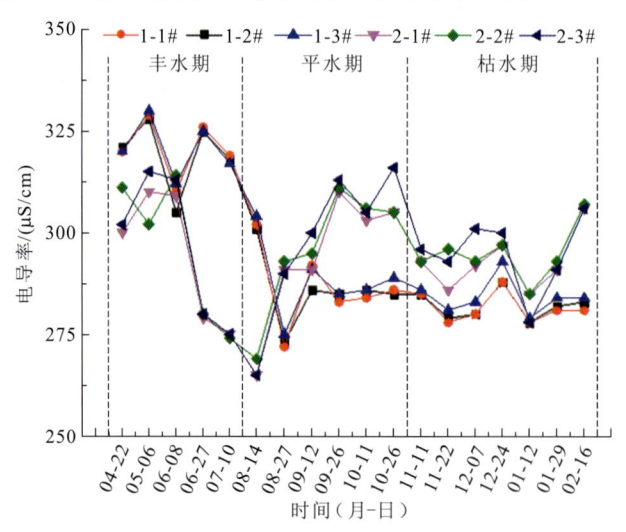

图 2.36 河流电导率随时间的变化特征

3）总溶解性固体

由图 2.37 可以看出，河流中的 TDS 浓度变化特征与电导率类似。TDS 浓度的变化呈现出明显的季节性特征。在枯水期末期和丰水期前期，由于水流条件的变化及水体中 TDS 的累积与稀释效应，河流样品的 TDS 浓度显著高于丰水期末期和平水期。这进一步说明河流水量的变化对 TDS 浓度有着重要的影响。此外，在丰水期，上游河水的 TDS 浓度明显高于中游河水的 TDS 浓度。这一差异可能源于上游地区特定的地质条件和人为活动等因素共同导致了河水中总溶解性固体浓度的升高。

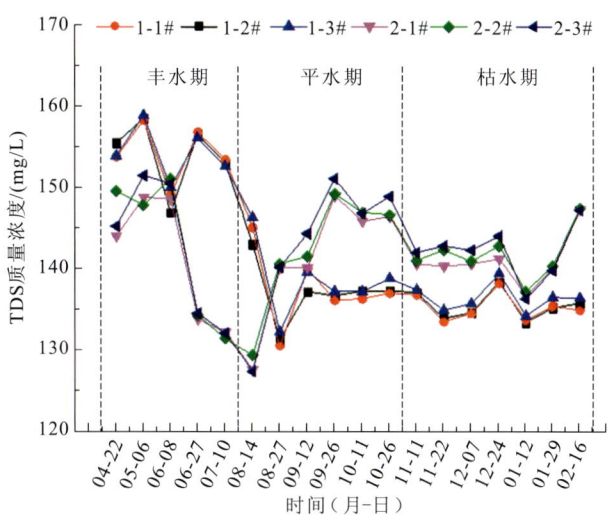

图 2.37 河流中总溶解性固体的浓度随时间的变化特征

2. 围堰对河流汞浓度的影响

1）围堰 I 号

由图 2.38 可知，4~6 月河流的总汞质量浓度达到峰值，高达 790 ng/L，这一数值明显高于其他采样时段的汞质量浓度。矿渣中含有大量的汞次生矿物，如汞的硫酸盐、氧化物和氯化物等。当遇到地表径流和雨水的冲刷时，这些矿渣中的汞能够淋滤至水体中，进而使河流的汞浓度显著上升。翁曼河是一条典型的雨源型河流，其汞污染情况与雨水冲刷作用密切相关。在雨季，大量的雨水冲刷矿渣，将汞带入河流，造成了污染。然而，在平水期和枯水期，雨量减少致使矿渣中汞的淋滤作用减弱，河流中汞的浓度也随之降低。

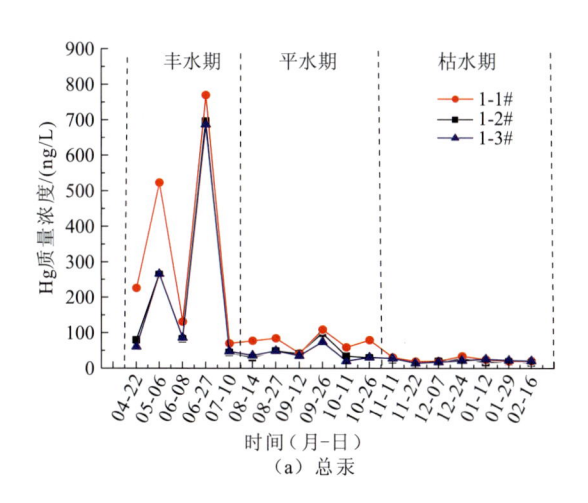

（a）总汞

(b) 颗粒态汞

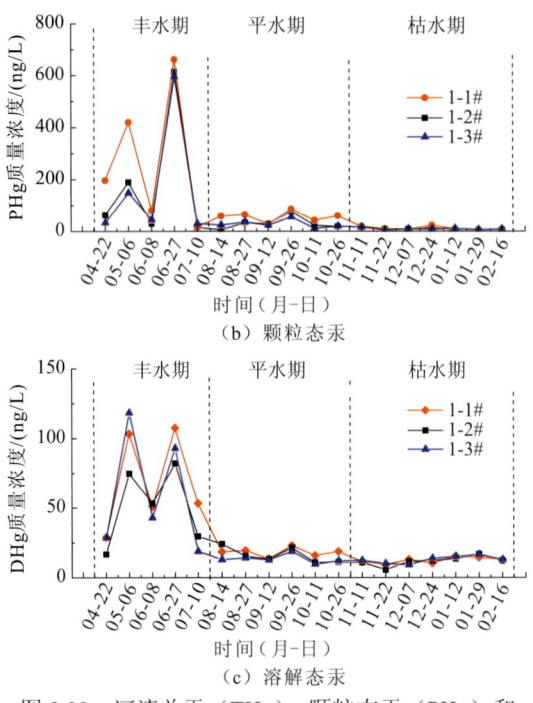

(c) 溶解态汞

图 2.38 河流总汞（THg）、颗粒态汞（PHg）和
溶解态汞（DHg）质量浓度随时间的变化特征

在 4~8 月，围堰上游河流总汞质量浓度均保持在 200 ng/L 以上，最高达到 790 ng/L。然而，在围堰处和围堰下游，河流的汞质量浓度降低至 100 ng/L 左右，远低于围堰上游河流汞质量浓度。这一结果表明，围堰拦河坝在拦截河流中的汞向下游迁移过程中起到了重要作用。由图 2.38 可知，在丰水期，河流中 THg 主要以 PHg 的形态存在，而 DHg 质量浓度却处于较低的水平。当河水流经围堰后，DHg 浓度并未发生显著变化，但 PHg 的浓度大幅度下降。这是因为围堰拦河坝的修建减缓了河水的流速，促进了颗粒物的聚集和沉淀，从而降低了 PHg 和总汞的浓度。进入 7~8 月，降雨量变少，河流总汞质量浓度也降低至 77 ng/L。在 8~10 月，河流中汞的质量浓度持续降低，围堰下游河流中的总汞质量浓度保持在 38 ng/L，依然低于围堰上游河流中的总汞质量浓度。这表明了围堰对低汞浓度的水体也具有良好的修复效果。

由图 2.38 可知，随着时间的变化，河流中 PHg 浓度开始逐渐降低，而 DHg 浓度则有所上升。特别是在 11 月~次年 2 月，围堰处和围堰下游的河流汞浓度与围堰上游河流的汞浓度之间无显著差异。这主要是由于在这个时期，河流中的汞主要以 DHg 的形态存在（图 2.39），使得围堰对河流中汞的去除作用变弱。值得注意的是，在 11 月~次年 2 月，河流总汞质量浓度降低到 20 ng/L，这一数值低于我国《地表水环境质量标准》（GB 3838—2002）中规定的 II 类地表水中汞的限值（50 ng/L）。

表 2.7 展示了围堰对河流总汞的去除率。从表中可以看出，围堰对河流总汞的最高去除率可达 82%，平均去除率则为 37%。这一数据表明围堰在控制河流中汞的迁移方面起到了显著的效果。

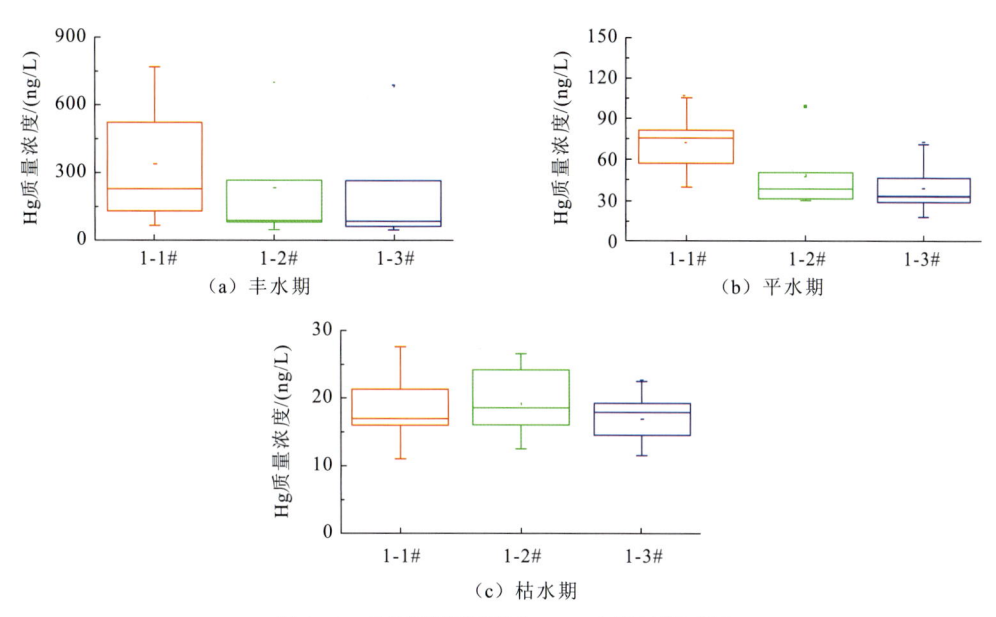

图 2.39　不同时期河流中 THg 含量的箱式图

表 2.7　围堰对河流总汞的去除率

采样时间（年-月-日）	流经围堰前总汞质量浓度/(ng/L)	流经围堰后总汞质量浓度/(ng/L)	总汞的去除率/%
2012-04-22	222	80	64
2012-05-05	520	264	49
2012-06-08	128	83	35
2012-06-27	790	697	12
2012-07-10	67	45	33
2012-08-14	74	30	59
2012-09-12	39	38	3
2012-09-26	106	42	60
2012-10-11	56	10	82
2012-10-26	76	18	76
2012-11-11	27	22	19
2012-11-22	16	11	31
2012-12-07	17	14	18
2012-12-24	31	13	58
2013-01-12	21	16	24
2013-01-29	17	18	-6
2013-02-16	18	15	17

2）围堰 II 号

如图 2.40 所示，河水从上游流向围堰 II 号的过程中，由于支流的汇入，携带了大量悬浮颗粒物等，河流的总汞质量浓度降低至 50 ng/L。不同季节河流总汞浓度呈现出明显的变化规律。在丰水期，河流总汞的平均质量浓度为 22 ng/L，最高可达 40 ng/L 左右；进入平水期后，河流总汞的平均质量浓度降低至 10 ng/L 左右，最高也未超过 18 ng/L；到了枯水期，河流总汞的平均质量浓度进一步降低至 8.12 ng/L，最高达到 11.5 ng/L。Zhang 等（2010b）研究了翁曼河下游（距离中游围堰约 8 km）河流中汞浓度的季节变化特征。结果显示，丰水期河流中汞的质量浓度为 14 ng/L，平水期和枯水期汞的质量浓度分别为 13 ng/L 和 7 ng/L。这一研究结果进一步证实了翁曼河河流汞浓度的季节性变化规律。值得注意的是，尽管河水流经围堰 II 号后，总汞浓度总体上呈现出降低的趋势，但仍有少量样品的总汞浓度呈弱的升高趋势。这可能是由于采样过程中人为扰动导致河流底泥再悬浮，进而引起河流汞浓度升高。

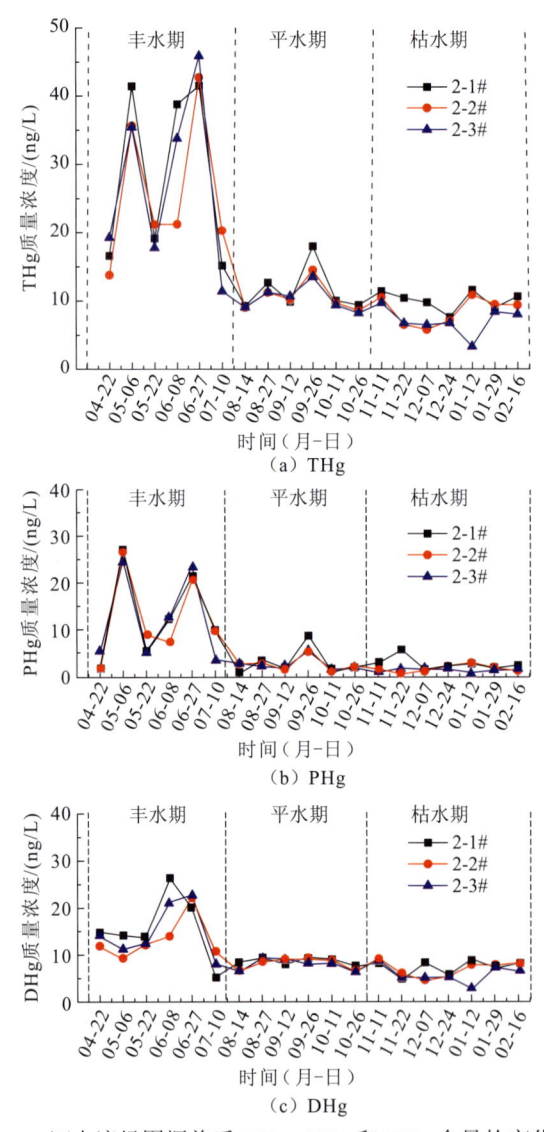

图 2.40 河水流经围堰前后 THg、PHg 和 DHg 含量的变化特征

总体来看，河水流经围堰 II 号后，总汞浓度呈现出一定的降低趋势，最高降低比例达 45%，平均降低比例为 17%（表 2.8）。在丰水期，河水流经围堰后，总汞浓度降

低了约 15%；在平水期和枯水期，河水流经围堰前其总汞质量浓度为 10 ng/L，流经围堰后则降低至 3.2 ng/L。由上可见，在翁曼河中游修建围堰拦河坝可有效地控制河流中汞的迁移。

表 2.8 围堰 II 号对河流总汞的去除率

采样时间	流经围堰前总汞质量浓度/(ng/L)	流经围堰后总汞质量浓度/(ng/L)	总汞去除率/%
2012-04-22	17	14	17
2012-05-06	41	36	14
2012-05-22	19	18	7.7
2012-06-08	39	21	45
2012-06-27	42	43	−2.7
2012-07-10	15	11	25
2012-08-14	9.2	8.9	2.9
2012-08-27	13	11	12
2012-09-12	10	10	−3.3
2012-09-26	18	13	25
2012-10-11	10	9.3	7.4
2012-10-26	9.4	8	14
2012-11-11	11	10	16
2012-11-22	10	6.4	38
2012-12-07	10	5.7	41
2012-12-24	7.6	6.6	13
2012-01-29	8.9	8.3	7.2
2012-02-16	11	7.9	25

在丰水期，河水中 DHg 和 PHg 的浓度在同一水平。然而，在平水期和枯水期，河流中汞则主要以 DHg 的形态存在。当河水流经围堰后，PHg 的浓度明显降低，而 DHg 的浓度则变化不大。值得注意的是，在翁曼河中游，河流的总汞浓度已达到我国《地表水环境质量标准》（GB 3838—2002）中 I 级标准对汞的限值（50 ng/L）。因此，从当前的环境质量状况来看，该区域无须修建围堰。

3. 围堰对河流甲基汞浓度的影响

1）围堰 I 号

如图 2.41 所示，河流中的 MeHg 浓度在不同季节呈现出不同的变化趋势。其中，丰水期 MeHg 浓度最高，而平水期和枯水期则相对较低。在丰水期，围堰上游河流的 MeHg 平均质量浓度为 3.0 ng/L，最高达 8.7 ng/L；而流经围堰后，河流中的 MeHg 浓度呈现出明显的下降趋势，围堰处的 MeHg 平均质量浓度为 2.4 ng/L，最高为 6.8 ng/L；在围堰下游，MeHg 平均质量浓度为 2.3 ng/L，最高为 4.7 ng/L。以上数据表明，围堰对河流中的 MeHg 具有显著的拦截作用。

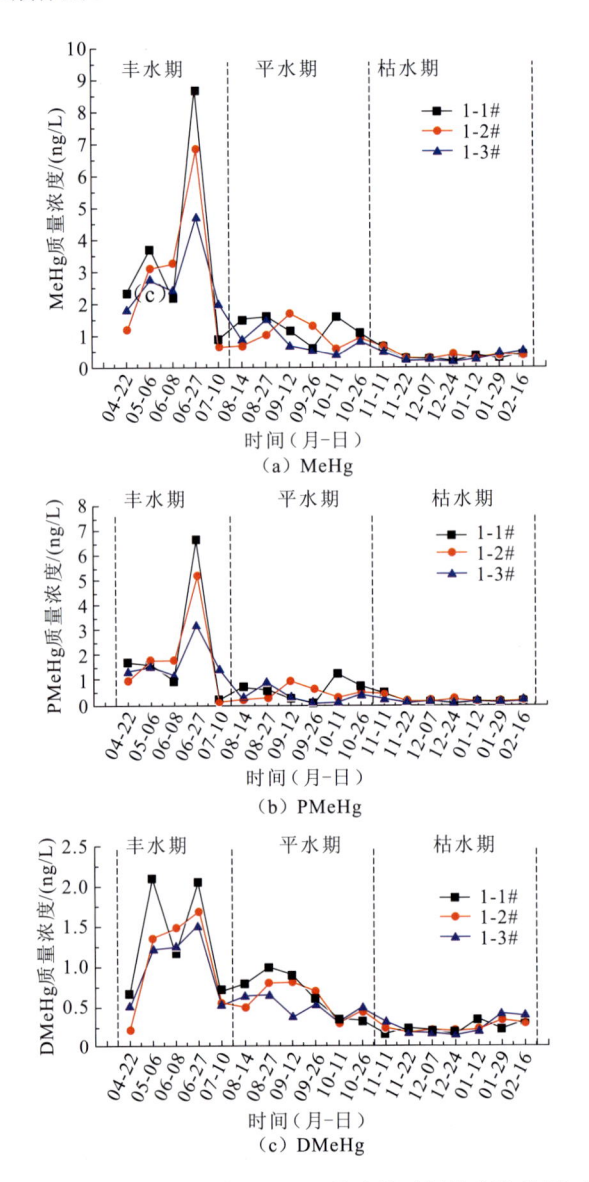

图 2.41　河水中 MeHg、PMeHg 和 DMeHg 浓度随时间的变化特征（围堰 I 号）

进一步分析 DMeHg 和 PMeHg 浓度的变化特征。围堰上游河流中 DMeHg 和 PMeHg 平均质量浓度分别为 1.1 ng/L 和 1.8 ng/L；而河水流经围堰后，DMeHg 质量浓度变化不大，为 0.96 ng/L，但 PMeHg 质量浓度则降低至 1.4 ng/L。PMeHg 浓度降低的机制与 PHg 一致，即围堰减缓了河水流速，增加了河水停留时间，使得悬浮颗粒物发生沉降，这样与之结合的 MeHg 也发生沉降，水体中 PMeHg 的浓度也随之降低（Mulligan et al.，2001）。在 7 月 10 日采集的河流样品中，围堰下游河流的 MeHg 浓度反而高于围堰上游。这可能是采样时河流湍流强，导致沉积物再悬浮，进而使样品的 PMeHg 浓度升高。

在平水期，围堰上游河流的 MeHg 平均质量浓度为 0.89 ng/L，最高达到了 1.6 ng/L。在围堰处，MeHg 的平均质量浓度为 0.88 ng/L，最高为 1.7 ng/L。在围堰下游，MeHg 的平均质量浓度为 0.50 ng/L，最高为 0.80 ng/L。围堰上游河流中 DMeHg 和 PMeHg 的质量浓度分别为 0.43 ng/L 和 0.47 ng/L；在围堰处，DMeHg 和 PMeHg 的质量浓度分别为 0.44 ng/L 和 0.45 ng/L。经过围堰后，尽管 MeHg 的浓度有所降低，但变化幅度并不显著。

在枯水期，围堰上游河流的 MeHg 平均质量浓度为 0.31 ng/L，最高达到了 0.43 ng/L。围堰处的河水 MeHg 平均质量浓度为 0.32 ng/L，最高为 0.37 ng/L。围堰下游河流的 MeHg 平均质量浓度为 0.35 ng/L，最高达到了 0.52 ng/L。在这一时期，河水流经围堰后，MeHg 的浓度并未发生显著的变化。此外，围堰上游河流中 DMeHg 和 PMeHg 的质量浓度分别为 0.25 ng/L 和 0.07 ng/L；在围堰处，DMeHg 和 PMeHg 的质量浓度分别为 0.23 ng/L 和 0.08 ng/L。整体来看，河水经过围堰后，MeHg 浓度的变化幅度较小。

2）围堰 II 号

如图 2.42 所示，MeHg 浓度在丰水期最高，而平水期和枯水期则处于较低水平。在丰水期，围堰上游、围堰处和围堰下游的河流 MeHg 质量浓度分别为 0.41 ng/L、0.40 ng/L 和 0.38 ng/L。从这些数据可以看出，河水经过围堰后，MeHg 浓度几乎未发生明显的变化，这主要是由于河流中溶解态甲基汞占主导，不易被围堰拦截。在平水期，围堰上游河流 MeHg 质量浓度为 0.36 ng/L，流经围堰和围堰下游后 MeHg 质量浓度分别降至 0.27 ng/L 和 0.25 ng/L。

在枯水期，围堰上游河流 MeHg 质量浓度为 0.17 ng/L，而在围堰处 MeHg 质量浓度上升至 0.38 ng/L，随后在围堰下游又降至 0.15 ng/L。尽管有所波动，但河水流经围堰后，MeHg 浓度总体仍呈现下降趋势。

综上所述，围堰对河流中甲基汞的拦截能力相对较弱。由图 2.42 可以看出，河流中大部分甲基汞以 DMeHg 形态存在，而 PMeHg 所占比例较低。因为围堰对 DMeHg 的拦截能力有限，所以河水流经围堰后，总甲基汞浓度的变化并不显著。

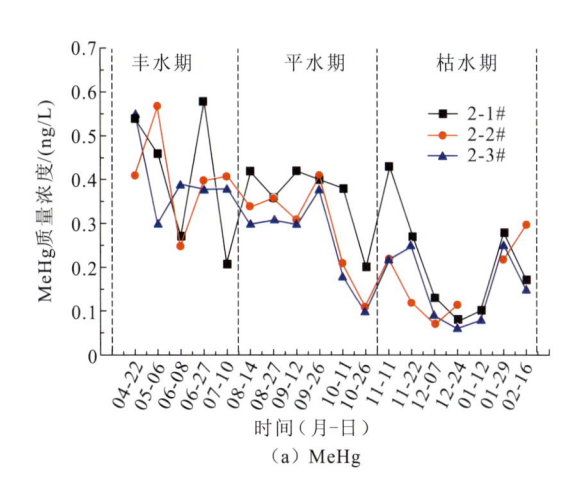

(a) MeHg

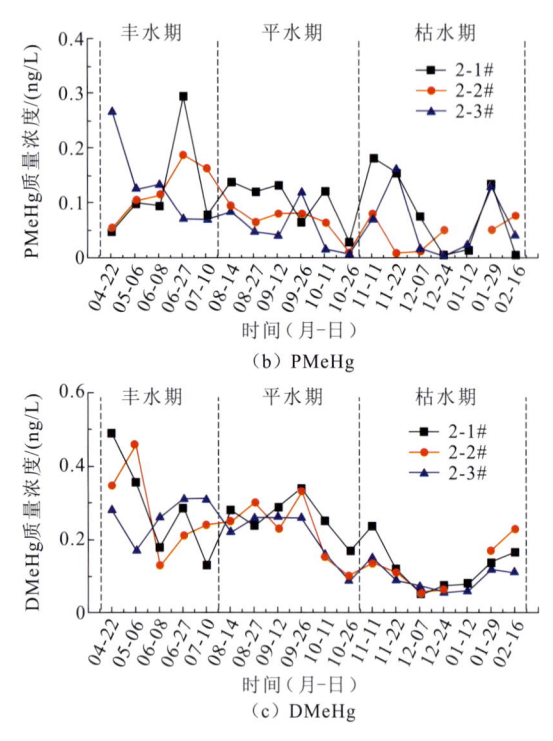

图 2.42 河水中 MeHg、PMeHg 和 DMeHg 浓度随时间的变化特征（围堰 II 号）

4. 围堰拦截河流汞的机理

表 2.9 展示了河流中甲基汞、总汞、不同地球化学参数之间的相关系数矩阵。其中，总汞（THg）、颗粒态汞（PHg）、总甲基汞（TMeHg）、颗粒态甲基汞（PMeHg）均与总悬浮颗粒物（TDS）呈现出极显著的线性相关关系。这表明了水体中总汞和甲基汞与颗粒物的地球化学关系十分密切，也进一步证明了河流中的汞主要与悬浮颗粒物结合在一起（Lin et al., 2012）。此外，总汞与 Ca^{2+} 之间也呈现出显著的线性相关关系，表明二者具有同源性。这一现象可能是因为在降雨和地表径流的冲刷下，汞矿冶炼废渣中的 Ca^{2+} 与 Hg^{2+} 随同淋滤液一起进入河流。

2.5.3 暴雨事件对围堰拦截河流汞的影响

图 2.43 展示了暴雨后河流中总汞（THg）浓度、总悬浮颗粒物（TSS）浓度及水流量随时间的变化特征。当水流量达到峰值时，总汞与总悬浮颗粒物之间（$r=0.964$，$p<0.0001$）、水流量与总悬浮颗粒物浓度（$r=0.772$，$p<0.01$）、水流量与总汞浓度（$r=0.678$，$p<0.05$）均呈现显著的正相关关系。这些数据表明水流和悬浮颗粒物在河流中汞迁移过程中的决定性作用。在暴雨期间，围堰上游河流中颗粒态汞占总汞比例高达 99%。这主要归因于两方面：一方面，汞矿渣堆中的汞在暴雨冲刷下被释放，并与颗粒物紧密结合；另一方面，河床中的含汞沉积物受到水流扰动的影响，发生再悬浮，进入水体（Saniewska et al., 2014）。

表 2.9 地表水中不同形态汞与地球化学参数之间的相关系数矩阵

项目	K⁺	Ca²⁺	Na⁺	Mg²⁺	F⁻	Cl⁻	NO₃⁻	SO₄²⁻	DOC	TDS	THg	DHg	PHg	TMeHg	DMeHg	PMeHg
K⁺	1.00															
Ca²⁺	-0.55**	1.00														
Na⁺	-0.10	0.43**	1.00													
Mg²⁺	0.67**	-0.70**	-0.39**	1.00												
F⁻	0.49**	-0.52**	-0.46**	0.60**	1.00											
Cl⁻	0.85**	-0.51**	-0.10	0.51**	0.50**	1.00										
NO₃⁻	-0.02	-0.04	-0.07	0.16	0.13	-0.25	1.00									
SO₄²⁻	0.53**	-0.23	-0.17	0.35*	0.58**	0.64**	-0.01	1.00								
DOC	-0.56**	0.40**	0.14	-0.34*	-0.20	-0.51**	0.13	-0.30	1.00							
TDS	-0.61**	0.41**	0.23	-0.42**	-0.59**	-0.58**	0.22	-0.62**	0.30	1.00						
THg	-0.64**	0.31*	0.24	-0.43**	-0.53**	-0.64**	0.34*	-0.58**	0.35	0.84**	1.00					
DHg	-0.77**	0.33*	0.25	-0.47**	-0.54**	-0.73**	0.22	-0.53**	0.48**	0.64**	0.85**	1.00				
PHg	-0.59**	0.30*	0.23	-0.40**	-0.52**	-0.60**	0.36*	-0.57**	0.32	0.86**	0.99**	0.80**	1.00			
TMeHg	-0.71**	0.41**	0.41**	-0.55**	-0.59**	-0.66**	0.25	-0.56**	0.36	0.83**	0.92**	0.82**	0.91**	1.00		
DMeHg	-0.71**	0.33*	0.39**	-0.56**	-0.63**	-0.67**	0.04	-0.60**	0.37	0.67**	0.82**	0.86**	0.79**	0.88**	1.00	
PMeHg	-0.66**	0.42**	0.39**	-0.51**	-0.53**	-0.61**	0.31*	-0.50**	0.34	0.84**	0.90**	0.75**	0.90**	0.98**	0.77**	1.00

*$p<0.05$; **$p<0.01$

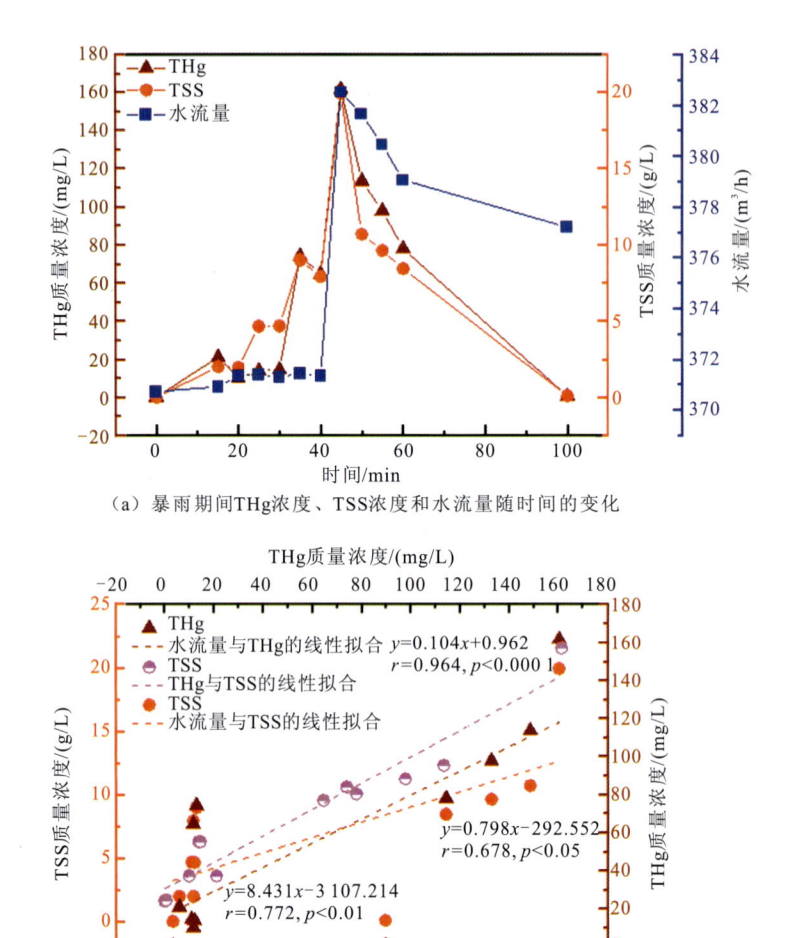

(a）暴雨期间THg浓度、TSS浓度和水流量随时间的变化

(b）水流量与THg、THg与TSS、水流量与TSS间的关系

图 2.43 暴雨期间 THg 浓度、TSS 浓度和水流量随时间的变化，以及水流量与 THg、THg 与 TSS、水流量与 TSS 间的关系

2.5.4 围堰对河流汞传输通量的影响

1. 岩屋坪矿渣堆汞库

岩屋坪矿渣中的总汞（THg）质量分数为 13~41 mg/kg，平均质量分数为 23.25 mg/kg（表 2.10）。通过估算，岩屋坪矿渣的平均密度为 $2.6×10^3$ kg/m³[参考《压电陶瓷材料体积密度测量方法》（GB/T 2413—1980）]。此外，矿渣堆体积约为 31 万 m³。基于这些数据，可推算出岩屋坪汞矿矿渣堆的总重量约为 $8.1×10^4$ t，其所含的总汞量约为 $1.9×10^3$ kg。

表 2.10 岩屋坪汞矿渣中总汞（THg）的质量分数

编号	THg 质量分数/(mg/kg)
1#	41
2#	28
3#	13
4#	15
5#	15
6#	21
7#	30
8#	23
平均值	23.25

2. 汞输入输出模型的建立

1）汞输入输出通量计算

翁曼河是一条典型的山区雨源型河流，雨水从山顶顺流而下，流经矿渣堆后汇入翁曼河，并最终流入锦江。翁曼河沿岸分布着灌溉沟渠，用于农田灌溉。引水灌溉的水量相对较小，因此在模型中可以忽略其对整体水流的影响。可利用采样式（2.4）来估算围堰总汞（THg）输入/输出通量。同时，利用式（2.5）来估算汞的输入量或者输出量。

$$净通量 = \sum 输入量 - \sum 输出量 \quad (2.4)$$

$$\sum 输入量(\sum 输出量) = \sum 河水水量 \times 河水汞浓度 \quad (2.5)$$

若净通量为负值，则意味着围堰拦河坝对河流中汞迁移的控制作用较弱；反之，若净通量为正值，则表示其控制作用较强。

2）河流水量的计算

河流水量（V）的计算公式为

$$V_{河流} = Q \times t \quad (2.6)$$

式中：Q 为河水水流流量，m³/h；t 为时间，h。

河水水流流量 Q 计算参照谷春豪（2013）的公式。

3. 上中游河水量估算

图 2.44 展示了岩屋坪上游围堰水流流量的监测结果。可以看出，在 5 月之前，岩屋坪河流处于平水期，水流相对平稳；在 5 月之后，流量显著增大，标志着河流进入了丰水期；在 9～12 月，河流则进入枯水期，流量明显减少；在次年 1 月之后，河流再次回到平水期，流量逐渐趋于稳定。对翁曼河上游和中游的河流流量进行了计算，结果汇总于表 2.11 中。

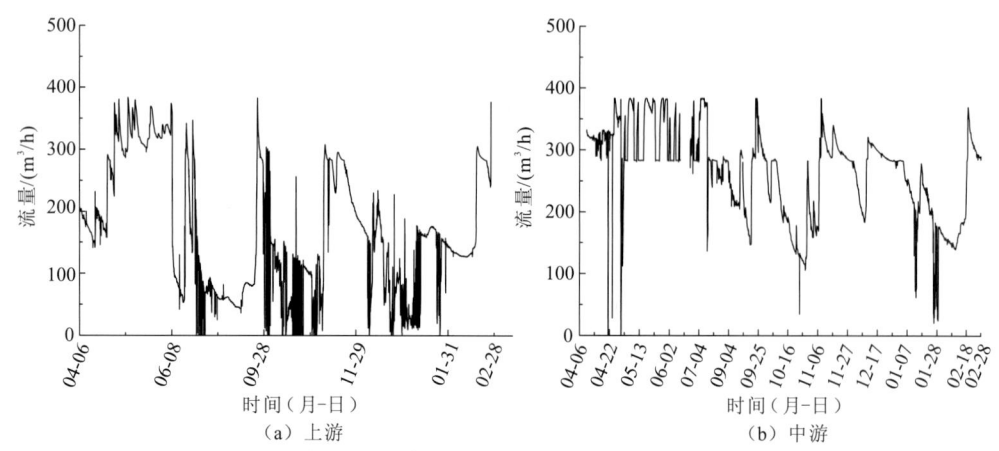

图 2.44 翁曼河的水流流量的监测结果

表 2.11 翁曼河的水量

时间	上游水量/万 m³	中游水量/万 m³
2012 年 4 月	12	19
2012 年 5 月	24	25
2012 年 6 月	21	24
2012 年 7 月	21	32
2012 年 8 月	16	28
2012 年 9 月	8	19
2012 年 10 月	5.8	15
2012 年 11 月	15	20
2012 年 12 月	8.6	20
2013 年 1 月	8.2	16
2013 年 2 月	12	15

4. 围堰总汞输入输出通量计算

利用式（2.4）和式（2.5），计算翁曼河上游围堰（Ⅰ号）和中游围堰（Ⅱ号）的 THg 输入/输出通量，结果见表 2.12 和表 2.13。在翁曼河流上游，丰水期、平水期和枯水期的汞输入通量分别占据汞的总输入通量的 94%、4.4%和 1.9%；丰水期、平水期和枯水期的汞输出通量分别占据汞的总输出通量的 93%、4.2%和 2.5%。上游围堰 THg 净通量为 113.2 g。以上结果表明，汞矿渣堆中的汞主要是在丰水期向河流迁移的，而围堰的修建显著降低了河流中汞的浓度，有效地阻止了汞的迁移。在河流中游，丰水期、平水期和枯水期的汞输入通量分别占据总输入通量的 72%、16%和 12%；丰水期、平水期和枯水期的汞输出通量分别占据总输出通量的 73%、16%和 11%；中游围堰 THg 净通量为 7.51 g。与上游围堰相比，中游围堰（Ⅱ号）的输出通量较小，仅占上游输出通量的 23.6%。这表明中游围堰的修建同样在一定程度上降低了河流中汞的浓度。

表 2.12　翁曼河上游围堰总汞输入输出通量

时间	流量/万 m³	输入通量/g	输出通量/g	净通量/g
2012 年 4 月	12	26	6.9	20
2012 年 5 月	24	126	64	63
2012 年 6 月	21	94	81	13
2012 年 7 月	21	14	10	4.8
2012 年 8 月	16	13	6.2	6.5
2012 年 9 月	8	5.8	4.2	1.7
2012 年 10 月	5.8	3.8	1.3	2.5
2012 年 11 月	15	3.3	2	1.3
2012 年 12 月	8.6	1.4	1.4	0.03
2013 年 1 月	8.2	1.6	1.4	0.13
2013 年 2 月	12	2.2	2	0.24
总计	151.6	291.1	180.4	113.2

表 2.13　翁曼河中游围堰总汞输入输出通量

时间	流量/m³	输入通量/g	输出通量/g	净通量/g
2012 年 4 月	19	3.2	2.6	0.55
2012 年 5 月	25	7.5	6.6	0.93
2012 年 6 月	24	9.6	7.6	2
2012 年 7 月	32	4.8	3.6	1.2
2012 年 8 月	28	3.1	2.9	0.25
2012 年 9 月	19	2.6	2.2	0.35
2012 年 10 月	15	1.4	1.3	0.15
2012 年 11 月	20	2.2	1.6	0.55
2012 年 12 月	20	1.8	1.3	0.44
2013 年 1 月	16	1.6	0.9	0.7
2013 年 2 月	15	1.6	1.2	0.39
总计	233	39.4	31.8	7.51

5. 成本效益与工程应用建议

据报道，从受汞污染水体中去除 1 kg 汞的货币成本在 2 500 美元至 110 万美元 (Hylander et al., 2006)。在本案例研究中，围堰的建设等费用共计 3 170 美元，预计使用寿命超过 5 年。而围堰底泥疏浚成本预估为每年 400 美元。在围堰的正常运行中，每年约能去除 833 g 的汞。若以 5 年为围堰的使用年限计算，那么在运行期间，围堰仅需 5 170 美元便可去除 833 g 的汞，这相当于去除 1 kg 汞的成本为 6 206 美元。因此，利用围堰来修复汞污染地表水，不仅成本可控，而且环境效益显著（Hylander et al., 2006）。

在实际应用中，需注意以下要点：首先，围堰的修建尺寸应综合考虑河流的高程或坡度、宽度，河流基质的类型、水流量及洪水期的河流流量等因素，确保设计合理。坝体的主要结构应以钢筋混凝土为主，以确保其稳定性和耐用性。其次，在靠近矿渣堆的河流上游区域，应建造多个梯级围堰拦河坝，从源头上控制河流中汞的迁移。同时，这些靠近渣堆的围堰还需具备抵挡碎石、尾渣等冲击的能力，确保围堰的安全与稳定。最后，为确保围堰的持久有效，需定期对围堰内的沉积物进行清淤处理。

参 考 文 献

谷春豪, 2013. 贵州万山汞矿区地表水汞污染控制技术及评价: 以围堰为例. 贵阳: 中国科学院地球化学研究所.

孙雪城, 王建旭, 冯新斌, 2014. 贵州丹寨金汞矿区尾渣和水土中汞砷分布特征及潜在风险. 生态毒理学报, 9(6): 1173-1180.

Bäckström M, Dario M, Karlsson S, et al., 2003. Effects of a fulvic acid on the adsorption of mercury and cadmium on goethite. Science of the Total Environment, 304(1/2/3): 257-268.

Bailey E A, Gray J E, Theodorakos P M, 2002. Mercury in vegetation and soils at abandoned mercury mines in southwestern Alaska, USA. Geochemistry: Exploration, Environment, Analysis, 2(3): 275-285.

Barrow N J, Cox V C, 1992. The effects of pH and chloride concentration on mercury sorption. I. By goethite. Journal of Soil Science, 43(2): 295-304.

Benoit J M, Mason R P, Gilmour C C, 1999. Estimation of mercury-sulfide speciation in sediment pore waters using octanol: water partitioning and implications for availability to methylating bacteria. Environmental Toxicology and Chemistry, 18(10): 2138-2141.

Biester H, Gosar M, Covelli S, 2000. Mercury speciation in sediments affected by dumped mining residues in the drainage area of the Idrija mercury mine, Slovenia. Environmental Science & Technology, 34(16): 3330-3336.

Bragato C, Schiavon M, Polese R, et al., 2009. Seasonal variations of Cu, Zn, Ni and Cr concentration in *Phragmites australis* (Cav.) Trin ex steudel in a constructed wetland of North Italy. Desalination, 246(1/2/3): 35-44.

Buschmann J, Kappeler A, Lindauer U, et al., 2006. Arsenite and arsenate binding to dissolved humic acids: influence of pH, type of humic acid, and aluminum. Environmental Science & Technology, 40(19): 6015-6020.

Chen T C, Hseu Z Y, Jean J S, et al., 2016. Association between arsenic and different-sized dissolved organic matter in the groundwater of black-foot disease area, Taiwan. Chemosphere, 159: 214-220.

Dixit S, Hering J G, 2003. Comparison of arsenic(V) and arsenic(III) sorption onto iron oxide minerals: implications for arsenic mobility. Environmental Science & Technology, 37(18): 4182-4189.

Eckley C S, Tate M T, Lin C J, et al., 2016. Surface-air mercury fluxes across western North America: a synthesis of spatial trends and controlling variables. Science of the Total Environment, 568: 651-665.

Engle M A, Gustin M S, Zhang H, 2001. Quantifying natural source mercury emissions from the Ivanhoe Mining District, north-central Nevada, USA. Atmospheric Environment, 35(23): 3987-3997.

Gustin M S, Biester H, Kim C S, 2002. Investigation of the light-enhanced emission of mercury from naturally enriched substrates. Atmospheric Environment, 36(20): 3241-3254.

Haitzer M, Aiken G R, Ryan J N, 2003. Binding of mercury(II) to aquatic humic substances: influence of pH and source of humic substances. Environmental Science &Technology, 37(11): 2436-2441.

Heaven S, Ilyushchenko M A, Tanton T W, et al., 2000. Mercury in the River Nura and its floodplain, Central Kazakhstan: I. river sediments and water. Science of the Total Environment 260(1/2/3): 35-44.

Hylander L D, Goodsite M E, 2006. Environmental costs of mercury pollution. Science of the Total Environment, 368(1): 352-370.

Inglett P W, Reddy K, Corstanje R, 2005. Anaerobic soils// Hillel D. Encyclopedia of soils in the environment. Amsterdam: Elsevier.

Kim S, Yoon B, Kim S, et al., 2016. Design procedure for determining optimal length of side-weir in flood control detention basin considering bed roughness coefficient. Journal of Irrigation and Drainage Engineering, 142(12): 06016011.

Li P, Feng X B, Qiu G L, et al., 2013. Mercury speciation and mobility in mine wastes from mercury mines in China. Environmental Science and Pollution Research International, 20(12): 8374-8381.

Li Z Y, Yang S X, Peng X Z, et al., 2018. Field comparison of the effectiveness of agricultural and nonagricultural organic wastes for aided phytostabilization of a Pb-Zn mine tailings pond in Hunan Province, China. International Journal of Phytoremediation, 20(12): 1264-1273.

Liang L, Horvat M, Bloom N S, 1994. An improved speciation method for mercury by GC/CVAFS after aqueous phase ethylation and room temperature precollection. Talanta, 41(3): 371-379.

Lin Y, Vogt R, Larssen T, 2012. Environmental mercury in China: a review. Environmental Toxicology and Chemistry, 31(11): 2431-2444.

Liu G L, Cai Y, 2010. Complexation of arsenite with dissolved organic matter: conditional distribution coefficients and apparent stability constants. Chemosphere, 81(7): 890-896.

Masscheleyn P H, Delaune R D, Patrick Jr W H, 1991. Effect of redox potential and pH on arsenic speciation and solubility in a contaminated soil. Environmental Science & Technology, 25(8): 1414-1419.

Merlin N, Nogueira B A, Lima V, et al., 2014. Application of fourier transform infrared spectroscopy, chemical and chemometrics analyses to the characterization of agro-industrial waste. Química Nova, 37(10): 1584-1588.

Moynahan O S, Zabinski C A, Gannon J E, 2002. Microbial community structure and carbon-utilization diversity in a mine tailings revegetation study. Restoration Ecology, 10(1): 77-87.

Mulligan C N, Yong R N, Gibbs B F, 2001. Remediation technologies for metal-contaminated soils and groundwater: an evaluation. Engineering Geology, 60(1/2/3/4): 193-207.

O'Connor D L, Dudukovic M P, Ramachandran P A, 1992. Formation of goethite (α-FeOOH) through the oxidation of a ferrous hydroxide slurry. Industrial & Engineering Chemistry Research, 31(11): 2516-2524.

Ono F B, Tappero R, Sparks D, et al., 2016. Investigation of arsenic species in tailings and windblown dust from a gold mining area. Environmental Science and Pollution Research International, 23(1): 638-647.

Paktunc D, Foster A, Heald S, et al., 2004. Speciation and characterization of arsenic in gold ores and cyanidation tailings using X-ray absorption spectroscopy. Geochimica et Cosmochimica Acta, 68(5):

969-983.

Qiu G L, Feng X B, Meng B, et al., 2013. Environmental geochemistry of an abandoned mercury mine in Yanwuping, Guizhou Province, China. Environmental Research, 125: 124-130.

Ravichandran M, 2004. Interactions between mercury and dissolved organic matter: a review. Chemosphere, 55(3): 319-331.

Rieuwerts J S, Thornton I, Farago M E, et al., 1998. Factors influencing metal bioavailability in soils: preliminary investigations for the development of a critical loads approach for metals. Chemical Speciation & Bioavailability, 10(2): 61-75.

Rodriguez-Freire L, Moore S E, Sierra-Alvarez R, et al., 2016. Arsenic remediation by formation of arsenic sulfide minerals in a continuous anaerobic bioreactor. Biotechnology and Bioengineering, 113(3): 522-530.

Saniewska D, Bełdowska M, Bełdowski J, et al., 2014. Mercury in precipitation at an urbanized coastal zone of the Baltic Sea (Poland). Ambio, 43(7): 871-877.

Tanner K C, Windham-Myers L, Fleck J A, et al., 2017. The contribution of rice agriculture to methylmercury in surface waters: a review of data from the Sacramento valley, California. Journal of Environmental Quality, 46(1): 133-142.

Tao Z K, Liu Y, Zhou M, et al., 2017. Exchange pattern of gaseous elemental mercury in landfill: mercury deposition under vegetation coverage and interactive effects of multiple meteorological conditions. Environmental Science and Pollution Research, 24(34): 26586-26593.

USEPA, 1995. Process design manual: land application of sewage sludge and domestic septage. EPA 625-R-95-001. Washington DC, USA.

USEPA, 2001. 1630: methyl mercury in water by distillation, aqueous ethylation, purge and trap, and CVAFS. EPA-821-R-01-020. U. S. Washington DC, USA.

USEPA, 2002. Mercury in water by oxidation, purge and trap, and cold vapor atomic fluorescence spectrometry (Method 1631, Revision E). EPA-821-R-02-019. U. S. Washington DC, USA.

Vahedian A, Aghdaei S A, Mahini S, 2014. Acid sulphate soil interaction with groundwater: a remediation case study in east trinity. APCBEE Procedia, 9: 274-279.

Walker A N, Poos J J, Groeneveld R A, 2015. Invasive species control in a one-dimensional metapopulation network. Ecological Modelling, 316: 176-184.

Wan Ngah W S, Hanafiah M A K M, 2008. Removal of heavy metal ions from wastewater by chemically modified plant wastes as adsorbents: a review. Bioresource Technology, 99(10): 3935-3948.

Wang S, Xing D, Wei Z, et al., 2013. Spatial and seasonal variations in soil and river water mercury in a boreal forest, Changbai Mountain, Northeastern China. Geoderma, 206: 123-132.

Wang S F, Feng X B, Qiu G L, et al., 2005. Mercury emission to atmosphere from Lanmuchang Hg-Tl mining area, Southwestern Guizhou, China. Atmospheric Environment, 39(39): 7459-7473.

Waples J S, Nagy K L, Aiken G R, et al., 2005. Dissolution of cinnabar (HgS) in the presence of natural organic matter. Geochimica et Cosmochimica Acta, 69(6): 1575-1588.

Widdel F, Bak F, 1992. Gram-negative mesophilic sulfate-reducing bacteria//Balows A, TrüperH G, Dworkin M. The Prokaryotes. New York: Springer.

Xu H, Allard B, 1991. Effects of a fulvic acid on the speciation and mobility of mercury in aqueous solutions.

Water, Air, & Soil Pollution, 56: 709-717.

Yin R S, Gu C H, Feng X B, et al., 2016. Transportation and transformation of mercury in a calcine profile in the Wanshan Mercury Mine, SW China. Environmental Pollution, 219: 976-981.

Zehner R E, Gustin M S, 2002. Estimation of mercury vapor flux from natural substrate in Nevada. Environmental Science & Technology, 36(19): 4039-4045.

Zhang H, Feng X B, Larssen T, et al., 2010a. Fractionation, distribution and transport of mercury in rivers and tributaries around Wanshan Hg mining district, Guizhou province, southwestern China: Part 1-total mercury. Applied Geochemistry, 25(5): 633-641.

Zhang H, Feng X B, Larssen T, et al., 2010b. Fractionation, distribution and transport of mercury in rivers and tributaries around Wanshan Hg mining district, Guizhou Province, Southwestern China: Part 2-Methylmercury. Applied Geochemistry, 25(5): 642-649.

Zhang H, Feng X B, Zhu J M, et al., 2012. Selenium in soil inhibits mercury uptake and translocation in rice (*Oryza sativa* L.). Environmental Science & Technology, 46(18): 10040-10046.

第 3 章　汞污染农田土壤原位钝化修复

汞矿区农田土壤汞污染问题突出，影响了农作物的质量安全，给矿区居民带来了一定的汞暴露健康风险。因此，建立汞污染农田土壤的安全利用技术，对保障粮食安全、降低人群汞暴露健康风险具有重要的意义。重金属污染农田土壤安全利用是指利用各种物理、化学、生物技术来降低土壤中重金属的迁移风险，阻止土壤重金属进入农作物可食用部分，从而阻断重金属进入人体。常见的重金属污染农田土壤安全利用技术/措施包括原位钝化、农艺调控和低积累重金属农作物品种筛选等。本章介绍汞污染农田土壤原位钝化修复技术。

3.1　汞污染土壤活性炭钝化修复

活性炭具有发达的孔隙结构、高比表面积和丰富的含氧官能团，因而对重金属吸附能力较强。同时，活性炭添加到土壤后可改变土壤结构和提高土壤肥力水平。因此，活性炭是一种较为理想的重金属污染农田土壤的钝化剂。本节介绍活性炭（尺寸为纳米级）钝化修复汞污染农田土壤的原理及其对水稻富集汞的影响。

3.1.1　试验设计

1. 盆栽试验

采集万山汞矿区敖寨乡金家场村汞污染农田（约 100 m²）表层 0～20 cm 土壤用于盆栽试验。试验共设置 3 组处理，包括对照（control）、纳米活性炭 1%（nanoactivated carbon，NAC1%）、纳米活性炭 3%（NAC3%），每组处理 3 个重复。向对照组花盆中加入 3 600 g 土壤，而在 NAC1%和 NAC3%处理组中，分别按照 1%和 3%（质量分数）加入纳米活性炭和汞污染土壤。将土壤和纳米活性炭充分混匀。每个花盆均浇水使土壤上覆水深度达 3 cm，随后将花盆静置 5 天。选取生物量和株高相似的水稻苗，移栽至花盆中。水稻生长期间，定期补充水分使上覆水深度始终保持在 3 cm 左右。

在水稻移栽后的第 5 天、第 30 天、第 50 天、第 70 天、第 80 天、第 100 天和第 118 天，采集孔隙水样品。将采集的孔隙水样品分为 3 份，分别用于测定总溶解态汞、硫酸根和溶解有机碳（DOC）的浓度。待水稻成熟后，采集水稻及其对应的根际土壤样品。水稻植株依次经自来水和超纯水清洗后，被分为根系、茎、叶片和穗。将所有水稻植株进行冷冻干燥，随后将穗进一步分为稻壳、谷糠和精米。将植物样品粉碎成粉末，用于总汞含量的测定。将土壤样品冷冻干燥，研磨成粉末后用于总汞含量的测定。

2. 同步辐射分析

将土壤样品和汞标准化合物（α-HgS、β-HgS、HgO、L-胱氨酸、L-甲硫氨酸）在北京同步辐射装置（Beijing Synchrotron Radiation Facility，BSRF）1W1B 线站进行 L_3 边 XANES 分析，吸收谱能量采集范围为 12.18～12.58 keV；将土壤样品和硫标准化合物（$CaSO_4$、S^0、二苯基亚砜、$Hg(SR)_2$、纳米硫化汞）在 BSRF 的 4B7A 线站进行硫的 K 边 XANES 分析,吸收谱能量采集范围为 2.25～2.60 keV；将土壤样品和铁标准化合物（针铁矿、FeO、Fe_3O_4、FeS、$FeSO_4$、黄铁矿、水铁矿、$α-Fe_2O_3$、纤铁矿）在 BSRF 的 4B7B 线站开展铁的 L 边 XANES 分析，吸收谱能量采集范围为 650～750 eV。所有的 XANES 数据均用 IFEFFIT 软件包进行分析和处理。纳米活性炭和土壤样品用 50%乙醇分散后，固定在镀碳的铜网上，用透射电镜联合能谱进行分析。

3. 纳米活性炭和土壤的基本理化性质

纳米活性炭的粒径为 20～50 nm，平均粒径为 40 nm。纳米活性炭的总碳质量分数为 99.5%，比表面积为 500 m^2/g，密度为 3.02 g/cm^3。

试验土壤的 pH 为 7.5，其总碳、总氮、总硫和总铁的质量分数分别为 20 g/kg、2.1 g/kg、1.0 g/kg 和 22 g/kg。通过 Fe 的 L 边 XANES 分析，发现土壤中的铁主要以 $α-Fe_2O_3$ 的形态存在（图 3.1）。土壤中总汞的平均质量分数为 129 mg/kg。

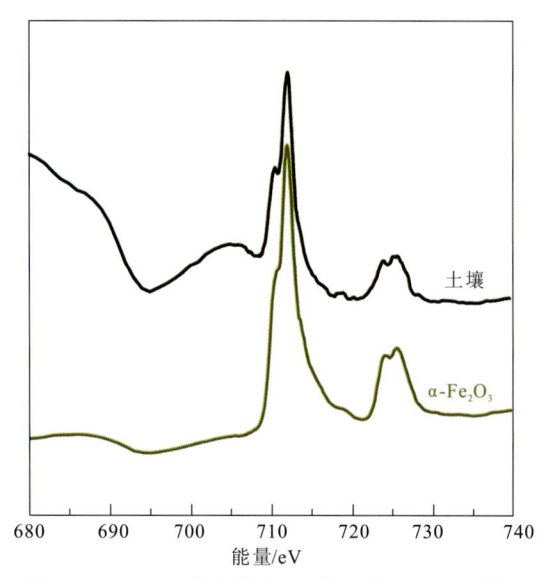

图 3.1 $α-Fe_2O_3$ 和土壤中 Fe 的 L 边 XANES 谱

3.1.2 活性炭钝化修复汞污染土壤效果

1. 孔隙水的 pH、DOC、SO_4^{2-} 和 ORP

如图 3.2（a）所示，在水稻的整个生长期间，对照组土壤的孔隙水 pH 在 7.35～8.01 波动；而经过纳米活性炭 1%（NAC1%）处理的土壤，其孔隙水 pH 则保持在 7.17～7.67；

纳米活性炭 3%（NAC3%）处理的土壤孔隙水 pH 则在 7.26～8.03 变动。可见，纳米活性炭对土壤 pH 的影响相对较小，并未呈现出明显的变化规律。

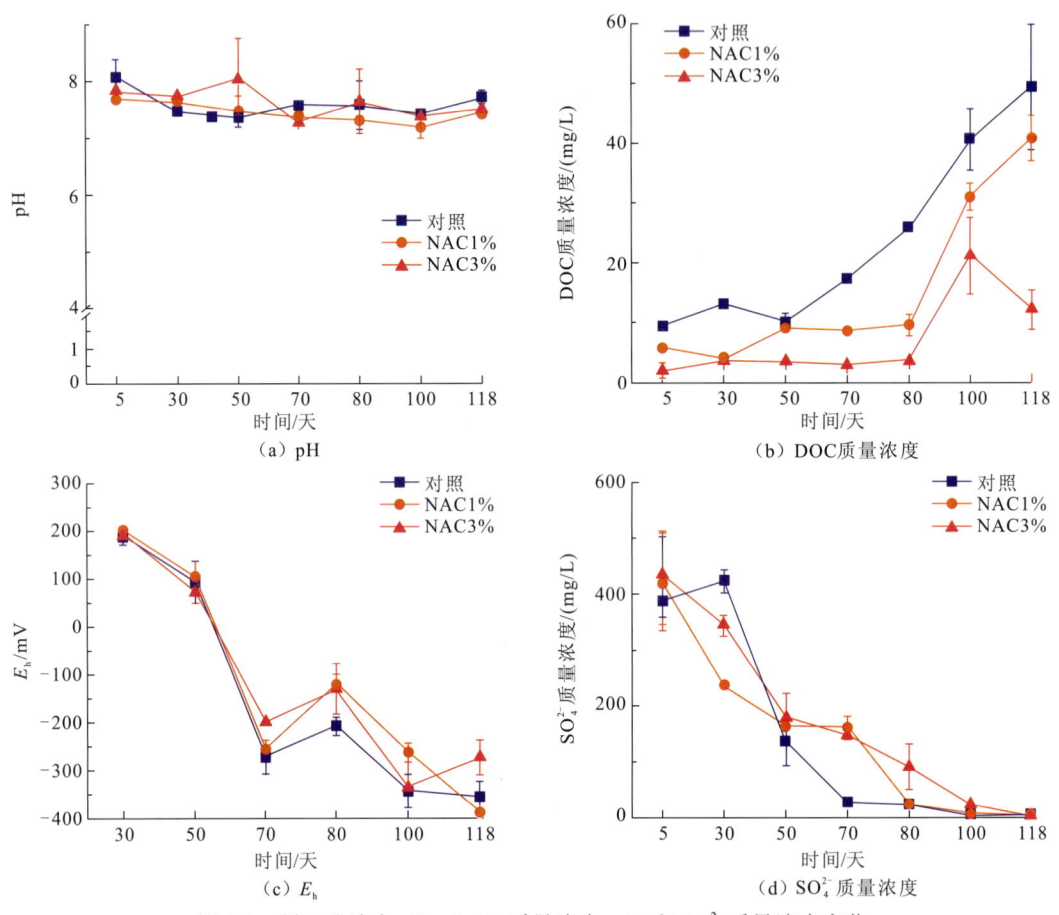

图 3.2　稻田孔隙水 pH、DOC 质量浓度、E_h 和 SO_4^{2-} 质量浓度变化

对照组土壤孔隙水中 DOC 质量浓度为 9.3～49 mg/L[图 3.2（b）]。与对照组相比，NAC1%和 NAC3%处理组土壤孔隙水中 DOC 浓度分别降低了 9%～70%和 8%～86%。这一结果表明，施用纳米活性炭能降低孔隙水的 DOC 浓度，且纳米活性炭施用量越大孔隙水中 DOC 的浓度就越低。纳米活性炭具有极大的比表面积和突出的吸附能力，能有效地吸附 DOC 并降低其浓度（Shimabuku et al.，2017）。值得注意的是，在水稻生长至 80 天后，经过纳米活性炭处理的土壤孔隙水中 DOC 浓度呈现出升高的趋势。这可能是因为纳米活性炭表面的活性位点逐渐饱和，进而降低了其对 DOC 的吸附能力。

如图 3.2（c）所示，在整个水稻生长期间，对照组土壤的氧化还原电位（ORP）在 −357～188 mV 波动，而经过纳米活性炭 1%（NAC1%）处理的土壤，其 ORP 则在−389～199 mV 波动。纳米活性炭 3%（NAC3%）处理土壤中，ORP 则为−336～192 mV。无论是对照组还是处理组，其 ORP 都呈现出降低的趋势，这是因为在培养期间土壤始终保持淹水状态（上覆水深度为 3 cm），使得氧气逐渐被消耗，导致 ORP 降低。

图 3.2（d）展示了不同处理组土壤孔隙水中硫酸根（SO_4^{2-}）浓度的变化情况。在水稻生长期，对照组土壤孔隙水中的 SO_4^{2-} 质量浓度为 0.34～421 mg/L，而 NAC1%和

NAC3%处理组的 SO_4^{2-} 质量浓度则分别为 2.13～418 mg/L 和 0.46～434 mg/L。与 ORP 的变化趋势相似，所有处理组土壤孔隙水中的 SO_4^{2-} 质量浓度也呈现出降低的趋势。这是由于稻田淹水后，土壤呈厌氧环境，有利于硫酸盐的还原。特别是在水稻生长后期（第 70 天），土壤处于厌氧状态，SO_4^{2-} 的还原作用尤为显著，导致 SO_4^{2-} 浓度显著下降。图 3.3 所示为土壤中 SO_4^{2-} 质量浓度与 ORP 之间呈现出显著的指数关系，进一步表明了还原环境有利于 SO_4^{2-} 的还原。

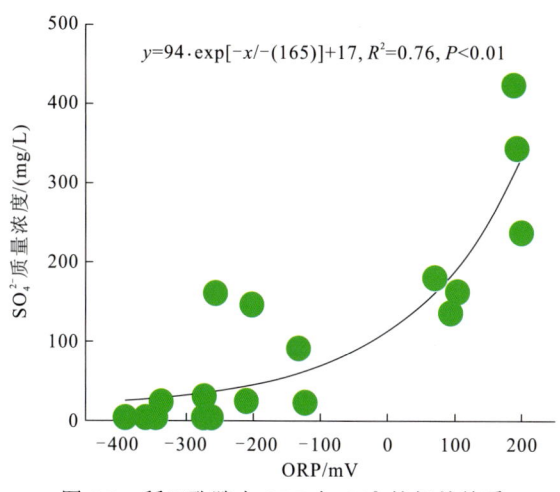

图 3.3　稻田孔隙水 ORP 与 SO_4^{2-} 的相关关系

2. 稻田土壤和孔隙水中的总汞

施用纳米活性炭对土壤总汞含量的影响如图 3.4（a）所示。在水稻收获后，对照土壤的总汞质量分数为 130 mg/kg，而经过纳米活性炭 1%（NAC1%）和纳米活性炭 3%（NAC3%）处理的土壤，其总汞质量分数分别降低至 104 mg/kg 和 105 mg/kg。这一现象可能与纳米活性炭对土壤汞的稀释效应及土壤中汞的空间分布异质性有关。

纳米活性炭对土壤孔隙水中总汞含量的影响如图 3.4（b）所示。在整个水稻生长期，纳米活性炭处理土壤孔隙水的汞浓度显著低于对照组土壤。图 3.4（c）展示了在水稻不同生长期采集的土壤孔隙水中总汞浓度的平均值。从图中可以看出，纳米活性炭的施用量越大，孔隙水中的总汞浓度就越低，这说明纳米活性炭能够有效地降低孔隙水中的汞浓度。进一步分析发现，孔隙水中总汞和 DOC 浓度之间呈显著的线性相关关系[图 3.4（d）]，表明孔隙水中的汞可能与 DOC 结合在一起。DOC 中含有巯基官能团，其对汞有很强的结合能力（Ravichandran，2004）。因此，汞可能与 DOC 中巯基官能团结合，并随之进行迁移。当 DOC 被纳米活性炭固定后，与 DOC 结合的汞也被随之固定，导致孔隙水中的汞浓度也随之降低。

通过式（3.1）计算土壤中汞的分配系数（K_d）：

$$K_d = 总汞_{土壤}/总汞_{孔隙水} \times 10^{-6} \tag{3.1}$$

如图 3.4（e）所示，对照组土壤 K_d 值为 11×10^3 L/kg，而 NAC1% 和 NAC3% 处理组土壤 K_d 值分别增加到 22×10^3 L/kg 和 36×10^3 L/kg。可见，纳米活性炭促进了汞由土壤液相（孔隙水）向固相分配。

(a) 土壤总汞质量分数

(b) 土壤孔隙水中总汞质量浓度

(c) 水稻不同生长期土壤孔隙水中总汞浓度

(d) 土壤孔隙水总汞与DOC浓度之间的相关性

(e) 土壤总汞的分配系数

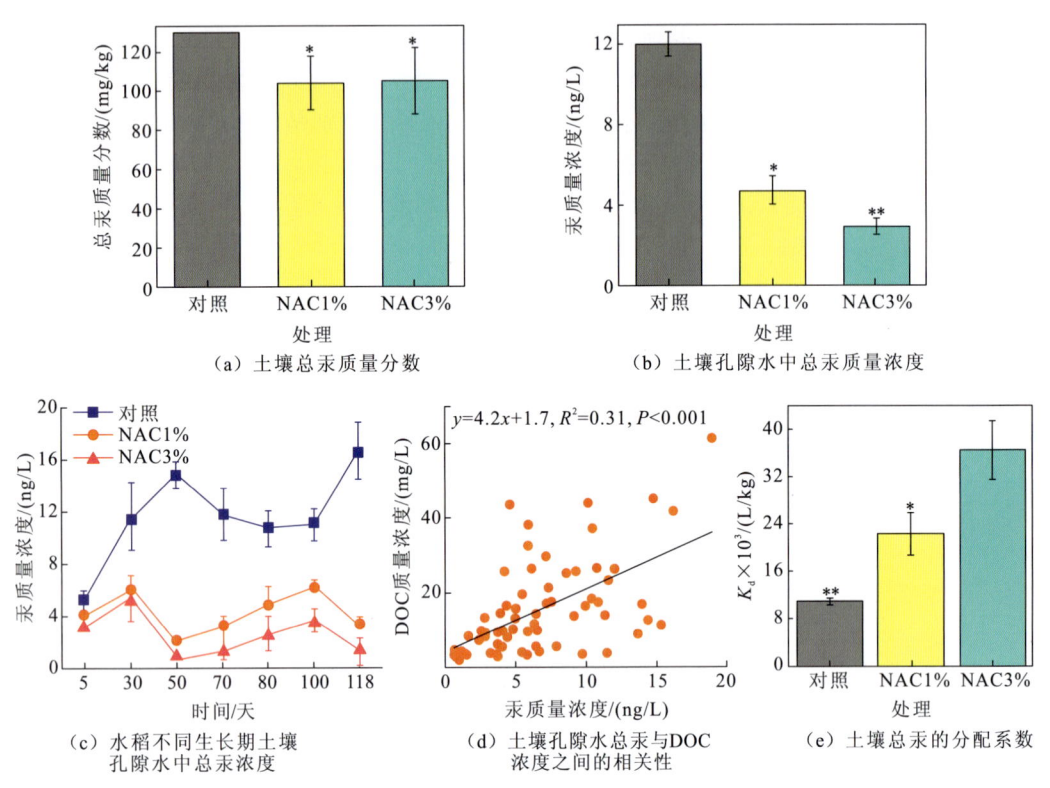

图 3.4 土壤与土壤孔隙水总汞浓度、分配系数及土壤孔隙水总汞与DOC浓度的相关关系

3. 水稻的生物量

如图 3.5（a）所示，对照、NAC1%和NAC3%处理的水稻根系，其平均干重分别为 12.0 g、11.7 g 和 11.4 g；茎的平均干重分别为 53.0 g、61.3 g 和 82.2 g；叶片的平均干重分别为 13.3 g、15.5 g 和 19.8 g。对于水稻植株长度，对照、NAC1%和NAC3%处理水稻最长根的长度分别为 39.2 cm、53.7 cm 和 39 cm，而茎的长度分别为 94.2 cm、103 cm 和 106 cm[图 3.5（b）]。此外，对照、NAC1%和NAC3%处理水稻根系的体积分别为 100 cm³、122 cm³ 和 107 cm³[图 3.5（c）]。总体来看，NAC3%处理增加了水稻茎叶干重和长度，说明纳米活性炭对水稻的生长有一定的促进作用，这与纳米活性炭能提升土壤营养元素有效性密切相关（Bhati et al.，2018；Zaytseva et al.，2016）。

4. 水稻汞含量

与对照相比，NAC1%和NAC3%处理水稻的根系、茎、叶片、稻壳、麸皮和精米中的总汞含量均显著下降，降幅分别为 48%～56%、17%～39%、39%～52%、47%～55%、15%～39% 和 47%～63%（图 3.6）。此外，NAC 处理后水稻对汞的生物富集系数（bioaccumulation factor，BAF）也显著降低[图 3.7（a）]。值得一提的是，对照组稻米中的总汞含量超出了《食品安全国家标准 食品中污染物限量》（GB 2762—2022）中所允许的最大值（20 ng/g），经过纳米活性炭处理后，稻米中的总汞含量则低于这一标准，表明纳米活性炭能够将稻米中的汞含量降低至安全水平。

(a）干重

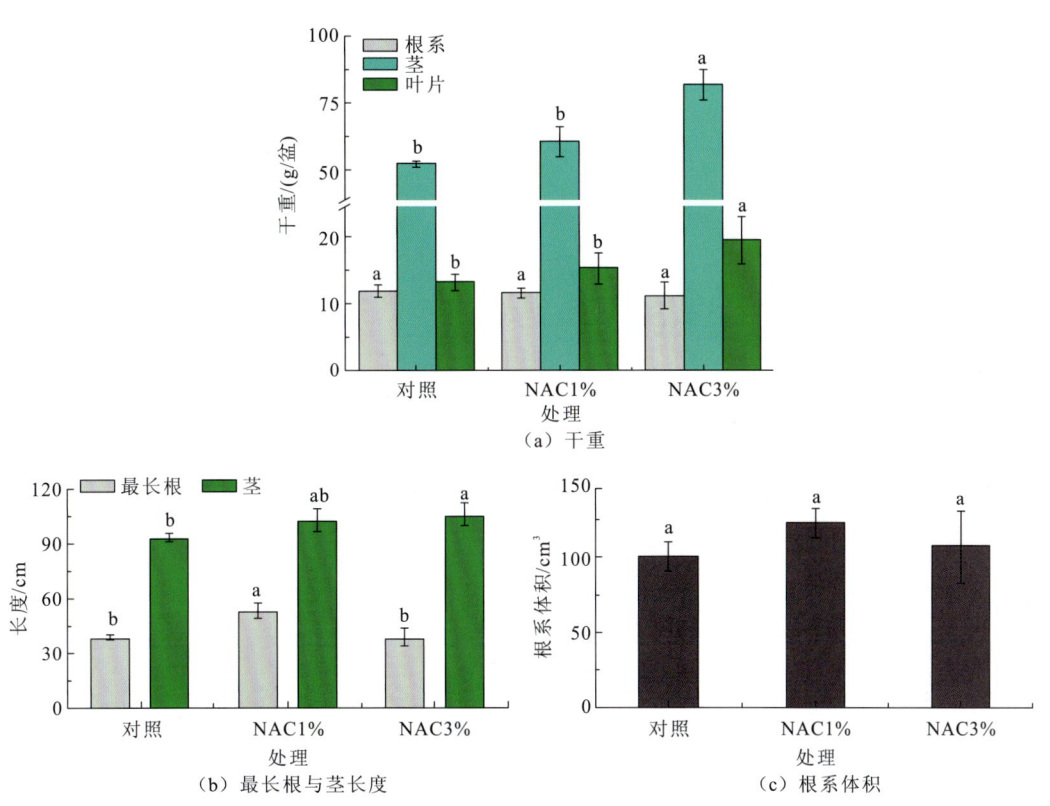

(b）最长根与茎长度

(c）根系体积

图 3.5 对照和纳米活性炭处理组水稻的干重、最长根与地上部分长度和根系体积

图中柱子上面不同小写字母表示不同处理之间在统计学上差异显著（$P<0.05$）

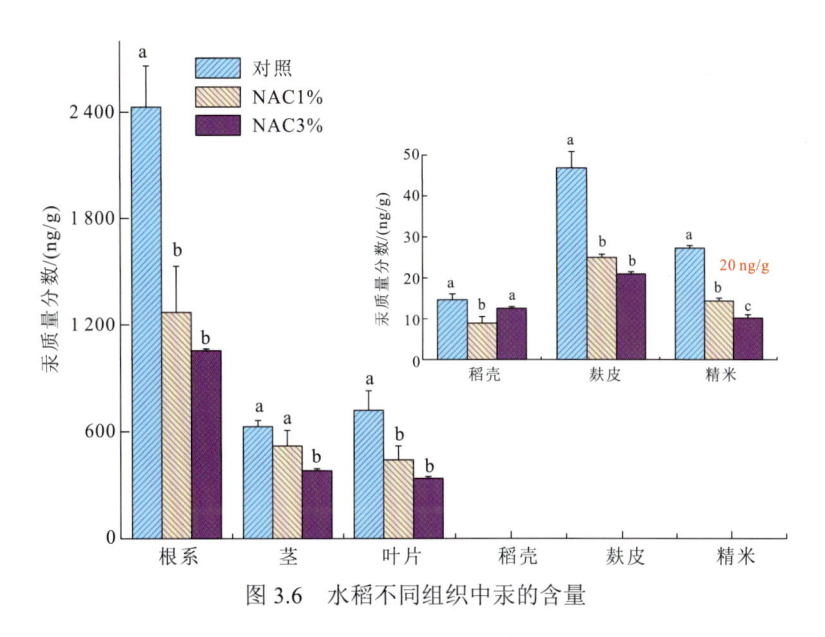

图 3.6 水稻不同组织中汞的含量

从图 3.7（b）可以看出，土壤孔隙水中的汞浓度与水稻植株中的汞含量之间呈现显著的正相关关系，这表明孔隙水是水稻植株中汞的重要来源。同时，BAF 与土壤中汞的分配系数（K_d）之间呈现出显著的负相关关系（经 ln 函数转换数据后），这进一步表明汞从孔隙水分配到土壤固相后，抑制了水稻对汞的富集[图 3.7（c）]。

(a) 水稻对汞的生物富集系数（BAF）

(b) 土壤孔隙水中汞浓度与水稻植株中汞含量的相关关系

(c) 水稻对汞的生物富集系数（BAF）与土壤中汞分配系数（K_d）的相关关系（经ln函数转换数据后）

(d) 水稻地上部分汞的绝对量

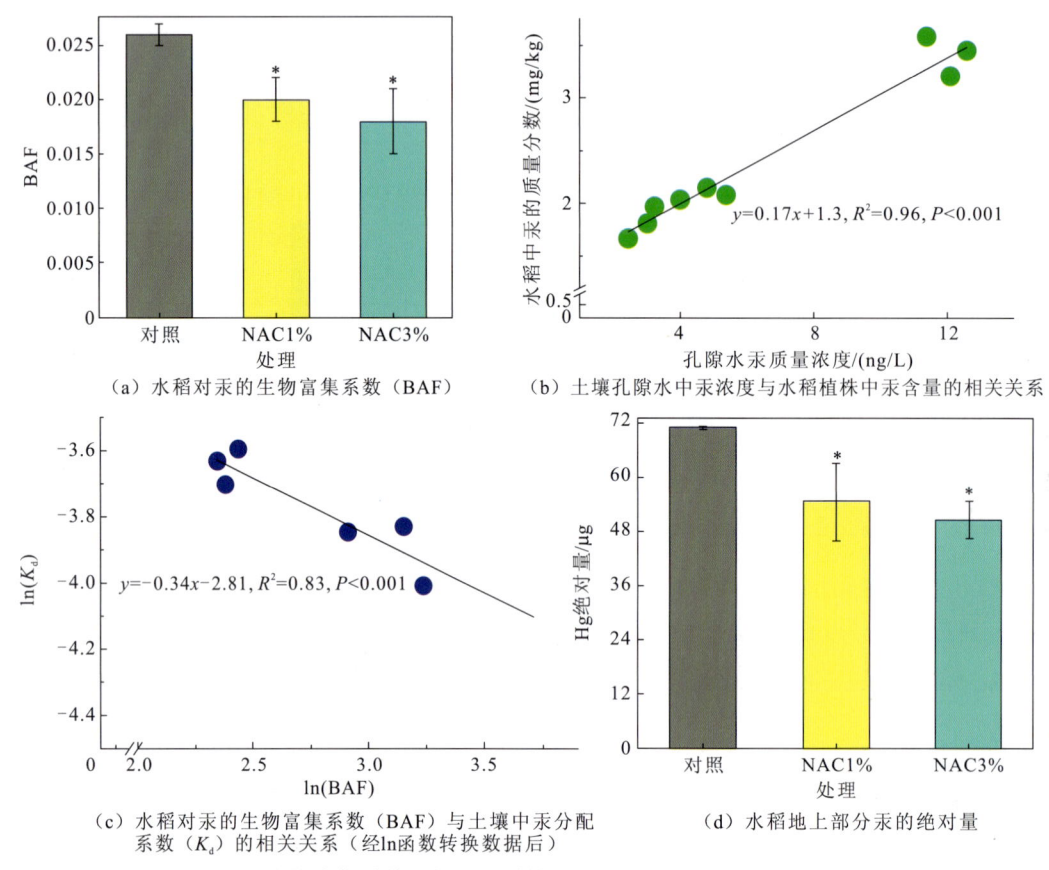

图3.7　生物富集系数及与分配系数的相关性、土壤孔隙水汞浓度与水稻植株中汞含量的相关性和水稻地上部分汞的绝对量

随着植物生物量的增加，植物体中的重金属含量可能会因"生物稀释"作用而降低。为了探究纳米活性炭是否通过这一机制降低水稻植株中的汞含量，计算水稻植株中汞的绝对量。如图3.7（d）所示，NAC1%和NAC3%处理的水稻地上部分汞的绝对量明显低于对照水稻植株，这说明"生物稀释"作用对降低水稻植株中汞含量的贡献较小。综上所述，纳米活性炭处理土壤后，促进了汞从土壤液相分配到固相，有效降低了汞的移动性和活性，抑制了水稻对土壤中汞的富集。

3.1.3　活性炭钝化修复汞机理

1. 土壤矿物聚集体

如图3.8所示，对照土壤中矿物和有机质聚集体丰富，其中包括绿泥石-纳米磁铁矿-有机质、绿泥石-石英-有机质和云母-有机质等。通过能谱分析发现，这些聚集体中含有少量的汞，并主要富集在有机质中。纳米活性炭处理土壤与对照土壤在聚集体赋存的特征上存在差异。例如，在纳米活性炭处理土壤中，存在纳米活性炭-绿泥石-纳米磁铁矿、纳米活性炭-绿泥石-有机质、纳米活性炭-纳米磁铁矿等聚集体。如图3.9所示，在纳米活性炭处理土壤中，汞主要赋存于活性炭-绿泥石-有机质聚集体中，并与硫结合形成汞硫复合物。通过对比对照和纳米活性炭处理土壤的透射电镜图，发现纳米活性炭加入土壤后，与土壤矿物和有机质等形成的聚集体有利于汞-硫复合物的生成。这表明纳米活性炭不仅改变了土壤中聚集体的状态，还促进了汞与硫的生物地球化学反应。

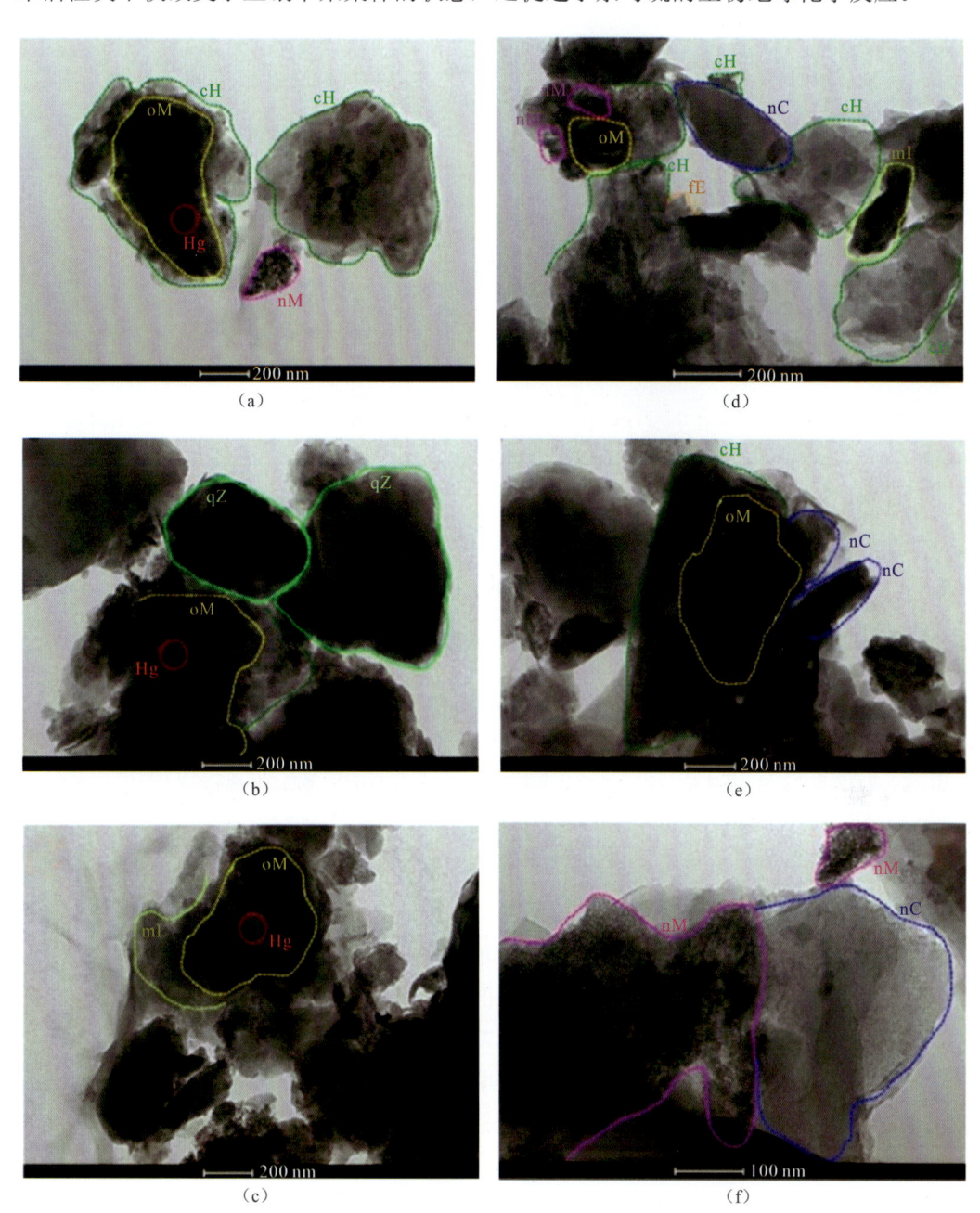

图 3.8 对照土壤和 NAC3%处理土壤颗粒的透射电镜图

（a）、（b）、（c）为对照土壤；（d）、（e）、（f）为 NAC3%处理土壤；蓝色虚线圈定的是纳米活性炭（nC）、深绿色虚线圈定的是绿泥石（cH）、粉色虚线圈定的是纳米磁铁矿（nM）、橘色虚线圈定的是长石（fE）、深绿褐色虚线圈定的是云母（mI）、黄色虚线圈定的是有机质（oM）、淡绿色虚线圈定的是石英（qZ）；（a）、（b）、（c）图中红色虚线圆圈指示的是能量色散 X 射线分析位点

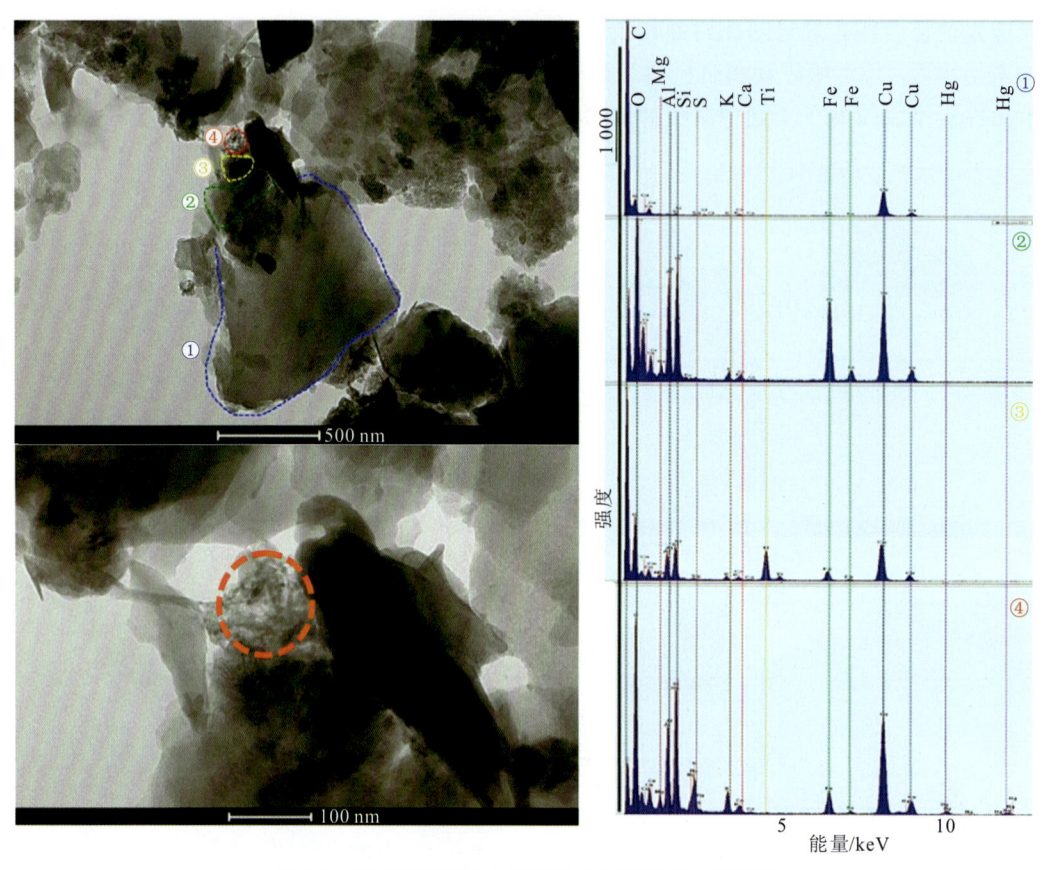

图 3.9　NAC3%处理土壤颗粒的透射电镜-能谱图

右边的能谱图①、②、③和④分别对应是左上透射电镜图中①、②、③和④指示的位点；左下角是透射电镜图④区域的放大图；蓝色虚线圈定的是纳米活性炭（nC）、深绿色虚线圈定的是绿泥石（cH）、黄色虚线圈定的是有机质（OM）、红色虚线圈定的是汞-硫复合体

2. 土壤中硫和汞的形态

如图 3.10 所示，对照和 NAC3%处理土壤的硫 XANES 谱在 2.476 2 keV 和 2.482 8 keV 处有明显的特征峰，这分别与亚砜和硫酸根的特征峰相吻合（Prietzel et al.，2011）。此外，NAC3%处理土壤硫的 XANES 谱在 2.472 6 keV 处也存在明显的凸起，这是单质硫的特征峰（Prietzel et al.，2011），而对照土壤则没有此特征峰。在对照土壤中，亚砜、硫酸根、L-胱氨酸和 L-甲硫氨酸分别占总硫的 92%、1%、4%和 3%；而在 NAC3%处理土壤中，亚砜、硫酸根和单质硫的比例则分别为 74%、5%和 22%（图 3.10）。这一结果表明，纳米活性炭的添加显著促进了土壤中单质硫的生成。

事实上，土壤中的单质硫可能以多聚硫化物（S_n^{2-}）、硫烷（H_2S_n）、氢硫化物（HS_n^-）、多聚硫代硫化物（$S_nO_3^{2-}$）和连多硫酸盐（$S_nO_6^{2-}$）等形式存在于土壤矿物表面（Helz，2014；Wan et al.，2014；Kamyshny et al.，2008）。纳米活性炭本身所含的单质硫量极低，因此可以忽略其自身带入土壤的单质硫。

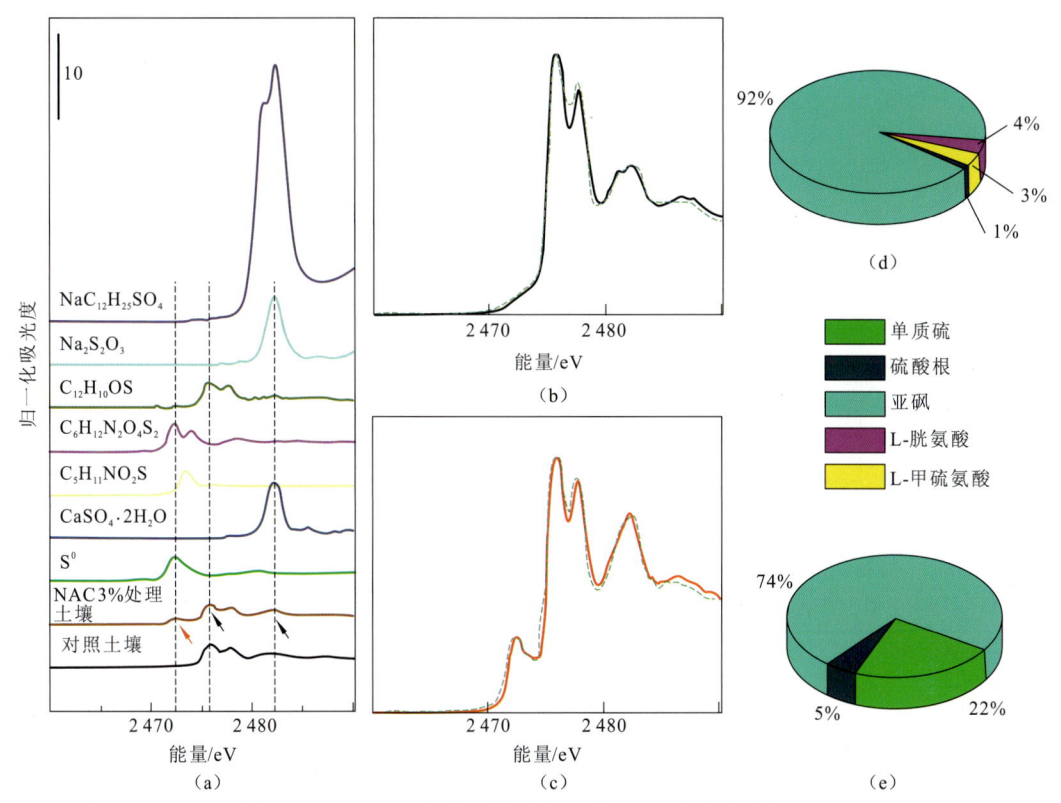

图 3.10 对照土壤、NAC3%处理土壤、单质硫（S^0）、二水合硫酸钙（$CaSO_4·2H_2O$）、十二烷基硫酸钠（$NaC_{12}H_{25}SO_4$）、硫代硫酸钠（$Na_2S_2O_3$）、二苯基亚砜（$C_{12}H_{10}S$）、L-胱氨酸（$C_6H_{12}N_2O_4S$）、L-甲硫氨酸（$C_5H_{11}NO_2S$）的 S K-边 XANES 归一化谱（a）；对照（b）和 NAC3%处理土壤（c）S K-边 XANES 谱的拟合曲线；对照（d）和 NAC3%处理土壤（e）中不同形态硫占总硫的比例

通过对比对照和纳米活性炭处理土壤发现，亚砜和单质硫在总硫中的占比发生了显著变化。在 NAC3%处理土壤中，亚砜的比例降低，而单质硫的比例则明显升高。可见，纳米活性炭的输入可能驱动了土壤中的硫还原反应。纳米活性炭可能作为电子供体，促进了亚砜还原为低价态硫（如单质硫）（Saquing et al.，2016；Garten et al.，1955）。此外，纳米活性炭与土壤中的有机质和矿物紧密结合形成聚集体，这种土壤结构有利于氧化还原反应的发生。同时，稻田土壤所处的厌氧环境（-389 mV）也为亚砜的还原提供了有利条件。进一步推测，土壤中的单质硫可能与汞发生反应，形成多聚汞硫化物（$Hg(S_n)SH^-$），这类化合物随后可能被转化为硫化汞，从而降低汞的移动性（Manceau et al.，2018；Kampalath et al.，2013；Paquette et al.，1997）。

如图 3.11（a）所示，土壤中汞的主要赋存形态有α-HgS、纳米硫化汞（Nano-HgS）和有机质结合态汞[$Hg(SR)_2$]。在对照土壤中，α-HgS、纳米硫化汞和有机质结合态汞分别占总汞的 23%、48%和 29%。而在 NAC3%处理土壤中，这三种形态汞的比例发生了显著变化，α-HgS、纳米硫化汞和有机质结合态汞分别占总汞的 28%、66%和 5%。通过对比对照和纳米活性炭处理土壤中的汞形态，发现纳米活性炭处理显著降低了土壤中 $Hg(SR)_2$ 占总汞的比例，同时显著提高了纳米硫化汞的比例。这一变化表明，纳米

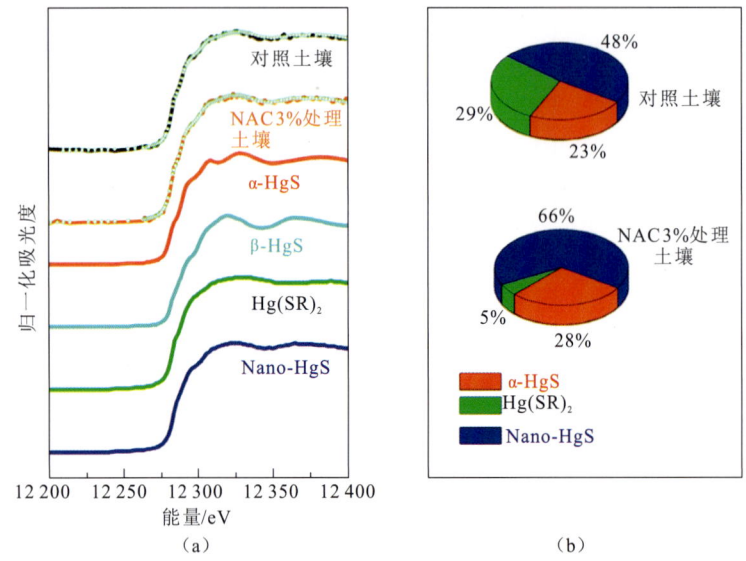

图 3.11 对照土壤、NAC3%处理土壤、α-HgS、β-HgS、Hg(SR)$_2$、纳米硫化汞（Nano-HgS）的归一化 Hg L$_3$ 边 XANES 谱及对照和 NAC3%处理土壤的线性拟合曲线（浅绿色虚线）（a）；以及土壤中不同形态汞占总汞的比例（b）

活性炭进入土壤后，能够诱导 Hg(SR)$_2$ 向活性相对较弱的纳米硫化汞转化。

综上所述，纳米活性炭在稻田中能够驱动并耦合硫和汞的形态转化。具体来说，纳米活性炭的加入促进了土壤中单质硫的生成，并诱导了 Hg(SR)$_2$ 向活性相对较弱的纳米硫化汞形态转化。这在一定程度上降低了孔隙水中汞的浓度，进而抑制了水稻对土壤汞的富集。

3.2 汞污染旱田黏土矿物钝化修复

土壤黏土矿物是岩石风化和成土过程的自然产物，其广泛分布于自然环境中。这类矿物因其独特的结构而具有突出的重金属钝化能力，被广泛应用于重金属污染土壤的修复工程中。在我国，黏土矿物资源得天独厚，不仅种类繁多、分布广泛，而且储量巨大、价格低廉，是修复大面积重金属污染农田的优选材料。此外，当黏土矿物与肥料结合使用时，还能进一步提升重金属污染土壤的修复效率。本节将介绍利用富含碳酸盐岩的黏土矿物联合磷肥修复汞污染农田的案例。

3.2.1 试验设计

1. 室内试验

配制 2 mmol/L HgCl$_2$（纯度＞99%）储备液用于吸附试验。富含碳酸钙黏土矿物（CECM）和磷酸二铵（DAP，农业级）购于市场。CECM 的主要化学组分包括 CaO、

MgO、SiO$_2$、FeO、Al$_2$O$_3$ 和 K$_2$O 等。

（1）CECM 去除溶液中的 Hg^{2+}：首先，分别向不同的离心管中加入 0.4 g、1.0 g、1.6 g、2.0 g 的富含碳酸钙的黏土矿物（CECM）。接着，向每个离心管中加入 45 mL 的去离子水和 1.8 μmol/L Hg^{2+}。每个处理设置 3 次重复。随后，将离心管置于往复式摇床上振荡。在振荡开始后第 0 min、第 10 min、第 30 min、第 60 min、第 120 min、第 180 min 和第 720 min，分别采集溶液样品。

（2）DAP 去除溶液中的 Hg^{2+}：首先，将 0.4 g、1.0 g、1.6 g、2.0 g 的磷酸二铵（DAP）分别添加到不同的离心管中，然后加入 45 mL 去离子水和 1.8 μmol/L Hg^{2+}。每个处理设置 3 次重复。随后，将离心管置于往复式摇床上振荡。在振荡开始后第 0 min、第 10 min、第 30 min、第 60 min、第 120 min、第 180 min 和第 720 min，分别采集溶液样品。

（3）CECM 和 DAP 联合去除溶液中的 Hg^{2+}：首先，向不同离心管中分别添加 0.04 g、0.1 g、0.13 g、0.2 g、0.25 g、0.4 g、1.6 g、2 g 的 DAP。接着，向每个离心管中加入 45 mL 去离子水、2 g CECM 和 1.8 μmol/L Hg^{2+}。每个处理设置 3 次重复。随后，将离心管置于往复式摇床上振荡。在振荡开始后第 0 min、第 10 min、第 30 min、第 60 min、第 120 min、第 180 min 和第 720 min，分别采集溶液样品。

（4）Hg^{2+} 浓度对 CECM 和 DAP 去除 Hg^{2+} 的影响：准备若干个离心管，每个离心管中加入 45 mL 去离子水、2 g CECM 和 0.04 g DAP。分别向离心管中加入不同量的 Hg^{2+}（0～554 μmol/L），每个处理设置 3 次重复。振荡开始后分别在第 0 min 和第 720 min 采集溶液样品。

（5）pH 对 CECM 和 DAP 去除 Hg^{2+} 的影响：准备若干个离心管，每个离心管中加入 1.8 μmol/L Hg^{2+}、45 mL 去离子水、2 g CECM 和 0.04 g DAP。利用 1 mol/L NaOH 或 1 mol/L HCl 将溶液 pH 分别调整至 4、6、7、8、10 左右。每个 pH 处理重复 3 次。将离心管置于往复式摇床上振荡，并在振荡开始后的第 0 min 和第 720 min 分别采集溶液样品。

采集的溶液样品过 0.45 μm 微孔滤膜后，用 HCl（2%，体积分数）酸化，用于总汞浓度的测定。吸附试验结束后，通过离心来收集试管内的吸附剂。将吸附剂用去离子水清洗 3 次后，冷冻干燥，用于光谱分析。

2. 田间试验

在贵州省万山汞矿区的大水溪村和中华山村，分别选取一块面积约 12 m^2 的汞污染农田作为试验场地。将试验田分为 2 个小区，分别作为 CECM+DAP 处理和对照。在 CECM+DAP 处理小区，向每千克土壤中添加 30 g CECM 和 0.5 g DAP。为确保钝化剂与土壤充分混合，使用旋耕机对土壤进行混匀。将小白菜种子撒播到大水溪村的试验田，而萝卜种子撒播在中华山村的试验田。按照传统的田间管理措施对其进行管理。小白菜在播种后的第 50 天收获，而萝卜则在播种后的第 156 天收获。农作物收获后，分别在每个对照和处理小区采集表层土壤样品，分析农作物中的总汞含量和土壤中汞的地球化学形态。

3. 分析方法

利用标准方法分析土壤 pH、有机质含量、总汞含量、土壤生物有效态汞和植物总汞含量，以及样品的傅里叶变换红外（Fourier transform infrared，FTIR）光谱。扫描电子显微镜结合能量色散 X 射线（scanning electron microscope-energy dispersive X-ray，SEM-EDX）光谱分析：样品镀碳后，利用扫描电子显微镜和能量色散 X 射线光谱仪对样品的形态和元素进行分析。透射电子显微镜结合能量色散 X 射线（transmissionelectron microscopy-energy dispersive X-ray，TEM-EDX）光谱分析：将负载有汞的 CECM-DAP 粉末经 50%乙醇分散后，置于镀碳的铜网中，利用透射电子显微镜和能量色散 X 射线光谱仪进行分析。扩展 X 射线吸收精细结构（extended X-ray absorption fine structure，EXAFS）光谱分析：制备负载有汞的 CECM-DAP 粉末压片，并准备包括红辰砂（α-HgS）、黑辰砂（β-HgS）、氧化汞（HgO）、氯化汞（$HgCl_2$）和乙酸汞[$(CH_3COO)_2Hg$]在内的汞标准物。在北京同步辐射装置 1W1B 光束线站分析汞标准物和样品（CECM-DAP-Hg）。最后，利用 IFEFFIT 软件包对 EXAFS 数据进行分析。

4. CECM 和 CECM-DAP 的化学组分与形貌

原始 CECM 的 FTIR 谱如图 3.12 所示。在 3 469 cm^{-1} 处出现的特征峰，其与吸附在硅酸盐表面水分子 HO—H 振动有关（Djomgoue et al.，2013）。在 1 037 cm^{-1} 和 2 873 cm^{-1} 处的特征峰，则分别对应 Si—O 基团和—CH_2 基团的伸缩振动（Alabarse et al.，2011；Tyagi et al.，2006）。此外，1 423 cm^{-1} 处的特征峰与方解石中 C—O 键的不对称拉伸振动有关，1 799 cm^{-1} 处的特征峰则与 C=O 键的拉伸振动相对应（Guo et al.，2017；Christidis et al.，1995）。

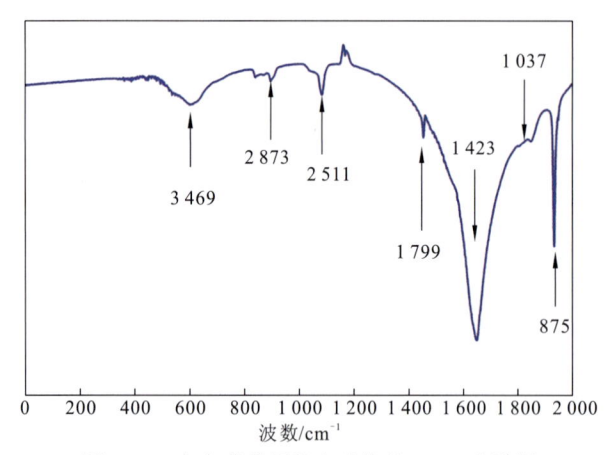

图 3.12 富含碳酸钙黏土矿物的 FTIR 光谱图

原始 CECM 和 CECM-DAP 的扫描电镜结果如图 3.13 所示。从图中可以看出，两者的形貌相似，都呈现出不规则的多面体结构。CECM-DAP 中的多面体边缘呈现出独特的絮状结构，这可能是由于 CECM 与 DAP 反应后矿物形貌发生了变化。CECM 和 CECM-DAP 中的主要元素有钙（Ca）和氧（O），同时含有少量的镁（Mg）、铝（Al）和硅（Si）。CECM-DAP 中还含有磷（P），进一步证实了 CECM 与 DAP 反应后形成了含磷的化学结构或组分。此外，P 与 Ca、Mg、Al、Si 等元素密切相关。

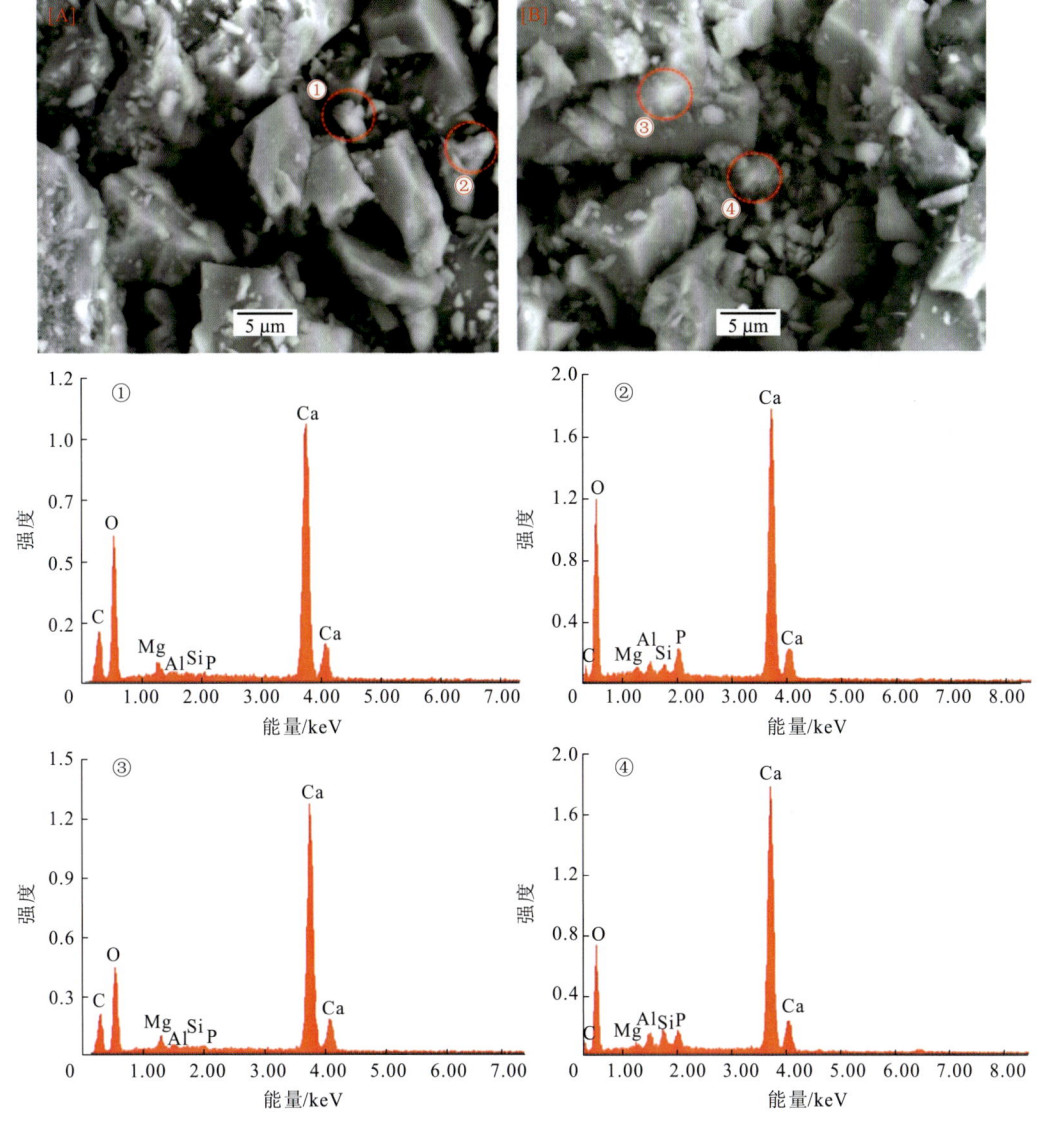

图 3.13　样品的扫描电子显微镜（SEM）图像和能量色散 X 射线（EDX）光谱

CECM（A，①，②）和 CECM-DAP（B，③，④），SEM 图像上的红色圆圈表示 EDX 的分析位点

3.2.2　黏土矿物钝化汞效果与机理

1. Hg^{2+} 的去除特征

图 3.14（a）展示了 CECM、DAP 对溶液中汞的去除特征。在 180 min 内，不同吸附剂对汞的吸附均迅速达到平衡状态。当添加不同量的 DAP（0.9%、2.2%、3.6% 和 4.4%）时，它们对溶液中汞的去除率低于 10%，这可能是由于 Hg^{2+} 与磷酸盐反应，形成了少量的 $Hg_3(PO_4)_2$ 沉淀物（Oliva et al.，2011）。相比之下，CECM 展现出更强的去除能力，添加 0.9%～4.4% 的 CECM 能够去除溶液中 20%～34% 的汞。这可能是 CECM 矿物表面

的羟基（如≡SiOH）和铁氧化物与 Hg^{2+} 结合形成≡Fe-OHgOH，从而去除溶液中的汞（Bonnissel-Gissinger et al.，1999；Tiffreau et al.，1995）。此外，碳酸钙矿物也能与 Hg^{2+} 反应，将 Hg^{2+} 固定，如 Cd^{2+} 与碳酸钙矿物反应能生成 $Cd[(Cd, Ca)CO_3]$（Peña-Rodríguez et al.，2013）。

（a）富含碳酸钙的黏土矿物（CECM）或磷酸二铵（DAP）对溶液中汞的去除特征

（b）CECM-DAP对溶液中汞的去除特征

（c）pH对CECM-DAP（CECM：DAP=50：1）去除溶液汞的影响

（d）初始汞浓度对CECM-DAP（CECM：DAP=50：1）去除汞的影响

图 3.14　溶液中汞的去除特征

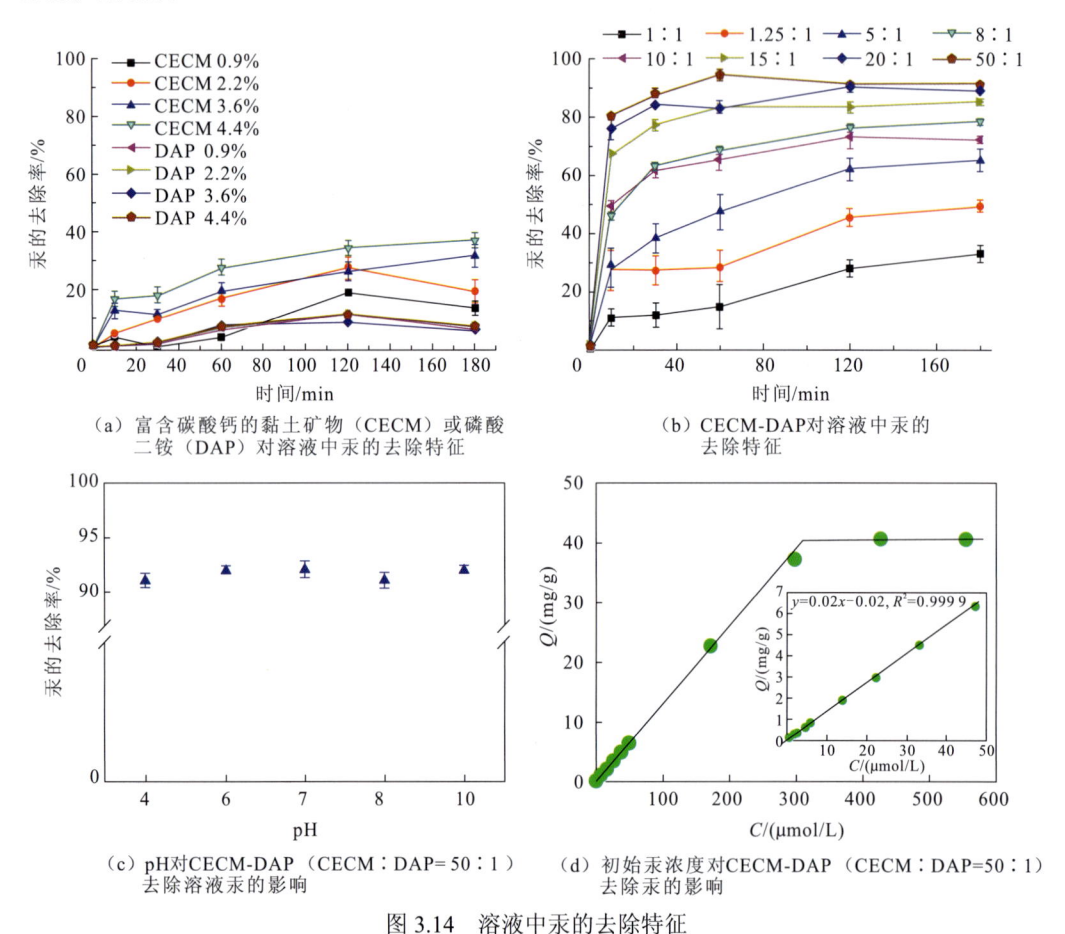

图例中 1：1、1.25：1、5：1、8：1、10：1、15：1、20：1 和 50：1 表示 CECM 与 DAP 的质量比

与单独 CECM 相比，DAP 的添加显著提升了 CECM 对汞的去除率[图 3.14（b）]。CECM-DAP 对汞的去除率超过 90%。随着 CECM 与 DAP 质量比的增加，CECM-DAP 对汞的去除率也呈现出上升的趋势。特别地，当 CECM 与 DAP 的质量比达到 20：1 时，CECM-DAP 对汞的去除率达到最大；而当质量比进一步增加至 50：1 时，CECM-DAP 对汞的去除率基本保持不变。这一现象可能归因于 CECM 与 DAP 反应形成了更为稳定的矿物/络合物（如磷酸镁），提高了其对汞的去除效率。

图 3.14（c）展示了 pH 对 CECM-DAP（CECM：DAP=50：1）去除溶液中 Hg^{2+} 的影响。在酸性条件下，溶液中的汞主要以 Hg^{2+} 和 $HgOH^+$ 的形态存在，这些形态汞易被羟基等官能团所吸附（Viraraghavan et al.，1994）。当溶液的 pH 在 4~10 时，CECM-DAP 对汞的去除率保持稳定，这充分说明不论是碱性环境还是酸性环境，CECM-DAP 对汞的去除效果均表现出良好的稳定性，这可能与 CECM-DAP 与汞之间发生化学反应后形成了稳定的复合物或沉淀有关。

当添加 2 g CECM 和 0.04 g DAP 时,它们对溶液中汞的去除能力最强,达到了 37 mg/g。随着溶液中汞浓度的逐渐上升,CECM-DAP 对汞的去除率也呈现出上升趋势,并在 298 μmol/L 时达到平衡[图 3.14(d)]。可见,当溶液中的汞浓度低于 298 μmol/L 时,CECM-DAP 能够持续地固定 Hg^{2+}。黏土矿物中通常存在微孔结构,这些结构能够持续吸附并固定污染物,直至其吸附位点被完全占据(Giles et al.,1974)。因此,可以推测 CECM-DAP 中可能也存在类似的微孔结构,使其在一定浓度范围内持续地固定 Hg^{2+}。

2. CECM-DAP-Hg 中汞的形态

如图 3.15 所示,黏土矿物的边缘呈现出丝状或羽状的物质。这些物质很可能是 CECM 与 DAP 反应产生的,主要包含 Ca、Mg、Al、Si、P 和 Fe 等元素。在矿物的核心区域(暗黑区)并未检测到汞的信号,但在这些丝状或羽状物中却检测到了汞的信号,这表明 Hg 可能与黏土矿物中的 Ca、Mg、Al、Si 和 Fe 等氧化物发生了反应。据报道,$(NH_4)_2HPO_4$ 与 $CaCO_3$ 反应可生成磷酸钙凝胶(Wang et al.,2012),而其与 Mg 的氧化物反应可生成磷酸镁(Buj et al.,2010)。这些化合物能通过吸附、表面络合和共沉淀等机制来固定重金属(Rouff et al.,2016;Cho et al.,2014;Lyczko et al.,2014;Rouff,2012)。可以推测,Hg^{2+} 可能是通过上述机制被 DAP-CECM 复合物所固定。

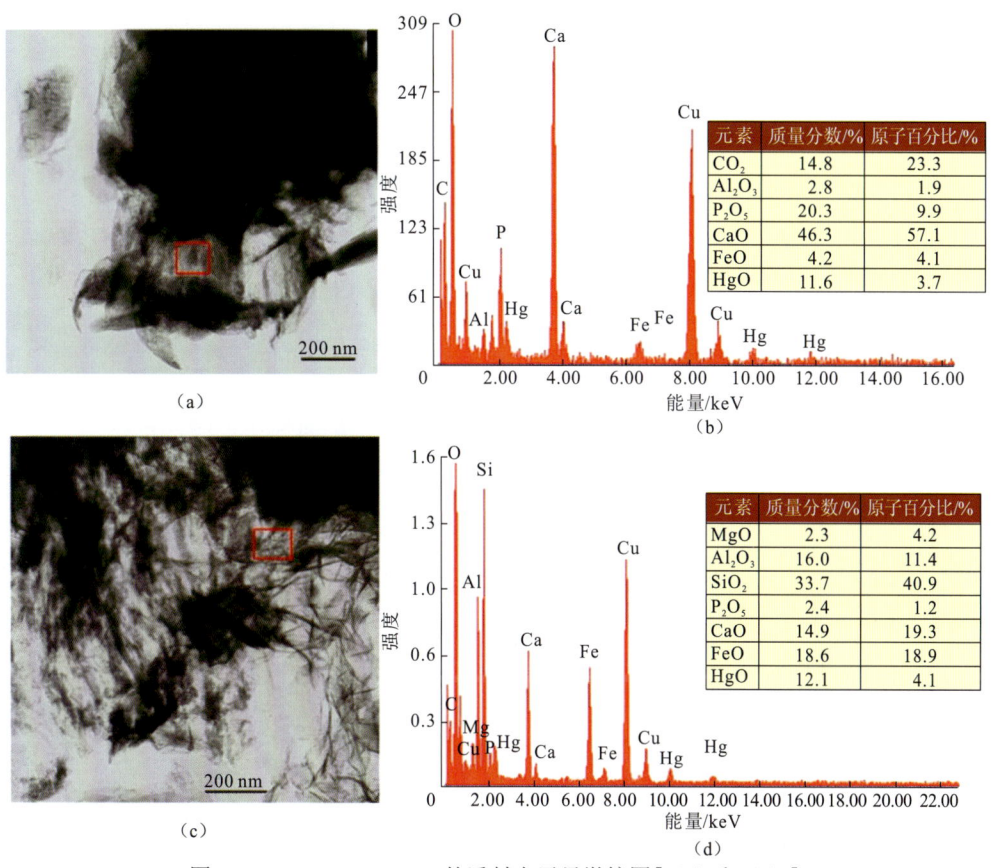

元素	质量分数/%	原子百分比/%
CO_2	14.8	23.3
Al_2O_3	2.8	1.9
P_2O_5	20.3	9.9
CaO	46.3	57.1
FeO	4.2	4.1
HgO	11.6	3.7

元素	质量分数/%	原子百分比/%
MgO	2.3	4.2
Al_2O_3	16.0	11.4
SiO_2	33.7	40.9
P_2O_5	2.4	1.2
CaO	14.9	19.3
FeO	18.6	18.9
HgO	12.1	4.1

图 3.15 CECM-DAP-Hg 的透射电子显微镜图[(a)和(c)]
和能量色散 X 射线(EDX)光谱[(b)和(d)]

透射电子显微镜图像上的红色方块显示 EDX 分析位点;铜的信号来自铜网

图 3.16 展示了 Hg 标准物和 CECM-DAP-Hg 的 Hg L$_{III}$ 边 XANES 光谱。HgO 和 HgCl$_2$ XANES 光谱的近边区（12.289 keV）有弱的吸附峰，这是由电子在 2p→5d$_z^2$ 轨道跃迁造成的（Gibson et al., 2011）。同样，CECM-DAP-Hg 的 XANES 光谱在 12.289 keV 处附近有一个吸收峰，这表明 CECM-DAP-Hg 中存在与 HgCl$_2$ 或 HgO 类似的配位环境（Manceau et al., 2015）。通过 EXAFS 光谱分析进一步揭示了 CECM-DAP-Hg 的几何结构特征（图 3.17）。CECM-DAP-Hg 的 k^2 加权 EXAFS 光谱和傅里叶变换结果如表 3.1 所示。R 因子、ΔE_0 和 Debye-Waller(σ^2)的值分别为 0.006、3.19 和 0.003~0.020。对 CECM-DAP-Hg 的局部配位进行了模拟和拟合：第 1 路径可用 HgO 来模拟、第 2 路径可用 Hg—P 来模拟 [Hg$_3$(AlCl$_4$)$_2$ 中部分 P 取代了 Al]、第 3 路径可用 Hg—P 来模拟 [Hg$_3$(PO$_4$)$_2$]、第 4 路径可用 Hg—N 来模拟 [(NH$_4$)$_2$HgCl$_2$(NO$_3$)$_2$]。通过估算可知，Hg—O、Hg—P、Hg—P 和 Hg—N 的键长分别为 2.01 Å、2.34 Å、3.07 Å 和 3.62 Å。对于所有壳层，Hg 的配位数为 2，因而汞可能以-N-P-P-O-Hg-O-P-P-N-的构型存在。CECM-DAP-Hg 中 Hg—O 键长（2.01 Å）与 Hg(II)吸附在针铁矿、γ-氧化铝和三羟铝石表面上形成的 Hg—O 距离（1.99~2.07 Å）相当（Kim et al., 2004）。

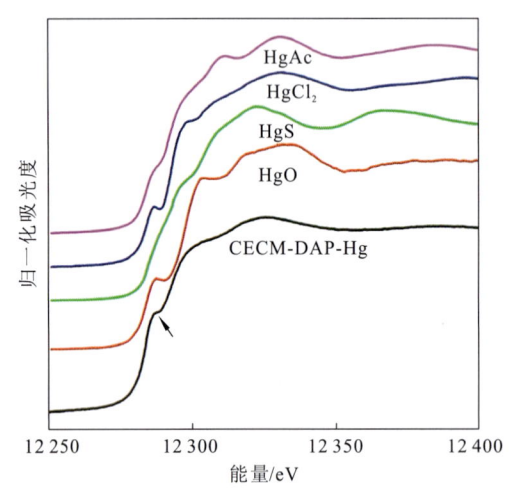

图 3.16 汞标准物和样品（CECM-DAP-Hg）的 Hg L$_{III}$ 边 XANES 光谱

黑色箭头指向 12.289 keV 处的特征峰

(a) EXAFS 光谱　　　　　(b) 傅里叶变换图谱

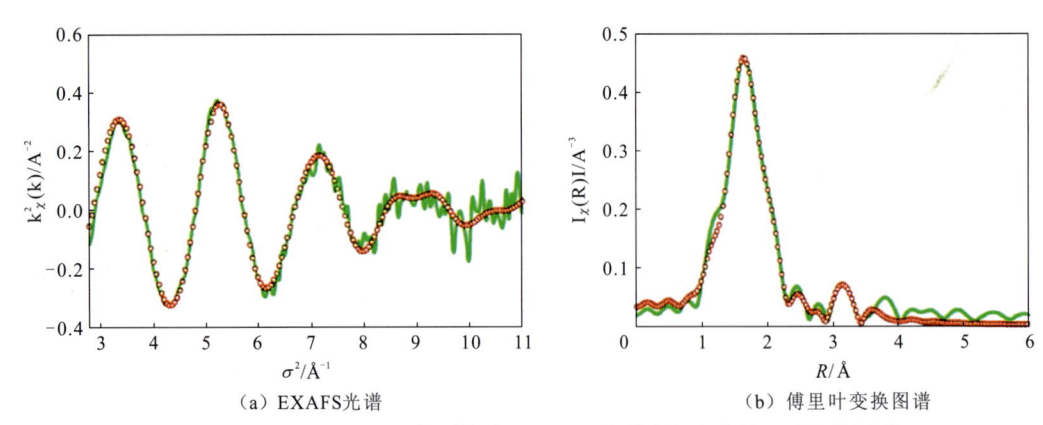

图 3.17 CECM-DAP-Hg 的 k^2 加权 EXAFS 光谱和相应的傅里叶变换图谱

绿色实线是数据，红色虚线为拟合曲线

表 3.1　CECM-DAP-Hg 的模拟 Hg L$_{III}$边 EXAFS 参数

K 范围/Å	路径	CN	ΔE_0	R/Å	σ^2/Å^2	R 因子
2.8~10.8	Hg—O	2[a]	3.19	2.01	0.007	0.006
2.8~10.8	Hg—P	2[a]	3.19	2.34	0.009	0.006
2.8~10.8	Hg—P	2[a]	3.19	3.07	0.003	0.006
2.8~10.8	Hg—N	2[a]	3.19	3.62	0.02	0.006

注：a 表示配位数来自模型化合物

通过 TEM-EDX 和 EXAFS 分析结果可知，CECM 和 DAP 的反应形成丝状和/或羽状物中，Hg 与 P 形成-HgO$_2$P$_2$P$_2$N$_2$-构型而被固定。

3.2.3　田间钝化修复试验

本小节研究田间环境下 CECM 和 DAP 对农田土壤汞的钝化效果。田间试验照片如图 3.18 所示。大水溪村和中华山村试验田土壤中的总汞质量分数分别为 107 mg/kg 和 58 mg/kg，均超出我国《土壤环境质量　农用地土壤污染风险管控标准（试行）》（GB 15618—2018）中所规定的风险管制值。土壤 pH 为中性至微碱性，有机质质量分数为 44~46 g/kg。

图 3.18　添加有富含碳酸钙的黏土矿物（CECM）和磷酸二铵（DAP）的土壤（a）；旋耕机混合 CECM、DAP 和土壤（b）；钝化剂与土壤混匀后（c）；种植小白菜的试验小区（d）；种植萝卜的试验小区（e）照片

图 3.19 展示了初始、对照和 CECM-DAP 处理土壤中汞的地球化学形态。在对照和初始土壤中，不同形态汞的含量无显著差异，表明种植农作物对土壤中汞形态的转化影响较弱。与初始和对照土壤相比，CECM-DAP 处理土壤中生物可利用态汞的含量（溶解态与可交换态和特殊吸附态汞）降低了 43%～54%，这与吸附试验的结果一致，即 CECM-DAP 能降低汞的有效性。此外，在种植小白菜的小区中，CECM-DAP 处理后，土壤中铁/锰氧化物结合态汞的含量也显著降低。初始、对照土壤和 CECM-DAP 处理土壤中有机结合态汞和残渣态汞含量在统计学上无显著差异。与对照相比，CECM-DAP 处理显著提高了小白菜根系和地上部分的生物量，但对萝卜的生物量无显著影响（表 3.2）。可见，CECM-DAP 处理后可能在一定程度上提高了土壤肥力，促进了农作物的生长。

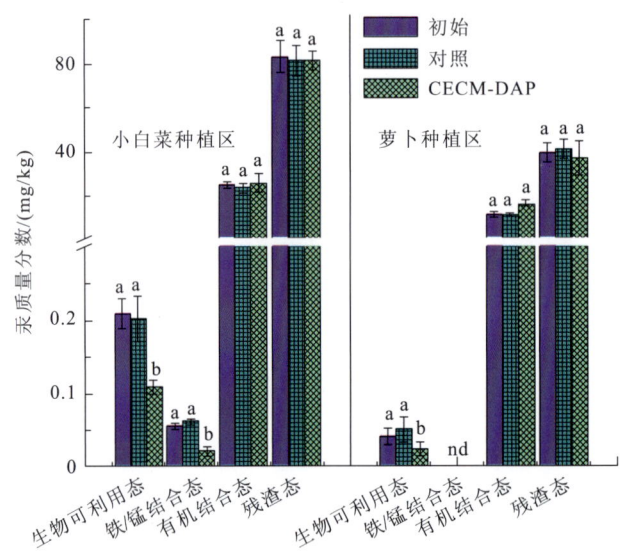

图 3.19 初始、对照和膨润土和磷酸氢二铵（CECM-DAP）处理土壤中汞的地球化学形态

生物可利用态汞为溶解态与可交换态和特殊吸附态汞之和；不同小写字母表示初始、对照与膨润土和 CECM-DAP 处理土壤之间存在显著差异；nd 表示汞含量低于检出限

表 3.2 小白菜和萝卜的鲜重和汞质量分数

样品	对照		CECM-DAP 处理	
	生物量/g	汞质量分数/(mg/kg)	生物量/g	汞质量分数/(mg/kg)
小白菜根系	0.40±0.07[a]	0.08±0.04[a]	1.20±0.20[b]	0.04±0.01[b]
小白菜地上部分	3.50±0.20[a]	0.4±0.006[a]	8.80±1.80[b]	0.24±0.05[b]
萝卜	73.80±5.70[a]	0.015±0.005[a]	83.10±10.40[a]	0.007±0.002[b]

注：平均值±标准差（$n=3$）；不同小写字母表示对照与 CECM-DAP 处理之间的生物量或汞含量差异显著

在对照小区中，小白菜和萝卜可食用部分中的总汞质量分数分别为 0.4 mg/kg 和 0.015 mg/kg，分别超出我国《食品安全国家标准 食品中污染物限量》（GB 2762—2022）中所允许最高总汞含量（40 倍和 1.5 倍）。与对照相比，CECM-DAP 处理小白菜根系、小白菜地上部分和萝卜中汞的质量分数分别降低了 50%、40%和 53%。其中，CECM-DAP 处理的萝卜中汞含量低于我国食品卫生限量标准（10 ng/g）。由图 3.19 可知，CECM-DAP 处理降低了土壤生物有效态汞的含量，这可能是导致小白菜和萝卜中汞含量降低的主要

原因。

综上所述，CECM 和 DAP 能在 180 min 有效去除溶液中的 Hg^{2+}（>90%），CECM 与 DAP 的最佳施用比例为 50∶1（质量比）。当溶液 pH 为 4~10 时，CECM 和 DAP 对汞的去除率基本保持不变。CECM 和 DAP 对 Hg 的最大去除率为 37 mg/g。与对照相比，施用 CECM 和 DAP 显著增加了小白菜的生物量，但对萝卜的生物量影响较小。施用 CECM 和 DAP 显著降低了萝卜和小白菜可食用部分总汞含量（40%~53%），尤其是萝卜可食用部分汞含量低于 GB 2762—2022 中所允许的最高汞含量。需要注意的是，小白菜地上部分汞可能来源于大气（Manceau et al.，2018）。在万山汞矿区，大气 Hg^0 质量浓度可达 17~2 100 ng/m^3，在这种高浓度大气汞环境下，叶片可从大气富集汞。尽管土壤中生物可利用态汞含量降低，但汞依然会从大气中进入农作物地上部分。因此，利用膨润土和磷酸氢二铵原位钝化修复汞污染农田时，应避免种植叶用类农作物。

3.3 汞污染农田含硒化合物钝化修复

硒（Se）是人和动物不可或缺的微量元素，具有拮抗汞毒性的功能（Xu et al.，2017）。这种汞-硒拮抗现象普遍存在于人和动物体中（Paulsson et al.，1991；Turner et al.，1983）。因此，在汞污染的土壤中添加含硒化合物，可能会降低土壤中汞的活性，抑制农作物对汞的富集。本节将分析汞污染土壤中添加含硒化合物后，对土壤中汞的形态转化及水稻富集汞的影响。

3.3.1 试验设计

采集贵州省万山汞矿区垢溪村某汞污染农田表层土壤用于盆栽试验。土壤的基本理化性质见表 3.3。以 Na_2SeO_3 为钝化剂，设置 6 个处理组，包括：对照（0Se，不添加 Na_2SeO_3）、每千克土壤添加 20 mg Na_2SeO_3（20Se）、每千克土壤添加 40 mg Na_2SeO_3（40Se）、每千克土壤添加 60 mg Na_2SeO_3（60Se）、每千克土壤添加 100 mg Na_2SeO_3（100Se）、每千克土壤添加 300 mg Na_2SeO_3（300Se）、每千克土壤添加 500 mg Na_2SeO_3（500Se），每个处理重复 3 次。在水稻移栽前 30 天，将 Na_2SeO_3 添加到土壤中。待水稻成熟后，采集水稻植株及其根际土壤，测定土壤中的总汞和甲基汞含量与汞形态，以及水稻植株中的总汞和甲基汞含量。采用连续化学浸提法分析土壤中汞的形态（Shoham-Frider et al.，2007；Bloom et al.，2003；Preston et al.，1994），具体步骤见表 3.4。样品中的无机汞含量是总汞含量与甲基汞含量之间的差值。

表 3.3　试验土壤的基本理化性质

项目	总汞质量分数/(mg/kg)	总碳质量分数/(g/kg)	总氮质量分数/(g/kg)	pH	有机质质量分数/(g/kg)
数值	3.41±0.33	28±0.25	3.20±0.04	7.10±0.16	4.10±0.22

表 3.4　土壤中汞的连续化学浸提法

形态	汞形态	试剂	浸提步骤
F1	水溶态汞	超纯水（DDW）	取约 1 g 样品置于离心管中，加入 50 mL 去离子水在常温 120 r/min 下振荡 24 h 后，以 3 500 r/min 转速离心 20 min，再用 25 mL 去离子水淋洗两遍，收集上清液于 100 mL 的硼玻璃瓶中定容
F2	模拟胃酸提取态汞	0.1 mol/L CH₃COOH+0.01 mol/L HCl	残留物中加入 50 mL 0.1 mol/L CH₃COOH+0.01 mol/L HCl 常温 120 r/min 下振荡 24 h 后，以 3 500 r/min 转速离心 20 min，再用 25 mL 0.1 mol/L CH₃COOH+0.01 mol/L HCl 淋洗两遍，收集上清液于 100 mL 的硼玻璃瓶中定容
F3	富里酸结合态汞	1 mol/L KOH+6 mol/L HCl	残留物中加入 50 mL 1 mol/L KOH 在常温 120 r/min 下振荡 12 h 后，以 3 500 r/min 转速离心 20 min，收集残留物 B；对上述溶液再用 6 mol/L HCl 酸化至 pH 约为 1，充分产生沉淀后离心，收集上层暗黄色溶液于 100 mL 的硼玻璃瓶中定容
F4	胡敏酸结合态汞	1 mol/L KOH	上述 HCl 酸化步骤后，离心获得残留棕褐色沉淀，加入 1 mol/L KOH，调整 pH 约为 8，得溶解态的胡敏酸，收集于 100 mL 的聚四氟乙烯瓶中定容
F5	强络合态汞	12 mol/L HNO₃	向上述 KOH 浸提后的残渣 B 中加入 50 mL 12 mol/L HNO₃ 在常温 120 r/min 下振荡 12 h 后，以 3 500 r/min 转速离心 20 min，再用 25 mL 12 mol/L HNO₃ 淋洗两遍，收集离心液于 100 mL 的硼玻璃瓶中定容
F6	硫化汞	王水	残留物中加入 50 mL 王水在常温 120 r/min 下振荡 12 h 后，以 3 500 r/min 转速离心 20 min，再用 25 mL 王水淋洗两遍，收集离心液于 100 mL 的硼玻璃瓶中定容
F7	氢氟酸结合态汞	HCl+HF	残留物中加入 50 mL 浓盐酸+氢氟酸（1∶1，体积比）在常温 120 r/min 下振荡 12 h，收集离心液调节 pH 约为中性，稀释 50 倍于 100 mL 的聚四氟乙烯瓶中定容

3.3.2 含硒化合物钝化修复汞污染土壤效果

1. 根际土壤的总汞和甲基汞

土壤中总汞质量分数介于 3.5~3.8 mg/kg,而甲基汞质量分数则介于 0.68~2.86 μg/kg(图 3.20)。除 20Se 处理外,所有 Na$_2$SeO$_3$ 处理土壤的甲基汞含量均显著低于对照组。其中,在高剂量 Na$_2$SeO$_3$ 处理土壤中(土壤中 Na$_2$SeO$_3$ 添加量超过 40 mg/kg),甲基汞含量的降低幅度达到 57%~77%。尤其在 500Se 处理土壤中,甲基汞的质量分数最低,为 0.69 μg/kg。

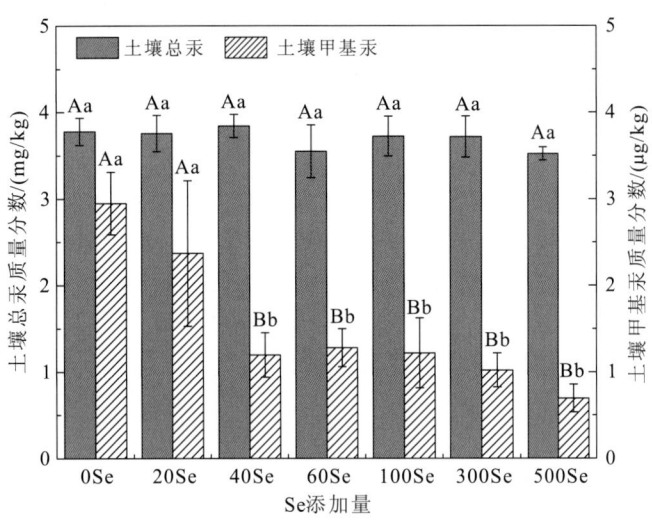

图 3.20 添加 Na$_2$SeO$_3$ 对土壤中总汞和甲基汞质量分数的影响
不同字母表示不同处理之间在统计学上差异显著(大写字母表示 $P<0.01$,小写字母表示 $P<0.05$)

2. Na$_2$SeO$_3$ 对根际土壤中汞形态转化的影响

在土壤中,大约 90%以上的汞主要以胡敏酸结合态汞(F4)、强络合态汞(F5)和硫化汞(F6)的形态存在[图 3.21(a)]。胡敏酸结合态汞占比高达 56%,而富里酸结合态汞占比仅为 1.0%。虽然富里酸结合态汞占比低,但是其移动性强于胡敏酸结合态汞(Yao et al.,2000)。

在对照土壤中,不同形态汞的含量由高到低依次为 F4(1.9 mg/kg)>F5(0.62 mg/kg)>F6(0.61 mg/kg)>F7(0.23 mg/kg)>F3(0.004 mg/kg)>F2(0.001 mg/kg)>F1(0.000 2 mg/kg)。当 Na$_2$SeO$_3$ 添加量从 20 mg/kg(20Se 处理)逐步增加到 500 mg/kg(500Se 处理),F4 的占比从 56%(对照)降低至 22%(500Se 处理),而 F5 的占比则从 18%(对照)升高到 58%(500Se 处理)。从图 3.21(b)可以看出,土壤中 F4 与 F5 之间存在显著的负相关关系($r=-0.94$,$p=0.002$),这表明添加 Na$_2$SeO$_3$ 促进了胡敏酸结合态汞向强络合态汞的转化。汞主要与胡敏酸中的巯基和非巯基官能团相结合。Na$_2$SeO$_3$ 在稻田环境中被还原后,生成的还原态硒可能会与胡敏酸中的巯基和非巯基竞争结合汞,形成更为稳定的硒-汞化合物(如 R-Se-Se-R 等)(Khan et al.,2009)。因此,Na$_2$SeO$_3$ 添加到土壤后可能减少了胡敏酸结合态汞的含量,并增加了强络合态汞的含量。

(a) 不同形态汞含量的变化

(b) 胡敏酸结合态汞（F4）与强络合态汞（F5）含量之间的相关关系

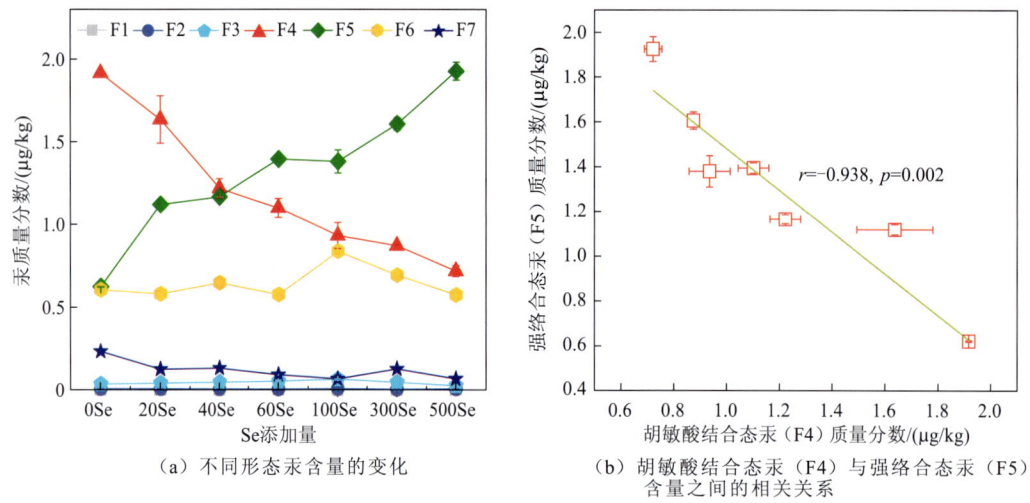

图 3.21　Na₂SeO₃ 处理后土壤中不同形态汞含量的变化特征及胡敏酸结合态汞（F4）与强络合态汞（F5）含量之间的相关关系

3. Na₂SeO₃ 对水稻富集汞的影响

图 3.22 展示了添加不同量 Na₂SeO₃ 对水稻不同组织无机汞含量的影响。在 20Se、40Se、60Se、100Se、300Se 和 500Se 处理组中，水稻籽粒中的无机汞质量分数分别为 120 μg/kg、37 μg/kg、39 μg/kg、41 μg/kg、50 μg/kg 和 43 μg/kg，相较于对照组，它们的无机汞含量分别降低了 35%、80%、79%、78%、73% 和 77%。

对照组和 20Se、40Se、60Se、100Se、300Se、500Se 处理水稻根系的无机汞质量分数分别为 663 μg/kg、660 μg/kg、400 μg/kg、470 μg/kg、345 μg/kg、520 μg/kg 和 520 μg/kg。与对照组相比，40Se、60Se、100Se、300Se 和 500Se 处理水稻根系无机汞质量分数分别降低了 40%、29%、48%、22% 和 22%。

对照组和 20Se、40Se、60Se、100Se、300Se、500Se 处理水稻茎的无机汞质量分数分别为 1 250 μg/kg、1 200 μg/kg、1 020 μg/kg、1 160 μg/kg、1 155 μg/kg、1 018 μg/kg 和 1 180 μg/kg。与对照组相比，40Se 和 300Se 处理水稻茎中的无机汞质量分数均降低了约 18%。然而，20Se、60Se、100Se 和 500Se 处理水稻的茎中无机汞质量分数并未发生显著的变化。

对照组和 20Se、40Se、60Se、100Se、300Se、500Se 处理水稻叶片的无机汞质量分数分别为 12 480 μg/kg、10 933 μg/kg、11 500 μg/kg、12 860 μg/kg、11 420 μg/kg、15 930 μg/kg 和 15 080 μg/kg。与对照组相比，20Se、40Se 和 100Se 处理水稻的叶片中无机汞质量分数分别降低了 12%、7.9% 和 8.5%。然而，60Se、300Se 和 500Se 处理水稻叶片中无机汞质量分数却分别升高了 3.4%、28% 和 21%。

由上可见，土壤中添加不同剂量 Na₂SeO₃ 后，能显著降低水稻根系无机汞含量，但对茎和叶片中无机汞含量影响较弱。这一结果也表明，Na₂SeO₃ 能抑制水稻根系对土壤无机汞的富集，但对其从根系向地上部分的转运影响有限。

图 3.22 展示了添加不同剂量 Na₂SeO₃ 对水稻不同组织甲基汞含量的影响。对照组和 20Se、40Se、60Se、100Se、300Se、500Se 处理的水稻籽粒中甲基汞质量分数分别为 23 μg/kg、18 μg/kg、11 μg/kg、8 μg/kg、6.9 μg/kg、7.0 μg/kg 和 7.3 μg/kg。与对照组相比，

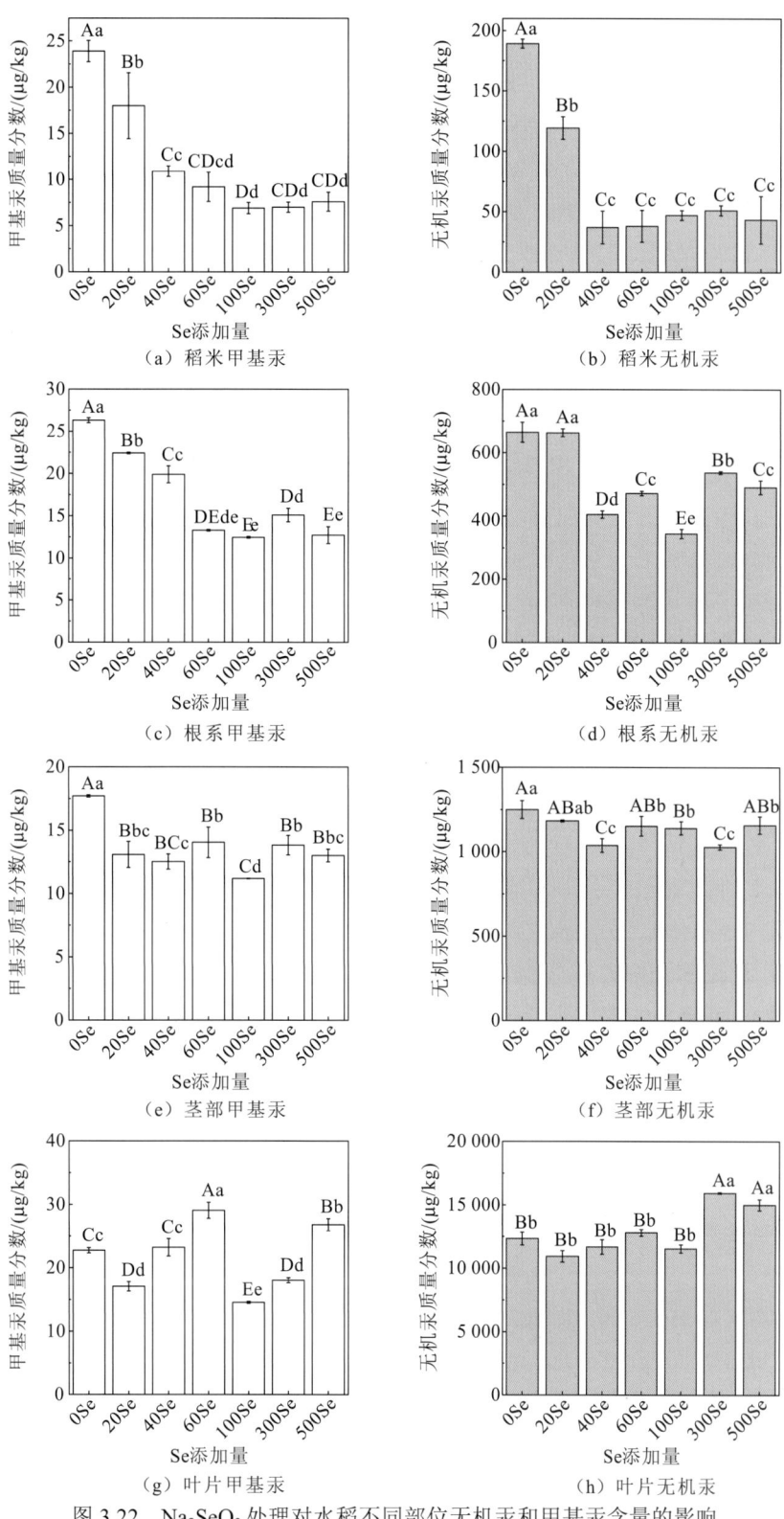

图 3.22 Na$_2$SeO$_3$ 处理对水稻不同部位无机汞和甲基汞含量的影响

20Se、40Se、60Se、100Se、300Se 和 500Se 处理水稻籽粒中甲基汞质量分数分别降低了 22%、52%、65%、70%、70%和 68%。

20Se、40Se、60Se、100Se、300Se 和 500Se 处理水稻根系中的甲基汞质量分数分别为 22.5 μg/kg、20 μg/kg、13.7 μg/kg、12 μg/kg、15 μg/kg 和 12.1 μg/kg，它们与对照组相比，分别降低了 13%、23%、47%、54%、42%和 53%。

20Se、40Se、60Se、100Se、300Se 和 500Se 处理水稻茎中的甲基汞质量分数分别为 12.7 μg/kg、12.4 μg/kg、13.7 μg/kg、11 μg/kg、13.5 μg/kg 和 12.6 μg/kg，它们与对照组相比，分别降低了 27%、29%、22%、37%、23%和 27%。

对照组和 20Se、40Se、60Se、100Se、300Se、500Se 处理水稻叶片的甲基汞质量分数分别为 22.5 μg/kg、16 μg/kg、22.9 μg/kg、29 μg/kg、14 μg/kg、16.1 μg/kg 和 27 μg/kg。与对照组相比，20Se、100Se 和 300Se 处理组的甲基汞质量分数分别降低了 29%、38%和 28%。然而，40Se、60Se 和 500Se 处理组的水稻叶甲基汞质量分数分别升高了 1.8%、29%和 20%。

由上可见，Na_2SeO_3 处理能显著降低水稻根系和茎中甲基汞的含量，但对水稻叶片影响较弱。这一结果同时也表明，Na_2SeO_3 处理能抑制水稻根系对土壤甲基汞的富集，以及甲基汞由根向茎的转运。此外，100Se 处理（每千克土壤添加 100 mg Na_2SeO_3）水稻的籽粒甲基汞、根系无机汞和甲基汞含量、茎和叶片甲基汞含量的降低幅度最大，表明 100Se 处理能最大程度上抑制水稻对汞的富集。

3.3.3 含硒化合物钝化修复汞污染土壤机理

由图 3.23 可以看出，土壤胡敏酸结合态汞（F4）与土壤甲基汞（$r=0.975$，$p=0$）、根系甲基汞（$r=0.941$，$p=0.002$）和稻米甲基汞（$r=0.972$，$p=0$）均呈显著的正相关关系，这表明随着 Na_2SeO_3 添加量的增加，土壤、根系、稻米甲基汞含量随胡敏酸结合态汞含量降低而降低。土壤强络合态汞（F5）与土壤甲基汞（$r=0.90$，$p=0.006$）、根系甲基汞（$r=0.87$，$p=0.011$）和稻米甲基汞（$r=0.866$，$p=0.012$）呈显著的负相关关系，这也表明土壤中 Na_2SeO_3 通过调控胡敏酸结合态汞和强络合态汞的转化，进而影响土壤甲基汞的生成及水稻对甲基汞的富集。

Na_2SeO_3 处理土壤后甲基汞含量降低可能与以下方面有关。首先，稻田土壤中的厌氧环境使 Na_2SeO_3 被微生物还原为 HSe^- 和 Se^{2-}（Khan et al.，2009；Mayland et al.，1989），这些还原态硒与无机汞反应（如诱导胡敏酸结合态汞向强络合态汞转化），生成惰性的硒-汞化合物（如 HgSe 和 MeHgSe 等）。这些化合物在土壤中不易被微生物转化为甲基汞（Zhang et al.，2014；Truong et al.，2014；Yang et al.，2008；Tipping，2007）。其次，硒能促进水稻根系铁膜的发育，抑制根系对汞的吸收和转运（Li et al.，2015）。再者，在植物细胞水平，硒能与汞竞争细胞结合位点，抑制汞在细胞中的富集（Wang et al.，2014；Feng et al.，2013）。最后，硒能促进根系内皮层外质体屏障的形成，从而抑制汞通过质外体途径进入植物体（Wang et al.，2014；Meyer et al.，2009）。

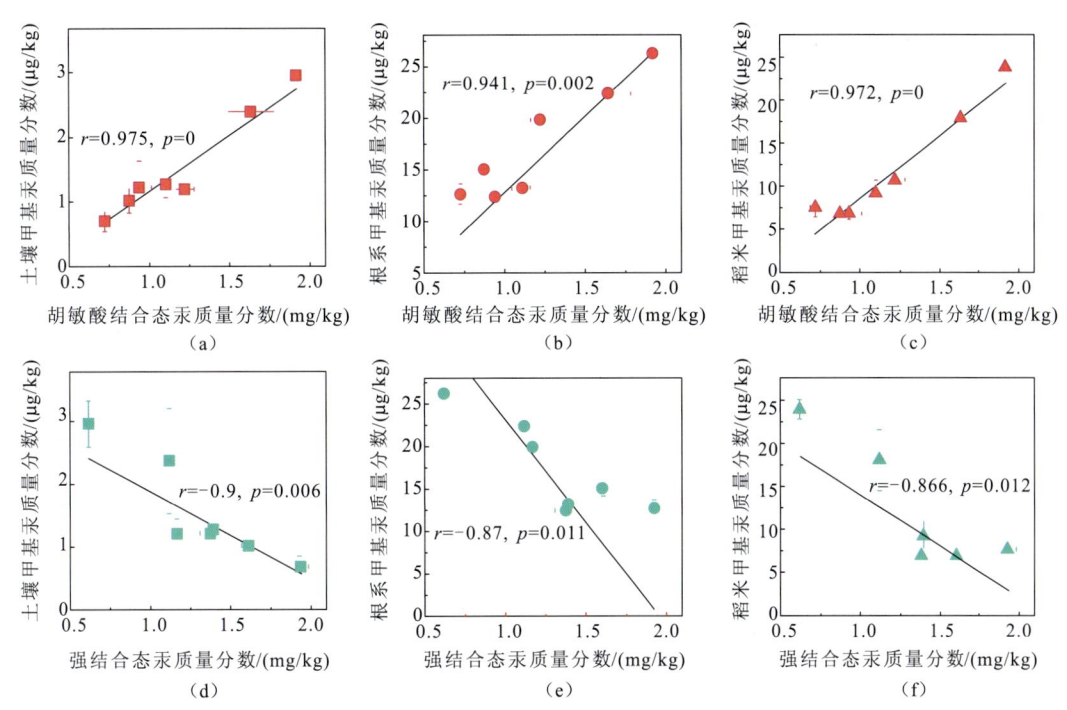

图 3.23 土壤胡敏酸结合态汞/强络合态汞含量与土壤甲基汞含量的线性相关关系（a）（d）；土壤胡敏酸结合态汞/强络合态汞含量与根系甲基汞含量的线性相关关系（b）（e）；土壤胡敏酸结合态汞/强络合态汞含量与稻米甲基汞含量的线性相关关系（c）（f）

3.4 汞污染农田改性蒙脱土钝化修复

蒙脱土是一种含水的铝硅酸盐化合物，其结构独特，由硅氧四面体和铝氧八面体以 2∶1 的比例层叠而成。蒙脱土具有很强的阳离子交换能力，对重金属的吸附能力强（Lothenbach et al.，1998）。为了进一步增强蒙脱土对重金属的固定能力，可以对蒙脱土实施化学改性，进一步增强其对重金属的固定能力，从而提高重金属污染土壤修复效率。本节介绍利用改性蒙脱土修复汞污染土壤的效果。

3.4.1 试验设计

1. 供试土壤

采集贵州省万山汞矿区农田的表层土壤（0～20 cm）用于盆栽试验。供试土壤的pH为 7.04，总汞、总氮、总磷和总硫的质量分数分别为 19.82 mg/kg、0.28%、0.08%和 0.06%。

2. 改性蒙脱土的制备

1）巯基改性蒙脱土的制备

参考刘慧等（2013）的方法来制备巯基改性蒙脱土。首先，将蒙脱土与硫酸溶液按照 1 : 10 的质量与体积比例混合，并在 80 ℃的条件下进行反应，将蒙脱土酸化。然后，将 3-巯丙基三甲氧基硅烷、乙醇和水按照 1 : 8 : 0.5 的体积比例混合均匀。接下来，将这一混合溶液与先前制备的酸化蒙脱土按照 1 : 1 的质量与体积比例进行反应，最终制得巯基改性蒙脱土。

2）壳聚糖改性蒙脱土的制备

参考郑湘如（2010）的改性方法来制备壳聚糖改性蒙脱土。首先，将壳聚糖溶解于 1%（体积分数）的乙酸溶液中，获得壳聚糖溶液。接着，将蒙脱土与壳聚糖溶液进行反应，最终制得壳聚糖改性蒙脱土。

3. 培养试验

1）不同水分管理措施对蒙脱土钝化土壤汞的影响

准备若干个培养容器，每个容器内均放置 1 kg 风干土壤，并加入 5 g 石灰。试验设置 3 个水分管理措施，包括长期淹水（水分液面高出土壤 5 cm）、干湿交替（每隔 6 天进行 1 次淹水处理，使水分液面高出土壤 5 cm）、干旱（土壤保持干旱）。在每种水分管理措施下，设置对照组（无钝化剂）、2%（质量分数，后同）蒙脱土处理组、2%巯基改性蒙脱土处理组、2%壳聚糖改性蒙脱土处理组、2%巯基改性蒙脱土+石灰处理组、2%壳聚糖改性蒙脱土+石灰处理组，每组处理有 3 次重复。在培养期间，每周采集土壤样品并分别测定溶解态与可交换态汞和甲基汞的含量。

2）蒙脱土添加对水稻富集甲基汞的影响

在室内开展盆栽试验，设置对照、2%蒙脱土、2%巯基改性蒙脱土和2%壳聚糖改性蒙脱土处理，每组处理有3次重复。土壤淹水一周后，移栽水稻苗。在水稻生长期间，按照常规手段对水稻进行管理，待水稻成熟后，采集土壤和水稻样品并分析其总汞和甲基汞含量。

3.4.2 改性蒙脱土钝化修复汞污染土壤效果

1. 不同水分管理措施对土壤溶解态与可交换态汞的影响

图 3.24 展示了淹水环境下土壤中溶解态与可交换态汞含量随时间的变化特征。在淹水条件下，对照土壤中的溶解态与可交换态汞含量随时间延长而逐渐升高，至第 3 周，其质量分数高达 15.36 μg/kg。在蒙脱土处理土壤中，溶解态与可交换态汞质量分数升高至 17.46 μg/kg，可见蒙脱土未能显著降低土壤中汞的活性。然而，巯基蒙脱土和壳聚糖蒙脱土处理土壤中的溶解态与可交换态汞含量随着时间而逐渐降低。特别地，在第 3 周，巯基改性蒙脱土处理土壤中溶解态与可交换态汞质量分数降至 5.55 μg/kg，相较于对照下降了 64%；壳聚糖改性蒙脱土处理土壤中溶解态与可交换态汞质量分数则为 10.52 μg/kg，相较于对照下降了 32%。

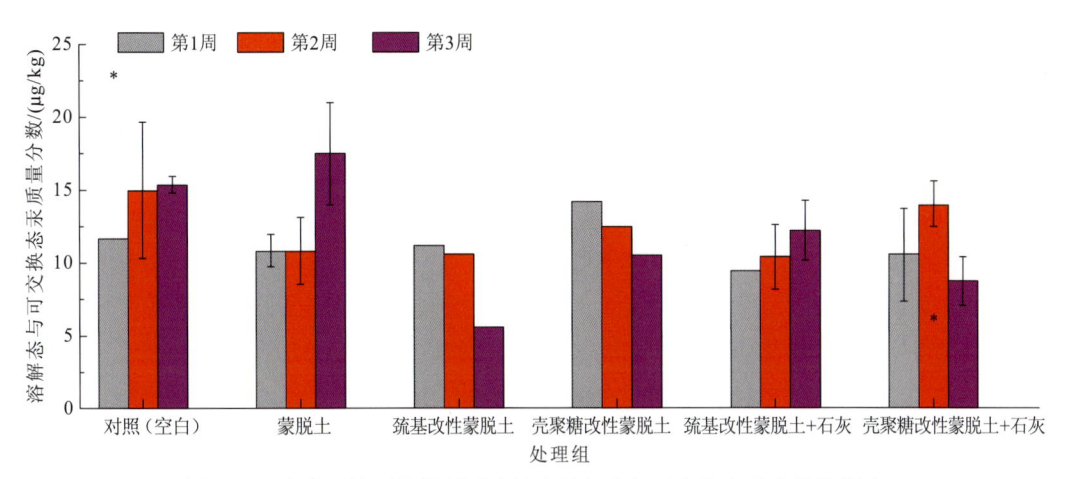

图 3.24 淹水环境下钝化剂对土壤中溶解态与可交换态汞含量的影响

当巯基改性蒙脱土和壳聚糖改性蒙脱土分别与石灰联用后，其处理的土壤中溶解态与可交换态汞的质量分数分别为 12.21 μg/kg 和 8.69 μg/kg。与单独的巯基改性蒙脱土和壳聚糖改性蒙脱土处理相比，添加石灰后，巯基改性蒙脱土对汞的钝化能力变弱，但壳聚糖改性蒙脱土处理则变强。

图 3.25 展示了干湿交替环境下土壤溶解态与可交换态汞含量随时间的变化特征。除巯基改性蒙脱土外，其他处理土壤在第 2 周时，溶解态与可交换态汞的含量明显低于第 1 周和第 3 周，表明土壤中汞的移动性随时间发生了明显变化。在第 1 周，对照、蒙脱土、壳聚糖改性蒙脱土、巯基改性蒙脱土+石灰、壳聚糖改性蒙脱土+石灰处理土壤中溶解态与可交换态汞的质量分数分别为 15.3 μg/kg、15.9 μg/kg、13.3 μg/kg、8.1 μg/kg 和 10.5 μg/kg。在第 2 周，对照、蒙脱土、巯基改性蒙脱土、壳聚糖改性蒙脱土、巯基改性蒙脱土+石灰、壳聚糖改性蒙脱土+石灰处理土壤中溶解态与可交换态汞的质量分数分别为 10.8 μg/kg、10.8 μg/kg、15 μg/kg、7.3 μg/kg、5.3 μg/kg 和 8.1 μg/kg。在第 3 周，对照、蒙脱土、巯基改性蒙脱土、壳聚糖改性蒙脱土、巯基改性蒙脱土+石灰、壳聚糖改性蒙脱土+石灰处理土壤中溶解态与可交换态汞的质量分数分别为 15.0 μg/kg、16.1 μg/kg、9.5 μg/kg、10.6 μg/kg、12.4 μg/kg、9.0 μg/kg。与对照相比，巯基改性蒙脱土、壳聚糖改

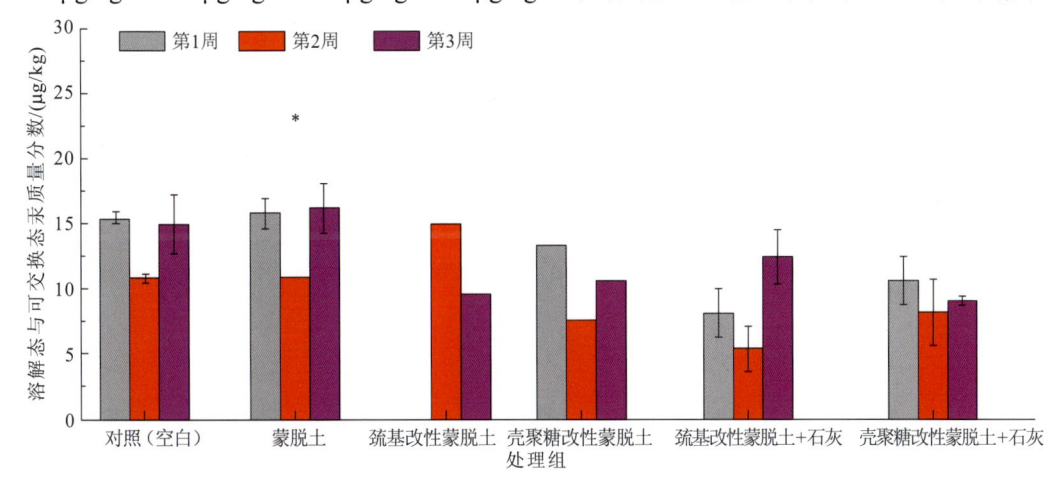

图 3.25 干湿交替环境下不同钝化剂对土壤溶解态与可交换态汞含量的影响

性蒙脱土、巯基改性蒙脱土+石灰、壳聚糖改性蒙脱土+石灰处理土壤中溶解态与可交换态汞的平均质量分数（三周平均值）分别降低了 10%、24%、37%和 33%。综上所述，蒙脱土对土壤汞的钝化能力最弱，而巯基改性蒙脱土和壳聚糖改性蒙脱土及其与石灰联用对土壤中汞的钝化能力最强。

图 3.26 展示了干旱环境下土壤溶解态与可交换态汞含量随时间的变化特征。在所有处理组中，溶解态与可交换态汞的含量随时间延长而逐渐增加。在第 1 周，对照、蒙脱土、巯基改性蒙脱土、壳聚糖改性蒙脱土、巯基改性蒙脱土+石灰、壳聚糖改性蒙脱土+石灰处理土壤中溶解态与可交换态汞的质量分数分别为 11.5 μg/kg、15.7 μg/kg、7.2 μg/kg、5.7 μg/kg、11.4 μg/kg 和 7.4 μg/kg。在第 2 周，这些处理土壤中溶解态与可交换态汞的质量分数分别为 17.4 μg/kg、20.9 μg/kg、12.1 μg/kg、8.9 μg/kg、5.1 μg/kg 和 6.8 μg/kg。在第 3 周，对照、蒙脱土、巯基改性蒙脱土、壳聚糖改性蒙脱土、巯基改性蒙脱土+石灰、壳聚糖改性蒙脱土+石灰处理土壤中溶解态与可交换态汞的质量分数分别为 25.4 μg/kg、18.3 μg/kg、15.8 μg/kg、15.8 μg/kg、12.1 μg/kg 和 10.8 μg/kg。与对照相比，蒙脱土、巯基改性蒙脱土、壳聚糖改性蒙脱土、巯基改性蒙脱土+石灰、壳聚糖改性蒙脱土+石灰处理土壤中溶解态与可交换态汞的平均质量分数（三周均值）分别降低了 28%、38%、38%、52%和 57%。

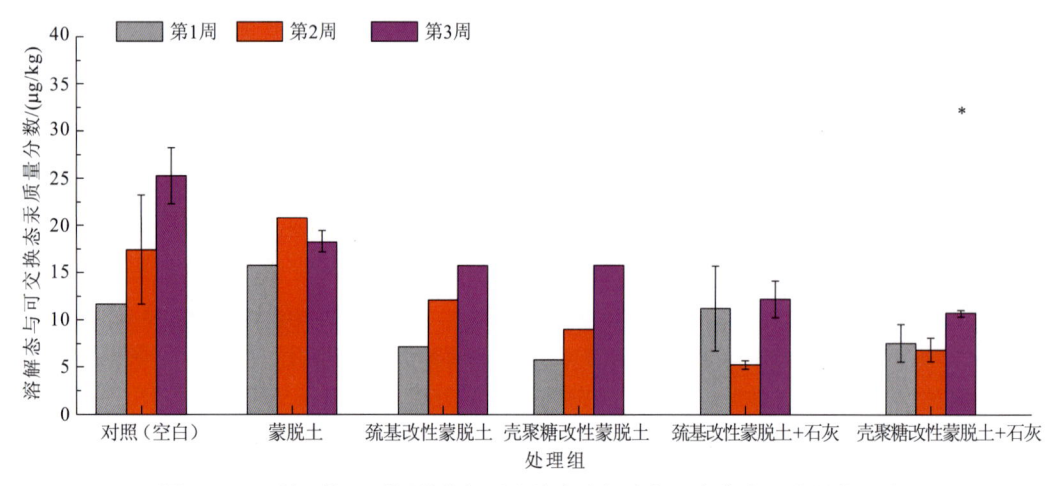

图 3.26 干旱环境下不同钝化剂对土壤中溶解态与可交换态汞含量的影响

综上所述，在干旱环境中，未经改性的蒙脱土对土壤汞的钝化效果最好，但在淹水及干湿交替的环境中，其效果则相对较弱；巯基改性蒙脱土在淹水环境下对土壤汞的钝化效果最好，但在干旱和干湿交替的条件下，其对汞的钝化效果较弱；而壳聚糖改性蒙脱土在淹水和干湿交替的环境中对土壤汞的钝化效果好，但在干旱环境下其效果则相对较差。值得注意的是，巯基改性蒙脱土与石灰的联用在干旱环境下对土壤汞的钝化效果最为突出。

2. 不同淹水环境下钝化剂对土壤甲基汞的影响

图 3.27 展示了淹水环境下不同处理土壤甲基汞含量随时间的变化趋势。对照土壤的起始甲基汞质量分数为 3.02 ng/g，淹水 1 周后，甲基汞质量分数升高至 8.39 ng/g，并在第 4 周时达到了 11.39 ng/g。蒙脱土处理土壤在淹水 2 周后其甲基汞质量分数为 8.76 ng/g，

随后呈现出下降趋势，并在第 4 周降低至 4.80 ng/g。对于壳聚糖改性蒙脱土处理组，其甲基汞含量在淹水初期有所上升，但在第 3 周之后逐渐降低。值得一提的是，在淹水期间，巯基改性蒙脱土、巯基改性蒙脱土与石灰联合处理及壳聚糖改性蒙脱土与石灰联合处理的土壤，它们的甲基汞含量均保持稳定，且显著低于对照组。在培养期间，壳聚糖改性蒙脱土、巯基改性蒙脱土、巯基改性蒙脱土+石灰和壳聚糖改性蒙脱土+石灰处理土壤的平均甲基汞质量分数分别为 5.02 ng/g、1.64 ng/g、1.86 ng/g 和 2.26 ng/g，相较于对照组分别降低了 45%、82%、79%和 75%。

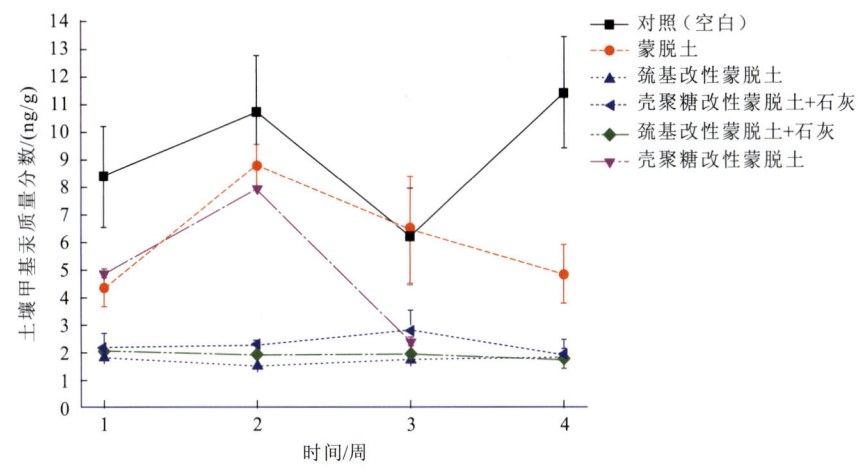

图 3.27 淹水环境下土壤甲基汞含量随时间的变化趋势

由上文可知，在淹水环境中，添加巯基改性蒙脱土、巯基改性蒙脱土+石灰、壳聚糖改性蒙脱土+石灰对土壤中甲基汞的钝化效果最好。

图 3.28 展示了干湿交替环境中土壤甲基汞含量随时间的变化趋势。在培养期间，对照土壤的甲基汞质量分数为 5.40～15.36 ng/g，其平均值为 9.53 ng/g；蒙脱土处理土壤的甲基汞质量分数为 6.69～12.04 ng/g，其平均值为 9.52 ng/g；巯基改性蒙脱土处理土壤的甲基汞质量分数为 2.66～3.69 ng/g，其平均值为 3.17 ng/g；壳聚糖改性蒙脱土处理土壤的甲基汞质量分数为 2.50～7.02 ng/g，其平均值为 4.78 ng/g；巯基改性蒙脱土+石灰处理

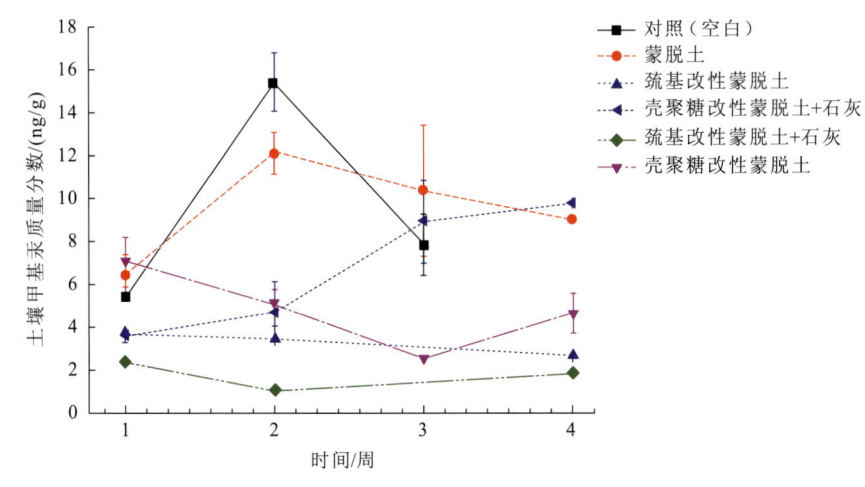

图 3.28 干湿交替环境下土壤甲基汞含量随时间的变化趋势

土壤的甲基汞质量分数为 1.59～2.32 ng/g，其平均值为 1.90 ng/g；壳聚糖改性蒙脱土+石灰处理土壤甲基汞质量分数则在 3.52～9.72 ng/g，其平均值为 6.67 ng/g。与对照相比，巯基改性蒙脱土、壳聚糖改性蒙脱土、巯基改性蒙脱土+石灰、壳聚糖改性蒙脱土+石灰处理土壤甲基汞质量分数分别降低了 67%、50%、80%和 30%。综上，巯基改性蒙脱土和巯基改性蒙脱土+石灰能显著降低土壤甲基汞的含量。值得注意的是，添加蒙脱土对土壤甲基汞的削减效果并不明显。

图 3.29 展示了干旱环境下土壤甲基汞含量随时间的变化趋势。在培养期间，对照土壤的甲基汞质量分数介于 2.16～5.90 ng/g，其平均值为 4.12 ng/g；蒙脱土处理土壤的甲基汞质量分数介于 3.56～4.76 ng/g，其平均值为 4.15 ng/g；巯基改性蒙脱土处理土壤的甲基汞质量分数介于 2.05～2.47 ng/g，其平均值为 2.28 ng/g；壳聚糖改性蒙脱土处理土壤甲基汞质量分数介于 1.91～6.65 ng/g，其平均值为 4.28 ng/g；巯基改性蒙脱土+石灰处理土壤甲基汞质量分数介于 1.71～2.60 ng/g，其平均值为 2.03 ng/g；壳聚糖改性蒙脱土+石灰处理土壤甲基汞质量分数介于 1.13～2.62 ng/g，其平均值为 1.88 ng/g。与对照相比，巯基改性蒙脱土、巯基改性蒙脱土+石灰和壳聚糖改性蒙脱土+石灰处理土壤甲基汞质量分数分别降低了 45%、51%和 54%。然而，蒙脱土和壳聚糖改性蒙脱土处理对土壤甲基汞的削减效果较弱。

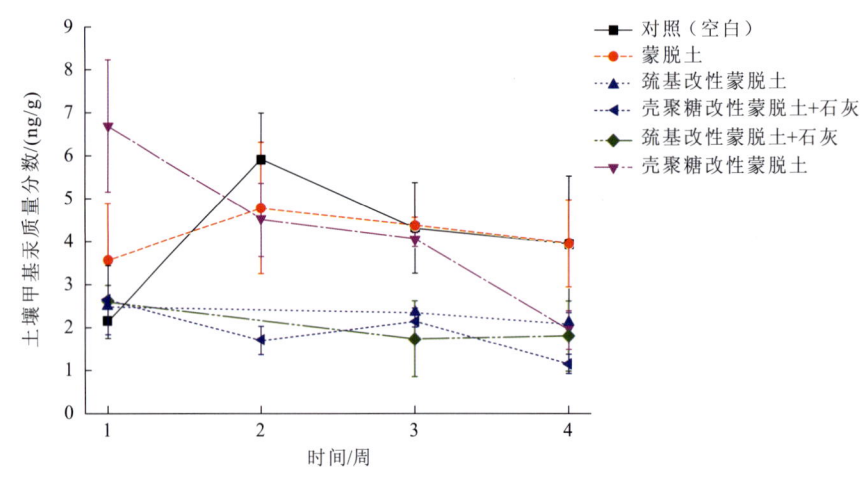

图 3.29 干旱环境下土壤甲基汞含量随时间的变化趋势

总体来看，不同钝化剂钝化土壤甲基汞的能力由大到小依次为：巯基改性蒙脱土>壳聚糖改性蒙脱土>蒙脱土。其中，蒙脱土对土壤甲基汞的钝化能力最弱。蒙脱土可通过静电吸附和离子交换等机制来固定汞，但这些过程易受到矿物电荷、有机质、pH 等环境因素的影响。巯基改性蒙脱土对土壤甲基汞的钝化能力最强，这是由于巯基对汞具有极强的结合能力，并形成巯基汞化合物。对于壳聚糖改性蒙脱土，其中的氨基或羟基能与汞发生配位-螯合作用，从而将汞固定。此外，壳聚糖中的氨基等官能团还能扩大蒙脱土矿物的层间域，进一步增强其对汞的吸附能力。巯基改性蒙脱土/壳聚糖改性蒙脱土与石灰联用后，进一步促进了土壤汞的固定，这是因为石灰施用后土壤 pH 升高，使得汞的活性进一步降低（Yin et al., 1996）。

3.4.3 钝化剂对水稻富集汞的影响

1. 稻田上覆水的理化性质

表 3.5 列出了添加蒙脱土及改性蒙脱土后，稻田上覆水的 pH、电导率和溶解氧（dissolved oxygen，DO）浓度。对照、蒙脱土、巯基改性蒙脱土和壳聚糖改性蒙脱土处理土壤 pH 的平均值分别为 7.93、7.60、7.84 和 7.94。可以看出，不同钝化剂处理对土壤 pH 的影响并不显著。对照、蒙脱土、巯基改性蒙脱土和壳聚糖改性蒙脱土处理土壤的平均电导率分别为 414 μS/cm、449 μS/cm、457 μS/cm 和 445 μS/cm。总体来看，各种钝化剂处理后土壤电导率有一定幅度的增加。对照、巯基改性蒙脱土和壳聚糖改性蒙脱土处理土壤的平均溶解氧（DO）质量浓度分别为 3.12 mg/L、2.50 mg/L 和 2.59 mg/L。与对照相比，巯基改性蒙脱土和壳聚糖改性蒙脱土处理均在一定程度上降低了土壤 DO 的浓度。

表 3.5 稻田上覆水 pH、电导率和 DO 浓度

处理组	pH	电导率/(μS/cm)	DO 质量浓度/(mg/L)
对照	7.93	414	3.12
蒙脱土	7.60	449	—
巯基改性蒙脱土	7.84	457	2.50
壳聚糖改性蒙脱土	7.94	445	2.59

注：—未获得数据

对照、蒙脱土、巯基改性蒙脱土和壳聚糖改性蒙脱土处理土壤上覆水的平均总汞质量浓度分别为 55.47 pg/mL、17.85 pg/mL、18.55 pg/mL 和 26.58 pg/mL（图 3.30）。与对照相比，蒙脱土、巯基改性蒙脱土和壳聚糖改性蒙脱土处理土壤中上覆水的总汞浓度分别降低了 68%、67%和 52%。可见，蒙脱土与改性蒙脱土处理土壤后均显著降低了上覆水中的总汞浓度。其中蒙脱土与巯基改性蒙脱土处理土壤中上覆水总汞浓度削减得最为显著。

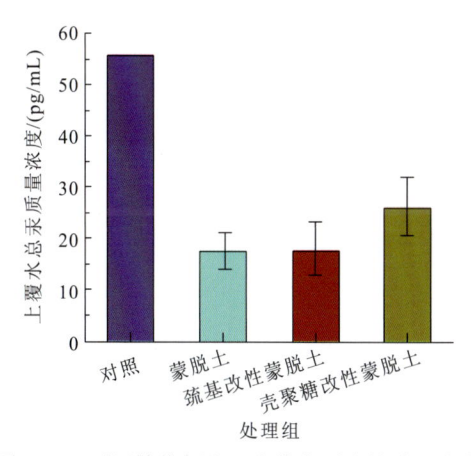

图 3.30 不同钝化剂处理土壤上覆水的总汞浓度

2. 稻米总汞和甲基汞含量

图 3.31 展示了不同钝化剂处理土壤后稻米的总汞含量。对照组稻米的总汞质量分数介于 32.22~45.58 μg/kg，其平均值为 38.06 μg/kg，这一数值超出《食品安全国家标准 食品中污染物限量》（GB 2762—2022）中所允许的最大汞含量 20 μg/kg。在蒙脱土处理水稻和壳聚糖改性蒙脱土处理组中，稻米中总汞的平均质量分数分别为 34.03 μg/kg 和 31.01 μg/kg，相较于对照相，稻米总汞含量变化幅度不大。在巯基改性蒙脱土处理组中，稻米中总汞的平均质量分数为 12.43 μg/kg，相较于对照降低了 67%，并低于《食品安全国家标准 食品中污染物限量》中所允许的最大总汞含量（20 μg/kg）。

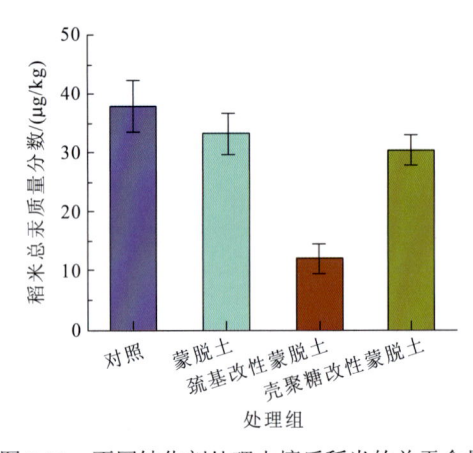

图 3.31 不同钝化剂处理土壤后稻米的总汞含量

图 3.32 展示了不同钝化剂处理土壤后稻米中的甲基汞含量。对照组稻米的甲基汞质量分数介于 18.89~34.14 μg/kg，平均值为 27.40 μg/kg。经蒙脱土处理后，稻米中的甲基汞质量分数降至 19.90~25.49 μg/kg，相较于对照组，甲基汞质量分数降低了 22%。在巯基改性蒙脱土处理组中，稻米中甲基汞的平均质量分数为 5.75 μg/kg，相较于对照组降低了 79%。壳聚糖改性蒙脱土处理土壤后，稻米甲基汞质量分数的平均值为 11.86 μg/kg，相较于对照组降低了 57%。由上可见，相较于蒙脱土和壳聚糖改性蒙脱土，巯基改性蒙脱土是较为理想的汞污染土壤钝化剂。在汞污染土壤中施用巯基改性蒙脱土能够有效降低稻米中的总汞和甲基汞含量。

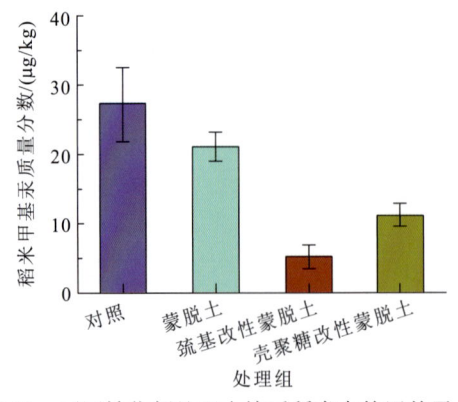

图 3.32 不同钝化剂处理土壤后稻米中的甲基汞含量

表 3.6 展示了稻米中甲基汞占总汞的比例（MeHg/THg）。对照、蒙脱土、巯基改性蒙脱土和壳聚糖改性蒙脱土处理稻米中甲基汞占总汞比例分别为 72%、63%、46%和 38%。与对照相比，稻米中甲基汞占总汞比例分别降低了 9%、26%和 34%。以上结果进一步说明蒙脱土和改性蒙脱土能显著抑制甲基汞在稻米中的富集，尤其巯基改性蒙脱土效果更为显著。

表 3.6 稻米中甲基汞占总汞比例

处理组	稻米 THg 质量分数/(μg/kg)	稻米 MeHg 质量分数/(μg/kg)	MeHg/THg/%
对照	38.06	27.39	72
蒙脱土	34.18	21.43	63
巯基改性蒙脱土	12.43	5.75	46
壳聚糖改性蒙脱土	31.01	11.86	38

参 考 文 献

刘慧, 朱霞萍, 韩梅, 等, 2013. 巯基改性蒙脱石对 Cd^{2+} 的吸附及酸雨解吸. 非金属矿, 36(3): 69-72.

郑湘如, 2010. 壳聚糖改性膨润土处理含 Hg^{2+} 废水化学工程与装备(11): 44, 159-161.

Alabarse F G, Conceição R V, Balzaretti N M, et al., 2011. In-situ FTIR analyses of bentonite under high-pressure. Applied Clay Science, 51(1/2): 202-208.

Bhati A, Gunture, Tripathi K M, et al., 2018. Exploration of nano carbons in relevance to plant systems. New Journal of Chemistry, 42(20): 16411-16427.

Bloom N S, Preus E, Katon J, et al., 2003. Selective extractions to assess the biogeochemically relevant fractionation of inorganic mercury in sediments and soils. Analytica Chimica Acta, 479(2): 233-248.

Bonnissel-Gissinger P, Alnot M, Lickes J P, et al., 1999. Modeling the adsorption of mercury(II) on(hydr)oxides II: α-FeooH (goethite) and amorphous silica. Journal of Colloid and Interface Science, 215(2): 313-322.

Buj I, Torras J, Rovira M, et al., 2010. Leaching behaviour of magnesium phosphate cements containing high quantities of heavy metals. Journal of Hazardous Materials, 175(1/2/3): 789-794.

Cho J H, Eom Y, Lee T G, 2014. Stabilization/solidification of mercury-contaminated waste ash using calcium sodium phosphate (CNP) and magnesium potassium phosphate (MKP) processes. Journal of Hazardous Materials, 278: 474-482.

Christidis G E, Scott P W, Marcopoulos T, 1995. Origin of the bentonite deposits of eastern milos, Aegean, Greece: geological, mineralogical and geochemical evidence. Clays and Clay Minerals, 43(1): 63-77.

Djomgoue P, Njopwouo D, 2013. FT-IR spectroscopy applied for surface clays characterization. Journal of Surface Engineered Materials and Advanced Technology, 3(4): 275.

Feng R W, Wei C Y, Tu S X, 2013. The roles of selenium in protecting plants against abiotic stresses. Environmental and Experimental Botany, 87: 58-68.

Garten V A, Weiss D, 1995. The quinone-hydroquinone character of activated carbon and carbon black. Australian Journal of Chemistry, 8(1): 68.

Gibson B D, Ptacek C J, Lindsay M B J, et al., 2011. Examining mechanisms of groundwater Hg(II) treatment by reactive materials: an EXAFS study. Environmental Science & Technology, 45(24): 10415-10421.

Giles C H, Smith D, Huitson A, 1974. A general treatment and classification of the solute adsorption isotherm. I: theoretical. Journal of Colloid and Interface Science, 47(3): 755-765.

Guo Z Y, Li J H, Guo Z B, et al., 2017. Phosphorus removal from aqueous solution in parent and aluminum-modified eggshells: thermodynamics and kinetics, adsorption mechanism, and diffusion process. Environmental Science and Pollution Research, 24(16): 14525-14536.

Helz G R, 2014. Activity of zero-valent sulfur in sulfidic natural waters. Geochemical Transactions, 15: 13.

Kampalath R A, Lin C C, Jay J A, 2013. Influences of zero-valent sulfur on mercury methylation in bacterial cocultures. Water, Air, & Soil Pollution, 224(2): 1399.

Kamyshny A, Zilberbrand M, Ekeltchik I, et al., 2008. Speciation of polysulfides and zerovalent sulfur in sulfide-rich water wells in southern and central Israel. Aquatic Geochemistry, 14(2): 171-192.

Khan M A K, Wang F Y, 2009. Mercury-selenium compounds and their toxicological significance: toward a molecular understanding of the mercury-selenium antagonism. Environmental Toxicology and Chemistry, 28(8): 1567-1577.

Kim C S, Rytuba J J, Brown G E, 2004. EXAFS study of mercury(II) sorption to Fe- and Al-(hydr)oxides: II. effects of chloride and sulfate. Journal of Colloid and Interface Science, 270(1): 9-20.

Li Y F, Zhao J T, Li Y Y, et al., 2015. The concentration of selenium matters: a field study on mercury accumulation in rice by selenite treatment in Qingzhen, Guizhou, China. Plant and Soil, 391(1): 195-205.

Lothenbach B, Krebs R, Furrer G, et al., 1998. Immobilization of cadmium and zinc in soil by Al-montmorillonite and gravel sludge. European Journal of Soil Science, 49(1): 141-148.

Lyczko N, Nzihou A, Sharrok P, 2014. Calcium phosphate sorbent for environmental application. Procedia Engineering, 83: 423-431.

Manceau A, Lemouchi C, Enescu M, et al., 2015. Formation of mercury sulfide from Hg(II)-thiolate complexes in natural organic matter. Environmental Science & Technology, 49(16): 9787-9796.

Manceau A, Wang J, Rovezzi M, et al., 2018. Biogenesis of mercury-sulfur nanoparticles in plant leaves from atmospheric gaseous mercury. Environmental Science & Technology, 52(7): 3935-3948.

Mayland H F, Wilkinson S R, 1989. Soil factors affecting magnesium availability in plant-animal systems: a review. Journal of Animal Science, 67(12): 3437-3444.

Meyer C J, Seago J L, Peterson C A, 2009. Environmental effects on the maturation of the endodermis and multiseriate exodermis of *Iris germanica* roots. Annals of Botany, 103(5): 687-702.

Oliva J, De Pablo J, Cortina J L, et al., 2011. Removal of cadmium, copper, nickel, cobalt and mercury from water by Apatite II™: column experiments. Journal of Hazardous Materials, 194: 312-323.

Paquette K E, Helz G R, 1997. Inorganic speciation of mercury in sulfidic waters: the importance of zero-valent sulfur. Environmental Science & Technology, 31(7): 2148-2153.

Paulsson K, Lundbergh K, 1991. Treatment of mercury contaminated fish by selenium addition. Water, Air, & Soil Pollution, 56(1): 833-841.

Peña-Rodríguez S, Bermúdez-Couso A, Nóvoa-Muñoz J C, et al., 2013. Mercury removal using ground and calcined mussel shell. Journal of Environmental Sciences, 25(12): 2476-2486.

Preston C M, Hempfling R, Schulten H R, et al., 1994. Characterization of organic matter in a forest soil of coastal British Columbia by NMR and pyrolysis-field ionization mass spectrometry. Plant and Soil, 158(1): 69-82.

Prietzel J, Botzaki A, Tyufekchieva N, 2011. Sulfur speciation in soil by S K-edge XANES spectroscopy: comparison of spectral deconvolution and linear combination fitting. Environmental Science & Technology, 45(7): 2878-2886.

Ravichandran M, 2004. Interactions between mercury and dissolved organic matter: a review. Chemosphere, 55(3): 319-331.

Rouff A A, 2012. Sorption of chromium with struvite during phosphorus recovery. Environmental Science & Technology, 46(22): 12493-12501.

Rouff A A, Ramlogan M V, Rabinovich A, 2016. Synergistic removal of zinc and copper in greenhouse waste effluent by struvite. ACS Sustainable Chemistry & Engineering, 4(3): 1319-1327.

Saquing J M, Yu Y H, Chiu P C, 2016. Wood-derived black carbon (biochar) as a microbial electron donor and acceptor. Environmental Science & Technology Letters, 3(2): 62-66.

Shimabuku K K, Kennedy A M, Mulhern R E, et al., 2017. Evaluating activated carbon adsorption of dissolved organic matter and micropollutants using fluorescence spectroscopy. Environmental Science & Technology, 51(5): 2676-2684.

Shoham-Frider E, Shelef G, Kress N, 2007. Mercury speciation in sediments at a municipal sewage sludge marine disposal site. Marine Environmental Research, 64(5): 601-615.

Tiffreau C, Lützenkirchen J, Behra P, 1995. Modeling the adsorption of mercury(II) on (hydr)oxides: I. amorphous iron oxide and α-quartz. Journal of Colloid and Interface Science, 172(1): 82-93.

Tipping E, 2007. Modelling the interactions of Hg(II) and methylmercury with humic substances using WHAM/Model VI. Applied Geochemistry, 22(8): 1624-1635.

Truong H Y T, Chen Y W, Saleh M, et al., 2014. Proteomics of desulfovibriodesulfuricans and X-ray absorption spectroscopy to investigate mercury methylation in the presence of selenium. Metallomics, 6(3): 465-475.

Turner M A, Swick A L, 1983. The English-Wabigoon River System: IV. interaction between mercury and selenium accumulated from waterborne and dietary sources by Northern Pike (*Esox lucius*). Canadian Journal of Fisheries and Aquatic Sciences, 40(12): 2241-2250.

Tyagi B, Chudasama C D, Jasra R V, 2006. Determination of structural modification in acid activated montmorillonite clay by FT-IR spectroscopy. Spectrochimica Acta Part A: Molecular and Biomolecular Spectroscopy, 64(2): 273-278.

Viraraghavan T, Kapoor A, 1994. Adsorption of mercury from wastewater by bentonite. Applied Clay Science, 9(1): 31-49.

Wan M, Shchukarev A, Lohmayer R, et al., 2014. Occurrence of surface polysulfides during the interaction between ferric (hydr) oxides and aqueous sulfide. Environmental Science & Technology, 48(9): 5076-5084.

Wang L, Ruiz-Agudo E, Putnis C V, et al., 2012. Kinetics of calcium phosphate nucleation and growth on calcite: implications for predicting the fate of dissolved phosphate species in alkaline soils. Environmental Science & Technology, 46(2): 834-842.

Wang X, Tam N F Y, Fu S, et al., 2014. Selenium addition alters mercury uptake, bioavailability in the rhizosphere and root anatomy of rice (*Oryza sativa*). Annals of Botany, 114(2): 271-278.

Xu X, Zhang Z, Bao L, et al., 2017. Influence of rainfall duration and intensity on particulate matter removal from plant leaves. Science of the Total Environment, 609: 11-16.

Yang D Y, Chen Y W, Gunn J M, et al., 2008. Selenium and mercury in organisms: interactions and mechanisms. Environmental Reviews, 16: 71-92.

Yao A, Changle Q, Mou S, 2000. Effect of humus on activity of mineral-bound Hg: III effect on leachability and transfer of mineral-bound Hg under acid leaching condition. Pedosphere, 10: 53-60.

Yin Y J, Allen H E, Li Y M, et al., 1996. Adsorption of mercury(II) by soil: effects of pH, chloride, and organic matter. Journal of Environmental Quality, 25(4): 837-844.

Zaytseva O, Neumann G, 2016. Carbon nanomaterials: production, impact on plant development, agricultural and environmental applications. Chemical and Biological Technologies in Agriculture, 3(1): 17.

Zhang H, Feng X B, Chan H M, et al., 2014. New insights into traditional health risk assessments of mercury exposure: implications of selenium. Environmental Science & Technology, 48(2): 1206-1212.

第4章 汞污染稻田生物炭钝化修复

生物炭,又称生物质炭,常被用于土壤改良与修复。它是由生物质在厌氧或限氧的条件下,经高温(<700 ℃)热解所形成的一种含碳量高、微孔丰富、高度芳香化的碳质固型材料。早在500年前,亚马孙地区的土著居民就已开始运用生物炭,并称之为肥沃的"黑土壤"。生物炭的原料来源广泛,涵盖了有机和工业废料(如污泥、粪肥等)及植物组织与残体(如树叶、树枝、种子、秸秆、木屑、树皮等)。其物理化学性质受原料种类和热解温度的影响。生物炭能通过离子交换、表面官能团(如—OH、—COOH、—C=O—和C=N等)的络合/配合作用,以及提升土壤pH等方式,来固定重金属。因其环境友好、固碳和土壤改良等多方面优势,生物炭在重金属污染土壤修复领域备受关注。本章将探讨生物炭加入汞污染稻田后,对土壤汞的形态转化及水稻富集汞的影响,以及其生物地球化学机制。

4.1 生物炭组分对土壤汞活化影响

通常,生物炭中的碳可以分为稳定碳、易分解碳和灰分。稳定碳,通常指那些具有芳香结构的碳,它们难以被降解,并具有化学与生物学稳定性。当生物质热解炭化温度提升时,所生成的生物炭的芳香化程度也会相应增强,从而赋予生物炭更高的稳定性。反之,若热解温度较低,生物炭的芳香化程度低,其稳定性也会随之变弱。此外,生物炭中还含有少量的易分解碳。这部分碳在土壤中较为活跃,容易被矿化和淋洗,并能参与微生物的代谢过程中。而生物炭中的灰分则主要包含了矿质营养元素,这些元素在特定条件下易发生淋溶现象。本节聚焦生物炭中稳定碳与非稳定碳对土壤中汞的活化和甲基化作用,旨在为应用生物炭修复汞污染农田提供科学依据。

4.1.1 试验设计

1. 汞污染土壤的采集

采集贵州省万山汞矿区敖寨侗族乡受汞污染的农田表层土壤(0~20 cm),用于培养试验。

2. 生物炭的制备

采用玉米秸秆作为原料,在缺氧环境下进行高温热解,制备出玉米秸秆生物炭。将制备好的生物炭过筛后备用。水洗生物炭:将适量的生物炭置于超纯水中,进行反复清洗,然后在烘箱中烘干。酸洗生物炭:取适量生物炭,用5%HCl反复清洗,然后离心沉淀生物炭，接着使用超纯水对沉淀的生物炭进行多次反复清洗，最后在烘箱中烘干。生物炭水洗液：取适量生物炭，并加入适量的超纯水，随后，在摇床中以 160 r/min 的速度振荡 2 h，接着进行 30 min 的超声处理，处理完成后将样品放入离心机中以 3 000 r/min 的转速离心 30 min，最后将上清液过 0.45 μm 滤膜，备用。

3. 培养试验

首先，准备若干个 50 mL 离心管，并在每个离心管中放入约 50 g 风干的汞污染土壤。随后，将离心管分为 5 个处理组，各处理有 15 个重复。这 5 组处理包括：对照；每千克土壤添加 10 g 生物炭（1%生物炭）；每千克土壤添加 10 g 水洗生物炭（1%水洗生物炭）；每千克土壤添加 10 g 酸洗生物炭（1%酸洗生物炭）；生物炭水洗液。按照试验设计，称取适量的生物炭，并将其与离心管中的土壤混匀。接着，向每个离心管中加入等量的超纯水，确保土壤上覆水的深度保持在 1 cm 左右。随后，将所有离心管放置在离心管架上，并转移到厌氧箱中进行培养。分别在培养后的第 1 天、第 4 天、第 7 天、第 14 天和第 21 天采集土壤样品。在每次采样时，从每组处理中随机选取 3 个离心管进行土壤样品的采集。在土壤样品采集过程中，首先在厌氧箱内测定土壤的 pH 和 E_h 值。随后，将离心管从厌氧箱中取出并离心。离心结束后，再次将离心管放入厌氧箱中。最后，使用针管吸取离心管中的上清液，并过 0.45 μm 微孔滤膜。过滤后的上清液分为 5 份，分别用于总汞、甲基汞、溶解有机碳（DOC）、Fe(II)和总铁含量的测定。

4. 土壤和生物炭的基本理化性质

原始玉米秸秆生物炭的总碳、总氮和总硫质量分数分别为 57%、1.3% 和 0.17%。经过水洗处理后的生物炭，其总碳质量分数升高至 65%，总氮质量分数为 1.4%，总硫质量分数为 0.18%。酸洗生物炭的总碳、总氮和总硫质量分数分别为 65%、1.5% 和 0.21%。在生物炭水洗液中，氯离子和硫酸根的质量浓度分别为 113 mg/L 和 3.06 mg/L。

4.1.2 生物炭不同组分对土壤汞活化的影响

土壤溶液中总汞浓度的变化规律如图 4.1（a）所示。除了第 21 天的样品，相较于对照，经过 1%生物炭、1%水洗生物炭和 1%酸洗生物炭处理的土壤溶液总汞浓度在不同采样时间基本呈现下降的趋势。不同处理土壤溶液的总汞浓度平均值由高到低依次为：对照（53 ng/L）>生物炭水洗液（45 ng/L）>1%生物炭（34 ng/L）>1%水洗生物炭（26 ng/L）>1%酸洗生物炭（21 ng/L）[图 4.2（a）]。从这些数据可以看出，酸洗生物炭和水洗生物炭对土壤溶液总汞浓度的降低效果要优于原始生物炭。然而，生物炭水洗液处理土壤溶液的总汞浓度普遍高于其他处理。这可能是因为生物炭水洗液中富含有机碳，当这些有机碳输入土壤后，其与汞结合从而促进了汞的活化（Åkerblom et al.，2008）。此外，有机碳还能作为碳源刺激微生物的生长和代谢，而微生物的代谢过程可能导致矿物活化，进而释放与之结合的汞（Gayte et al.，1999）。

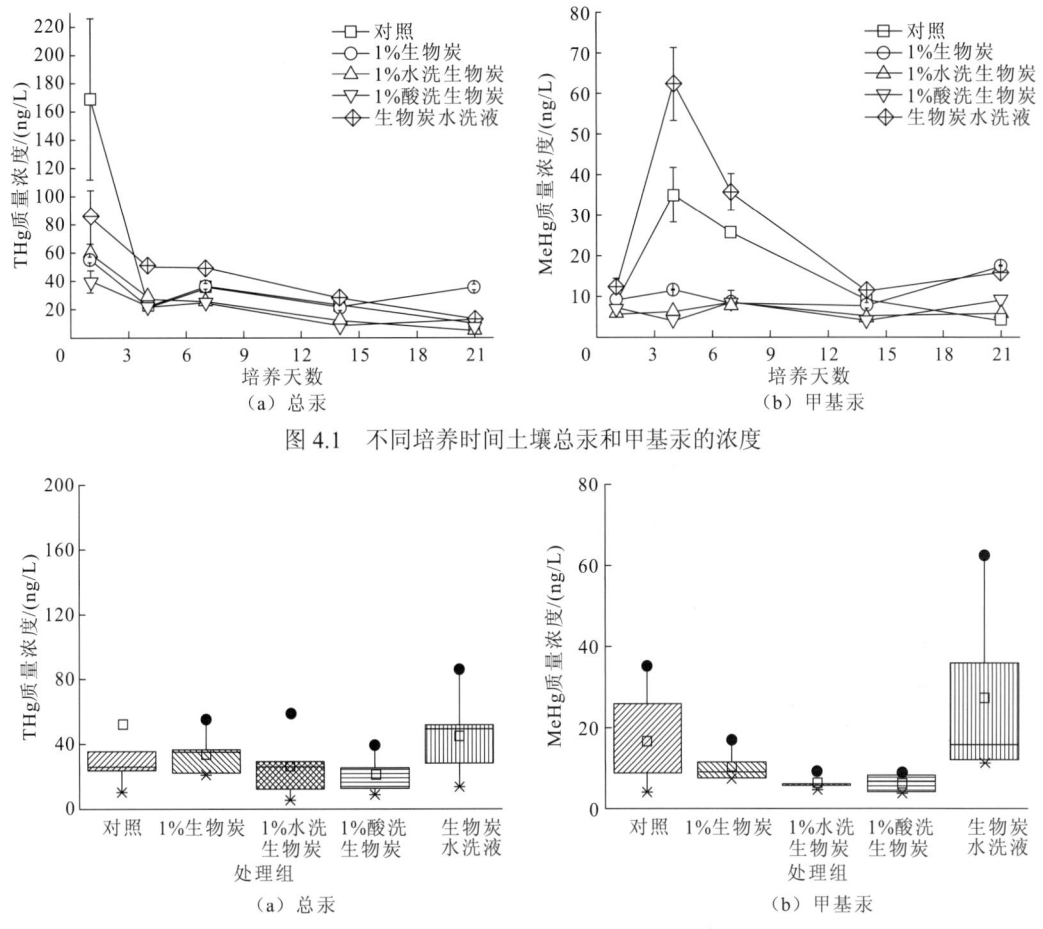

图 4.1　不同培养时间土壤总汞和甲基汞的浓度

图 4.2　不同处理土壤溶液总汞和甲基汞的箱式图

图 4.1（b）展示了土壤溶液中甲基汞浓度的变化特征。在第 1 天、第 4 天、第 7 天和第 14 天，对照土壤的甲基汞质量浓度分别为 9.01 ng/L、35.1 ng/L、25.9 ng/L 和 8.92 ng/L。与对照相比，除了生物炭水洗液处理组，1%生物炭、1%水洗生物炭和 1%酸洗生物炭处理土壤中的甲基汞浓度在不同采样时间均明显降低，且不同处理土壤溶液的甲基汞浓度的平均值由大到小依次为：生物炭水洗液（27.5 ng/L）>对照（16.6 ng/L）>1%生物炭（14 ng/L）>1%酸洗生物炭（6.38 ng/L）>1%水洗生物炭（6.28 ng/L）[图 4.2（b）]。生物炭水洗液处理提高了土壤甲基汞含量，这一现象可能与两方面原因有关：一方面，生物炭水洗液中的有机组分与土壤中的汞结合，从而促进了土壤中汞的活化及甲基化；另一方面，生物炭水洗液中的可溶性碳可能促进了汞甲基化微生物的活动，进一步促进了甲基汞的生成。

4.1.3　生物炭不同组分影响土壤汞活化的原理

如图 4.3（a）所示，对照、1%生物炭、1%水洗生物炭、1%酸洗生物炭和生物炭水洗液处理土壤 E_h 整体呈现出相似的变化趋势。除第 14 天的样品外，其他时段的生物炭处理土壤样品的 E_h 与对照均存在一定的差异。在第 1 天、第 4 天和第 7 天，1%生物炭和 1%

水洗生物炭处理土壤的 E_h 高于对照；而在第 1 天，生物炭水洗液处理土壤 E_h 则明显低于对照；在第 4 天，酸洗生物炭处理土壤的 E_h 值明显高于对照；到了第 21 天，所有处理土壤的 E_h 均低于对照。值得注意的是，不同生物炭处理土壤与对照土壤 E_h 之间差异会随培养时间变化而变化，这反映出不同生物炭在不同培养时段对土壤 E_h 的影响具有差异性。

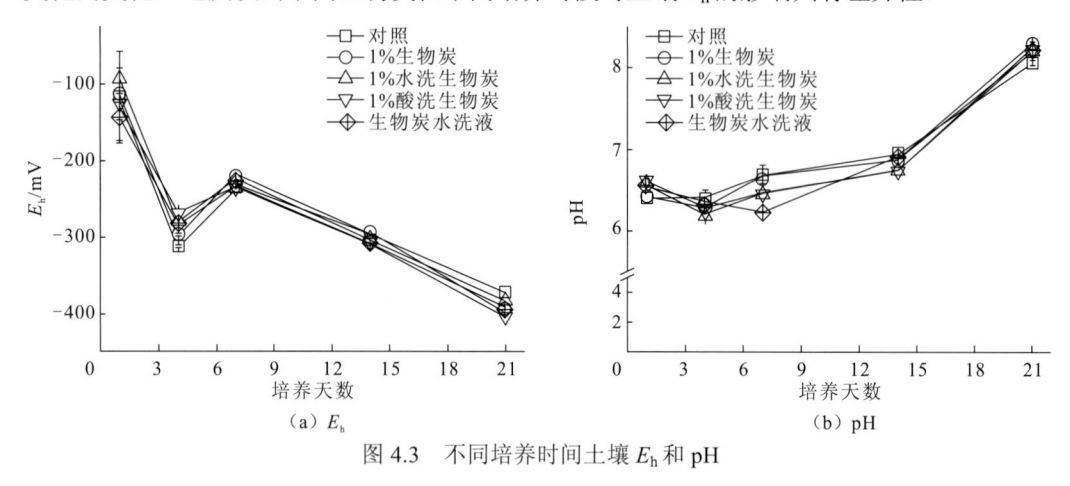

图 4.3 不同培养时间土壤 E_h 和 pH

如图 4.3（b）所示，与 E_h 相似，对照、1%生物炭、1%水洗生物炭、1%酸洗生物炭和生物炭水洗液处理土壤 pH 整体也呈现出相似的变化规律。在培养的前 7 天内，土壤的 pH 基本维持在 6.2~6.6。然而，随着培养时间的延长，土壤的 pH 逐渐上升，至第 21 天，pH 已经超过 8.0。在第 1 天和第 21 天，1%生物炭、1%水洗生物炭、1%酸洗生物炭和生物炭水洗液处理土壤的 pH 均高于对照土壤。但在第 4 天、第 7 天和第 14 天，所有处理土壤的 pH 均低于对照土壤。此外，1%水洗生物炭和 1%酸洗生物炭处理土壤的 pH 的变化幅度普遍大于 1%生物炭和生物炭水洗液处理的土壤。

土壤溶液中 Fe(II) 浓度的变化规律如图 4.4 所示。在培养期间，在 1%水洗生物炭和生物炭水洗液处理土壤 Fe(II) 浓度与对照土壤 Fe(II) 浓度之间的差异，明显大于 1%生物炭和 1%酸洗生物炭与对照土壤之间的差异。与对照相比，1%生物炭、1%水洗生物炭、1%酸洗生物炭和生物炭水洗液处理土壤溶液中的 Fe(II) 平均浓度分别提高了 11%、2.6 倍、14%和 5.3 倍。可以看出，1%水洗生物炭和生物炭水洗液处理显著增加了土壤溶液中 Fe(II) 的浓度，这与水洗生物炭和生物炭水洗液促进土壤铁锰氧化物还原性溶解反应有关。

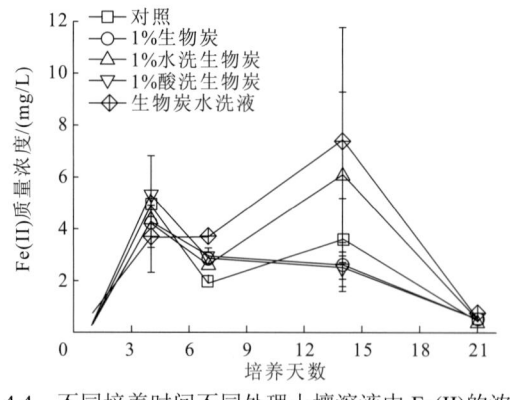

图 4.4 不同培养时间不同处理土壤溶液中 Fe(II) 的浓度

图 4.5 展示了土壤溶液中 DOC 浓度的变化规律。从图中可以看出，对照、1%生物炭、1%水洗生物炭、1%酸洗生物炭和生物炭水洗液处理土壤溶液 DOC 浓度都随培养时间延长而逐渐升高。例如，在第 1 天、第 4 天、第 7 天、第 14 天和第 21 天，对照土壤 DOC 质量浓度分别为 16.3 mg/L、33.9 mg/L、57.3 mg/L、75.5 mg/L 和 99.6 mg/L，1%生物炭处理的土壤 DOC 质量浓度分别为 11.6 mg/L、30.9 mg/L、59.4 mg/L、82.4 mg/L 和 69.1 mg/L。进一步计算培养期间不同处理土壤中 DOC 的平均浓度，发现对照、1%生物炭、1%水洗生物炭、1%酸洗生物炭和生物炭水洗液处理土壤的 DOC 平均质量浓度分别为 56.5 mg/L、50.1 mg/L、49.4 mg/L、50.0 mg/L 和 56.2 mg/L，这些数据表明不同生物炭处理对土壤 DOC 浓度的影响并不显著。

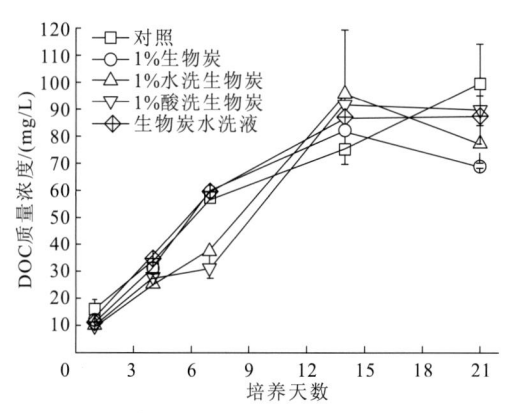

图 4.5 不同培养时间不同处理土壤溶液中 DOC 的浓度

表 4.1 展示了土壤溶液中不同地球化学指标的相关系数矩阵。可以看出，土壤溶液中总汞和甲基汞与 pH 和 Fe(II)之间并未呈现显著的线性相关关系（$P>0.05$）。在低 E_h 环境条件下，铁氧化物还原溶解过程会释放与之结合的汞，这可导致土壤溶液中总汞的浓度升高。在这种情况下，溶解态汞和 Fe(II)会呈现出显著的正相关关系（Wang et al.，2021）。尽管表 4.1 表明土壤溶液中总汞和 Fe(II)之间无显著的线性相关关系，但是 Fe(II)与 THg/DOC 却存在显著的负相关关系。这表明除铁氧化物还原溶解作用对汞的活化外，土壤汞的活化还受有机碳的调控。MeHg/THg 比值常被用作衡量土壤汞甲基化潜力的指标。从表 4.1 可以看出，MeHg/THg 比值与 E_h 之间存在显著的负相关关系，这意味着当 E_h 降低时，土壤汞的甲基化潜力会相应增强，从而促进汞的甲基化过程。

表 4.1 土壤中不同地球化学指标的 Pearson 相关系数矩阵

指标	E_h	Fe(II)	THg	MeHg	DOC	THg/DOC	MeHg/THg
pH	−0.69**	−0.45*	−0.36	−0.19	0.66**	−0.33	0.33
E_h		−0.18	0.66**	−0.06	−0.78**	0.77**	−0.59**
Fe(II)			−0.30	0.17	0.15	−0.44*	0.10
THg				0.13	−0.57**	0.91**	−0.37
MeHg					−0.12	−0.08	0.66**
DOC						−0.68**	0.34
THg/DOC							−0.47*

*$P<0.05$，**$P<0.01$

综上所述，生物炭及其不同组分在调控铁氧化物、有机碳和 E_h 等方面起着重要的作用，进而影响土壤汞的活化和甲基化过程。相较于原始生物炭，经过水洗处理后再施入土壤的生物炭能够显著抑制土壤汞的活化和甲基化。因此，将生物炭水洗后再添加到汞污染的农田中，可能会进一步提升汞污染土壤的修复效率。

4.2 生物炭对水稻富集甲基汞的影响

4.2.1 试验设计

1. 供试土壤与生物炭

采集贵州省万山汞矿区下溪侗族乡某汞污染农田的表层土壤（0～20 cm）用于盆栽试验。分别以水稻壳及水稻和小麦秸秆混合物为原料，在缺氧环境下 600 ℃ 热解，制备出稻壳生物炭（RHB），以及水稻-小麦秸秆生物炭（RWB）。将制备好的生物炭过筛，然后用于培养试验。

2. 盆栽试验

准备若干个花盆，并向每个花盆中加入约 5 kg 汞污染土壤。将花盆分为 5 组处理，包括对照、0.6% RHB 处理组、3% RHB 处理组、0.6% RWB 处理组、3% RWB 处理组，每组设置 3 个重复。将生物炭与土壤充分混合后，装入花盆中。给每个花盆浇水直至土壤上覆水深度达 3 cm。在淹水后的第 30 天，将水稻幼苗（品种为宜香-2866）移栽至花盆中。在水稻苗移栽前、分蘖期和抽穗期，分别向每个花盆施入 5 g 复合肥（氮、磷、钾质量分数大于 45%）。水稻培养期间，室内温度保持在 23～28 ℃，相对湿度维持在 60%～80%，大气 Hg^0 质量浓度低于 10 ng/m³。水稻成熟后，采集水稻植株及其对应的根际土壤样品。测定土壤中的甲基汞含量和汞的地球化学形态（包正铎 等，2011），以及微生物群落。水稻样品干燥后被分为根系、茎、叶和穗。其中，稻穗被进一步细分为稻壳、糠和精米。将所有水稻植株粉碎成粉末，用于甲基汞含量的测定。

3. 土壤和生物炭的基本理化性质

如表 4.2 所示，土壤 pH 为 6.57，呈弱酸性。有机质、总碳、总氮和总硫的质量分数分别为 2.79%、2.68%、0.26% 和 0.05%。土壤中的总汞质量分数达到 78.3 mg/kg，该值超过我国《土壤环境质量 农用地土壤污染风险管控标准（试行）》（GB 15618—2018）中所规定的最大总汞含量（2.4 mg/kg，6.5<pH≤7.5）。

表 4.2 土壤和生物炭的基本理化性质

处理组	pH	有机质质量分数/%	总氮质量分数/%	总碳质量分数/%	总氢质量分数/%	总硫质量分数/%	SO_4^{2-} 质量分数/(mg/kg)	总硅质量分数/%	H/C	O/C	(O+N)/C
RWB	10.67	2.97	0.64	36.3	4.67	0.04	5 786	16.8	1.55	0.95	0.97
RHB	7.93	3.06	0.59	53.2	3.51	0.04	2 319	10.7	0.79	0.68	0.69

续表

处理组	pH	有机质质量分数/%	总氮质量分数/%	总碳质量分数/%	总氢质量分数/%	总硫质量分数/%	SO_4^{2-}质量分数/(mg/kg)	总硅质量分数/%	H/C	O/C	(O+N)/C
土壤	6.09	2.79	0.25	2.39	0.85	0.05	61.9	nd	0.36	nd	nd
对照	6.57	2.87	0.26	2.68	0.87	0.05	101	nd	0.32	nd	nd
0.6%RHB	7.01	3.78	0.23	3.47	0.85	0.04	137	nd	0.24	nd	nd
3%RHB	7.07	4.14	0.22	3.49	0.80	0.04	214	nd	0.23	nd	nd
0.6%RWB	7.23	3.91	0.23	3.33	0.83	0.05	145	nd	0.25	nd	nd
3%RWB	7.27	4.65	0.23	3.45	0.81	0.03	388	nd	0.23	nd	nd

注：nd 表示未检测到

RWB 和 RHB 的 pH 分别为 10.67 和 7.93。对于总碳含量，RHB（53.2%）显著高于 RWB（36.3%），这表明 RHB 的碳化程度高于 RWB。生物炭中碳的稳定性与其芳香碳的缩合程度密切相关，而生物炭的制炭原料与温度则是决定芳香碳缩合程度的关键因素（Singh et al.，2012）。生物炭的 H/C 值可指示其芳香性，H/C 值越低，芳香性越高，碳的稳定性也就越强。RWB 的 H/C 值约为 RHB 的 2 倍，这说明 RHB 中碳的稳定性要高于 RWB。然而，RWB 和 RHB 在有机质、氮、硫的含量上并未表现出明显的差异。

图 4.6 展示了 RWB 和 RHB 的扫描电子显微镜照片。RWB 和 RHB 都拥有有序的多孔结构，并且 RWB 的多孔结构孔径小于 RHB。图 4.7 展示了 RWB 和 RHB 的红外光谱（FTIR）特征。在 3 437 cm^{-1} 和 3 402 cm^{-1} 处，RWB 和 RHB 分别出现了—OH 伸缩振动峰，这表明了酚羟基和化学吸附水的存在。RWB 在 1 647 cm^{-1} 处呈现出 C=C 和 C=O 伸缩振动峰，而 RWB 和 RHB 在 1 087 cm^{-1} 和 1 072 cm^{-1} 处则分别出现了 C—O 振动峰。此外，870 cm^{-1} 处的伸缩振动峰指示了多环芳香族 C=C 的存在，而 790 cm^{-1} 处的伸缩振动峰则表明存在芳香族 C—H。这些结果进一步表明生物炭中存在芳香碳（包括多环芳香族 C=C 和芳香族 C—H）。

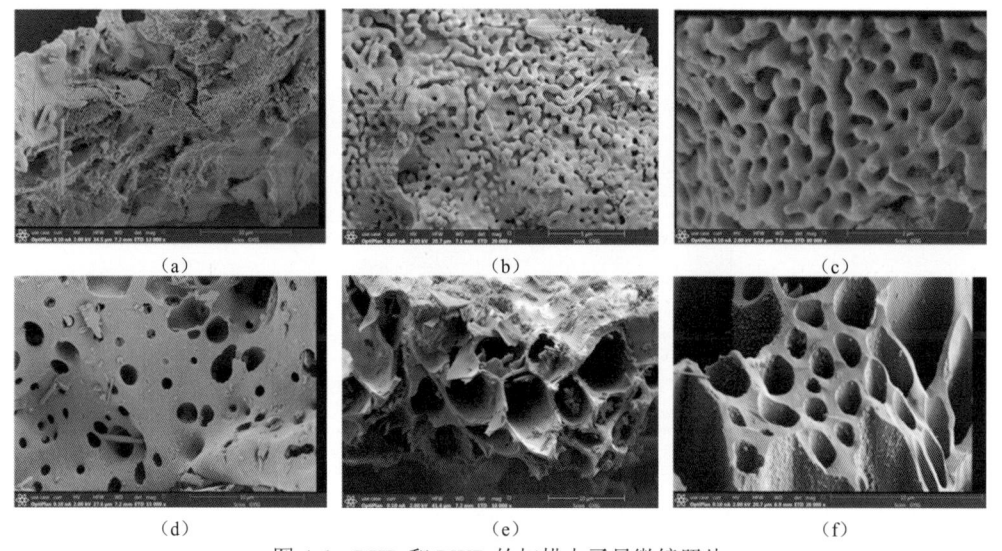

图 4.6 RHB 和 RWB 的扫描电子显微镜照片

(a)、(b)、(c) 为水稻-小麦生物炭（RWB）；(d)、(e)、(f) 为稻壳生物炭（RHB）

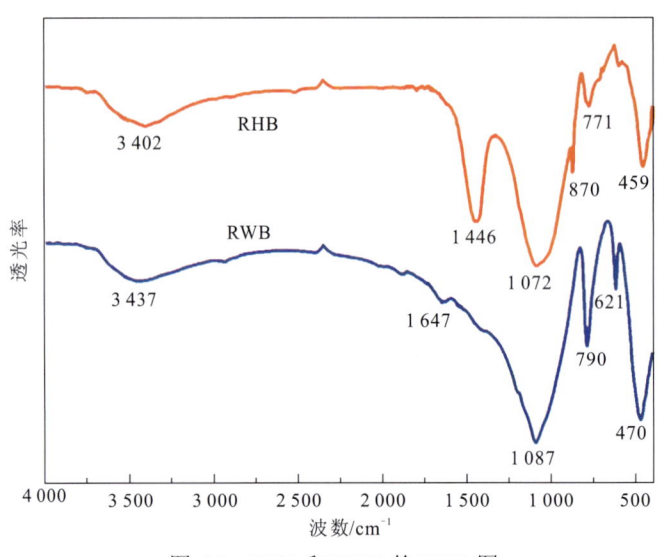

图 4.7 RHB 和 RWB 的 FTIR 图

4.2.2 生物炭对土壤汞甲基化微生物的影响

在所有土壤样品中，发现了共计 2 185 个相同的操作分类单元（operational taxonomic units，OTU），这些 OTU 占据了总 OTU 数量的 47.4%。在对照组、0.6% RWB、0.6% RHB、3% RWB 和 3% RHB 处理的土壤中，它们独有的 OTU 数量分别为 315 个、330 个、282 个、418 个和 333 个（图 4.8）。RWB 处理土壤的独有 OTU 数量普遍多于 RHB 处理土壤。以上数据表明，与 RHB 相比，RWB 对土壤微生物群落的影响更为显著。

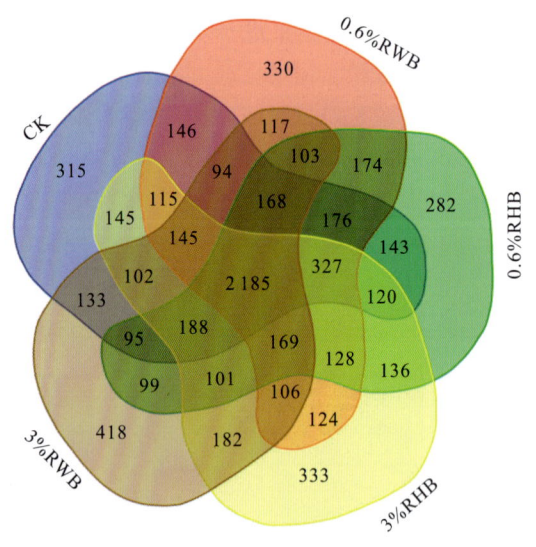

图 4.8 对照（CK）、RHB 和 RWB 处理土壤的 OTU 维恩图

如图 4.9 所示，在门的分类水平上，土壤中的微生物群落主要由变形菌门（Proteobacteria）和厚壁菌门（Firmicutes）构成。在这些门类中，变形菌门的相对丰度明显高于厚壁菌门。值得一提的是，δ-变形菌门（δ-Proteobacteria）内包含铁还原菌和硫酸盐还原菌等，其中

部分细菌具备汞的甲基化能力（Gilmour et al., 2013; Parks et al., 2013）。

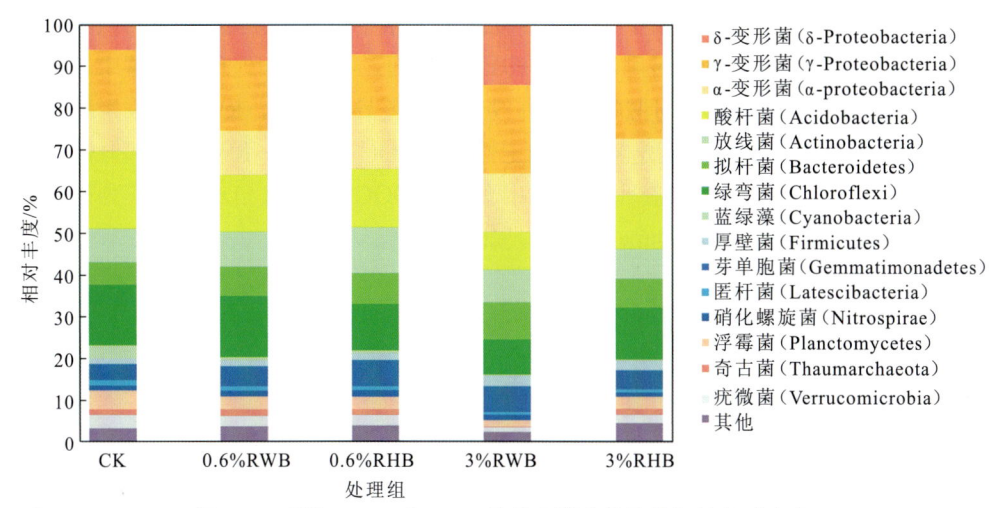

图4.9 对照、RWB和RHB处理土壤中优势菌门的相对丰度

汞甲基化微生物常携带 *hgcA* 基因。如图4.10所示，在对照和生物炭处理土壤中，变形菌门中携带 *hgcA* 基因的微生物相对丰度介于31.2%~50.3%；厚壁菌门中携带该基

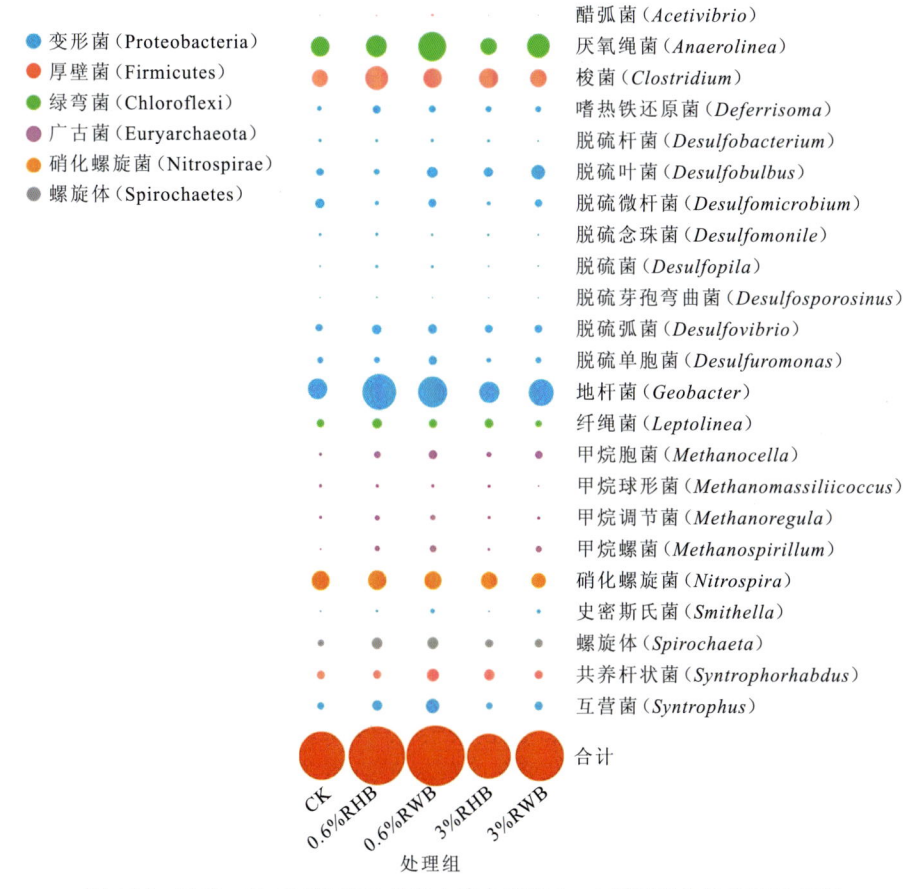

图4.10 对照、RWB和RHB处理土壤中携带 *hgcA* 基因微生物的相对丰度

因的微生物相对丰度为1%～3%。在属的分类水平上,地杆菌属中携带 *hgcA* 基因的微生物相对丰度最高。需要注意的是,在 RWB 处理的土壤中,携带 *hgcA* 基因的微生物相对丰度显著高于 RHB 处理组和对照组（$P<0.05$）。然而,在 RHB 处理的土壤中,这种携带 *hgcA* 基因的微生物丰度与对照组相比并没有显著差异。可见,RWB 对汞甲基化微生物具有促进作用,这可能与其所含的弱稳定性碳（DOC）有关。RWB 中部分碳可能以 DOC 的形式存在,或者 RWB 在土壤环境中有助于 DOC 的形成。DOC 可作为碳源,促进汞甲基化微生物的活动（Lehmann et al.,2011）。

4.2.3 生物炭钝化修复土壤甲基汞效果

1. 生物炭对土壤汞形态转化的影响

RWB 和 RHB 的添加促进了土壤中汞的地球化学形态转化（图4.11）。溶解态和可交换态汞及特殊吸附态汞,因具有较高的生物有效性而备受关注。与对照相比,经过 RHB 和 RWB 处理的土壤中,生物有效态汞占总汞的比例分别下降了62%～76%和69%～79%（$P<0.05$）。此外,随着这两种生物炭添加量的增加,生物有效汞含量的降低幅度也逐渐变大。生物炭降低土壤中汞生物有效性的机制,可能涉及两个方面：一方面,RWB 和

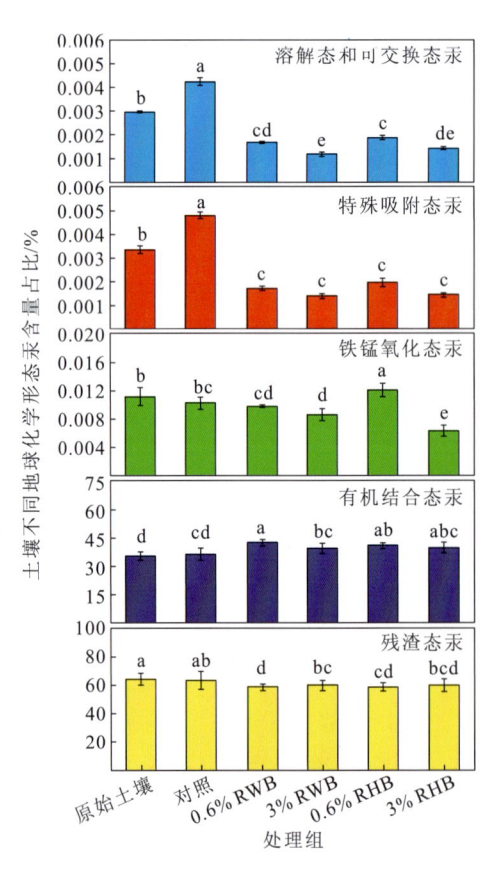

图 4.11 对照、RWB 和 RHB 处理土壤中不同地球化学形态汞含量占总汞比例

不同小写字母表示对照与 RWB 或 RHB 处理之间的差异显著（$P<0.05$）

RHB 中富含的多孔结构和羟基官能团能吸附并络合汞，从而降低汞的有效性；另一方面，RWB 和 RHB 处理提升了土壤的 pH，进一步促进了汞的吸附、络合和沉淀过程（Fellet et al.，2011）。RWB 处理土壤中溶解态与可交换态汞的降低幅度超过了 RHB 处理组，这可能与 RWB 的碱性（pH=10.6）强于 RHB（pH=7.9）有关。不过，RWB 和 RHB 添加到土壤后，铁锰氧化态汞、有机结合态汞和残渣态汞占总汞的比例并没有呈现出明显的变化规律。

与原始土壤相比，对照组土壤中生物有效态汞占总汞的比例显著升高（$P<0.05$），这表明淹水和水稻生长对土壤中的汞具有活化作用。稻田淹水后，铁锰氧化物的还原溶解作用，以及水稻根系释放的分泌物（有机酸等）对土壤矿物的溶解作用，都能导致土壤重金属的活化（Wang et al.，2011；Ko et al.，2008；Tao et al.，2004）。然而，在对照和原始土壤中，铁锰氧化态汞、有机结合态汞及残渣态汞的占比并无显著差异（$P>0.05$），这表明这些形态汞受淹水和水稻生长的影响相对较弱。

图 4.12 展示了 RHB 和 RWB 处理对土壤甲基汞含量的影响。与对照相比，0.6%RHB 和 3%RHB 处理的土壤中，甲基汞质量分数降低了 37.6%～52.4%（$P<0.05$）。添加 0.6%RWB 对土壤甲基汞含量无显著影响，但 3%RWB 则显著提高了甲基汞的含量。土壤甲基汞受汞甲基化微生物和无机汞的生物有效性共同调控。因此，土壤中汞甲基化微生物和/或无机汞生物有效性发生变化都会影响甲基汞的含量。在 RHB 处理的土壤中，尽管汞甲基化微生物的丰度与对照土壤相比并无显著差异，但甲基汞含量却显著降低，这主要归因于土壤生物有效态汞含量的降低，抑制了土壤汞的甲基化。尽管 3%RWB 处理降低了土壤中生物有效态汞的含量，但它却提高了汞甲基化微生物（如 *Geobacter* spp.，*Nitrospira* spp.等）的相对丰度。汞甲基化微生物丰度的增加无疑会促进汞的甲基化作用，进而提高土壤甲基汞的含量。

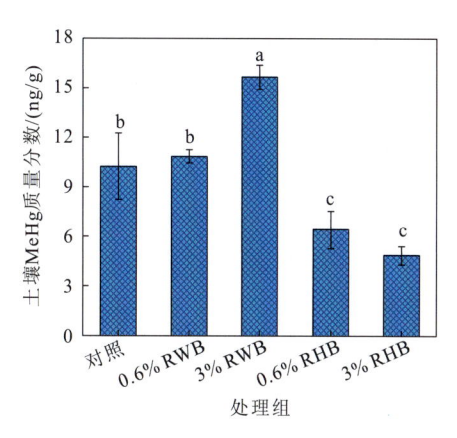

图 4.12　对照、RWB 和 RHB 处理土壤中的甲基汞含量

不同小写字母表示对照与 RWB 或 RHB 处理之间的差异显著（$P<0.05$）

2. 水稻甲基汞的含量

如图 4.13 所示，与对照相比，RWB 和 RHB 处理水稻根系和地上部分的生物量分别增加了 18%～65% 和 21%～119%。水稻的生物量随着生物炭添加量的增加而呈现出明显

的升高趋势，这归因于生物炭中含有丰富的有机质和营养元素，它们输入土壤后促进了水稻的生长。例如，RWB 和 RHB 中 PO_4^{3-} 含量分别为 204 mg/kg 和 182 mg/kg。

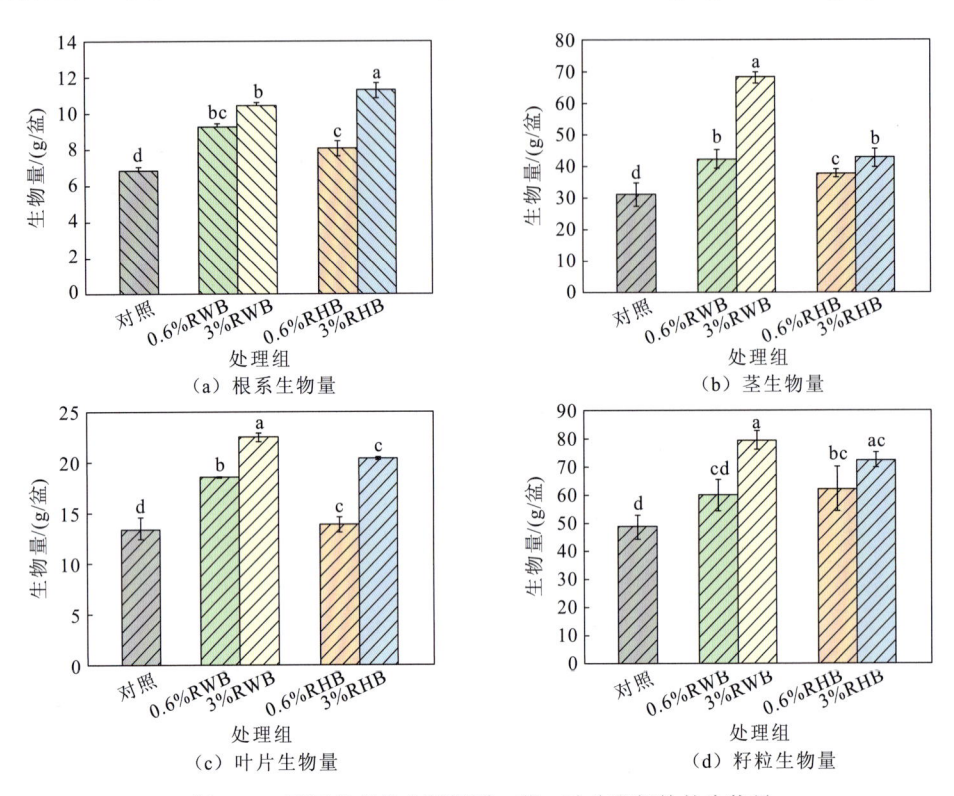

图 4.13 不同处理组水稻根系、茎、叶片和籽粒的生物量

不同小写字母表示对照与 RWB 或 RHB 处理之间存在显著差异（$P<0.05$）

在对照组中，水稻根系、茎、叶片和籽粒中甲基汞的平均浓度分别为 68 ng/g、10.5 ng/g、2.4 ng/g 和 49 ng/g（图 4.14）。与对照相比，RWB 和 RHB 处理水稻根、茎、叶片和籽粒中甲基汞质量分数的降低幅度分别高达 85%、56%、56% 和 85%。随着 RWB 和 RHB 施用量的增加，根系中的甲基汞含量显著降低（$P<0.05$），但茎、叶片和籽粒中的甲基汞含量并未呈现出类似的变化规律。土壤中的甲基汞被水稻根系吸收后能被转运并储存在茎和叶片中，最后在灌浆期随营养物质迁移到水稻籽粒中（Meng et al., 2011）。因此，当土壤中施用 0.6% 和 3% 的 RHB 时，由于土壤甲基汞含量的降低，水稻的根系、茎、叶片和籽粒中的甲基汞含量也随之降低。尽管 RWB 处理并未降低土壤中甲基汞的含量，但它却显著降低了水稻植株中的甲基汞含量。这一现象可能是由 RWB 处理后土壤中甲基汞的生物有效性降低导致的。例如，甲基汞能与生物炭中的含硫官能团结合，从而降低其生物有效性（Xing et al., 2020）。

RWB 和 RHB 处理均显著提升了水稻的生物量，这有可能引发"生物稀释"效应。如果甲基汞在水稻体内含量的降低是由"生物稀释"效应引起的，那么在理论上，对照与生物炭处理的水稻中甲基汞的绝对量应保持不变。但根据图 4.15 所示的水稻不同部位甲基汞的绝对量来看，RHB 和 RWB 处理水稻根系、茎、叶片和籽粒中的甲基汞绝对量均明显低于对照组，这说明"生物稀释"效应所起的作用相对较小。

(a) 根系中甲基汞浓度

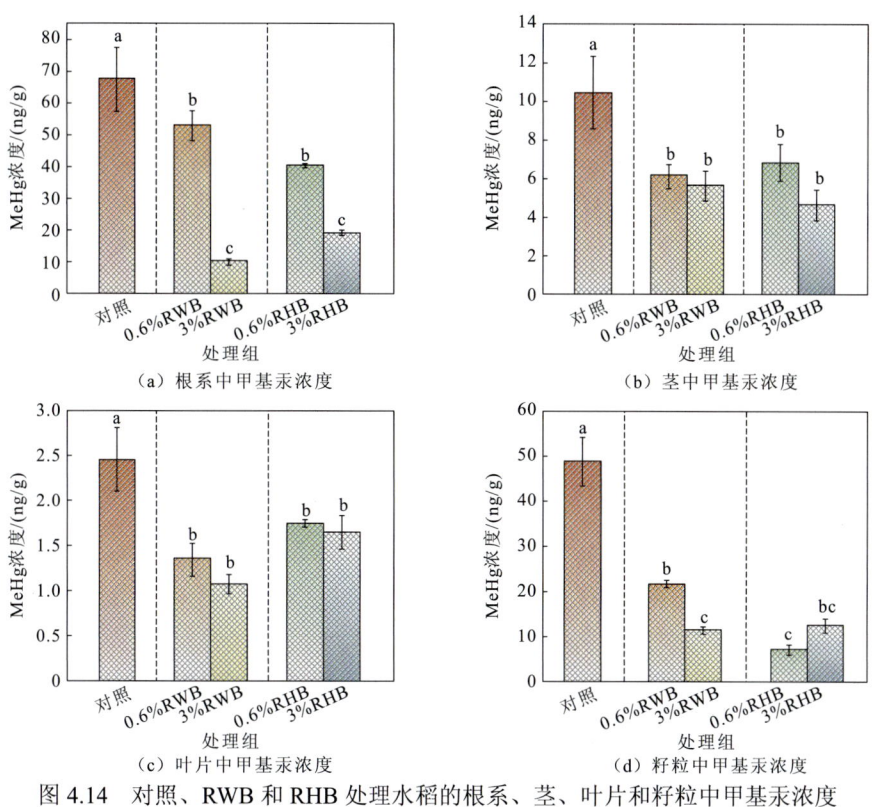

(b) 茎中甲基汞浓度

(c) 叶片中甲基汞浓度

(d) 籽粒中甲基汞浓度

图 4.14 对照、RWB 和 RHB 处理水稻的根系、茎、叶片和籽粒中甲基汞浓度

不同小写字母表示对照与 RWB 或 RHB 处理之间存在显著差异（$P<0.05$）

(a) 根系中甲基汞绝对量

(b) 茎中甲基汞绝对量

(c) 叶片中甲基汞绝对量

(d) 籽粒中甲基汞绝对量

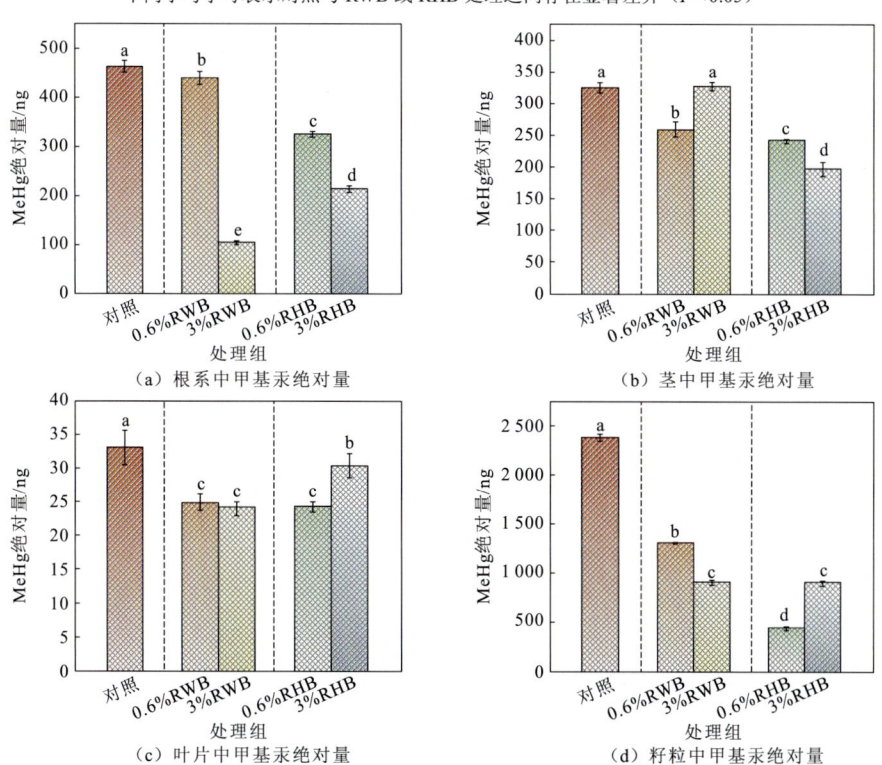

图 4.15 对照、RWB 和 RHB 处理水稻根系、茎、叶片和籽粒中甲基汞绝对量

不同小写字母表示对照与 RWB 或 RHB 处理之间存在显著差异（$P<0.05$）

与对照相比，RWB 处理显著降低了水稻各组织的甲基汞生物富集系数（BAF$_{MeHg}$）（表 4.3）。尽管 RWB 的添加使土壤甲基汞含量有所升高，但水稻组织中的 BAF$_{MeHg}$ 却呈现出降低的趋势。同样，在 0.6%RHB 和 3%RHB 处理的土壤中，水稻组织中的 BAF$_{MeHg}$ 均有所降低，且 3%RHB 处理后的降低幅度更为显著。以上结果表明，RWB 和 RHB 处理能够显著地抑制水稻对土壤甲基汞的富集。

表 4.3 各处理水稻组织中甲基汞的生物富集系数

分组	BAF$_{根系/土壤}$	BAF$_{茎/土壤}$	BAF$_{叶片/土壤}$	BAF$_{籽粒/土壤}$
对照	6.60	1.02	0.24	4.78
0.6%RWB	4.89	0.56	0.12	2.01
3%RWB	0.64	0.36	0.07	0.73
0.6%RHB	6.34	1.00	0.27	1.12
3%RHB	3.92	0.95	0.34	2.55

综上所述，添加 RHB 不仅显著降低了土壤甲基汞含量，同时也抑制了水稻对土壤甲基汞的富集。添加 RWB 虽然增加了土壤中甲基汞含量，但是水稻植株中的甲基汞含量却显著降低。通过本节研究发现，在汞污染土壤中添加稻壳、水稻和小麦秸秆等生物炭，能抑制水稻对土壤甲基汞的富集，这一结果可为汞污染农田原位钝化修复提供理论依据。

4.3 生物炭修复汞污染稻田-田间案例

4.3.1 试验设计

1. 试验地点

试验田块位于贵州省万山汞矿区敖寨侗族乡中华山村，其面积约为 300 m^2。

2. 生物炭的制备

选用水稻壳作为原料，在限氧环境下及 550~600℃的温度下进行热解，制备出稻壳生物炭（RHB）。

3. 田间试验

随机将农田分为 3 块，每块面积约为 100 m^2。其中，第一块作为对照组，不添加生物炭；第二块添加 24 t/hm^2 的 RHB；第三块添加 72 t/hm^2 的 RHB。施用生物炭时，按照预定的剂量将其均匀平铺在土壤表层，随后使用旋耕机将农田表层土壤与生物炭充分混合。在生物炭施入土壤后的第 5 天，将土壤淹水，并在淹水后的第 14 天，将水稻幼苗移栽至试验田中，移栽密度为 800 株/100 m^2。水稻生长期间，按照当地农业生产习惯进行管理。在淹水后的第 26 天、第 52 天和第 87 天，分别采集土壤孔隙水样品。在第 52 天、第 87 天和第 119 天,分别采集水稻植株及其对应的根际土壤样品。

利用柱芯法采集孔隙水,将采集的土壤柱芯分装到离心管中,并在 5 000 r/min 的转速下离心 20 min。离心后,取上清液并过 0.45 μm 的微孔滤膜,滤液保存在棕色瓶中。将采集的水稻植株分成根系、茎、叶片和穗后,清洗干净并冷冻干燥。随后,将稻穗进一步地细分为稻壳、糠和精米。水稻植株样品被粉碎后,保存在密实袋中,待测。

4. 生物炭和土壤的理化性质

生物炭的 pH 为 6.2,电导率为 120 μS/cm。其总碳、总氮和总硫的质量分数分别为 53%、0.79%和 0.09%。土壤的 pH 和电导率分别为 6.55 和 132 μS/cm(表 4.4),其类型为砂壤土。土壤中总碳、总氮和总硫的质量分数分别为 2.48%、0.32%和 347 mg/kg。土壤总汞质量分数为 39.8 mg/kg,这一数值超过《土壤环境质量 农用地土壤污染风险管控标准(试行)》(GB 15618—2018)所允许的最大总汞含量(2.4 mg/kg,6.5<pH≤7.5)。此外,土壤甲基汞质量分数为 2.5 ng/g。

表 4.4 不同处理土壤中的总碳和总硫含量、电导率(EC)和 pH

分组	总碳质量分数/%	EC/(μS/cm)	pH	总硫质量分数/(mg/kg)
对照	2.48	132	6.55	347
24 t/hm² RHB	3.40	105	6.65	379
72 t/hm² RHB	5.01	120	6.56	364

在对照土壤中,总碳质量分数为 2.48%。经过 24 t/hm² RHB 和 72 t/hm² RHB 处理后,土壤的总碳质量分数分别升高至 3.40%和 5.01%。对于总硫质量分数,对照土壤、24 t/hm² RHB 和 72 t/hm² RHB 处理土壤分别为 347 mg/kg、379 mg/kg 和 364 mg/kg。对照土壤的电导率为 132 μS/cm,而经过 24 t/hm² RHB 和 72 t/hm² RHB 处理的土壤电导率分别为 105 μS/cm 和 120 μS/cm。生物炭处理后土壤的 pH 变化幅度相对较小,这很可能与土壤本身较强的 pH 缓冲能力有关。

4.3.2　生物炭钝化修复汞污染土壤效果

1. 土壤总汞和甲基汞

如图 4.16 所示,水稻收获后,不同处理组中土壤的总汞含量存在显著差异。对照组的土壤平均总汞质量分数为 44 mg/kg,而经过 24 t/hm² RHB 和 72 t/hm² RHB 处理的土壤,其总汞质量分数则分别为 36 mg/kg 和 38 mg/kg。相较于对照组,生物炭处理后的土壤总汞质量分数降低了 14%~18%,这主要归因于生物炭添加引起的物理稀释作用及汞在土壤中分布的空间异质性。土壤甲基汞的含量远低于总汞。土壤淹水后至第 52 天,72 t/hm² RHB 处理土壤中甲基汞含量相较于对照组和 24 t/hm² RHB 处理组明显降低,这表明 72 t/hm² RHB 处理后能在一定时间内抑制土壤中甲基汞的净积累。此外,在第 26~52 天,土壤甲基汞质量分数从 4.4 ng/g 升高到 5.4 ng/g,这可能与水稻根系活动所产生的根际分泌物对汞甲基化的促进作用有关。

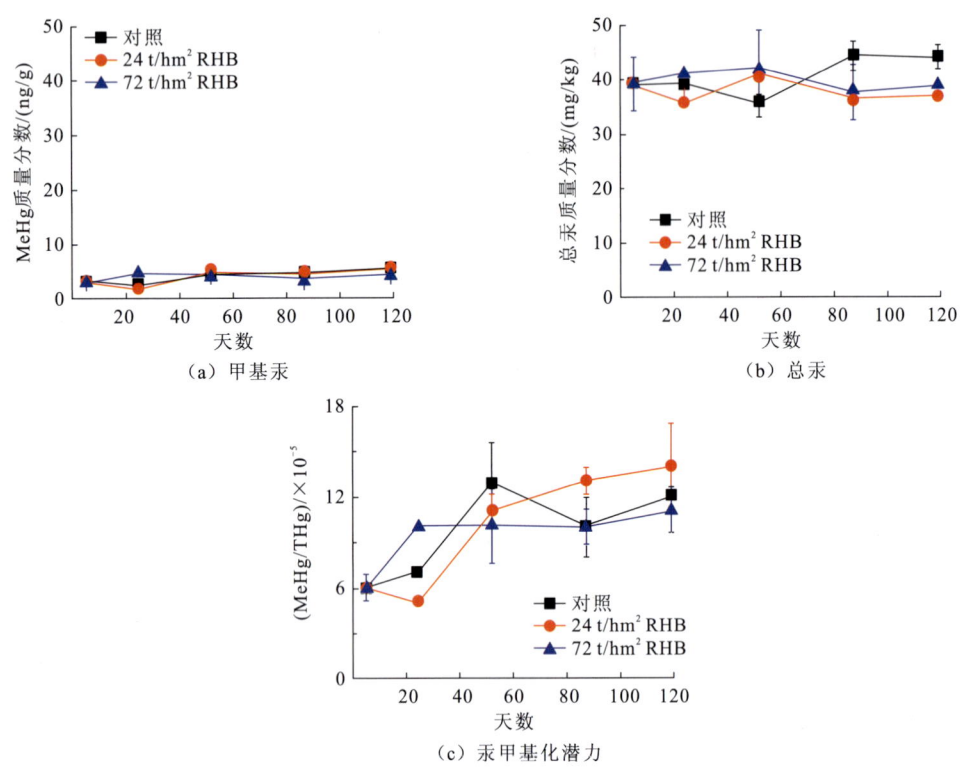

图 4.16　对照和 RHB 处理土壤中甲基汞和总汞含量及汞甲基化潜力（MeHg/THg）

汞甲基化潜力是评估土壤汞甲基化能力的重要指标。在整个水稻生长期，对照组土壤的汞甲基化潜力在 $6\times10^{-5}\sim13\times10^{-5}$ 波动，而 24 t/hm² RHB 处理土壤的 MP_{MeHg} 为 $6\times10^{-5}\sim14\times10^{-5}$，72 t/hm² RHB 处理土壤的 MP_{MeHg} 则在 $6\times10^{-5}\sim11\times10^{-5}$。在水稻不同生长期，对照、24 t/hm² RHB 和 72 t/hm² RHB 处理之间的汞甲基化潜力差异并不显著（$P<0.05$），这表明添加 RHB 对 MP_{MeHg} 的影响相对较小。

2. 孔隙水中的总汞和甲基汞浓度

如图 4.17 所示，在土壤淹水后的不同时间段，对照、24 t/hm² RHB 和 72 t/hm² RHB 处理土壤孔隙水中总汞的浓度表现出明显的变化规律。在土壤淹水后第 26 天，对照、24 t/hm² RHB 和 72 t/hm² RHB 处理土壤孔隙水中总汞质量浓度分别为 704 ng/L、715 ng/L 和 719 ng/L。然而，在土壤淹水后第 52 天，对照、24 t/hm² RHB 和 72 t/hm² RHB 处理土壤孔隙水中总汞质量浓度分别降低至 121 ng/L、123 ng/L 和 117 ng/L。直至第 87 天，对照、24 t/hm² RHB 和 72 t/hm² RHB 处理土壤孔隙水中总汞质量浓度分别升高至 257 ng/L、275 ng/L 和 116 ng/L。淹水后第 26 天孔隙水中总汞质量浓度显著高于第 52 天和第 87 天，这可能与淹水初期土壤中铁锰氧化物还原溶解与根系分泌物诱导的汞活化有关。在土壤淹水后第 87 天，72 t/hm² RHB 处理土壤孔隙水中总汞质量浓度显著低于对照和 24 t/hm² RHB 处理，表明 72 t/hm² RHB 能在一定程度上降低土壤中汞的活性。

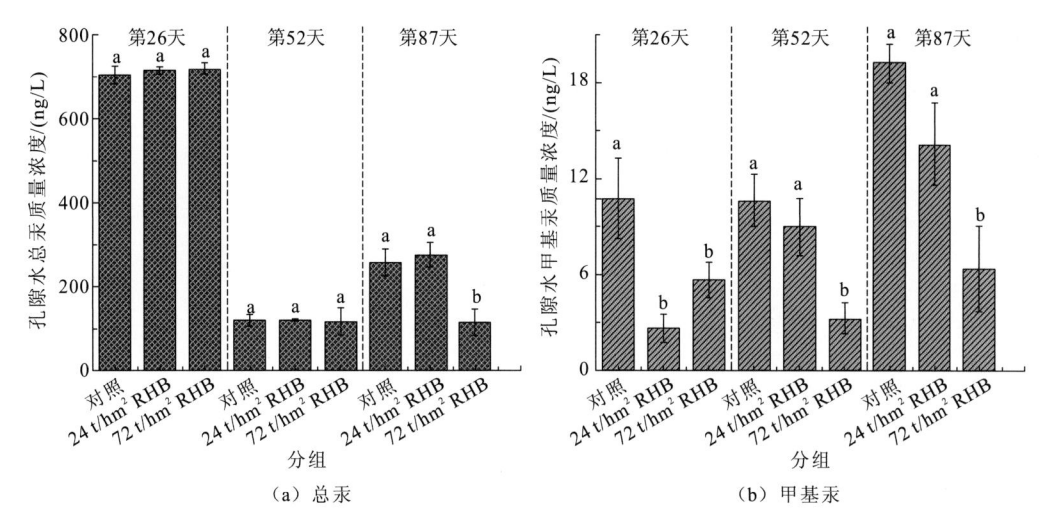

图 4.17 对照和 RHB 处理土壤孔隙水总汞和甲基汞浓度

不同小写字母表示对照和生物炭处理之间的差异显著（$P<0.05$）

在土壤淹水后的第 26 天、第 52 天和第 87 天，24 t/hm² RHB 和 72 t/hm² RHB 处理土壤孔隙水中甲基汞的平均浓度低于对照组，尤其 72 t/hm² RHB 处理组与对照之间差异显著（$P<0.05$）。在淹水后的第 26 天，24 t/hm² RHB 处理组与对照组孔隙水中的甲基汞浓度之间差异显著（$P<0.05$），但是在第 52 天和第 87 天，它们之间在统计学上无显著差异（$P>0.05$）。可以看出，随着时间的变化，24 t/hm² RHB 处理中生物炭对甲基汞的钝化作用逐渐减弱，这一现象可能与生物炭的反应活性位点发生老化有关。

进一步计算土壤中总汞（THg）和甲基汞（MeHg）的分配系数，计算公式如下：

THg: $$K_d[\text{L}/(\text{kg}\times 10^3)] = \frac{\text{土壤总汞质量分数(mg/kg)}}{\text{孔隙水总汞质量浓度(ng/L)}} \quad (4.1)$$

MeHg: $$K_d[\text{L}/(\text{kg}\times 10^3)] = \frac{\text{土壤甲基汞质量分数(mg/kg)}}{\text{孔隙水甲基汞质量浓度(ng/L)}} \quad (4.2)$$

如图 4.18 所示，在淹水后的第 26 天和第 52 天，生物炭对总汞的 K_d 影响较小；然而，到了淹水后的第 87 天，72 t/hm² RHB 处理的土壤总汞 K_d 显著高于对照。整体来看，24 t/hm² RHB 和 72 t/hm² RHB 处理对总汞的 K_d 影响相对较小。24 t/hm² RHB 和 72 t/hm² RHB 处理均提高了土壤中 MeHg 的 K_d（即土壤 MeHg 含量/孔隙水 MeHg 浓度），且 72 t/hm² RHB 处理土壤的 K_d 升高效果更为显著。这表明 RHB 处理有助于 MeHg 从孔隙水向土壤固相转移，从而降低孔隙水中 MeHg 的浓度。RHB 对孔隙水中甲基汞的钝化效果相较于总汞更为显著（Gomez-Eyles et al.，2013），这可能是不同形态汞与生物炭的反应机理存在差异所致。

3. 生物炭对水稻富集汞的影响

如图 4.19 所示，RHB 处理水稻植株的生物量（干重）显著高于对照，其根系和地上部分生物量分别增加了 38%~83% 和 15%~31%，这进一步证实了生物炭能促进水稻的生长。

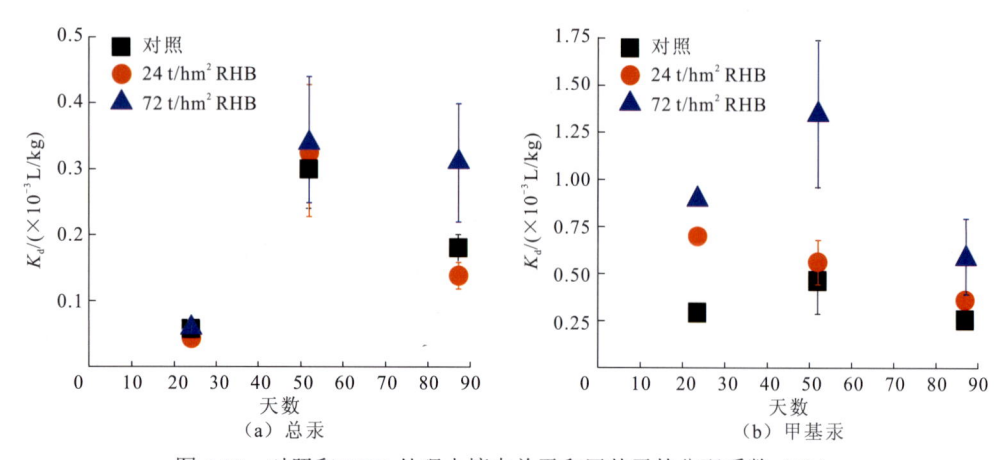

图 4.18　对照和 RHB 处理土壤中总汞和甲基汞的分配系数（K_d）

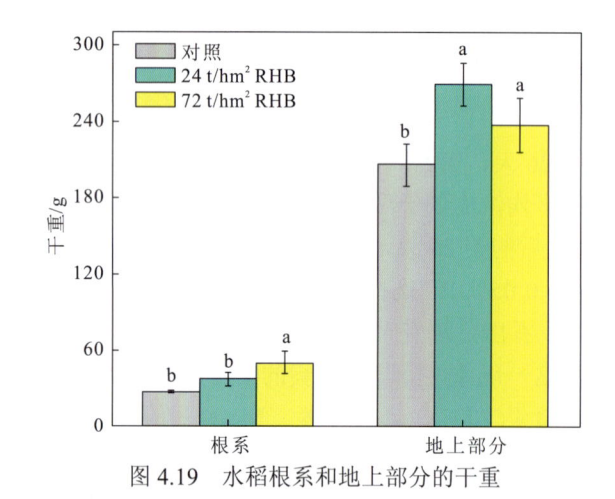

图 4.19　水稻根系和地上部分的干重

不同小写字母表示对照和稻壳生物炭（RHB）处理之间存在显著差异（$P<0.05$）

图 4.20 展示了不同时期水稻植株中总汞和甲基汞的含量。在水稻拔节期（淹水后第 52 天），对照与 RHB 处理的水稻根系、茎和叶片中总汞含量无显著差异；在水稻灌浆期（淹水后第 87 天），RHB 处理水稻根系和茎中总汞含量显著低于对照，且随着 RHB 施用量增加而降低。在水稻成熟期，除 72 t/hm² RHB 处理的水稻茎外，RHB 处理的水稻根系、茎和叶片中总汞含量均低于对照。总体来看，生物炭处理对水稻根系中总汞含量的降低效果尤为显著。

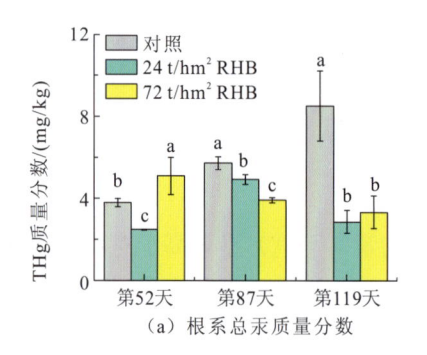

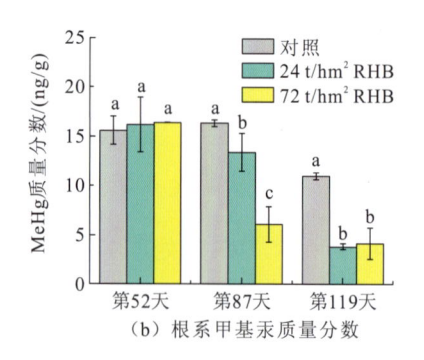

（a）根系总汞质量分数

（b）根系甲基汞质量分数

(c) 茎总汞质量分数

(d) 茎甲基汞质量分数

(e) 叶片总汞质量分数

(f) 叶片甲基汞质量分数

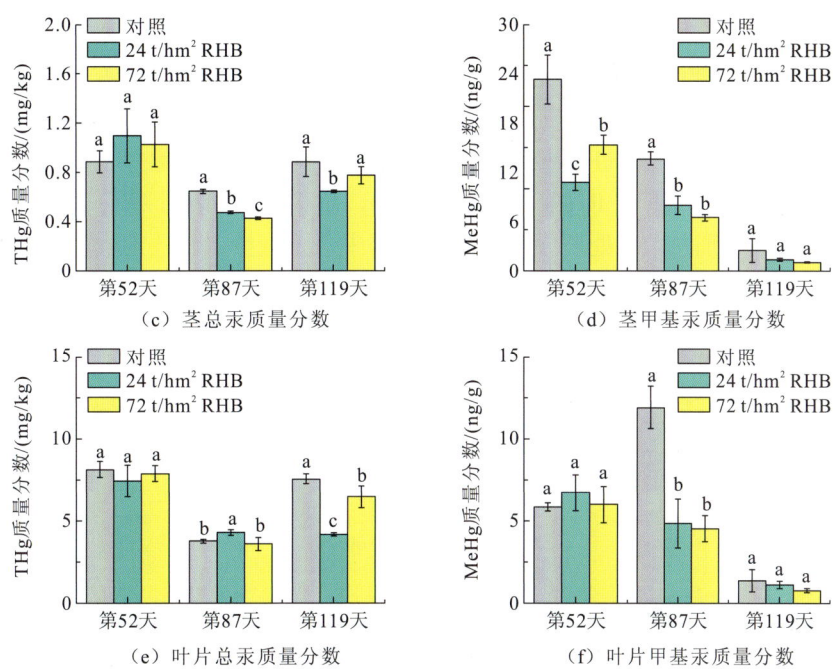

图 4.20 不同生长期对照和 RHB 处理水稻植株根系、茎和叶片中汞的含量

不同小写字母表示对照和稻壳生物炭（RHB）处理之间存在显著差异（$P<0.05$）

在分蘖期，24 t/hm² RHB 和 72 t/hm² RHB 处理水稻茎中甲基汞含量显著低于对照组（$P<0.05$）；在灌浆期，RHB 处理的水稻根系、茎和叶片中甲基汞含量显著低于对照组（$P<0.05$）；在成熟期，24 t/hm² RHB 和 72 t/hm² RHB 处理水稻根系的甲基汞含量显著低于对照组（$P<0.05$）。以上结果表明，生物炭处理能够有效降低水稻植株中的甲基汞含量，尤其在灌浆期。

图 4.21 展示了稻壳和精米中总汞与甲基汞的含量。在对照组，水稻精米中总汞和甲基汞的质量分数分别为 283 ng/g 和 57.6 ng/g。而 24 t/hm² RHB 和 72 t/hm² RHB 处理的水稻精米中的总汞质量分数分别降低了 36% 和 32%，甲基汞质量分数则分别降低了 47% 和 53%。在对照组，水稻稻壳中的总汞和甲基汞质量分数分别为 504 ng/g 和 1.99 ng/g。在 24 t/hm² RHB 处理组中，水稻稻壳中的总汞和甲基汞质量分数分别为 472 ng/g 和 1.35 ng/g，而 72 t/hm² RHB 处理水稻中则为 392 ng/g 和 0.71 ng/g。由此可见，添加 24 t/hm² 和 72 t/hm² 的 RHB 后，稻壳中的总汞和甲基汞质量分数均显著降低。

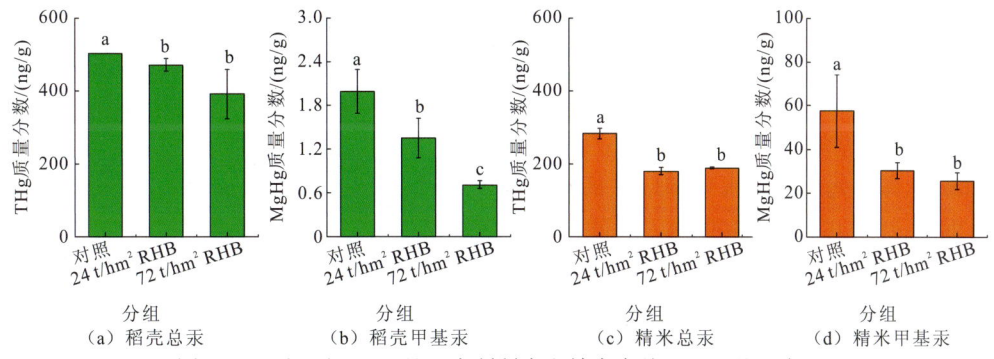

(a) 稻壳总汞

(b) 稻壳甲基汞

(c) 精米总汞

(d) 精米甲基汞

图 4.21 对照和 RHB 处理水稻稻壳和精米中总汞和甲基汞含量

不同小写字母表示对照和 RHB 处理之间存在显著差异（$P<0.05$）

图 4.22 展示了水稻植株中总汞和甲基汞的绝对量。在水稻分蘖期、抽穗期和成熟期，24 t/hm² RHB 处理的水稻根系总汞的绝对量显著低于对照（$P<0.05$），而 72 t/hm² RHB 处理则未能显著降低水稻根系的总汞绝对量。然而，在相同的采样时间段，无论是 24 t/hm² RHB 还是 72 t/hm² RHB 处理，水稻地上部分的总汞绝对量并未呈现出明显的变化规律。如之前所述，随着 RHB 添加量的增加，水稻根系和地上部分的生物量也在增长。因此，可以推断，RHB 处理导致的水稻植株中总汞减少，在一定程度上可能与生物稀释作用有关。

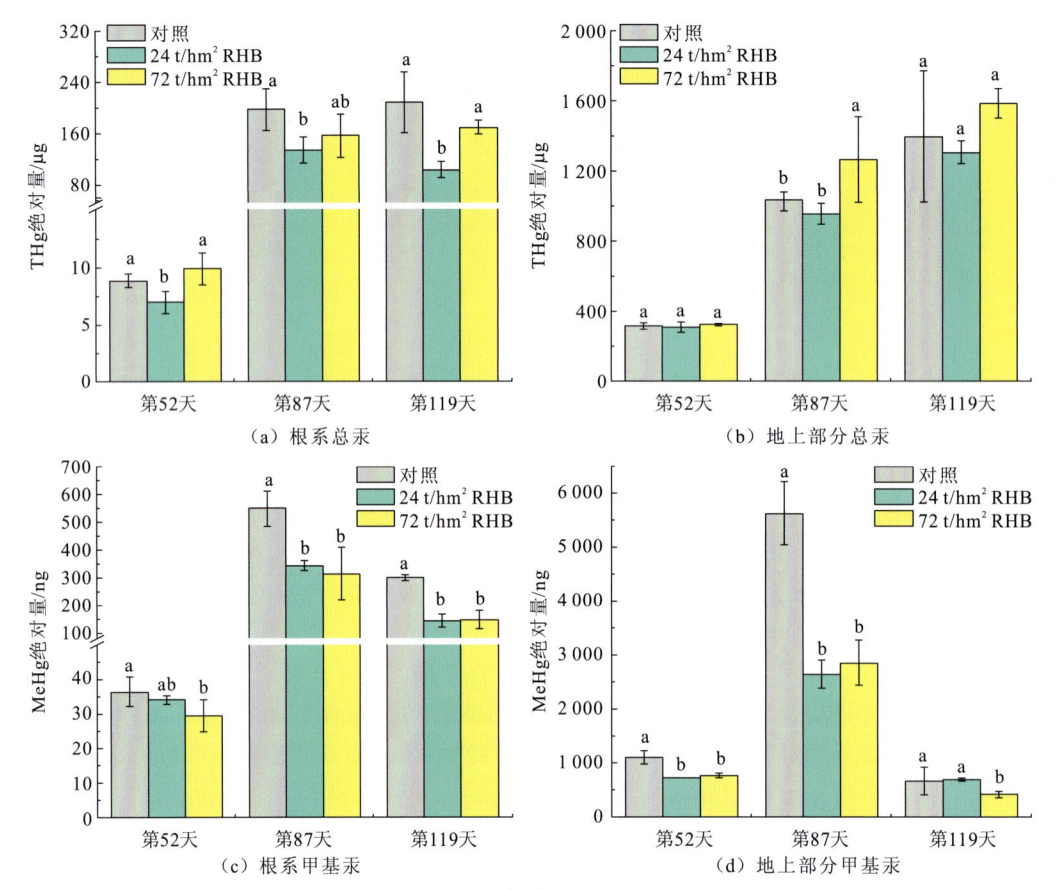

图 4.22 不同时期对照和 RHB 处理水稻植株中总汞（THg）和甲基汞（MeHg）的绝对量

不同小写字母表示对照和 RHB 处理之间存在显著差异（$P<0.05$）

在水稻拔节期、灌浆期和成熟期，对照组水稻根系和地上部分甲基汞绝对量分别为 36.4 ng 和 1 101 ng、548 ng 和 5 612 ng、299 ng 和 656 ng，24 t/hm² RHB 处理水稻根系和地上部分甲基汞绝对量分别为 33.9 ng 和 716 ng、343 ng 和 2 644 ng、143 ng 和 682 ng，72 t/hm² RHB 处理水稻根系和地上部分甲基汞绝对量分别为 29.5 ng 和 765 ng、312 ng 和 2 849 ng、146 ng 和 409 ng。通过对比这些数据可以发现，在水稻各个生长期，RHB 处理水稻根系和地上部分的甲基汞绝对量都显著低于对照组（$P<0.05$）。如表 4.5 所示，土壤孔隙水中甲基汞浓度与水稻根系、叶片甲基汞含量之间存在显著的正相关关系（$P<0.05$），这表明土壤孔隙水中的甲基汞浓度对水稻植株中甲基汞的含量具有显著影响。因此，在水稻田中添加生物炭后，土壤孔隙水甲基汞浓度降低，水稻植株中甲

基汞含量也随之降低。

表 4.5 土壤孔隙水汞浓度与水稻根系、茎和叶片汞含量的皮尔逊相关系数（r）矩阵

样品	孔隙水	叶片	茎	根系
孔隙水		0.81*	ns	0.80*
叶片	ns		ns	0.67*
茎	ns	ns		ns
根系	ns	ns	ns	

注：$n=9$，浅蓝色表格展示总汞结果；浅紫色表格展示甲基汞结果；*$P<0.05$

4.3.3 生物炭钝化修复汞污染土壤机理

1. 土壤中硫形态的转化特征

汞的地球化学形态转化与硫（尤其是巯基化合物）有着密切的联系（Skyllberg，2008）。为了探究这一关系，利用 XANES 技术测定土壤样品中硫的 K 边 XANES 谱，并将其与硫标准物质（半胱氨酸、胱氨酸、甲硫氨酸、亚砜和硫酸盐）的 XANES 谱进行比对。如图 4.23 所示，不同标准物质的硫 XANES 谱的特征峰不同。半胱氨酸（R—SH，$S^{0.5+}$）的 XANES 谱在 2 473.4 eV 处出现明显的特征峰；甲硫氨酸 XANES 谱（R—S—R′，$S^{0.5+}$）的特征峰则位于 2 473.8 eV；亚砜（R—S═O，S^{2+}）的特征峰出现在 2 476.2 eV 处；而硫酸根（SO_4^{2-}，S^{6+}）在 2 482.5 eV 处有明显的特征峰。

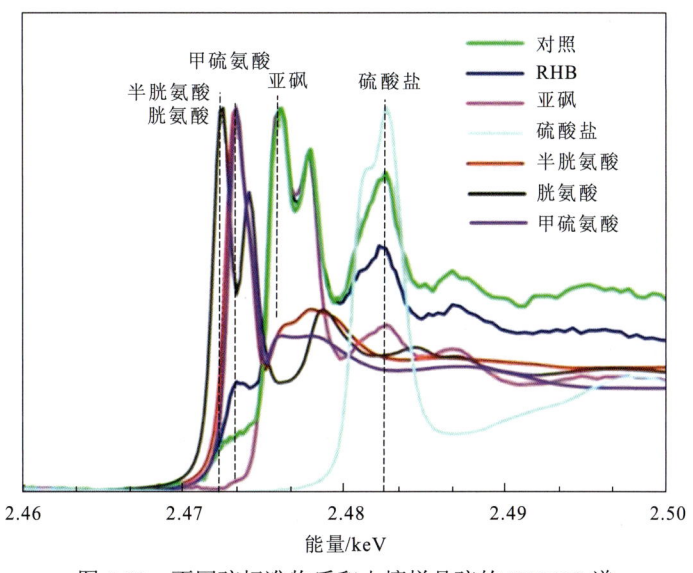

图 4.23 不同硫标准物质和土壤样品硫的 XANES 谱

进一步观察对照和生物炭处理土壤的硫 XANES 谱，发现二者在 2 476.2 eV 和 2 482.5 eV 处均出现了特征峰，这表明在这些土壤中存在 S^{2+} 和 S^{6+} 形态的硫。然而，与

对照不同，RHB 处理后的土壤在 2 473.4 eV 处也出现了特征峰，这暗示着 RHB 处理可能诱导并形成了 $S^{0.5+}$（如半胱氨酸等）价态的硫。

图 4.24 展示了对照和 RHB 处理土壤 XANES 谱的线性拟合结果。在对照土壤中，硫的主要形态包括：7%硫酸根（S^{6+}）、72%亚砜（S^{2+}）、8%胱氨酸（$S^{0.2+}$）和 8%甲硫氨酸。土壤经 72 t/hm² RHB 处理后，硫的主要形态包括：3.3%硫酸根、74%亚砜、6%胱氨酸和 21%半胱氨酸。土壤中胱氨酸和蛋氨酸很可能源自有机质的分解残体和根系的分泌物（Bacilio-Jiménez et al.，2003；Greenwood et al.，1956）。与对照相比，RHB 处理土壤中半胱氨酸的量显著增加，这表明添加 RHB 诱导了土壤中半胱氨酸的形成。这一现象与两方面原因有关：一方面，RHB 中的硫质量分数达 900 mg/kg，其中部分硫可能原本就以巯基的形态存在，当热解温度处于 500～600 ℃，且环境中存在烃类分子或 H_2（这些气体是在热解过程中产生的），生物炭中的硫酸盐就有可能转化为还原性硫；另一方面，生物炭能够作为电子的"传导体"，促进氧化还原反应中电子的转移，这能进一步促进硫酸盐的还原（Xing et al.，2022；Cheah et al.，2014）。

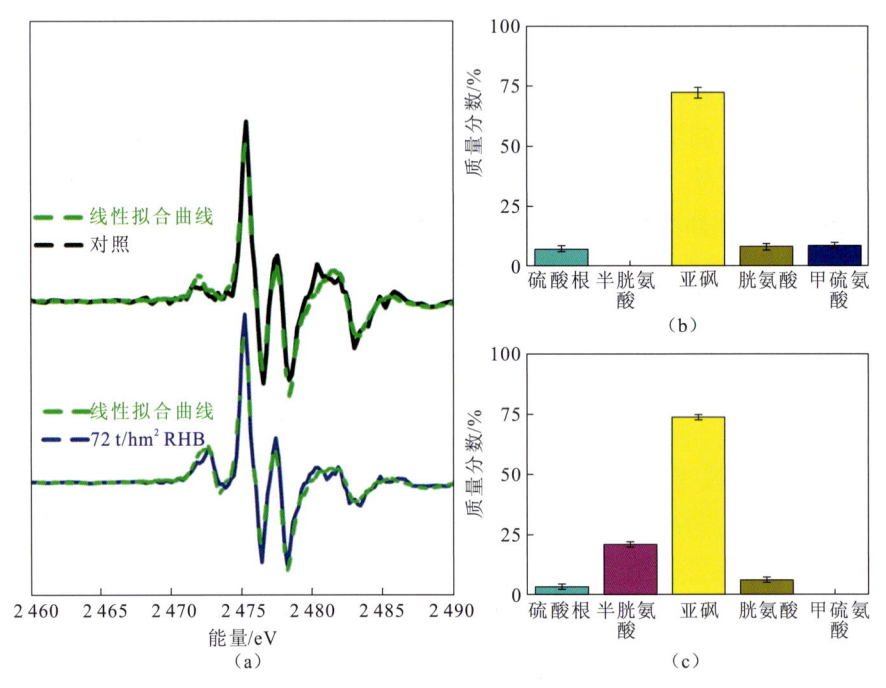

图 4.24 对照土壤（黑色实线）和 72 t/hm² RHB 处理土壤（蓝色实线）中硫的归一化 XANES 谱（一阶导数）及线性拟合（LCF）曲线（绿色虚线）（a）；对照土壤中不同形态硫占总硫比例（b）；72 t/hm² RHB 处理土壤中不同形态硫占总硫比例（c）

2. 土壤中汞的钝化过程

土壤经 RHB 处理后，生成了一定量的巯基化合物，如半胱氨酸，它们能够与 Hg^{2+} 和 $MeHg^+$ 结合，形成稳定的—SHg 和—SHgCH₃ 结构。这些巯基可能存在于生物炭或土壤中，因而 MeHg 有可能直接与生物炭中的巯基结合并被固定，或者先与土壤中的巯基结合，形成甲基汞-巯基化合物，随后再被生物炭固定。

与甲基汞相比，生物炭的添加对孔隙水中总汞的影响相对较弱。根据 Schwartz 等（2019）的研究，当孔隙水中溶解有机碳的质量浓度高于 30 mg/L 时，活性炭对甲基汞的去除效果更为显著，这主要是因为高浓度的 DOC 抑制了 HgS 的沉淀，并影响了总汞向土壤固相的分配。汞污染土壤经 72 t/hm² 生物炭处理后，孔隙水中的 DOC 质量浓度可达 50 mg/L（Xing et al.，2019）。因此，生物炭可能通过提升土壤 DOC 的浓度来抑制汞向土壤固相分配，从而影响生物炭对汞的固定效果。

参 考 文 献

包正铎, 王建旭, 冯新斌, 等, 2011. 贵州万山汞矿区污染土壤中汞的形态分布特征. 生态学杂志, 30(5): 907-913.

Åkerblom S, Meili M, Bringmark L, et al., 2008. Partitioning of Hg between solid and dissolved organic matter in the humus layer of boreal forests. Water, Air, and Soil Pollution, 189(1): 239-252.

Bacilio-Jiménez M, Aguilar-Flores S, Ventura-Zapata E, et al., 2003. Chemical characterization of root exudates from rice (Oryza sativa) and their effects on the chemotactic response of endophytic bacteria. Plant and Soil, 249(2): 271-277.

Cheah S, Malone S C, Feik C J, 2014. Speciation of sulfur in biochar produced from pyrolysis and gasification of oak and corn stover. Environmental Science & Technology, 48(15): 8474-8480.

Fellet G, Marchiol L, Delle Vedove G, et al., 2011. Application of biochar on mine tailings: effects and perspectives for land reclamation. Chemosphere, 83(9): 1262-1267.

Gayte X, Fontvieille D, Wilkinson K J, 1999. Bacterial stimulation in mixed cultures of bacteria and organic carbon from river and lake waters. Microbial Ecology, 38(3): 285-295.

Gilmour C C, Podar M, Bullock A L, et al., 2013. Mercury methylation by novel microorganisms from new environments. Environmental Science & Technology, 47(20): 11810-11820.

Gomez-Eyles J L, Yupanqui C, Beckingham B, et al., 2013. Evaluation of biochars and activated carbons for in situ remediation of sediments impacted with organics, mercury, and methylmercury. Environmental Science & Technology, 47: 13721-13729.

Greenwood D J, Lees H, 1956. Studies on the decomposition of amino acids in soils. Plant Soil, 7: 253-268.

Ko B G, Anderson C W N, Bolan N S, et al., 2008. Potential for the phytoremediation of arsenic-contaminated mine tailings in Fiji. Soil Research, 46(7): 493-501.

Lehmann J, Rillig M C, Thies J, et al., 2011. Biochar effects on soil biota: a review. Soil Biology and Biochemistry, 43(9): 1812-1836.

Meng B, Feng X B, Qiu G L, et al., 2011. The process of methylmercury accumulation in rice (Oryza sativa L.). Environmental Science & Technology, 45(7): 2711-2717.

Parks J M, Johs A, Podar M, et al., 2013. The genetic basis for bacterial mercury methylation. Science, 339(6125): 1332-1335.

Schwartz G E, Sanders J P, McBurney A M, et al., 2019. Impact of dissolved organic matter on mercury and methylmercury sorption to activated carbon in soils: implications for remediation. Environmental Science: Processes & Impacts, 21: 485-496.

Singh B P, Cowie A L, Smernik R J, 2012. Biochar carbon stability in a clayey soil as a function of feedstock and pyrolysis temperature. Environmental Science & Technology, 46(21): 11770-11778.

Skyllberg U, 2008. Competition among thiols and inorganic sulfides and polysulfides for Hg and MeHg in wetland soils and sediments under suboxic conditions: illumination of controversies and implications for MeHg net production. Journal of Geophysical Research: Biogeosciences, 113(G2): G00C03.

Tao S, Liu W X, Chen Y J, et al., 2004. Evaluation of factors influencing root-induced changes of copper fractionation in rhizosphere of a calcareous soil. Environmental Pollution, 129(1): 5-12.

Wang J X, Feng X B, Anderson C W N, et al., 2011. Ammonium thiosulphate enhanced phytoextraction from mercury contaminated soil: results from a greenhouse study. Journal of Hazardous Materials, 186(1): 119-127.

Wang J X, Shaheen S M, Jing M, et al., 2021. Mobilization, methylation, and demethylation of mercury in a paddy soil under systematic redox changes. Environmental Science& Technology, 55(14), 10133-10141.

Xing Y, Wang J X, Xia J C, et al., 2019. A pilot study on using biochars as sustainable amendments to inhibit rice uptake of Hg from a historically polluted soil in a Karst Region of China. Ecotoxicology and Environmental Safety, 170: 18-24.

Xing Y, Wang J X, Kinder C E S, et al., 2022. Rice hull biochar enhances the mobilization and methylation of mercury in a soil under changing redox conditions: implication for Hg risks management in paddy fields. Environment International, 168: 107484.

Xing Y, Wang J X, Shaheen S M, et al., 2020. Mitigation of mercury accumulation in rice using rice hull-derived biochar as soil amendment: a field investigation. Journal of Hazardous Materials, 388: 121747.

第5章 汞污染土壤植物提取修复

植物提取技术是利用超富集植物将土壤中的重金属富集到植物体中,然后通过收割植物来去除土壤中的重金属。目前尚未发现汞的超富集植物,因而利用植物提取技术修复汞污染土壤存在一定的挑战。向土壤中添加化学螯合剂能显著促进植物对土壤中重金属的富集,提高植物提取效率。但是,何种螯合剂能促进植物对土壤汞的富集,仍需进一步的研究。印度芥菜和芥菜型油菜(*Brassica juncea* Czern. et Coss)因其抗逆能力强且生物量大,被视为理想的重金属污染土壤修复候选植物。因此,筛选出适宜于汞污染土壤植物修复技术的螯合剂,并建立化学螯合剂辅助下的印度芥菜/芥菜型油菜提取修复技术,对推动汞污染土壤植物修复技术的发展具有重要的意义。

5.1 汞污染土壤植物提取螯合剂筛选

本节将深入探讨不同螯合剂及其施用量对植物富集土壤汞的影响,旨在筛选出适用于汞污染土壤植物修复的螯合剂,并确定其最佳施用量。

5.1.1 试验设计

1. 供试土壤和植物

采集贵州省万山汞矿区大水溪村某汞污染农田表层 0~20 cm 土壤用于盆栽试验。土壤经自然风干后,过 4 mm 筛,备用。印度芥菜(*Brassica juncea*)种子购于市场,灰绿藜(*Chenopodium glaucum* L.)幼苗采集于贵阳市郊区无污染的农田。

2. 盆栽试验

1)不同螯合剂对印度芥菜富集汞的影响

准备若干个花盆,向每个花盆装入约 0.24 kg 风干土壤,浇水使土壤含水量达到 60%。随后,在每个花盆中播种 3~4 粒印度芥菜种子。待植物长出 2 片真叶后,仅留 1 株幼苗在花盆中。将花盆随机分为 8 个处理组,包括:对照(CK)、硫代硫酸铵(T1)、硫代硫酸钠(T2)、硫酸铵(T3)、氯化铵(T4)、硝酸钠(T5)、乙二胺四乙酸(ethylene diamine tetraacetic acid, EDTA)(T6)、亚硫酸钠(T7),每个处理组设置 3 个重复。对于硫代硫酸铵、硫代硫酸钠、硫酸铵和亚硫酸钠,按照每千克土壤 0.054 mol 的剂量进行添加;对于氯化铵和硝酸钠,则按照每千克土壤 0.108 mol 的剂量进行添加;而 EDTA 则按照每千克土壤 0.004 mol 的剂量进行添加。对照组则不添加任何螯合剂。在温室中进行培养，空气温度和湿度分别控制在 20～30 ℃和 60%～80%。定期补充土壤水分，使土壤含水量保持在 60%左右。植物生长 60 天后，在不同的处理组添加相应的螯合剂。螯合剂加入后的第 5 天，收割植物并采集土壤。

2）螯合剂施用量对灰绿藜富集汞的影响

准备若干个花盆，向每个花盆装入约 2 kg 风干土壤，浇水使土壤含水量达到 60%。向每个花盆中移栽一株大小基本一致的灰绿藜幼苗。将所有花盆随机分为 6 个处理组，每个处理组设置 3 个重复，包括：对照（CK）、每千克土壤添加 2 g 硫代硫酸铵（2 g/kg）、每千克土壤添加 4 g 硫代硫酸铵（4 g/kg）、每千克土壤添加 6 g 硫代硫酸铵（6 g/kg）、每千克土壤添加 8 g 硫代硫酸铵（8 g/kg）、每千克土壤添加 12 g 硫代硫酸铵（12 g/kg）。在温室中进行培养，空气温度和湿度分别控制在 20～30 ℃和 60%～80%。定期补充土壤水分，使土壤含水量保持在 60%左右。植物生长 85 天后，向土壤中添加硫代硫酸铵。螯合剂加入后的第 5 天，收割植物并采集土壤。

5.1.2 螯合剂筛选

表 5.1 列出了试验土壤的基本理化性质。该土壤属于粉砂质，呈弱酸性且有机质质量分数为 6.4%。土壤中总汞的质量分数约为 90 mg/kg，这一数值超出了《土壤环境质量　农用地土壤污染风险管控标准（试行）》（GB 15618—2018）中汞的管制值（2.5 mg/kg，5.5<pH≤6.5）。尽管土壤总汞含量很高，但是生物有效态汞的质量分数仅为 12 μg/kg 左右。可见，土壤中汞的生物有效性低。因此，有必要向土壤中添加螯合剂来提高汞的生物有效性。

表 5.1　试验土壤的基本理化性质（平均值±标准差，$n=3$）

	理化指标	土壤
	pH	6.23±0.01
	有机质质量分数/(g/kg)	64.40
	砂土占比/%（>0.05 mm）	35.10
土壤颗粒	粉砂粒占比/%（0.002～0.05 mm）	52.70
	黏粒占比/%（<0.002 mm）	14.20
	总汞质量分数/(mg/kg)	90±2.90
	生物有效态汞质量分数/(μg/kg)	12±0.50

表 5.2 列出了印度芥菜的生物量。与对照相比，不同螯合剂处理印度芥菜茎和叶片的生物量无显著变化（$P<0.05$）。除 EDTA 处理组外，其他螯合剂处理的植物根系生物量与对照相比，也未表现出显著的差异。综上，在植物生长的后期阶段，添加螯合剂对印度芥菜的生物量影响较弱。

表 5.2　印度芥菜根系、茎和叶片的干重　　　　　　　　（单位：g）

处理	根系	茎	叶片
CK	0.002±0.001c	0.02±0.005a	0.06±0.02a
T1	0.003±0.002c	0.02±0.002a	0.10±0.002a
T2	0.006±0.002b	0.04±0.01a	0.10±0.04a
T3	0.004±0.001c	0.03±0.007a	0.10±0.03a
T4	0.004±0.002bc	0.02±0.009a	0.10±0.04a
T5	0.005±0.002bc	0.04±0.02a	0.09±0.03a
T6	0.01±0.002a	0.05±0.01a	0.10±0.03a
T7	0.004±0.002c	0.03±0.02a	0.10±0.07a

注：平均值±标准差，$n=3$；不同小写字母表示不同处理之间在统计学上差异显著（$P<0.05$）

如图 5.1 所示，印度芥菜的根系、茎和叶片的汞质量分数分别为 0.6~38.3 mg/kg、0.1~32.9 mg/kg 和 0.2~6.0 mg/kg。相较于对照组，添加氯化铵、硝酸钠和 EDTA 并未显著提高印度芥菜中汞的含量（$P>0.05$）。然而，添加亚硫酸钠、硫代硫酸铵、硫代硫酸钠和硫酸铵后，印度芥菜根系的汞含量则显著升高（$P<0.05$），其中亚硫酸钠处理植物根系的汞质量分数最高，达到 38 mg/kg。此外，硫代硫酸铵处理植物根系的平均汞含量也高于硫代硫酸钠处理。与对照相比，亚硫酸钠、硫代硫酸铵、硫代硫酸钠和硫酸铵处理印度芥菜根系平均汞含量分别升高了 62 倍、49 倍、37 倍和 25 倍。而硫酸铵、氯化铵、硝酸钠和 EDTA 处理后茎中的汞含量与对照处于同一水平。硫代硫酸根和亚硫酸根的施用显著促进了汞从印度芥菜根系向茎部的转运。其中，硫代硫酸铵处理下的茎汞含量最高，其值是对照的 18 倍。尽管硫代硫酸钠处理与对照在统计学上无显著差异（$P>0.05$），但其茎中汞含量也超出对照的 13 倍。

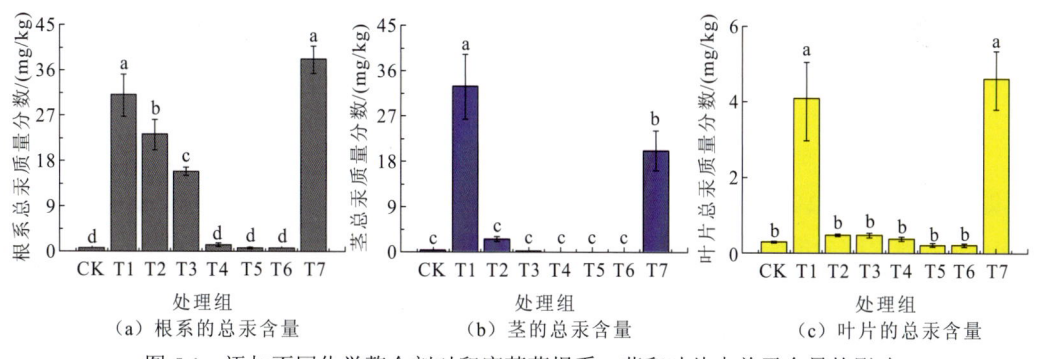

（a）根系的总汞含量　　（b）茎的总汞含量　　（c）叶片的总汞含量

图 5.1　添加不同化学螯合剂对印度芥菜根系、茎和叶片中总汞含量的影响

在土壤中，螯合剂不仅能降低土壤的 pH，还能与重金属反应生成活性强的重金属螯合物，进而提高重金属的生物有效性（Wang et al.，2017）。当土壤 pH 下降时，碳酸盐岩等矿物被溶解活化，这样与其结合的重金属也随之被释放（Filgueiras et al.，2002）。如图 5.2 所示，所有处理土壤的 pH 为 5.75~7.07，且不同处理之间的 pH 差异显著。相较于对照土壤，硝酸钠和 EDTA 的施用并未对 pH 产生显著影响。含铵根螯合剂处理（T3 和 T4）的土壤 pH 则显著降低。这主要归因于两方面原因：一方面，氨氮肥料在土壤中发生了硝化作用[式（5.1）和式（5.2）]，从而降低了土壤的 pH（Liu et al.，2007）。

$$NH_4^+ + 1.5O_2 \longrightarrow NO_2^- + 2H^+ + H_2O \quad (5.1)$$

$$NO_2^- + H_2O \longrightarrow NO_3^- + H^+ + 2e^- \quad (5.2)$$

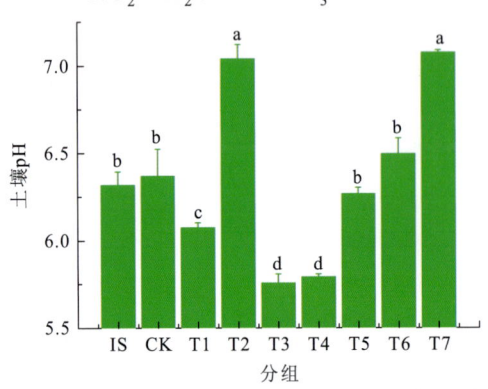

图 5.2　添加不同化学螯合剂对土壤 pH 的影响
IS 为起始土壤

另一方面，当植物吸收铵根离子后，为了维持根系与根际土壤之间的电荷平衡，植物会向土壤中分泌大量的 H^+，这也会降低土壤的 pH（Hinsinger et al.，2003）。Zaccheo 等（2006）的研究也证实，硫酸铵处理后的土壤 pH 会显著下降。然而，当施用硫代硫酸钠和亚硫酸钠时，土壤 pH 则得到显著提升。这是因为汞与硫代硫酸根或亚硫酸根结合后形成阴离子形态，植物根系在吸收这些阴离子后，会分泌 OH^- 来平衡土壤电荷，进而导致土壤 pH 的升高。但值得注意的是，硫代硫酸铵处理后的土壤 pH 并未上升，反而有所下降，这有可能是由植物在吸收铵根离子后分泌 H^+ 所导致的。

添加硫代硫酸铵、硫代硫酸钠和亚硫酸钠能显著促进植物从土壤中吸收汞，并将其转运到植物地上部分，这一发现进一步验证了前人的研究结果（Cassina et al.，2012；Pedron et al.，2011；Lomonte et al.，2010）。重金属在植物体内的迁移过程涉及跨越根系细胞膜和凯氏带，以及木质部运输（Robinson et al.，2006）。硫代硫酸根或亚硫酸根与土壤中汞发生反应后，形成了移动性强的化合物，这些化合物能够穿越根系细胞膜和凯氏带并进入木质部，最终随着水分和无机盐被输送到植物的地上部分（Wang et al.，2012）。

EDTA 作为一种螯合剂，能显著提高土壤中铅的活性，从而促进植物对土壤中铅的富集（Vassil et al.，1998）。例如，Perry 等（2011）发现，经过 EDTA 处理的黑麦草（*Lolium perenne*）地上部分的铅含量是未处理黑麦草的 2 倍。值得注意的是，EDTA 处理印度芥菜后，植物体内的汞含量并未显著升高。与此不同，Smolińska 等（2007）的研究表明，在人为模拟的汞污染土壤中加入 EDTA 后，家独行菜（*Lepidium sativum*）中的汞含量显著升高。这种差异可能与土壤中的汞形态有关。在新添加的 $HgCl_2$ 中，汞主要与有机质结合，这种形态的汞能够被 EDTA 活化；而在汞矿区污染土壤中，汞主要以惰性的硫化汞形态存在，EDTA 对这种形态汞的活化能力较弱。

与对照和其他处理相比（表 5.3），硫代硫酸铵处理植物的生物富集系数（BAF）和转运系数（TF）最高，其次是亚硫酸钠处理，而其他处理的 BAF 和 TF 与对照相比并无显著差异。这一结果表明，硫代硫酸铵能有效促进印度芥菜从土壤中吸收汞并将其转运至地上部分。在所筛选的螯合剂中，硫代硫酸铵和亚硫酸钠在促进汞从根系向地上部转运方面表现出突出的效果，因此它们是较为理想的汞污染土壤植物提取修复的螯合剂。

表 5.3　不同处理下的印度芥菜茎的转运系数和生物富集系数

处理	茎转运系数（TF_茎）	茎生物富集系数（BAF_茎）
CK	0.31±0.11c	0.002±0.000 2c
T1	1.08±0.27a	0.47±0.08a
T2	0.11±0.02d	0.04±0.006c
T3	0.01±0.01d	0.002±0.001c
T4	0.06±0.03d	0.001±0.000 1c
T5	0.08±0.02d	0.001±0.000 3c
T6	0.12±0.06cd	0.001±0.000 3c
T7	0.52±0.07b	0.26±0.03b

注：平均值±标准差，$n=3$；不同处理之间的显著性差异用不同小写字母表示（$P<0.05$）

从图 5.3 可以看出，对照土壤的生物有效态汞含量与原始土壤相比并无显著差异。然而，与对照土壤相比，硫代硫酸钠、硫代硫酸铵、硫酸铵和氯化铵处理后的土壤，其生物有效态汞含量显著降低；EDTA 和硝酸钠处理后的土壤，其生物有效态汞含量并未发生明显变化；亚硫酸钠处理后的土壤，其生物有效态汞含量显著升高。尽管硫代硫酸铵和硫代硫酸钠处理后的植物汞含量显著高于其他植物，但土壤中生物有效态汞含量却相对较低。这可能是由于硫代硫酸根与汞形成了可溶态化合物（$[Hg(S_2O_3)_x]^{2(1-x)}$，$x=2$ 或 3），随后这些化合物被植物吸收（Nyman et al., 1961）。与对照相比，亚硫酸钠处理不仅显著增加了植物体内的汞含量，同时也大幅度提高了土壤中的生物有效态汞含量。这可能会提升汞向地下或地表水迁移的风险。因此，综合考虑，硫代硫酸铵在作为汞污染土壤植物提取的化学螯合剂方面要优于亚硫酸钠。

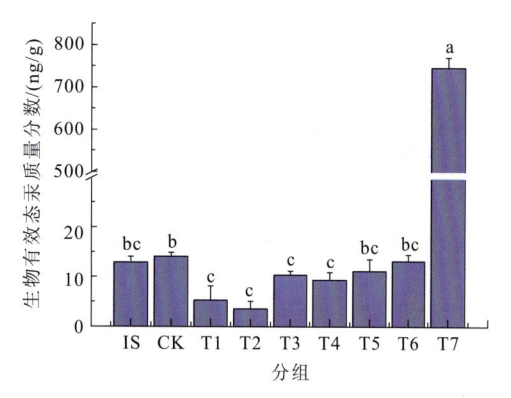

图 5.3　添加不同化学螯合剂对土壤生物有效态汞含量的影响

5.1.3　螯合剂施用量

从图 5.4 可以看出，灰绿藜的根系、茎和叶片中的汞含量随着硫代硫酸铵施用量的增加而逐渐升高。然而，当硫代硫酸铵的施用量超过 8 g/kg 时，灰绿藜的根系汞含量趋于稳定，而茎和叶片的汞含量则开始下降。随着硫代硫酸铵施用量的增加，土壤中被活化的汞量也相应增加，导致植物体内的汞含量随之升高。然而，当硫代硫酸铵的施用量超过 8 g/kg 时，灰绿藜中的汞含量开始降低，这可能是由于高浓度的 NH_4^+ 和 $S_2O_3^{2-}$ 对植物生理活动产生了胁迫，从而抑制了植物对汞的富集。

图 5.5 和图 5.6 展示了不同处理下灰绿藜根系和茎对汞的生物富集系数，它们的变化趋势与汞含量相似。添加 6 g/kg 硫代硫酸铵后，植物根系的生物富集系数达到最大

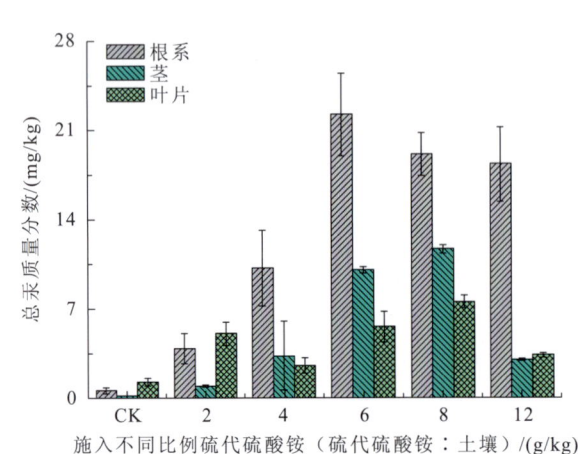

图 5.4 土壤中添加不同比例硫代硫酸铵对灰绿藜吸收汞的影响

（0.17），但随着硫代硫酸铵添加量的增加，生物富集系数逐渐降低。添加 8 g/kg 硫代硫酸铵后，植物茎的生物富集系数最大（0.09），同样随着硫代硫酸铵施用量的增加，茎的生物富集系数也呈下降趋势。此外，图 5.7 显示在 8 g/kg 硫代硫酸铵处理下，植物茎的转运系数（TF）达到最大，而其他处理下的转运系数则保持在同一水平。综上所述，每千克土壤中添加 6～8 g 硫代硫酸铵能够最大限度地促进灰绿藜对土壤汞的富集。

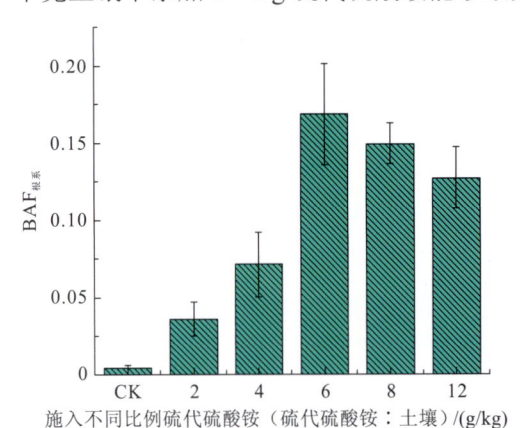

图 5.5 土壤中添加不同比例硫代硫酸铵对灰绿藜根系 BAF 的影响

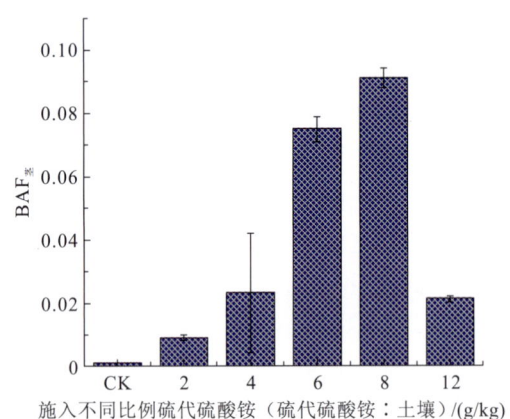

图 5.6 土壤中添加不同比例硫代硫酸铵对灰绿藜茎 BAF 的影响

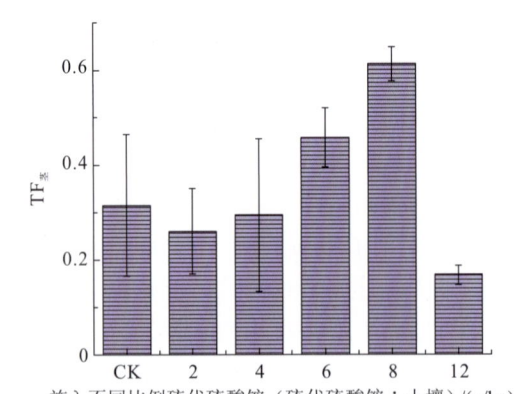

图 5.7 土壤中添加不同比例硫代硫酸铵对灰绿藜茎 TF 的影响

5.2 硫代硫酸铵诱导植物富集汞的机理

硫代硫酸铵能显著诱导植物从土壤中富集汞，但是其机制仍不清楚。根系细胞膜是汞进入植物体内的首要屏障，在硫代硫酸铵处理下，植物体内汞含量显著升高，说明汞跨越了根系细胞膜屏障并迁移到植物体内。汞跨越细胞膜屏障可能有两种途径：一是细胞膜受到损伤，导致其渗透性发生改变，从而使汞能够通过受损的细胞膜部位进入根系；二是土壤中的汞可能与硫代硫酸铵发生化学反应，生成 $Hg(S_2O_3)_2^{2-}$ 等化合物，这些化合物可能利用细胞膜上的转运蛋白通道进入根系。汞跨越根系细胞膜屏障后，能通过共质体或质外体途径在植物体内进行迁移。为了探究硫代硫酸铵诱导植物富集汞的机理，将印度芥菜（Brassica juncea）作为修复植物，通过水培和土培试验，研究硫代硫酸铵处理对植物根系细胞膜渗透性的影响，以及汞在植物细胞和亚细胞中的分布和迁移特性。研究结果将有助于深入理解硫代硫酸铵诱导植物富集汞的作用机制，为汞污染土壤植物提取修复提供科学依据。

5.2.1 试验设计

1. 土培试验

采集贵阳市郊区未受污染的农田土壤，用于盆栽试验。该土壤的总汞和有机质平均质量分数分别为 0.3 mg/kg 和 5.7%，pH 为 7.2。将过筛后的土壤分别装入若干个塑料花盆中（0.35 L），添加 $HgCl_2$ 溶液来模拟土壤汞污染。试验设计 3 个汞污染水平：0.3 mg/kg（背景水平，标记为 Hg0.3）、2.7 mg/kg（轻度污染，标记为 Hg2.7）及 20 mg/kg（中度污染，标记为 Hg20）。对于每种汞污染水平的土壤，设置两组处理-对照组（未添加硫代硫酸铵）和硫代硫酸铵处理组，每组处理有 3 个重复。

在室内开展培养试验，室内湿度和温度分别维持在 50%~70%和 23~28 ℃。在植物生长期间，不添加任何化学肥料或有机肥料，以排除这些因素对试验结果的影响。植物培养 37 天后，向每千克土壤中添加 8 g $NH_4(S_2O_3)_2$。硫代硫酸铵加入后的第 5 天，收割植物。其中，选取 Hg20 和 Hg20+硫代硫酸铵处理的新鲜植株用于微束 X 射线荧光（micro X-ray fluorescence，μ-XRF）光谱分析。其余植物则用于总汞含量的测定。

2. 水培试验

将 14 天的印度芥菜幼苗转移到 1.5 L 的改良霍格兰氏营养液中（pH=5.5）进行培养。为了避免 SO_4^{2-} 对试验结果的潜在影响，将霍格兰氏营养液中的 $MgSO_4$、$ZnSO_4$ 和 $CuSO_4$ 分别用 $MgCl_2$、$ZnCl_2$ 和 $CuCl_2$ 来替代。植物幼苗培养 5 天后，将 0.5 mmol/L $HgCl_2$ 和 $S_2O_3^{2-}$ 同时加入营养液中，1 周后收割植物。随机选取一株幼苗，清洗干净后用于透射电子显微镜-能量色散谱（transmission electron microscope-energy dispersive spectroscopy，TEM-EDS）分析，其余幼苗分为根系和地上部分，清洗干净后冷冻干燥，用于测定总汞含量。

植物切片的制作与 μ-XRF 分析：参考 Zhang 等（2011）的方法来制备植物组织的横切片。选择新鲜的长度约为 0.5 cm 的印度芥菜根和茎样品，并分别置于冷冻切片机（CM3050S，Leica）的样品盘上。在-30℃的低温条件下，对这些样本进行快速冷冻，并使用去离子水将植物组织进行包埋处理。利用切片机分别切取根和茎的横截面切片，切片厚度为 60 μm。选取切面完整的植物组织切片，粘贴到 XRF 胶带上，用冷冻干燥机干燥。在显微镜下，选取茎横截面切片的四分之一区域及根横截面切片的二分之一区域作为 μ-XRF 分析区域。X 射线步长设置为 15×15 μm^2，每步停留时间为 1 s。采用 Si（Li）探测器（PGT Inc.LS 30143-DS）采集汞的 XRF 信号。

显微光学切片：将新鲜的 Hg20 的根系和茎置于 2.5%戊二醛（pH=7.0）中固定 4 h，然后用 0.1 mol/L 磷酸盐缓冲液（PBS）冲洗 45 min。随后将样本在 1%锇酸（0.1 mol/L PBS）中固定 4 h，并依次用乙醇和丙酮脱水。然后，将样品包埋在 Epon 812 环氧树脂中，使用 Leica 超薄切片分别切取根和茎的横切面切片，切片厚度为 1 μm。用甲苯胺蓝对切片染色后，在光学显微镜下拍照。

TEM-EDX 分析：利用配备有金刚石刀片的超薄切片机切取印度芥菜根系的横截面组织，其厚度为 72 nm。将切片粘贴在铜网上，利用分析型透射电子显微镜进行分析。

5.2.2 硫代硫酸铵对植物根系元素渗漏的影响

如表 5.4 所示，除 Hg2.7 处理组的印度芥菜根系外，硫代硫酸铵的添加显著降低了印度芥菜的鲜重，但对干重的影响相对较小（除 Hg20 处理组外）。硫代硫酸铵添加到土壤后，会导致土壤中 NH_4^+ 和 $S_2O_3^{2-}$ 的含量迅速升高，这可能对植物产生一定的胁迫作用，导致植物出现生理性缺水和营养元素（如钾）的流失，进而降低了植物的鲜重。

表 5.4 印度芥菜根系和地上部分的鲜重和干重 （单位：g）

处理	鲜重		干重	
	根系	地上部分	根系	地上部分
Hg0.3	0.07±0.01a	1.94±0.47a	0.02±0.001a	0.25±0.04a
Hg0.3+TS	0.04±0.01b	0.67±0.20b	0.01±0.004a	0.23±0.01a
Hg2.7	0.07±0.01a	1.85±0.45a	0.02±0.006a	0.22±0.05a
Hg2.7+TS	0.04±0.01b	0.64±0.17b	0.02±0.01a	0.22±0.05a
Hg20	0.11±0.01a	2.20±0.3a	0.03±0.003a	0.29±0.03a
Hg20+TS	0.03±0.01b	0.53±0.12b	0.01±0.002b	0.21±0.03b

注：平均值±标准差，n=3；不同小写字母表示在不同汞污染土壤中，对照和硫代硫酸铵处理植物根系或茎的生物量存在显著差异（P<0.05）；TS 为硫代硫酸铵

图 5.8（a）显示，随着土壤汞含量的上升，对照组印度芥菜根系的汞含量也显著升高，但地上部分的汞含量并未发生显著变化。这表明在没有硫代硫酸铵的情况下，印度芥菜将汞从根部转运到地上部分的能力相对有限。这进一步验证了先前的研究结果，即未经硫代硫酸铵处理的植物，其中汞主要积聚在根部，而地上部分的汞含量相对较低。

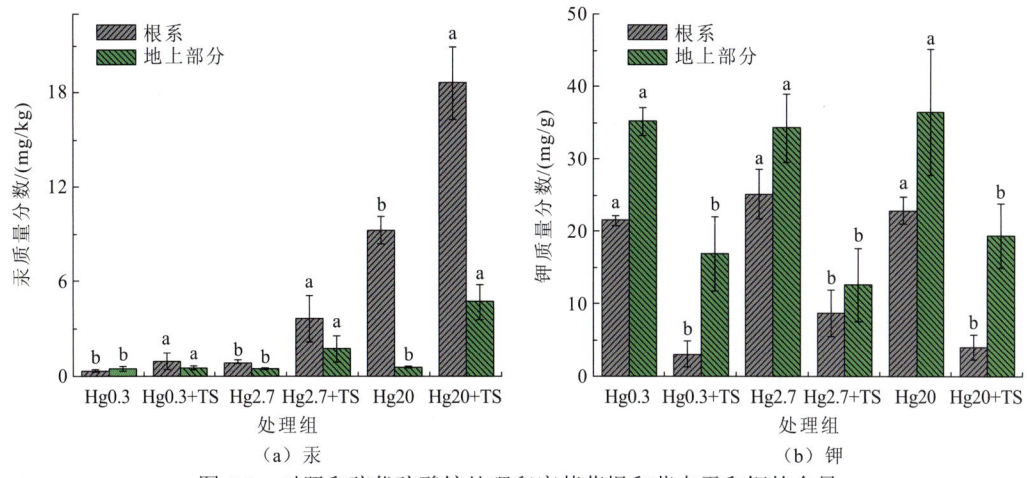

图 5.8 对照和硫代硫酸铵处理印度芥菜根和茎中汞和钾的含量

与对照组相比,硫代硫酸铵处理后的印度芥菜,其根系和地上部的汞质量分数分别升高了 2~4.4 倍和 1~8.9 倍。特别是在硫代硫酸铵处理组中,随着土壤汞含量的升高,印度芥菜根系和地上部分的汞含量也同步上升,这表明硫代硫酸铵不仅促进了印度芥菜根系对土壤汞的吸收,还驱动了汞从根部向地上部分的转运。这一发现进一步支持了硫代硫酸铵能够诱导不同植物种属对土壤汞进行吸收、转运和富集的观点(Wang et al.,2012,2011;Lomonte et al.,2011;Moreno et al.,2005)。

从表 5.5 中可以看出,对照组印度芥菜的 BAF$_{根系}$和 BAF$_{地上部分}$均低于硫代硫酸铵处理组,这表明在未经硫代硫酸铵处理的情况下,印度芥菜对土壤汞的富集能力相对有限。与对照组相比,硫代硫酸铵处理后的印度芥菜,其 BAF$_{地上部分}$和 BAF$_{根系}$分别升高了 29%~786%和 100%~339%。如表 5.6 所示,硫代硫酸铵处理组的印度芥菜 BAF 普遍高于其他植物种属,这进一步证明硫代硫酸铵能增强印度芥菜对汞的富集和转运能力,从而提高其对土壤汞的提取效率。

表 5.5 印度芥菜对汞的转运因子(TF)和生物富集系数(BAF)

处理	TF	BAF$_{根系}$	BAF$_{地上部分}$
Hg0.3	2.08±0.03a	0.97±0.30bc	1.23±0.19a
Hg0.3+TS	0.43±0.01bd	4.10±0.82a	1.60±0.40a
Hg2.7	0.52±0.17b	0.31±0.06d	0.16±0.02d
Hg2.7+TS	0.48±0.18b	1.36±0.53b	0.64±0.31b
Hg20	0.06±0.001c	0.46±0.04dc	0.03±0.001d
Hg20+TS	0.25±0.03d	0.93±0.12bdc	0.24±0.06d

注:TF=地上部分汞含量/根系汞含量;BAF$_{根系}$=根系汞含量/土壤汞含量;BAF$_{地上部分}$=地上部分汞含量/土壤汞含量;不同小写字母表示不同处理之间 TF/BAF$_{根系}$/BAF$_{地上部分}$在统计学上差异显著($P<0.05$)

关于的钾含量,如图 5.8(b)所示,对照组印度芥菜的根系和茎中钾含量并未因土壤汞污染水平的变化而发生显著改变($P>0.05$)。然而,在硫代硫酸铵处理组中,不同汞污染水平土壤中的印度芥菜根系和茎钾含量均显著低于对照组($P<0.05$),这表明硫代硫酸铵的添加可能导致了印度芥菜根系钾的渗漏。茎中钾含量的降低,可能是由于根

表 5.6　不同植物中汞的含量及植物对汞的转运系数（TF）和生物富集系数（BAF 地上部分）

植物	土壤汞质量分数/(mg/kg)	植物汞质量分数/(mg/kg) 根	地上部分	BAF 地上部分	参考文献
白玉草（*Silene vulgaris*）	0.335	0.38	0.07	0.20	Pérez-Sanz 等（2012）
欧夏至草（*Marrubium vulgare*）	678	36.70	32.80	0.05	Carrasco-Gil 等（2013）
韭（*Allium tuberosum*）	110	2.20	0.40	0.004	Qian 等（2018）
三脉紫菀（*Aster ageratoides*）	19	1.80	6.30	0.09	Qian 等（2018）
家独行菜（*Lepidium sativum*）	10	—	0.09	0.01	Smolińska 等（2018）
大叶贯众（*Cyrtomium macrophyllum*）	225	13.90	36.40	0.16	Xun 等（2017）
白羽扇豆（*Lupinus albus*）	44.8	0.59	0.41	0.009	Rodríguez 等（2016）
麻风树（*Jatropha curcas*）	6 022	5 983	954	0.16	Marrugo-Negrete 等（2016）
印度芥菜（*Brassica juncea*）	20	18.60	4.70	0.93	本节

系钾渗漏限制了其向茎的转运。通常，植物根系能主动从土壤中吸收钾，使得根系细胞质中的钾含量远高于胞外。然而，当植物受到环境胁迫，如添加化学品、重金属、高温等时，根系细胞膜可能遭受生理性损伤，改变膜内外的电化学梯度，进而引起钾离子的渗漏。硫代硫酸铵的添加可能正是导致印度芥菜根系细胞膜受损，进而引发钾离子渗漏的原因。值得注意的是，种植在未受污染土壤（Hg0.3）和汞污染土壤（Hg2.7 和 Hg20）中的印度芥菜根系钾含量处于同一水平，这表明土壤汞污染并未导致根系钾的渗漏。

5.2.3　硫代硫酸铵对植物中汞迁移路径的影响

1. 印度芥菜中汞和钾的空间分布特征

图 5.9（a）和图 5.10（a）展示了对照组和硫代硫酸铵处理印度芥菜根系横截面切片中汞的空间分布图和光学显微镜图。硫代硫酸铵处理印度芥菜根系和茎中汞的分布特征与对照组不同。在对照组印度芥菜根系切片中，汞主要聚集在表皮区域，而在木质部中仅检测到微弱的汞信号。然而，在硫代硫酸铵处理后的印度芥菜根系切片中，表皮和木质部均出现了强的汞荧光信号，这说明硫代硫酸铵处理显著促进了汞从根表皮向木质部的转运。由于木质部是植物向地上部分输送水分和无机营养物的重要通道，汞从根系表皮迁移到木质部是其向地上部分转运的关键步骤。硫代硫酸铵处理后的印度芥菜根系木质部中汞的强荧光信号揭示硫代硫酸铵处理改变了植物中汞的迁移路径，使得汞能够跨越细胞屏障，进入木质部，并随着水分和无机盐一起输送到地上部分。

图 5.9（c）和图 5.10（c）展示了对照组和硫代硫酸铵处理印度芥菜茎横截面切片中汞的空间分布图和光学显微镜图。在对照植物茎的横切片中，汞的荧光信号十分微弱，但在维管束柱中汞的信号略强于其他部位。然而，在硫代硫酸铵处理后的印度芥菜茎维管束柱中，汞的荧光信号显著增强。维管束（包括木质部和韧皮部）是植物输送营养物质的主要组织。其中，木质部负责将水分和无机养分从根系输送到茎，而韧皮部则负责将光合产物（如碳水化合物）从叶片输送到其他部位。因此，硫代硫酸铵处理后，被活化的汞主要通过茎木质部向植物地上部分迁移。

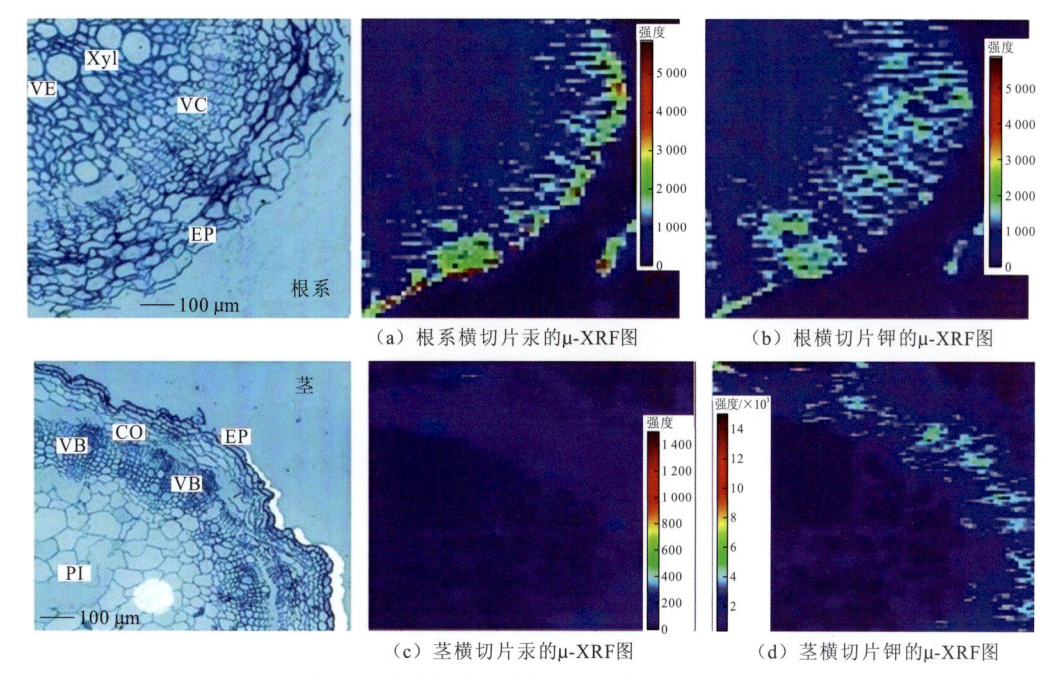

(a) 根系横切片汞的μ-XRF图　　(b) 根横切片钾的μ-XRF图

(c) 茎横切片汞的μ-XRF图　　(d) 茎横切片钾的μ-XRF图

图 5.9　对照组印度芥菜根系和茎横切片汞和钾的 μ-XRF 元素分布图

图中紫色→红色的颜色变化表示汞和钾的信号强度依次变强
EP 为表皮；VC 为维管形成层；VE 为茎管；Xyl 为木质部；VB 为维管束；CO 为皮质层；PI 为髓

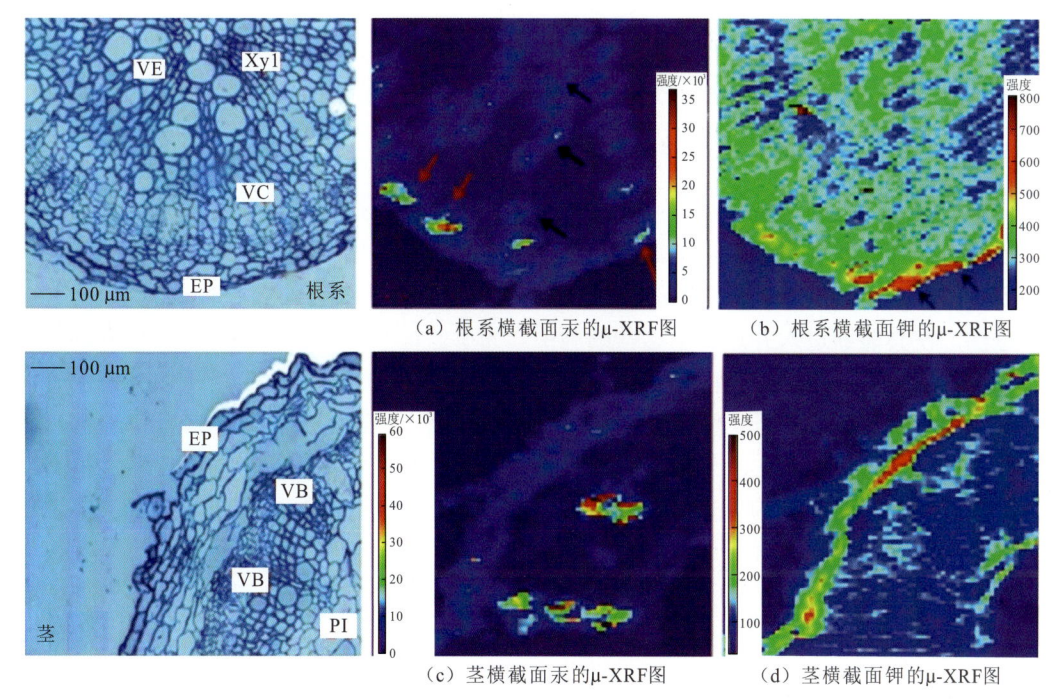

(a) 根系横截面汞的μ-XRF图　　(b) 根系横截面钾的μ-XRF图

(c) 茎横截面汞的μ-XRF图　　(d) 茎横截面钾的μ-XRF图

图 5.10　硫代硫酸铵处理印度芥菜根系和茎横截面切片中的汞和钾的 μ-XRF 元素分布图

EP 为表皮；VC 为维管形成层；VE 为茎管；Xyl 为木质部；VB 为维管束；PI 为髓。图（a）中的黑色箭头指向木质部中汞的富集部位；红色箭头指向表皮细胞中汞的富集部位，这些部位细胞质膜可能因硫代硫酸铵添加而受到损伤；图（b）中的黑色箭头指向根系表皮细胞中钾的渗透位点

综上所述，硫代硫酸铵能够诱导土壤中的汞穿越根系细胞膜，进入表皮和木质部，并最终通过维管束柱迁移到地上部分。植物根系中含有大量的巯基及其化合物，特别是细胞膜中富含的二硫键，这些二硫键在被生物酶还原后能够生成巯基，而巯基对汞具有很强的结合能力。因此，在正常情况下，根系表皮细胞中的巯基能够结合汞并将其固定在根表，阻止汞的进一步迁移。然而，硫代硫酸铵能够诱导汞从根系表皮向木质部迁移，这表明根系巯基对汞的"拦截"作用在硫代硫酸铵处理下减弱。这可能是由于土壤中的汞与硫代硫酸铵反应生成了 $Hg(S_2O_3)_2^{2-}$ 等阴离子化合物，而巯基对这些阴离子化合物的"拦截"能力较弱，从而使汞能够在植物体内进行迁移。

μ-XRF 光谱分析结果显示，钾在印度芥菜根系和茎切片中的空间分布特征与汞存在显著差异（图 5.9 和图 5.10）。在对照组的印度芥菜中，钾主要分布在根系的表皮和木质部，以及茎的皮层细胞和维管束柱中。然而，在硫代硫酸铵处理的植株中，钾在根的整个横切面上均匀分布，且在外表皮细胞中信号尤为显著；而在茎的横切片中，钾也主要富集在外表皮细胞中。营养元素能通过镶嵌在细胞膜的蛋白质转运通道进入细胞内。然而，关于汞是否能够通过特定的转运蛋白穿越细胞膜，目前尚不明朗。但值得注意的是，重金属有可能通过细胞膜受损的位点渗透进入细胞内部。硫代硫酸铵处理后的印度芥菜中钾含量的显著降低，暗示了该处理对根系细胞膜造成了一定的生理损伤，导致钾的流失，并在根和茎的表皮细胞中富集。在土壤中，硫代硫酸铵与汞反应生成 $Hg(S_2O_3)_2^{2-}$ 等化合物。可以推测，$Hg(S_2O_3)_2^{2-}$ 通过印度芥菜根系细胞膜受损的位点，跨越细胞膜屏障，进入植物体内。此外，印度芥菜 Hg-BAF_{根系}与其根系钾含量之间呈现出显著的负相关关系，表明根系钾含量越低，根系对汞的富集能力越强。这也进一步说明印度芥菜对汞的富集与根系钾的渗漏之间存在关联。

2. 印度芥菜亚细胞中汞的分布特征

硫代硫酸铵处理促进汞从印度芥菜根系表皮向木质部迁移，这一过程与根系中的薄壁细胞组织密切相关。根表皮的薄壁细胞具有非特异性、细胞壁薄且对化学胁迫敏感等特征（Čiamporová，1993）。在硫代硫酸铵的胁迫下，薄壁细胞可能对 $Hg(S_2O_3)_2^{2-}$ 产生了渗透性，使其能够进入并迁移至这些细胞中。为了验证汞是否迁移到薄壁细胞中，利用 TEM-EDS 技术研究印度芥菜根系亚细胞中汞的分布特征。如图 5.11 所示，在根系薄壁细胞的细胞壁周围，存在大量高密度电子致密物的沉积颗粒/纳米簇，这些颗粒的直径可以达到 30 nm。能量色散 X 射线光谱分析表明，这些高密度沉积物中同时含有汞和硫，且汞与硫的物质的量比约为 1∶1。选区电子衍射（selected area electron diffraction，SAED）分析表明，这些纳米簇并未展现出明显的结晶结构，因而在硫代硫酸铵处理的印度芥菜中，汞主要以无定形的纳米 HgS 团簇形式存在。这一发现与 Wang 等（2012）的研究结果相吻合，他们利用 XANES 分析了硫代硫酸铵处理油菜组织中汞的形态，发现油菜根系中的汞也主要以类似 HgS 的形态存在。可见，在印度芥菜根系的皮层细胞中，汞与硫紧密结合，并主要分布在细胞壁外的胞质间隙中。

从图 5.11 中还可以观察到，不仅在细胞壁，薄壁细胞的内部也存在类似的高密度电子致密物沉积颗粒/纳米簇，但并未检测到汞的荧光信号。这表明 $Hg(S_2O_3)_2^{2-}$ 可能通过根系薄壁细胞之间的间隙（如质外体途径）向木质部迁移。

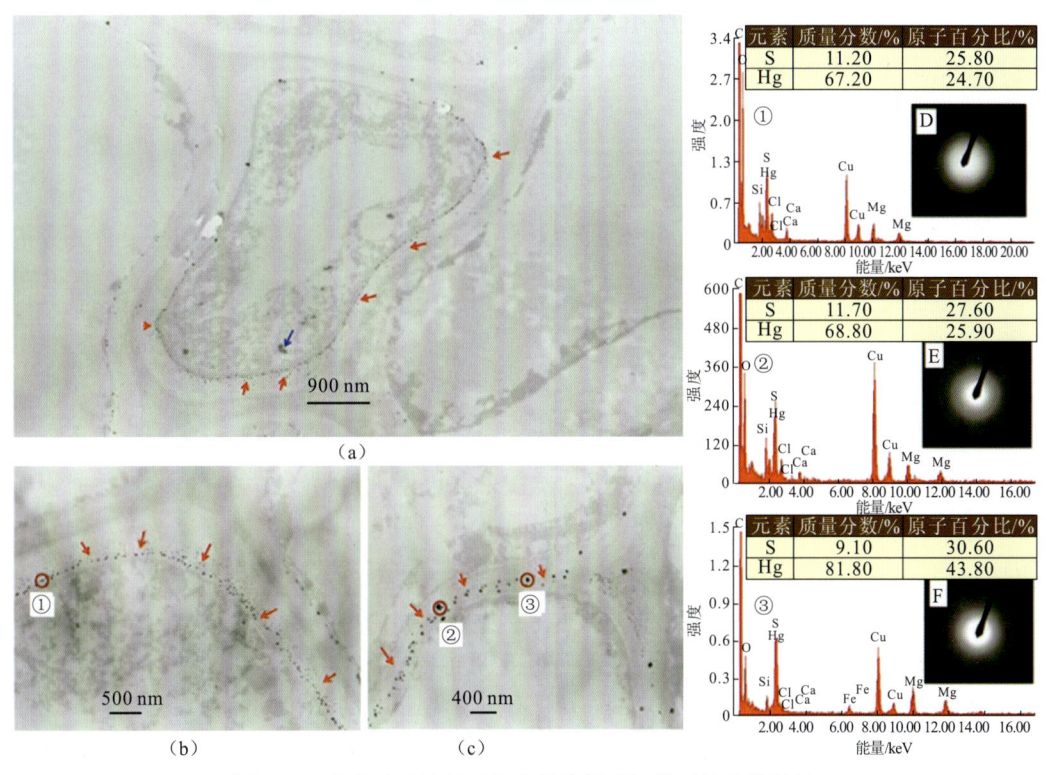

图 5.11 硫代硫酸铵处理印度芥菜根系切片透射电镜照片
及 EDX 谱图和选区电子衍射（SAED）（①、②、③）图

EDX 谱图中铜的信号来源于铜网；图（a）、（b）、（c）红色箭头指向纳米硫化汞，蓝色箭头指向的黑色颗粒中汞的信号十分微弱；图（b）和（c）中，①、②、③处红色圆圈表示在这些位点进行了 EDX 和 SAED 分析

综上所述，硫代硫酸铵诱导植物富集汞的机理可以概括为：硫代硫酸铵与土壤中的汞反应生成 $Hg(S_2O_3)_2^{2-}$ 化合物；随后，由于硫代硫酸铵的添加导致植物根系细胞膜渗透性发生变化，$Hg(S_2O_3)_2^{2-}$ 通过受损的细胞膜位点进入细胞内部；进入细胞后，$Hg(S_2O_3)_2^{2-}$ 通过细胞间隙迁移到木质部，并最终通过维管束柱迁移至植物的地上部分。

5.3 植物修复田间示范

在贵州省万山汞矿区大水溪村某汞污染农田开展田间植物修复试验，研究在硫代硫酸铵辅助下，印度芥菜、灰绿藜、黄平大黄油菜、册亨本地油菜、安顺苦油菜和郎岱竹亚油菜对土壤中汞的富集与去除能力，旨在探索植物修复技术在汞污染土壤修复中的应用潜力。在田间环境下，降雨等可能导致被螯合剂活化的重金属向地下水和周边环境迁移，从而增加重金属的环境风险。例如，Smolińska 等（2007）的研究发现，向土壤中添加 EDTA 后，土壤中镉、铜和铅的活性提高了约 15%。Römkens 等（2002）通过田间淋滤试验进一步证实了在污染土壤中添加 EDTA 后，土壤淋滤液中的铜和镉浓度显著增加，这表明重金属有向地下迁移的趋势。可见，施用螯合剂可能会导致重金属向地下迁移。

因此，研究植物修复后土壤中的汞向下迁移的特征，不仅有助于评估汞的迁移风险，还能为进一步完善汞污染土壤植物修复技术提供科学依据。

5.3.1 试验设计

1. 修复植物种属

选择印度芥菜、灰绿藜、黄平大黄油菜、册亨本地油菜、安顺苦油菜和郎岱竹亚油菜作为修复植物种属。

2. 田间试验

选择贵州省万山汞矿区大水溪村某汞污染农田作为植物修复试验田，该试验田距离汞矿冶炼渣堆约 200 m（图 5.12）。试验田面积约为 60 m²，将其划分成 6 个等面积的田块。随后，将每个田块进一步划分为对照和硫代硫酸铵处理小区，每个小区设置 3 个重复。在每个小区随机种植一种选定的修复植物。将每种植物的种子播种到对应的小区中。植物共培育了 75 天，在第 70 天，向对应处理的小区每千克土壤施加 8 g 硫代硫酸铵。硫代硫酸铵加入后的第 5 天，在每个小区内随机采集 3 株植物及其根际土壤，同时采集小区内剩余的所有植株。土壤和植物样品经过风干和研磨等处理步骤后，测定植物中的总汞含量，利用连续化学浸提法分析土壤中汞的形态（Wang et al., 2011）。在植物收获后，在对照和硫代硫酸铵处理小区分别采集 2 个土壤剖面样品，分析土壤中生物有效态汞的含量。

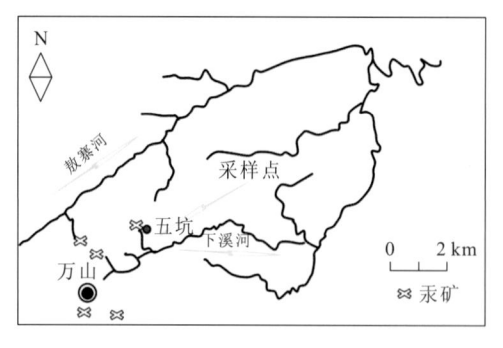

图 5.12 田间试验地点示意图

所有试验小区的土壤基本理化性质均表现出较高的一致性，均为砂壤土类型，土壤容重约为 1.1 g/cm³，pH 偏碱性，且有机质质量分数为 61.8~86.8 g/kg（表 5.7）。土壤的总碳、总氮和总硫的质量分数分别为 37.02~42.55 g/kg、5.23~8.79 g/kg 和 0.45~1.31 g/kg。所有试验小区的土壤汞含量均超过了我国土壤环境质量标准所规定的最大允许值。其中，灰绿藜小区土壤的总汞质量分数为 176 mg/kg，而其他小区土壤的总汞质量分数为 404~516 mg/kg。

表 5.7 不同试验小区土壤的基本理化性质

理化性质		郎岱竹亚油菜	黄平大黄油菜	册亨本地油菜	安顺苦油菜	印度芥菜	灰绿藜
土壤容重/(g/cm³)		1.10±0.10	1.20±0.01	1.10±0.02	1.20±0.10	1.00±0.20	1.10±0.20
pH		7.82±0.02	7.52±0.01	7.67±0.01	7.86±0.02	7.74±0.01	7.65±0.06
有机质质量分数/(g/kg)		84.10±4.30	86.80±5.90	64.20±4.20	61.8±0.70	80.3±2.90	81.90±1.40
总碳质量分数/(g/kg)		40.64±0.13	42.55±0.80	40.55±0.30	41.39±0.14	37.02±0.21	37.76±1.09
总氮质量分数/(g/kg)		5.45±0.46	5.23±0.53	5.54±0.40	6.69±0.60	7.57±0.11	8.79±0.65
总硫质量分数/(g/kg)		0.63±0.05	1.31±0.18	0.81±0.06	0.53±0.04	0.45±0.05	0.45±0.04
土壤颗粒分布/%	砂粒（>0.05 mm）	57.52	58.39	59.45	56.34	59.08	58.88
	粉砂粒（0.002~0.05 mm）	39.85	38.91	38.01	40.22	38.03	37.98
	黏粒（<0.002 mm）	2.62	2.70	2.54	3.44	2.89	3.14
总汞质量分数/(mg/kg)		496±26	516±14	506±20	404±6	440±45	176±2

注：平均值±标准差，$n=3$

5.3.2 植物修复效果

1. 植物的生物量

如图 5.13 所示，在对照组中，灰绿藜的地上部分和根系生物量显著高于其他植物。除灰绿藜外，其他植物的根系生物量相近，每平方米根系的干重介于 0.03~0.04 kg。印度芥菜的地上部分生物量超过油菜，而黄平大黄油菜和郎岱竹亚油菜的地上部分生物量要显著高于册亨本地油菜和安顺苦油菜。

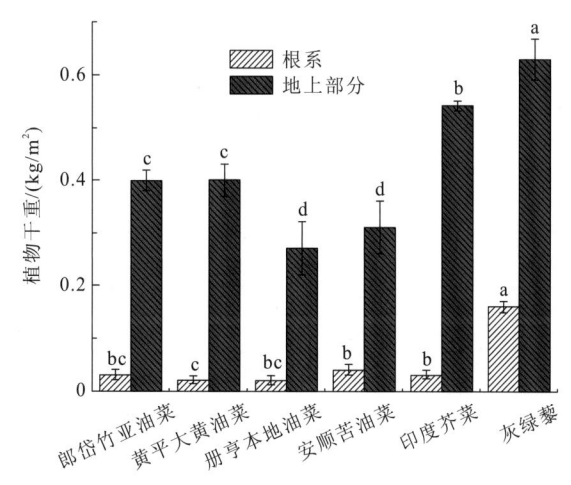

图 5.13 对照组植物的根系和地上部分干重

不同小写字母表示不同处理之间在统计学上存在显著差异（$P<0.05$）

从图 5.14 可以看出，硫代硫酸铵对植物生物量的影响并不显著。与对照组结果相似，灰绿藜根系和地上部分的生物量最大，其次为印度芥菜、黄平大黄油菜和郎岱竹亚油菜。灰绿藜是一种一年生草本植物，其须根系发达、抗逆性强、生长迅速，植株高度可达 1 m，茎秆粗壮（图 5.15）。相比之下，印度芥菜和其他 4 种芥菜型油菜的植株则显得较为矮小，生物量也相对较小。

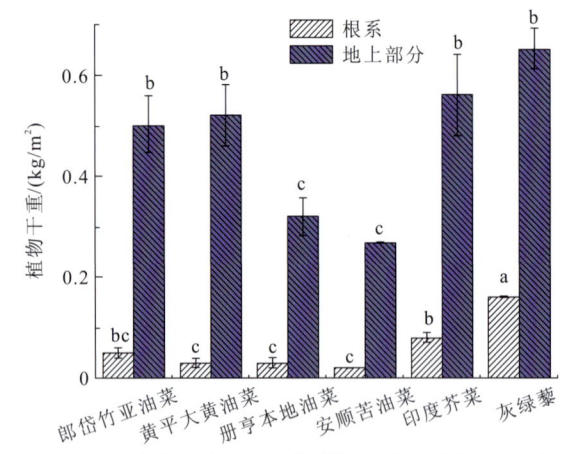

图 5.14　硫代硫酸铵处理植物根系和地上部分干重

不同小写字母表示不同处理之间在统计学上存在显著差异（$P<0.05$）

图 5.15　植物修复小区的灰绿藜

2. 植物体中汞含量

如图 5.16 所示，对照组中 6 种植物的根系和地上部分总汞质量分数相对较低，分别介于 0.12~1.30 mg/kg 和 0.2~0.5 mg/kg，这与前期的盆栽试验结果相吻合。总体来看，印度芥菜的根系和地上部分总汞平均质量分数最高，分别为 1.3 mg/kg 和 0.5 mg/kg。灰绿藜、郎岱竹亚油菜和印度芥菜的根系总汞含量超过了册亨本地油菜、安顺苦油菜和黄平大黄油菜；而郎岱竹亚油菜、印度芥菜和黄平大黄油菜的地上部分总汞含量则高于灰绿藜、册亨本地油菜和安顺苦油菜。特别地，郎岱竹亚油菜、印度芥菜和灰绿藜的根系汞生物富集系数超过 0.001，而其他植物根系汞的生物富集系数则低于 0.001（表 5.8）。所有植物的地上部分汞生物富集系数均小于 0.001。

图 5.16 对照组植物中汞的含量

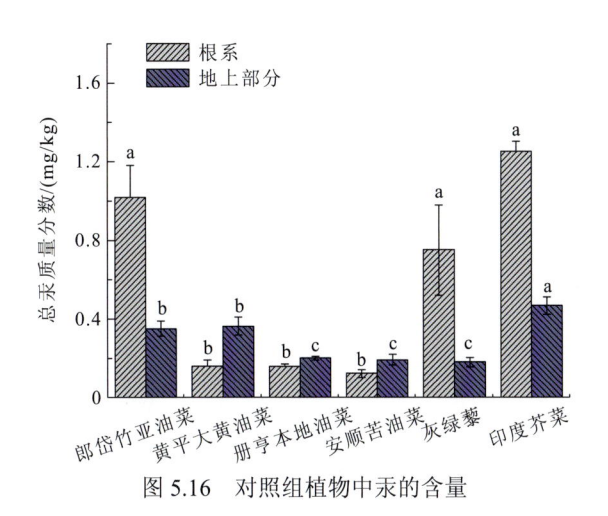

表 5.8 对照组和硫代硫酸铵处理小区植物转运系数（TF）和生物富集系数（BAF）

植物	对照组 TF	对照组 BAF地上部分	对照组 BAF根系	硫代硫酸铵处理 TF	硫代硫酸铵处理 BAF地上部分	硫代硫酸铵处理 BAF根系
郎岱竹亚油菜	0.35±0.04	<0.001	0.002±nd	0.65±0.21	0.06±0.03	0.09±0.03
黄平大黄油菜	2.34±0.83	<0.001	<0.001	1.54±0.25	0.24±0.02	0.16±0.01
册亨本地油菜	1.24±0.11	<0.001	<0.001	2.42±1.40	0.25±0.04	0.12±0.04
安顺苦油菜	1.67±0.54	<0.001	<0.001	2.19±0.47	0.10±0.03	0.05±0.005
印度芥菜	0.38±0.03	<0.001	0.003±nd	0.68±0.10	0.09±0.01	0.13±0.03
灰绿藜	0.26±0.07	<0.001	0.005±nd	0.28±0.11	0.04±0.01	0.15±0.03

注：平均值±标准差，$n=3$

如图 5.17 所示，土壤经硫代硫酸铵处理后，植物体中的汞含量显著升高。与对照植物相比，硫代硫酸铵处理后的植物地上部分汞质量分数升高了 34~468 倍，根系汞质量分数升高了 32~424 倍。其中，黄平大黄油菜根系和册亨本地油菜地上部分汞质量分数分别升高了 425 倍和 468 倍，成为升高幅度最大的两种植物。硫代硫酸铵处理后，黄平大黄油菜和册亨本地油菜根系与地上部分总汞质量分数分别为 66 mg/kg 和 102 mg/kg，以及 46 mg/kg 和 93 mg/kg。在 6 种植物中，黄平大黄油菜和册亨本地油菜地上部分的总汞含量显著高于其他 4 种植物。尽管这两种植物的根系汞含量与其他植物相比在统计学上无显著差异（$P>0.05$），但其平均汞含量仍高于其他植物。从表 5.8 中可以看出，黄平大黄油菜和册亨本地油菜的地上部分和根系的生物富集系数最高，进一步表明在硫代硫酸铵的辅助下，这两种植物对土壤汞的富集能力进一步提升。

如表 5.8 所示，在硫代硫酸铵处理小区中，安顺苦油菜、册亨本地油菜和黄平大黄油菜的地上部分汞转运系数分别为 2.19、2.42 和 1.54，而郎岱竹亚油菜、印度芥菜和灰绿藜地上部分汞转运系数分别为 0.65、0.68 和 0.28。无论是对照组还是硫代硫酸铵处理组，植物的转运系数均呈现相似的变化趋势：安顺苦油菜、册亨本地油菜和黄平大黄油

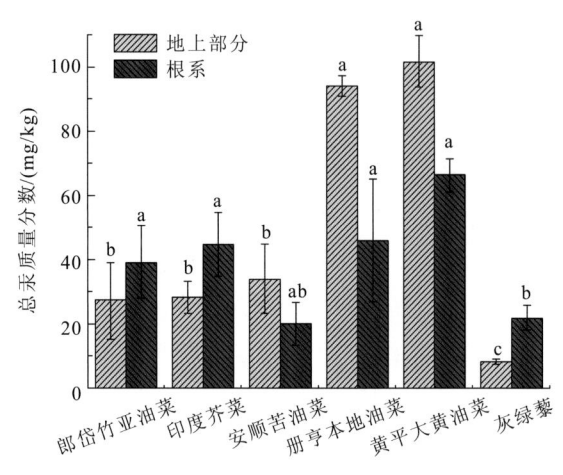

图 5.17 硫代硫酸铵处理植物体汞的含量

菜的转运系数均大于 1，而其他三种植物的转运系数则小于 1。这一结果进一步证实了安顺苦油菜、册亨本地油菜和黄平大黄油菜将汞从根系转运到地上部分的能力较强。综上所述，在硫代硫酸铵的辅助下，册亨本地油菜和黄平大黄油菜从土壤富集汞并将其转运到地上部分的能力较强，是较为理想的汞污染土壤植物提取的候选植物。

3. 植物提取的汞量

根据植物根系和地上部分平均汞含量及每平方米植物的平均生物量，估算种植每公顷植物所提取汞的量。如图 5.18 所示，6 种植物地上部分提取的汞量由大到小依次为：黄平大黄油菜>册亨本地油菜>郎岱竹亚油菜>印度芥菜>安顺苦油菜>灰绿藜；根系提取的汞量由大到小依次为：灰绿藜>印度芥菜>郎岱竹亚油菜>黄平大黄油菜>册亨本地油菜>安顺苦油菜。植物地上部分的重金属富集量是评估植物修复效率的关键指标。在这 6 种植物中，黄平大黄油菜的地上部分提取的汞量最大，每公顷能够提取约 0.54 kg 的汞。

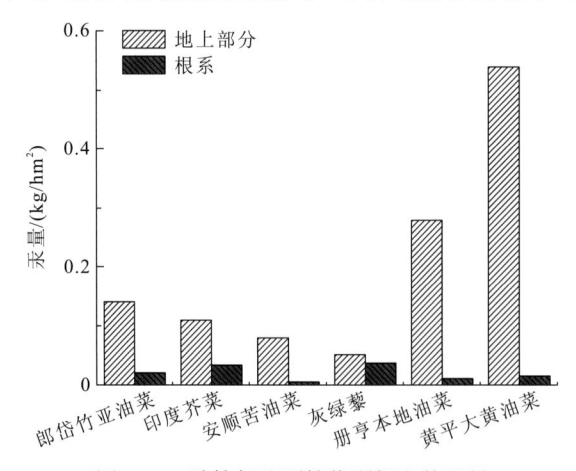

图 5.18 种植每公顷植物所提取的汞量

4. 根际土壤的总汞含量

图 5.19 展示了植物根际土壤的总汞含量。在对照小区中，黄平大黄油菜、册亨本地油菜、郎岱竹亚油菜和灰绿藜的根际土壤总汞含量与起始土壤相比无显著差异（$P>0.05$），但安顺苦油菜和印度芥菜的根际土壤总汞含量却显著降低。在硫代硫酸铵处理小区中，所有植物根际土壤的总汞含量均显著低于原始土壤的总汞含量（$P<0.05$）。这一结果表明，硫代硫酸铵辅助下的植物修复技术能显著减少根际土壤中的总汞含量。如前所述，硫代硫酸铵的加入与土壤中的汞形成游离的 $Hg(S_2O_3)_2^{2-}$ 化合物，这种化合物能够通过蒸腾作用随水分和无机盐一起跨越细胞膜屏障，进入植物体内。根际土壤中的汞紧邻植物根系，因此更容易被植物富集，从而降低了根际土壤中的总汞含量。当根际土壤中的游离态汞含量降低时，非根际土壤中的游离态汞会通过扩散迁移到根际，进而被植物富集。

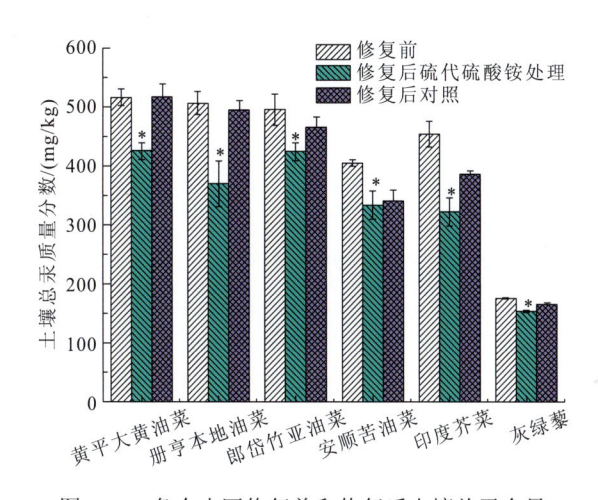

图 5.19　各个小区修复前和修复后土壤总汞含量
*表示修复后硫代硫酸铵处理与修复前和修复后对照之间在统计学上差异显著

5. 根际土壤中汞的形态分布特征

表 5.9 展示了原始土壤（种植前）、硫代硫酸铵处理土壤和对照土壤（植物收获后）中汞的形态分布特征。原始土壤中的溶解态与可交换态汞质量分数约为 0.01 mg/kg，仅占总汞的 0.002%～0.003%。在植物收获后，对照组土壤的溶解态与可交换态汞含量与种植前相比并无显著变化（$P>0.05$），但在硫代硫酸铵处理土壤中，这一形态汞的质量分数却显著升高（$P<0.05$），达到了 0.37～1.20 mg/kg（占总汞的 0.09%～0.4%）。值得注意的是，在原始土壤和对照土壤中，特殊吸附态汞和溶解态与可交换态汞质量分数大致在同一水平，约为 0.01 mg/kg，占总汞的 0.002%～0.003%。硫代硫酸铵处理则显著提高了特殊吸附态汞的含量，但仍低于溶解态与可交换态汞的含量。

表 5.9　根际土壤中汞的形态分布特征　　　　　　（单位：mg/kg）

作物种类	处理	溶解态与可交换态汞质量分数	特殊吸附态汞质量分数	铁锰氧化态汞质量分数	有机结合态汞质量分数	残渣态汞质量分数
郎岱竹亚油菜	原始土壤	0.014±0.01a (0.003±0.001)	0.01±0.001a (0.002±0.001)	0.31±0.01a (0.06±0.005)	90±9.15a (18.1±0.9)	405±17a (82±0.9)
	硫代硫酸铵处理 (收获后)	0.37±0.01b (0.09±0.002)	0.06±0.004b (0.01±0.001)	0.08±0.01b (0.02±0.001)	8.60±1.80b (2±0.2)	414±14a (98±0.2)
	对照 (收获后)	0.013±0.003a (0.003±0.001)	0.01±0.001a (0.002±0.0001)	0.18±0.04ab (0.04±0.008)	89.57±1.60a (19.3±0.7)	376±17a (81±0.7)
安顺苦油菜	原始土壤	0.01±0.001a (0.002±nd)	0.01±0.001a (0.002±nd)	0.21±0.02a (0.05±0.003)	82.96±5.33a (20.6±1.3)	321±7a (79±1.3)
	硫代硫酸铵处理 (收获后)	0.39±0.01b (0.1±0.001)	0.08±0.001b (0.03±0.001)	0.06±0.004b (0.02±0.002)	7.99±0.38b (2.6±0.16)	294±7b (97±0.1)
	对照 (收获后)	0.01±0.001a (0.003±nd)	0.01±0.001a (0.003±0.001)	0.10±0.01c (0.03±0.005)	74.40±9.90c (21.3±1.3)	273±17b (79±1.3)
黄平大黄油菜	原始土壤	0.01±0.01a (0.003±nd)	0.01±0.001a (0.002±nd)	0.14±0.02a (0.03±0.005)	88.53±4.64a (17.4±1.1)	420±12a (83±1.2)
	硫代硫酸铵处理 (收获后)	0.75±0.03b (0.17±0.006)	0.11±0.07a (0.03±0.02)	0.07±0.01b (0.02±0.004)	12.39±1.58b (2.9±0.4)	412±14a (97±0.4)
	对照 (收获后)	0.04±0.01a (0.007±0.003)	0.01±0.003a (0.002±0.001)	0.13±0.04a (0.03±0.008)	84.48±4.38a (16.6±0.9)	426±23a (83.4±0.86)
印度芥菜	原始土壤	0.013±0.001a (0.002±nd)	0.01±0.001a (0.002±nd)	1.39±0.10a (0.32±0.01)	83.47±9.23a (18.9±0.4)	355±36a (81±0.5)
	硫代硫酸铵处理 (收获后)	1.20±0.02b (0.40±0.03)	0.23±0.07b (0.07±0.02)	0.05±0.004b (0.02±0.001)	4.10±3.70b (1.3±1.2)	316±28a (98±1.3)
	对照 (收获后)	0.016±0.01a (0.06±0.004)	0.01±0.001a (0.02±0.002)	0.10±0.004b (0.01±0.001)	21.30±2.60c (5.5±0.97)	364±26a (94±0.9)
册亨本地油菜	原始土壤	0.01±0.001a (0.002±nd)	0.01±0.005a (0.002±0.001)	0.34±0.03a (0.07±0.007)	90.04±6.13a (18.1±1.3)	409±23a (82±1.2)
	硫代硫酸铵处理 (收获后)	0.83±0.06b (0.2±0.02)	0.13±0.01b (0.03±0.004)	0.06±0.01b (0.02±nd)	6.58±3.16b (1.7±0.7)	362±35a (98±0.9)
	对照 (收获后)	0.01±0.002a (0.003±nd)	0.01±0.001a (0.002±nd)	0.13±0.01c (0.03±0.003)	85.49±2.32a (17.5±0.8)	403±12a (83±0.8)
灰绿藜	原始土壤	0.006±0.001a (0.003±0.001)	0.004±0.0001a (0.002±0.0001)	2.4±0.09a (1.46±0.09)	47.80±3.20a (28.9±4.7)	116±19a (70±5)
	硫代硫酸铵处理 (收获后)	0.58±0.001b (0.35±0.03)	0.09±0.02b (0.05±0.02)	0.07±0.0001b (0.04±0.003)	4±0.10b (2.4±0.11)	162±12b (97±0.2)
	对照 (收获后)	0.005±0.0001a (0.004±0.001)	0.004±0.0001a (0.003±0.001)	0.74±0.01c (0.57±0.1)	44±0.10a (34.4±6.4)	85±24a (65±7)

注：平均值±标准差，$n=3$；不同小写字母表示原始土壤、硫代硫酸铵处理和对照土壤在统计学上有显著差异（$P<0.05$）

原始土壤中铁锰氧化态汞的质量分数为 0.14～2.4 mg/kg，约占总汞的 0.03%～1.46%。植物收获后，所有对照土壤中铁锰氧化态汞的质量分数降低至 0.1～0.74 mg/kg；

在郎岱竹亚油菜和黄平大黄油菜处理小区，尽管铁锰氧化态汞的含量与原始土壤相比在统计学上无显著差异，但该形态汞的平均含量却低于原始土壤。硫代硫酸铵处理后，各个处理小区土壤中铁锰氧化态汞的质量分数降低至 0.05～0.08 mg/kg。

原始土壤中有机结合态汞的质量分数为 48～90 mg/kg，约占总汞的 17%～29%。收获后，所有对照小区土壤中有机结合态汞的质量分数为 21～89 mg/kg，占总汞的 6%～34%。除安顺苦油菜和印度芥菜外，其余对照小区土壤中有机结合态汞含量与原始土壤相比无显著差异。然而，硫代硫酸铵处理导致土壤有机结合态汞质量分数降低至 4～12 mg/kg，仅占总汞的 1%～3%。土壤中残渣态汞相对稳定，受植物生长的影响小。原始和对照土壤中残渣态汞含量占总汞比例分别为 79%～83%和 66%～94%，而硫代硫酸铵处理土壤中残渣态汞比例超过 97%，明显高于原始和对照土壤。

Wang 等（2011）曾报道，在盆栽条件下，每千克土壤中添加 2 g 硫代硫酸铵后，植物收获后土壤溶解态与可交换态和特殊吸附态汞含量并未发生显著的变化。然而，在田间试验中，每千克土壤添加 8 g 硫代硫酸铵后，溶解态与可交换态和特殊吸附态汞含量却显著升高，这可能与两方面原因有关：一是田间试验中添加了高浓度硫代硫酸铵，这使得土壤中更多的汞被活化，增强了其活性和移动性；二是盆栽土壤体系相对封闭，而田间土壤为开放体系，当根际周围的游离态汞被植物吸收后，非根际的游离态汞会随水分通过蒸腾作用迁移到植物根际，导致根际周围游离态汞浓度升高。若植物对游离态汞的吸收速率低于其迁移速率，则会在根际周围富集。与原始土壤相比，部分对照小区土壤中铁锰氧化态汞含量显著降低，表明植物能活化根际土壤中的部分铁锰氧化态汞。根系在吸收水分和营养元素的同时，也会释放根系分泌物，其包含的低分子有机酸等能将土壤铁锰氧化物活化，进而释放与之结合的汞，导致铁锰氧化态汞含量降低（Dessureault-Rompré et al.，2008；Bertrand et al.，2000；Jones et al.，1996；张福锁，1992）。然而，郎岱竹亚油菜和黄平大黄油菜的根际土壤铁锰氧化态汞含量无显著变化，这可能与其根际分泌物对铁锰氧化物的活化能力有限有关。

与原始和对照土壤相比，硫代硫酸铵处理的土壤中铁锰氧化态汞含量显著降低，这可能与硫代硫酸铵对铁锰氧化物的还原作用有关。大部分对照小区土壤中的有机结合态汞含量相较于原始土壤无显著变化，这说明植物生长对土壤有机结合态汞的影响较小。然而，安顺苦油菜和印度芥菜小区土壤中的有机结合态汞含量却明显低于原始土壤，这可能是因为这些植物的根系分泌物能诱导土壤中某些有机质组分活化，进而导致与其结合的汞被活化。类似地，Dessureault-Rompré 等（2008）也发现，白羽扇豆的根系分泌物能活化土壤中的有机结合态铜和有机结合态铅，从而提高其活性。硫代硫酸铵处理能显著降低土壤中的有机结合态汞含量。硫代硫酸铵与铁锰氧化物和有机结合态汞结合后，可能以 $Hg(S_2O_3)_2^{2-}$ 的形态存在。Ullah（2012）发现，硫代硫酸钠与汞发生反应后[式（5.3）～式（5.4）]，能将 $Hg(S_2O_3)_2^{2-}$ 转化为硫化汞。

$$Hg^{2+} + 2Na_2S_2O_3 \longrightarrow 4Na^+ + Hg(S_2O_3)_2^{2-} \tag{5.3}$$

$$Hg(S_2O_3)_2^{2-} + H_2O \longrightarrow HgS + SO_4^{2-} + S_2O_3^{2-} + 2H^+ \tag{5.4}$$

因此，硫代硫酸铵与土壤中的汞（包括铁锰氧化态和有机结合态汞）反应后，可能会生成游离态的 $Hg(S_2O_3)_2^{2-}$ 化合物，随着反应时间延长，$Hg(S_2O_3)_2^{2-}$ 会逐渐转化为惰性的硫化汞。对照组土壤中残渣态汞含量相对稳定，且受植物生长影响小，但是硫代硫酸铵处理的土壤中残渣态汞含量升高，这极有可能与硫代硫酸铵诱导的土壤中的汞向 HgS 转化有关。

6. 土壤剖面生物有效态汞的分布

从图 5.20 可以看出，硫代硫酸铵处理小区土壤剖面的生物有效态汞含量在 0~5 cm 处最高，而对照小区则在 5~10 cm 处最高。尽管硫代硫酸铵处理小区在 0~5 cm 处的生物有效态汞含量稍高，但整体来看，硫代硫酸铵处理并未显著增加土壤的生物有效态汞含量，其含量与对照土壤处于同一水平。此外，硫代硫酸铵处理小区下层剖面土壤中的生物有效态汞含量处于较低水平，这表明在试验期间，硫代硫酸铵处理并未导致表层土壤中的汞向下层迁移。值得注意的是，硫代硫酸铵处理小区植物根际土壤中的溶解态、可交换态和特殊吸附态汞含量显著升高，而土壤剖面样品中的生物有效态汞含量并未显著升高。这主要是因为硫代硫酸铵与汞反应后形成的游离态汞（$Hg(S_2O_3)_2^{2-}$）被植物通过蒸腾作用聚集在根际并吸收，同时 $Hg(S_2O_3)_2^{2-}$ 在土壤中被转化为惰性形态（HgS），因此土壤中的生物有效态汞含量并未显著上升。

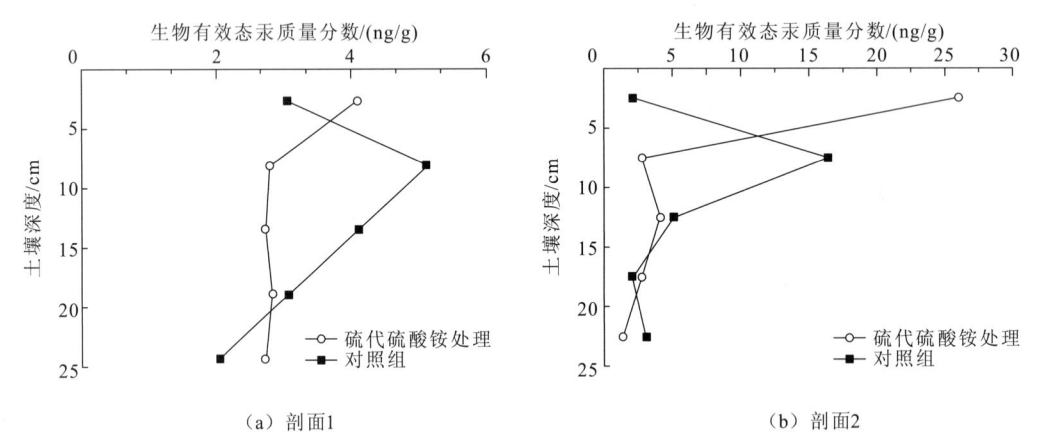

图 5.20 对照组和硫代硫酸铵处理小区剖面土壤中生物有效态汞的分布特征

参 考 文 献

张福锁, 1992. 根分泌物及其在植物营养中的作用. 北京农业大学学报, 17(4): 353-356.

Bertrand I, Hinsinger P, 2000. Dissolution of iron oxyhydroxide in the rhizosphere of various crop species. Journal of Plant Nutrition, 23(11/12): 1559-1577.

Carrasco-Gil S, Siebner H, Leduc D L, et al., 2013. Mercury localization and speciation in plants grown hydroponically or in a natural environment. Environmental Science & Technology, 47(7): 3082-3090.

Cassina L, Tassi E, Pedron F, et al., 2012. Using a plant hormone and a thioligand to improve phytoremediation of Hg-contaminated soil from a petrochemical plant. Journal of Hazardous Materials, 231-232: 36-42.

Čiamporová M, 1993. Transfer cellsinthevascular parenchyma of roots. Biologia Plantarum, 35(2): 261-266.

Dessureault-Rompré J, Nowack B, Schulin R, et al., 2008. Metal solubility and speciation in the rhizosphere of *Lupinus albus* cluster roots. Environmental Science & Technology, 42(19): 7146-7151.

Filgueiras A V, Lavilla I, Bendicho C, 2002. Chemical sequential extraction for metal partitioning in environmental solid samples. Journal of Environmental Monitoring, 4(6): 823-857.

Hinsinger P, Plassard C, Tang C X, et al., 2003. Origins of root-mediated pH changes in the rhizosphere and their responses to environmental constraints: a review. Plant and Soil, 248(1): 43-59.

Jones D L, Darah P R, Kochian L V, 1996. Critical evaluation of organic acid mediated iron dissolution in the rhizosphere and its potential role in root iron uptake. Plant and Soil, 180(1): 57-66.

Liu J, Duan C Q, Zhu Y N, et al., 2007. Effect of chemical fertilizers on the fractionation of Cu, Cr and Ni in contaminated soil. Environmental Geology, 52(8): 1601-1606.

Lomonte C, Doronila A, Gregory D, et al., 2011. Chelate-assisted phytoextraction of mercury in biosolids. Science of the Total Environment, 409(13): 2685-2692.

Lomonte C, Doronila A I, Gregory D, et al., 2010. Phytotoxicity of biosolids and screening of selected plant species with potential for mercury phytoextraction. Journal of Hazardous Materials, 173(1/2/3): 494-501.

Marrugo-Negrete J, Marrugo-Madrid S, Pinedo-Hernández J, et al., 2016. Screening of native plant species for phytoremediation potential at a Hg-contaminated mining site. Science of the Total Environment, 542: 809-816.

Moreno F N, Anderson C W N, Stewart R B, et al., 2005. Induced plant uptake and transport of mercury in the presence of sulphur-containing ligands and humic acid. New Phytologist, 166(2): 445-454.

Nyman C J, Salazar T, 1961. Complexion formation of mercury(II) and thiosulfate ion. Analytical Chemistry, 33(11): 1467-1469.

Pedron F, Petruzzelli G, Barbafieri M, et al., 2011. Mercury mobilization in a contaminated industrial soil for phytoremediation. Communications in Soil Science and Plant Analysis, 42(22): 2767-2777.

Pérez-Sanz A, Millán R, Sierra M J, et al., 2012. Mercury uptake by Silene vulgaris grown on contaminated spiked soils. Journal of Environmental Management, 95: S233-S237.

Perry V R, Krogstad E J, El-Mayas H, et al., 2011. Chemically enhanced phytoextraction of lead-contaminated soils. International Journal of Phytoremediation, 14(7): 703-713.

Qian X L, Wu Y G, Zhou H Y, et al., 2018. Total mercury and methylmercury accumulation in wild plants grown at wastelands composed of mine tailings: Insights into potential candidates for phytoremediation. Environmental Pollution, 239: 757-767.

Robinson B, Schulin R, Nowack B, et al., 2006. Phytoremediation for the management of metal flux in contaminated sites. Forest Snow Landscape Research, 80(2): 221-234.

Rodríguez L, Alonso-Azcárate J, Villaseñor J, et al., 2016. EDTA and hydrochloric acid effects on mercury accumulation by *Lupinus albus*. Environmental Science and Pollution Research, 23(24): 24739-24748.

Römkens P, Bouwman L, Japenga J, et al., 2002. Potentials and drawbacks of chelate-enhanced phytoremediation of soils. Environmental Pollution, 116(1): 109-121.

Smolińska B, Bonikowski R, 2018. Activation of non-enzymatic antioxidants by *Lepidium sativum* L. exposed to Hg during assisted phytoextraction. Clean: Soil, Air, Water, 46: 1700667.

Smolińska B, Cedzyńska K, 2007. EDTA and urease effects on Hg accumulation by *Lepidium sativum*. Chemosphere, 69(9): 1388-1395.

Ullah M B, 2012. Mercury stabilization using thiosulphate and thioselenate. Vancouver: University of British Columbia.

Vassil A D, Kapulnik Y, Raskin I, et al., 1998. The role of EDTA in lead transport and accumulation by Indian mustard. Plant Physiology, 117(2): 447-453.

Wang J X, Feng X B, Anderson C W N, et al., 2011. Ammonium thiosulphate enhanced phytoextraction from mercury contaminated soil: results from a greenhouse study. Journal of Hazardous Materials, 186(1): 119-127.

Wang J X, Feng X B, Anderson C W N, et al., 2012. Implications of mercury speciation in thiosulfate treated plants. Environmental Science & Technology, 46(10): 5361-5368.

Wang J X, Xia J C, Feng X B, 2017. Screening of chelating ligands to enhance mercury accumulation from historically mercury-contaminated soils for phytoextraction. Journal of Environmental Management, 186(Pt 2): 233-239.

Xun Y, Feng L, Li Y D, et al., 2017. Mercury accumulation plant *Cyrtomiummacrophyllum* and its potential for phytoremediation of mercury polluted sites. Chemosphere, 189: 161-170.

Zaccheo P, Crippa L, Di Muzio Pasta V, 2006. Ammonium nutrition as a strategy for cadmium mobilisation in the rhizosphere of sunflower. Plant and Soil, 283(1): 43-56.

Zhang J, Tian S K, Lu L L, et al., 2011. Lead tolerance and cellular distribution in *Elsholtzia splendens* using synchrotron radiation micro-X-ray fluorescence. Journal of Hazardous Materials, 197: 264-271.

第6章 汞污染农田农艺调控策略

6.1 稻田和旱田土壤汞形态分布特征

在汞矿区，水旱轮作耕作模式使农田经历季节性淹水，这导致土壤氧化还原环境呈现显著的季节性交替变化。这种变化会对农田土壤中汞的地球化学形态及汞的活化和甲基化过程产生重要的影响。明确农田中汞的地球化学形态分布特征是深入理解水旱轮作影响土壤汞形态转化的前提。因此，本节采用连续化学浸提法系统研究旱田和稻田土壤中汞的地球化学形态，旨在评估农田利用类型的变化对土壤汞形态分布及汞活化的影响。

6.1.1 试验设计

在贵州省万山汞矿区采集了19个水田和旱田的土壤样品（采样位点见图6.1），其中稻田土壤样品9个，旱田土壤样品10个。稻田样品采集于大水溪河流两岸的农田，这些区域土壤中的汞主要来源于大水溪河水的灌溉。旱田土壤则采集于靠近汞矿坑且地势较高的区域，这些区域土壤中的汞主要来源于大气汞沉降和矿渣输入。

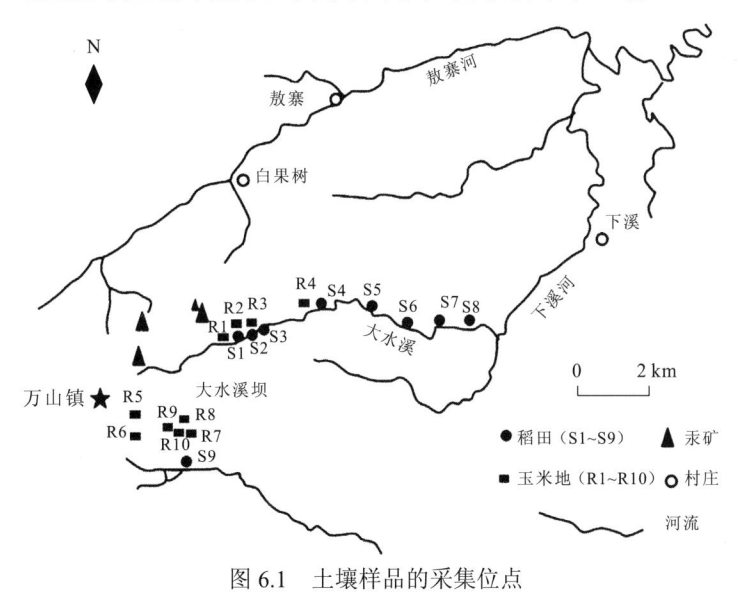

图6.1 土壤样品的采集位点

6.1.2 土壤汞含量与形态

旱田和稻田土壤中的总汞含量见表6.1。其中，旱田和稻田土壤中总汞的平均含量分别是背景值的 818 倍和 245 倍。由表 6.2 可以看出，旱田和稻田土壤中不同形态汞含量由大到小依次为：残渣态＞有机结合态＞铁锰氧化物结合态＞特殊吸附态≈溶解态与可交换态。溶解态与可交换态汞及特殊吸附态汞的移动性强，被称为生物有效态汞。

表 6.1　旱田和稻田土壤中汞的含量（平均值±标准偏差）　（单位：mg/kg）

项目	旱地（$n=10$）	稻田（$n=9$）	背景值
汞质量分数	1.7～188	18～37	0.11
平均值±标准差	90±70	27±7	

表 6.2　稻田和旱田土壤中不同形态汞的含量（平均值±标准差）　（单位：mg/kg）

类型	溶解态与可交换态汞	特殊吸附态汞	铁锰氧化物结合态汞	有机结合态汞	残渣态汞	不同形态汞含量之和	单独消解测定的总汞含量
水稻土（$n=9$）	0.001±0.002 (0.005±0.005)	0.002±0.002 (0.01±0.01)	0.2±0.28 (0.5±0.5)	15±19 (25±16)	37±43 (74±16)	56±60	60±67
玉米地（$n=10$）	0.002±0.003 (0.003±0.003)	0.004±0.009 (0.01±0.01)	6.2±10.6 (12±13)	23±20 (32±19)	64±71 (56±27)	93±79	90±70

注：括号中的数据代表每种汞形态占总汞的百分比

旱田和稻田土壤中生物有效态汞的质量分数为 0.3～11 ng/g，且这两种类型农田之间并无显著差异。万山汞矿区土壤中生物有效态汞含量与背景区土壤处于同一水平，但显著低于世界其他汞矿区土壤中生物有效态汞的含量。例如，西班牙阿尔马登汞矿区土壤中生物有效态汞质量分数为 0.2～8.0 mg/kg（Millán et al.，2006），这一数值比万山汞矿区高出 2～3 个数量级。Huang 等（2011）针对我国长江三角洲某汞污染农田的生物有效性汞含量与水稻汞含量之间的关系进行了研究，发现当土壤中生物有效性汞质量分数为 31～35 ng/g 时，水稻中的平均汞含量要远低于《食品安全国家标准　食品中污染物限量》（GB 2762—2022）中所允许的最高汞含量。鉴于万山汞矿区土壤中生物有效态汞含量普遍较低，若 Huang 等（2011）的研究结论适用于该区域，则预示着汞矿区汞污染农田中汞的迁移风险相对较低。然而，需要注意的是，农作物种植和水-旱轮作等农业活动可能会促进土壤中汞的活化。

土壤中铁锰氧化物结合态汞的含量显著高于特殊吸附态汞、溶解态与可交换态汞的含量。在稻田土壤中，铁锰氧化物结合态汞的质量分数为 0.03～0.86 mg/kg，而在旱地土壤中则高达 5～36 mg/kg。可见，稻田土壤中铁锰氧化物结合态汞含量要远低于旱田土壤，这种差异主要归因于农业生产中灌溉措施导致的土壤氧化还原环境不同。稻田长期淹水，其土壤处于相对厌氧状态，使得铁锰氧化物易于还原，这样与铁锰氧化物结合的汞被活化，导致铁锰氧化物结合态汞含量降低（Xiang et al.，1996）。章明奎等（2006）的研究也证实了这一点，他们发现稻田土壤中铁锰氧化物结合态汞的平均质量分数为 0.6 mg/kg，而旱田土壤中平均质量分数为 3.9 mg/kg。

与溶解态与可交换态汞、特殊吸附态汞和铁锰氧化物结合态汞相比，有机结合态汞和残渣态汞的移动性相对较低。在稻田和旱田土壤中，有机结合态汞的质量分数分别为 4～57 mg/kg 和 12～60 mg/kg，两者处于相近水平。残渣态汞是土壤中汞的主要赋存形态，其在稻田和旱田土壤中的质量分数分别为 4~136 mg/kg 和 3~184 mg/kg。

综上所述，旱田和稻田土壤中汞的赋存形态存在显著差异，尤其是铁锰氧化物结合态汞的含量相差 1~2 个数量级。当农田利用类型由旱田转为稻田时，可能会驱动铁锰氧化物结合态汞的活化，进而提升汞的迁移风险。此外，被活化的汞还可能通过微生物作用转化为毒性更强的甲基汞。因此，为了降低汞的活化风险，汞矿区旱田不宜调整为稻田，或在调整前需充分评估汞的活化风险。

6.2 汞污染农田水改旱调控原理

旱田和稻田土壤中汞的地球化学形态存在显著差异，且旱田中汞的环境风险相对较低。因此，将稻田转变为旱田可能是控制土壤汞环境风险的有效策略。但是，在水改旱的过程中，土壤汞的转化机制尚不明确。为了探究这一问题，利用微宇宙生物地球化学反应装置，通过准确调控氧化还原电位（E_h），模拟水改旱过程中土壤 E_h 的动态变化对汞污染土壤中汞迁移、甲基化和去甲基化过程的影响。本节旨在探究农田水改旱过程中土壤汞形态转化的生物地球化学机制，为汞污染农田安全利用提供理论依据。

6.2.1 试验设计

1. 供试土壤

供试土壤采集于贵州省某矿区汞污染农田（25°63′37.20″N，105°20′37.40″E）。该土壤的 pH 和电导率分别为 8.6 和 0.16 dS/m，有机质质量分数为 1.21%。土壤中 Hg 和 Fe 的质量分数分别为 8.9 mg/kg 和 54.8 g/kg。土壤中主要矿物包括石英、高岭石、白云母、方解石、三水铝石、锐钛矿和三氧化二铁（Fe_2O_3）等（图 6.2）。

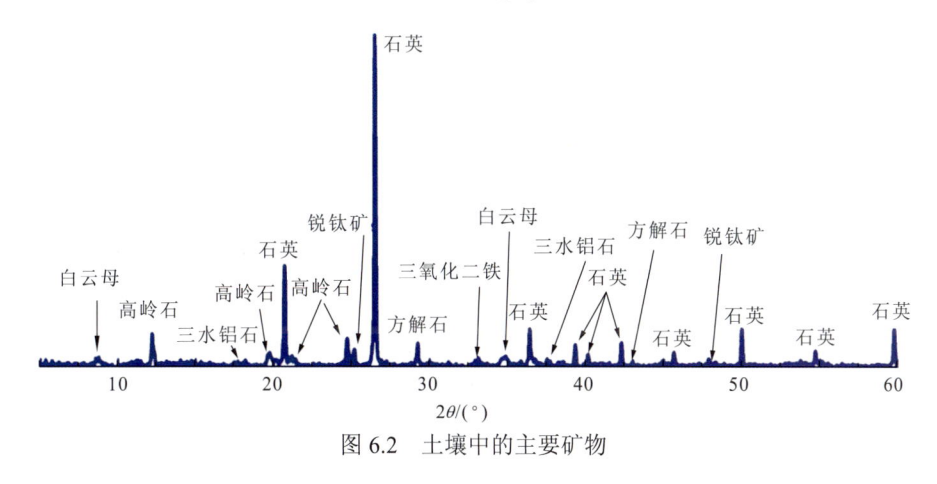

图 6.2 土壤中的主要矿物

2. 生物地球化学模拟试验

利用微宇宙生物地球化学反应装置来准确控制土壤氧化还原电位，并在线监测 E_h

和 pH。准备三组地球化学反应器（重复），将土壤与水按照 1∶8（质量比）的比例加入每组反应器中。为了避免碳源不足对微生物的潜在影响，每组反应器中均加入 15 g 秸秆和 10 g 葡萄糖。在试验初期，土壤的 E_h 降低至最低点，为-333 mV，随后逐渐上升。为了调控 E_h，向反应器中通入混合气体（N_2/O_2，79.5/20.5 体积比）或单独通入 O_2，使得土壤的 E_h 以（100±20）mV 的幅度逐步提升。除-300 mV 外，共设置 6 个 E_h 窗口（-200 mV、-100 mV、0 mV、100 mV、200 mV 和 300 mV），每个窗口下土壤保持 48 h。在培养期间，每 10 min 记录一次土壤 E_h 和 pH。在每个 E_h 窗口结束时，从每个反应器中采集 80 mL 土壤泥浆样品，在厌氧环境下进行离心。随后，在厌氧条件下，上清液分别通过 0.45 μm 和 8 μm 孔径的滤膜，以获得溶解态和溶解与胶体态的样品。将通过<0.45 μm 滤膜的滤液定义为溶解态，通过<8 μm 滤膜的滤液则被定义为溶解与胶体态，而 0.45～8.0 μm 的滤液则被视为胶体态。离心管底部的土壤沉淀被混匀后，分为 3 份，分别用于微生物群落、Fe 形态和 MeHg 含量分析。将通过<0.45 μm 滤膜的滤液进一步分为 6 份，用于测定 Fe、总汞（THg）、MeHg、DOC、SO_4^{2-} 和 Cl^- 的浓度；而通过 8 μm 滤膜的滤液则被分为 3 份，分别用于 THg、MeHg 和胶体颗粒的分析。

6.2.2 E_h 调控土壤汞活化的原理

1. E_h/pH 对土壤汞活化的影响

如图 6.3 所示，在培养过程中，土壤 E_h 在-333～+306 mV 波动，这一区间覆盖了自然条件下稻田土壤的 E_h 变动范围。同时，土壤的 pH 随 E_h 变化而发生变化：当 E_h 降低时，pH 也随之降低；反之，E_h 上升则 pH 也升高。在还原环境下，微生物代谢活动产生的 CO_2、有机酸及有机质的降解，都会导致土壤 pH 的降低。在试验初期（E_h=-300 mV），土壤 pH 降低至 6.2，较原始土壤的 pH（8.2）下降了 2 个单位。土壤 pH 的降低势必会导致 Hg 的活化。为了研究酸化对土壤汞的活化能力，利用稀酸（pH=4.2）对原始土壤中的汞进行提取。结果显示，在此酸化条件下，土壤中可被提取的汞质量浓度为 50 ng/L。这表明，当土壤 pH 降低至 4.2 时，土壤中被活化汞的质量浓度大致在 50 ng/L。

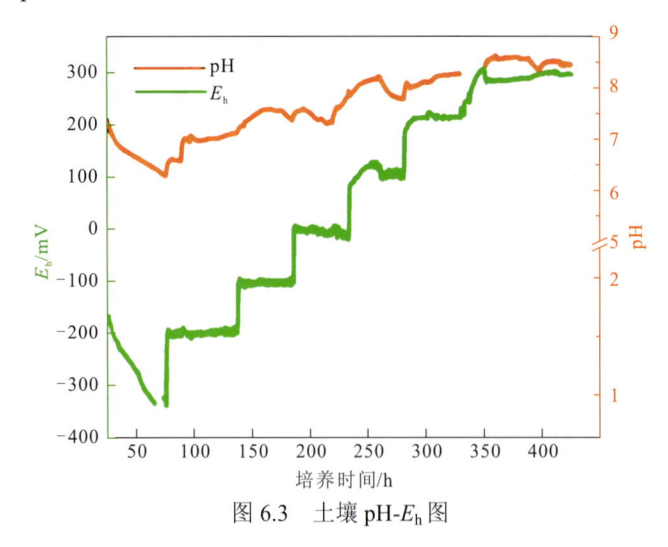

图 6.3 土壤 pH-E_h 图

如图6.4（a）所示，当E_h达到-200 mV时，土壤中溶解态总汞的含量（483 ng/L）显著高于稀酸提取态汞的含量。这一结果表明，除酸化作用外，土壤中其他生物地球化学过程共同驱动了汞的活化。当E_h从-300 mV逐渐上升至+100 mV，土壤溶解态汞的含量也随之降低。可见，在还原环境下，土壤溶液中汞的浓度（483 ng/L）要显著高于氧化环境（163 ng/L）。当E_h从+100 mV升高到+300 mV，溶解态汞的含量则略有升高。

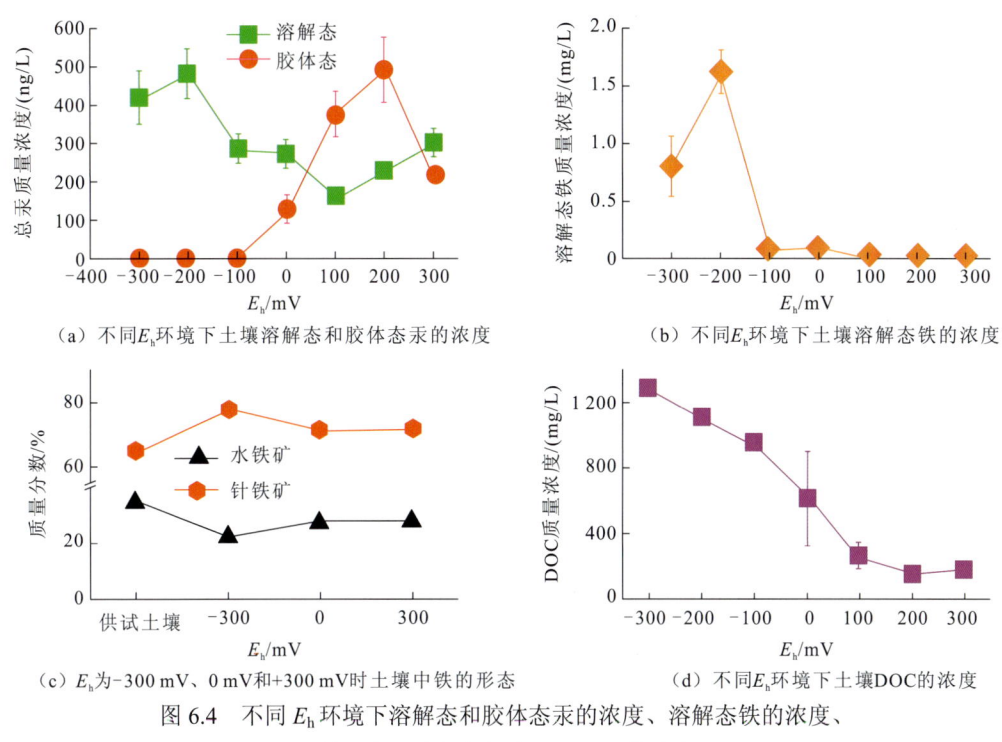

（a）不同E_h环境下土壤溶解态和胶体态汞的浓度

（b）不同E_h环境下土壤溶解态铁的浓度

（c）E_h为-300 mV、0 mV和+300 mV时土壤中铁的形态

（d）不同E_h环境下土壤DOC的浓度

图6.4　不同E_h环境下溶解态和胶体态汞的浓度、溶解态铁的浓度、铁形态和溶解有机碳（DOC）的浓度

2. 铁氧化物的氧化还原作用对Hg活化的影响

如图6.4（b）所示，在还原环境下（-300～-200 mV），土壤中的溶解态铁质量浓度介于0.81～1.65 mg/L。然而，当E_h从-100 mV上升至0 mV时，溶解态铁的质量浓度降低至0.09 mg/L。进一步地，当E_h从+100 mV上升至+300 mV时，溶解态铁的质量浓度降低至0.02 mg/L。如图6.5所示，溶解态铁和溶解态汞之间呈显著的正相关关系（R^2=0.37，$P<0.05$），这表明土壤汞的活化与铁氧化物还原氧化过程密切相关。

在还原环境下，铁氧化物的还原性溶解会释放铁及与之结合的汞。而在氧化环境下，溶解态铁通过沉淀形成的无定形铁氧化物，则能有效吸附土壤中的汞。通常，铁氧化物的还原溶解过程是由微生物驱动的，例如芽孢杆菌属（*Bacillus* spp.）中的多种细菌就具备还原铁氧化物的能力。在还原环境下（-300～-200 mV），土壤中芽孢杆菌属的相对丰度达到32%～45%（表6.3）。值得注意的是，由于有机质的存在，区分生物和非生物驱动的铁氧化物还原溶解过程具有一定的难度。与原始土壤相比，当E_h降低至-300 mV时，土壤中水铁矿的比例下降了13%，这与铁氧化物还原性溶解导致的水铁矿溶解和转化有关。当E_h从-300 mV升高至0 mV，水铁矿的比例略有提高（约6%）。随着E_h进一步升

(a) 土壤中溶解态铁含量和溶解态汞含量的线性相关关系　　(b) 土壤中铁的EXAFS K₂-加权光谱

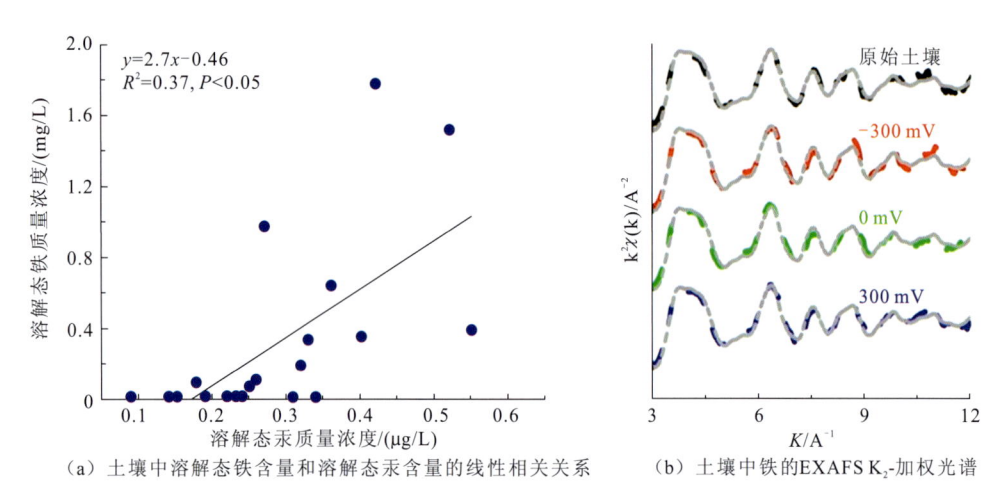

图 6.5　土壤中溶解态铁含量和溶解态汞含量的线性相关关系及土壤中铁的 EXAFS K₂-加权光谱

红色实线代表 E_h=-300 mV 时的土壤样品、绿色实线代表 E_h=0 mV 时的土壤样品、
蓝色实线代表 E_h=+300 mV 时的土壤样品、黑色实线代表原始土壤、灰色虚线为线性拟合曲线

高至+300 mV，Fe 形态没有发生明显的变化。可见，当 E_h 超过 0 mV 时，土壤中新形成的铁氧化物可能吸附汞，进而降低汞的活性[图 6.4（c）]。

3. 胶体对土壤汞活性的影响

如图 6.4(a)所示，当 E_h 介于 0~+300 mV 时，胶体态 Hg 的质量浓度为 130~495 ng/L，超过了溶解态 Hg 的质量浓度（163~303 ng/L）；当 E_h 介于-300~-100 mV 时，胶体态 Hg 的含量则明显低于溶解态 Hg。这些数据表明，土壤胶体对 Hg 活性的影响显著。图 6.6 展示了不同 E_h 环境下从土壤溶液中分离出的胶体，可以看出，当 E_h 为 0~+300 mV 时，土壤溶液中的胶体量相较于-300~-100 mV 时更为丰富。

进一步利用 STEM-EDS 分析胶体的化学组成。如图 6.7 所示，当 E_h 为-300 mV 时，胶体中含有 Ca（18%）、SiO_2（9%）、Fe（6%）、Mn（7%）和 Cu（5%）。而当 E_h 为 0 mV 和+300 mV 时，胶体中化学元素的种类和含量均有所增加。其中，Ca 与 O、Cu 与 S 及 Ca 与 S 在胶体中的空间分布特征呈现出相似性，这暗示了胶体中含有碳酸盐岩矿物（如方解石）、Cu_xS_y 和 $CaSO_4$。这些碳酸盐岩、Cu_xS_y 及铁氧化物均具有吸附汞的能力，而 $CaSO_4$ 则能与汞形成共沉淀。因此，胶体可能通过吸附和共沉淀等过程来降低土壤中溶解态汞的含量，并同时提高胶体态汞的含量。

4. DOC 和硫酸盐对 Hg 迁移的影响

当 E_h 为+200 mV 时，DOC 质量浓度为 157 mg/L；而当 E_h 降至-300 mV 时，DOC 质量浓度则上升至 1 288 mg/L[图 6.4（d）]。在低 E_h 环境下，秸秆分解会产生大量的小分子有机物，导致 DOC 浓度升高。随着 E_h 的逐步升高，DOC 浓度随之下降，这一趋势可能与高 E_h 环境下铁氧化物对 DOC 的吸附有关。土壤溶液中，DOC 和溶解态汞之间存在显著的正相关关系（R^2=0.48，$P<0.05$）（图 6.8），表明 DOC 能显著影响土壤中汞的移动性。

表 6.3　供试土壤及不同 E_h 窗口下土壤微生物群落在纲水平的相对丰度

（单位：%）

微生物	学名	供试土壤	−300 mV	−100 mV	0 mV	+100 mV	+200 mV	+300 mV
酸微菌	Acidimicrobiia	2.40	0.07	0.06	0.03	0.02	0.03	0.03
放线菌	Actinobacteria	51.82	5.63	21.08	10.98	6.35	2.16	0.82
α-变形菌	Alphaproteobacteria	7.93	1.72	6.09	23.85	18.84	21.12	23.27
厌氧绳菌	Anaerolineae	2.53	0.08	0.03	0.03	0.02	0.02	0.03
杆菌	Bacilli	1.20	44.93	31.79	11.09	9.19	5.87	3.49
拟杆菌	Bacteroidia	3.08	0.73	3.99	20.40	23.69	20.04	35.15
绿弯菌	Chloroflexia	6.39	0.06	0.05	0.04	0.07	0.06	0.04
梭菌	Clostridia	0.87	40.83	24.23	5.60	6.79	8.15	5.34
γ-变形菌	Gammaproteobacteria	4.63	4.27	10.19	26.34	32.59	40.53	29.70
革兰阴性菌	Negativicutes	0.01	0.02	0.07	0.13	1.16	0.16	0.06
沙门氏菌	Saccharimonadia	0.10	0.01	1.10	0.56	0.41	0.25	0.14
嗜热油菌	Thermoleophilia	8.13	0.21	0.13	0.09	0.07	0.09	0.06
疣微菌	Verrucomicrobiae	1.06	0.03	0.03	0.01	0.02	0.02	0.13
其他		9.84	1.40	1.16	0.85	0.77	1.50	1.76

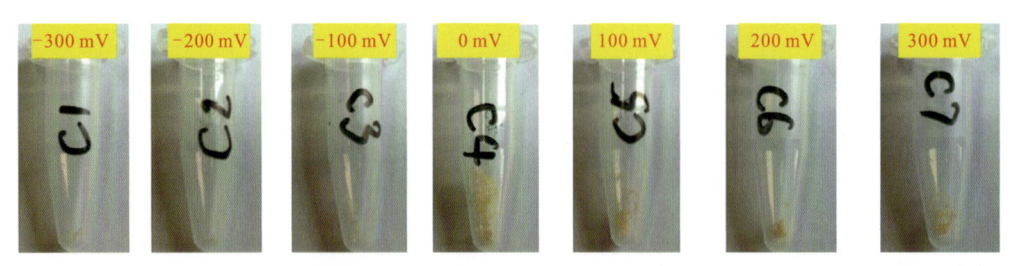

图 6.6 从土壤溶液中分离出的胶体

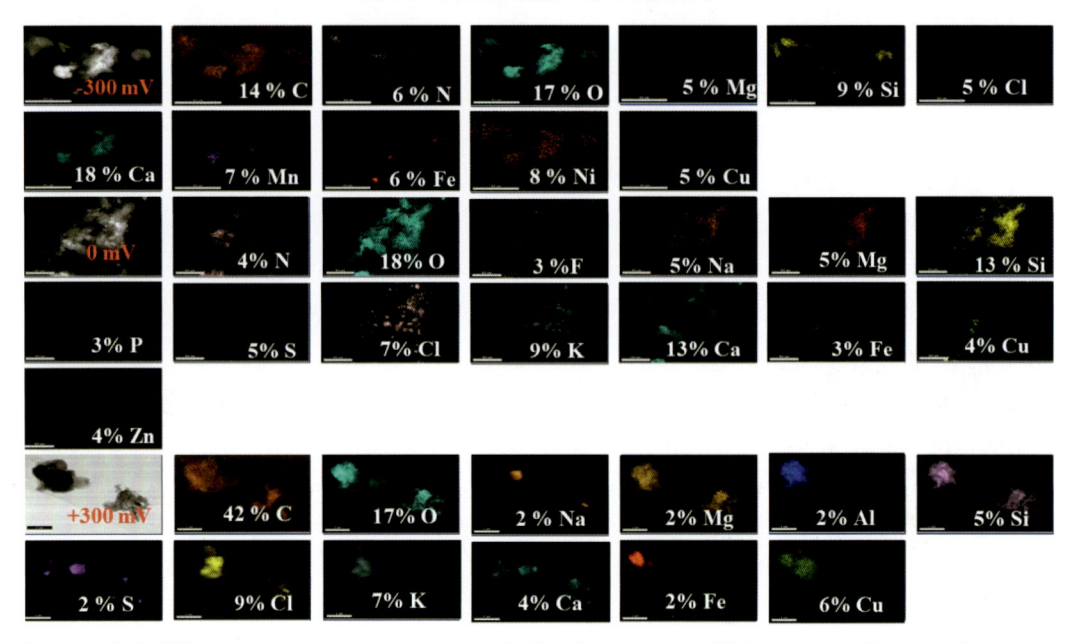

图 6.7 胶体颗粒（-300 mV、0 mV 和+300 mV）的扫描透射电子显微镜（STEM）图，以及硫（S）、铁（Fe）、锰（Mn）、铜（Cu）、钙（Ca）、硅（Si）、碳（C）、氮（N）、氧（O）、镁（Mg）、氯化物（Cl）、磷（P）、锌（Zn）、钾（K）、钠（Na）和铝（Al）的空间分布图

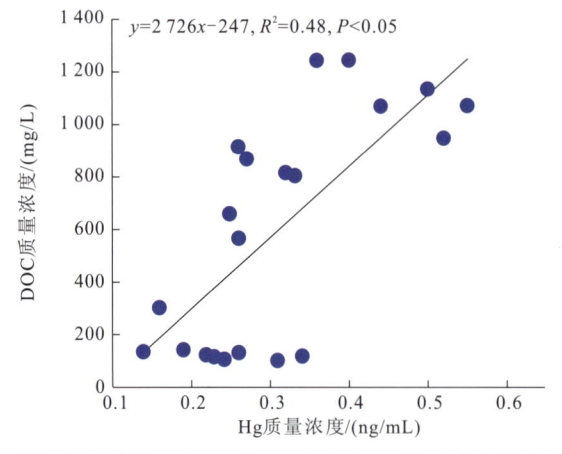

图 6.8 土壤溶液中溶解态 Hg（<0.45 μmol/L）与 DOC 之间的相关关系（$n=21$）

5. E_h 对土壤微生物群落的影响

如表 6.3 所示，在不同 E_h 环境中，土壤微生物群落的组成呈现出较大差异。当 E_h

为-300 mV 时，Clostridia 和 Bacilli 在纲水平上的相对丰度最高。然而，随着 E_h 的逐渐降低，这两种细菌的相对丰度也呈现出下降的趋势（表 6.3）。相反地，Alphaproteobacteria、Bacteroidia 和 Gammaproteobacteria 的相对丰度随着 E_h 的升高而逐步升高（表 6.3）。Clostridia 和 Bacilli 中的大部分细菌为厌氧菌，Proteobacteria、Bacteroidia 和 Gammaproteobacteria 中则有一部分细菌为好氧菌，因此土壤氧化还原环境的变化会直接影响这些菌群的丰度。

在属水平上，不同 E_h 环境中的土壤微生物群落组成呈现出显著的差异（图 6.9）。脱硫杆菌属中的多种细菌具备汞甲基化的能力，而梭菌属中则有多种细菌可能参与汞的去甲基化过程。如图 6.10 所示，当土壤 E_h 处于-300~0 mV 时，梭菌属（Clostridium spp.）和脱硫杆菌属（Desulfitobacterium spp.）的相对丰度分别为 1.4%~16%和 0.15%~1.57%。而当土壤 E_h 上升至+100~+300 mV 时，两者的相对丰度则分别降低至 0.9%~3.1%和 0.03%~0.06%。显然，梭菌属和脱硫杆菌属的相对丰度随 E_h 升高而显著降低（$P<0.05$），但当 E_h 达到+200 mV 时，它们的相对丰度保持稳定。土壤中甲基汞含量的波动很可能与脱硫杆菌属和梭菌属的丰度及活动状态密切相关。

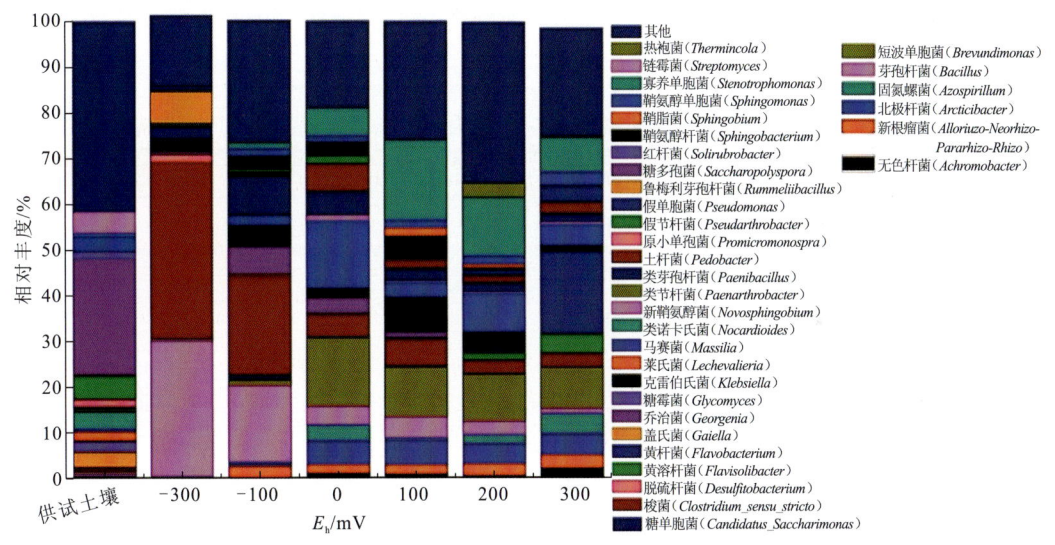

图 6.9 不同 E_h 环境中土壤微生物群落组成与相对丰度

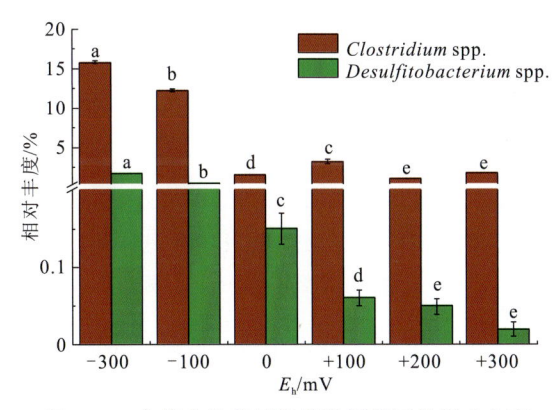

图 6.10 土壤中梭菌属和脱硫杆菌属的相对丰度

6.2.3 E_h调控土壤甲基汞的原理

如图 6.11（a）所示，土壤中溶解态甲基汞质量浓度随 E_h 升高而呈降低趋势。汞甲基化潜力与溶解态甲基汞变化趋势相似。当 E_h 为 $-300 \sim -100$ mV 时，汞甲基化潜力为 $105 \times 10^{-6} \sim 123 \times 10^{-6}$，而当 E_h 为 $0 \sim +300$ mV 时，汞甲基化潜力为 $18 \times 10^{-6} \sim 52 \times 10^{-6}$。以上结果表明，在还原环境下汞易发生甲基化。汞甲基化可通过生物和非生物途径发生。非生物甲基化需要合适的甲基供体（如甲钴胺）和环境（如生物体中），因而其在土壤中的作用相对较弱。土壤中汞甲基化过程主要是在微生物作用下完成的。脱硫杆菌属中的多种细菌具有汞甲基化能力，土壤汞甲基化潜力随着脱硫杆菌属细菌相对丰度的升高而增加，表明了脱硫杆菌属细菌与汞甲基化的关系密切（图 6.12）。

（a）土壤中溶解态和胶体态甲基汞的含量　　（b）土壤中汞的甲基化潜力

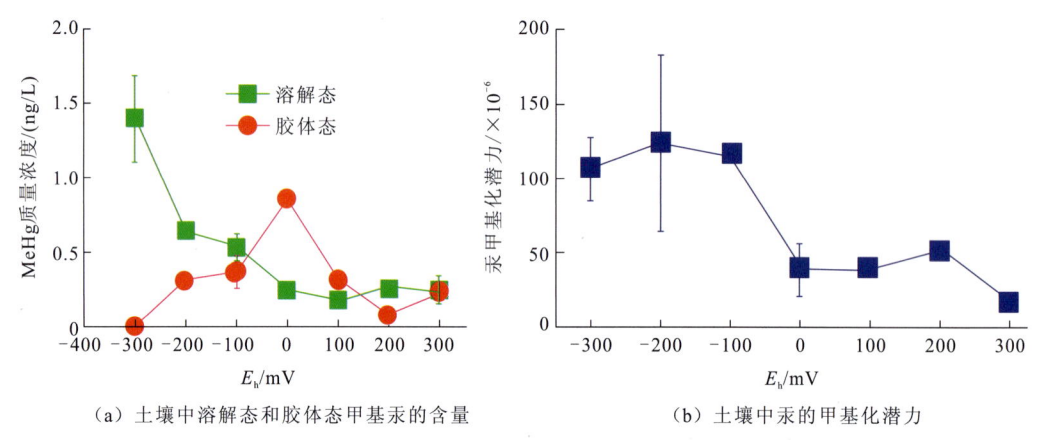

图 6.11　土壤中溶解态和胶体态甲基汞的含量及土壤中汞的甲基化潜力

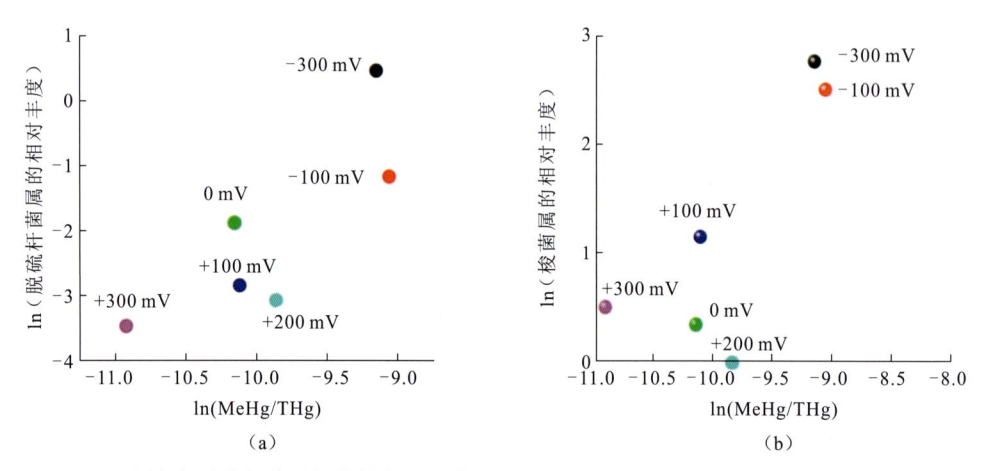

图 6.12　土壤中脱硫杆菌属细菌的相对丰度和汞甲基化潜力（MeHg/THg）的关系（a）；
土壤中梭状芽孢杆菌属细菌的相对丰度和汞甲基化潜力的关系（b）
所有数据均经过自然对数（ln）的转换

如图 6.11（b）所示，随着 E_h 的上升，土壤中胶体态 MeHg 含量与溶解态 MeHg 含量呈现出不同的变化趋势。当 E_h 从 -300 mV 升高到 0 mV 时，胶体态甲基汞含量逐渐升高，并在 0 mV 时达到峰值。然而，当 E_h 继续升高至 $+300$ mV 时，胶体态甲基汞含量开始逐渐下降。在 E_h 介于 $-300\sim0$ mV 时，胶体态 MeHg 含量在升高的同时，溶解态 MeHg 含量也随之降低，这主要归因于胶体对甲基汞的吸附作用。而当 $E_h >+100$ mV 时，溶解态与胶体态的甲基汞含量均显著下降，这主要与以下原因有关：首先，随着 E_h 升高，溶解态总汞浓度和汞甲基化细菌（如脱硫杆菌属）的相对丰度均降低，从而削弱了微生物介导的甲基化作用；其次，甲基汞的去甲基化作用也进一步降低了其含量。这种去甲基化作用既可以通过生物途径（如与梭菌属细菌相关），也可通过非生物途径发生。

汞的甲基化潜力值与 DOC/THg 呈现出显著的正相关关系，但与 Cl⁻ 浓度则呈现出显著的负相关关系（图 6.13 和图 6.14）。这一发现表明，汞甲基化过程受到溶解态汞、DOC 和 Cl⁻ 等地球化学因子的共同调控。当 DOC/THg 比值较高时，汞的甲基化潜力也随之增强。DOC 中包含不同分子量、官能团和极性的有机分子，它们对 Hg 甲基化的影响不同。有研究表明，由于化学组分的差异，浮游植物来源的有机化合物相较于陆源有机物更能促进汞的甲基化（Bravo et al.，2017）。此外，Cl⁻ 与 MeHg/THg 呈现负相关关系，表明高浓度的 Cl⁻ 能够抑制 Hg 甲基化，这可能是因为 Hg—Cl 键相较于 Hg—O 键更为稳定，不利于汞的甲基化。

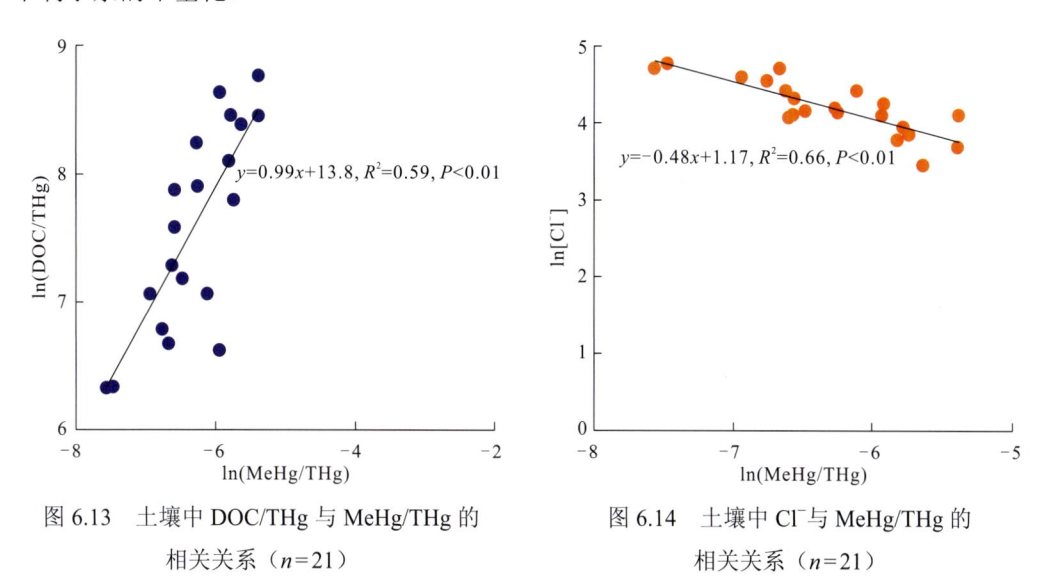

图 6.13　土壤中 DOC/THg 与 MeHg/THg 的相关关系（$n=21$）

图 6.14　土壤中 Cl⁻ 与 MeHg/THg 的相关关系（$n=21$）

6.3　汞污染农田缓释氧肥调控技术

提升稻田中的氧气含量是抑制土壤汞活化和甲基化的有效措施。在众多增氧措施中，含氧肥料因具有增氧和增肥的双重功效而备受青睐。含氧肥料的氧源包括过氧化钙和过氧化镁等。添加过氧化钙到稻田后，过氧化钙与水会快速发生反应，一方面氧气会在短时间内被释放，无法长期保持有氧环境；另一方面反应产生的氢氧化钙会导致土壤板结。因此，过氧化钙难以直接应用于农田修复中。但是，将过氧化钙制备成缓释氧肥可以克服以上难题。

缓释氧肥既能缓慢释放氧气，又具有增肥功能。缓释氧肥主要分为包膜型和无膜型两类。包膜型缓释氧肥通过在过氧化物表面涂抹低水溶性或微溶性的高分子聚合物，减缓水进入和氧气释放的速度；而无膜型缓释氧肥则是将氧源物质吸附或分散在特殊功能材料中，通过功能材料的降解逐渐释放氧气。包膜型缓释氧肥因制备程序简单、缓释效果好而被广泛使用，其缓释效能主要取决于包膜材料的性质。本节将介绍包膜型缓释氧肥的制备及其在汞污染土壤修复中的应用案例。

6.3.1 缓释氧肥的制备

按照缓释肥料的制备工艺，来制备缓释氧肥。选用过氧化钙为氧源，同时利用磷酸二氢钾（KH_2PO_4）、过磷酸钙和磷酸脲（$CO(NH_2)_2·H_3PO_4$）等作为缓冲剂，用于克服因过氧化钙与水反应产生的氢氧化钙导致基质 pH 升高的缺点。此外，选用壳聚糖、凹凸棒土等为填充剂，以及石蜡、海藻酸钠、聚丙烯酸酯等为包埋剂，以制备出不同类型的缓释氧肥。

1. 缓冲剂

过氧化钙与水反应会产生氢氧化钙，导致土壤 pH 升高，引发土壤板结和盐渍化等问题。为了克服这一缺点，选用 KH_2PO_4、过磷酸钙和磷酸脲作为缓冲剂，这些酸性肥料不仅能够调节基质的 pH，同时还能够为农作物提供养分。将这三种酸性肥料分别与过氧化钙按照 2∶1（质量比）的比例混合，并取 3 g 的混合物放入 50 mL 超纯水中（初始 pH 为 7.2），并在第 1 天、第 3 天、第 5 天、第 10 天、第 20 天和第 30 天分别测定溶液的 pH，以了解不同缓冲剂的效果。

图 6.15 展示了溶液 pH 的变化特征。KH_2PO_4、过磷酸钙和磷酸脲处理后的溶液 pH 分别为 9.14~11.91、7.50~8.26 和 5.21~5.81。其中，磷酸脲处理溶液的 pH 显著（$P<0.05$）低于 KH_2PO_4 和过磷酸钙处理组，这一结果表明磷酸脲降低溶液 pH 的效果最好，因而选择磷酸脲作为缓冲剂。此外，为了补充 K，缓冲剂中同时加入 KCl。

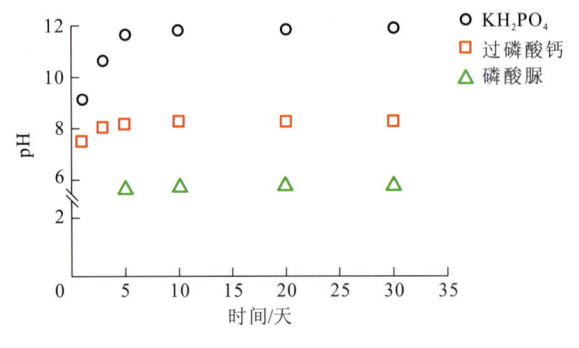

图 6.15 溶液 pH 的变化特征

2. 填充剂

填充剂在缓释氧肥的制备中发挥着关键作用，它们不仅能够减缓 CaO_2 的反应，还能作为 CaO_2 与酸性缓冲剂之间的隔离层。由于氧肥遇水才能反应，填充剂需具备亲水、分散和膨胀能力（Mikula et al., 2020）。在文献调研的基础上，选择以凹凸棒土为填充剂。凹凸棒土是一种具有链层状结构的含水富镁铝硅酸盐黏土矿物，它以其独特的分散性、抗盐碱性和强大的吸附能力，以及良好的黏结力和可塑性而著称。此外，凹凸棒土的成本较低，适宜作为缓释氧肥的填充剂。

3. 包膜剂

包膜材料决定了释氧的持久性。常见的包膜剂包括聚合物、石蜡、木质素和藻酸盐等。本小节研究以石蜡、海藻酸钠和聚丙烯酸酯为包膜剂制备氧肥的崩解特征。从表6.4可以看出，海藻酸钠的包膜效果较差，氧肥颗粒在2～3 h内便全部崩解，这可能是由于海藻酸钠溶胶中含有较多水分，在包膜过程中部分 CaO_2 就已经与水反应，产生的氧气在包膜中形成气孔，导致水分渗入氧肥颗粒内部，促进了 CaO_2 与水的反应，加速了氧肥的崩解。石蜡的包膜效果虽优于海藻酸钠，但以其为包膜材料制备出的氧肥颗粒在水溶液中仅能维持16～18 h，这一时长难以满足水稻关键生长期持续供氧的需求。石蜡包膜崩解的原因在于包膜过程中需加热溶解石蜡，导致石蜡与氧肥颗粒温度不一致，从而产生脱裂现象。此外，石蜡冷却凝固速度较快，容易形成不均匀的包膜层，这进一步影响了包膜效果。相比之下，聚丙烯酸酯作为包膜材料展现出了最佳的效果。以聚丙烯酸酯为包膜制备的氧肥在水中可维持30天以上，能够实现长时间的供氧，因此将聚丙烯酸酯作为氧肥的包膜材料。

表6.4　氧肥的崩解时间

包膜材料	海藻酸钠	石蜡	聚丙烯酸酯
崩解时间	2～3 h	16～18 h	30天以上

4. 制备流程

以 CaO_2 为氧源、磷酸脲为缓冲剂、凹凸棒土为填充剂、聚丙烯酸酯为包膜材料，按照 CaO_2：磷酸脲：凹凸棒土=23：25：25 的比例，利用圆锅造粒机进行造粒。在制备过程中，选用海藻酸钠溶液作为胶黏剂。缓释氧肥的制备工艺如图6.16所示。

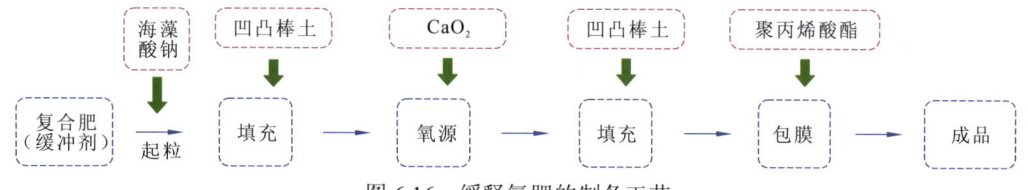

图6.16　缓释氧肥的制备工艺

具体工艺流程如下。

（1）圆锅造粒机以 30 r/min 的转速运行，加温装置设定在50℃。投入预先混合均匀的复合肥（磷酸脲+KCl 肥料）粉料，利用胶黏剂水雾迅速润湿并初步形成小颗粒，粒径控制在 0.4～0.6 mm，随后取出备用。

（2）保持圆锅造粒机转速和加温装置温度不变，将步骤（1）中制得的小颗粒投入机内，再次使用胶黏剂水雾进行湿润，随后匀速加入凹凸棒土对复合肥颗粒进行包膜（起

到隔离缓冲剂层和 CaO_2 层的作用）。此过程中不断取出颗粒进行筛分和回放，直至颗粒粒径达到 0.6~1.0 mm，包膜完成。

（3）同样保持转速和温度，将步骤（2）中制备的颗粒投入机内，用胶黏剂水雾湿润后，匀速投入过氧化钙粉末进行表面包膜。其间持续筛分、回放，直至颗粒粒径增大至 2~3 mm。

（4）继续保持转速和温度，向步骤（3）中制备的颗粒喷洒胶黏剂水雾，随后均匀加入凹凸棒土作为填充剂，继续在颗粒表面进行包膜。经过筛分和回放，直至颗粒粒径增大至 4~5 mm。

（5）将圆锅造粒机转速维持在 30 r/min，将加温装置温度升至 60 ℃。向步骤（4）中制备的颗粒上缓慢喷涂聚丙烯酸酯乳液作为包膜剂，直至颗粒表面被完全覆盖。

（6）最后将成型的缓释氧肥颗粒放入烘箱中，在 60 ℃的条件下进行烘干。随后，将氧肥颗粒取出在室温下冷却，获得缓释氧肥颗粒。

5. 缓释氧肥表征

图 6.17 展示了所制备的缓释氧肥的形貌、结构和矿物组分。这些缓释氧肥由 4 层矿物/肥料包裹结构组成，它们呈灰色球状颗粒，平均粒径为（7±2）mm。缓释氧肥的主要矿物成分包括 SiO_2、CaO_2、$CaCO_3$ 和 $Ca(OH)_2$。其中，SiO_2 源于凹凸棒土，而 CaO_2 源于过氧化钙。$Ca(OH)_2$ 和 $CaCO_3$ 是在缓释氧肥制备过程中，过氧化钙与水等发生化学反应生成的。以上结果说明，CaO_2 被成功地包裹在肥料颗粒中，形成了稳定的缓释体系。

（a）缓释氧肥颗粒照片　　（b）缓释氧肥的结构示意图

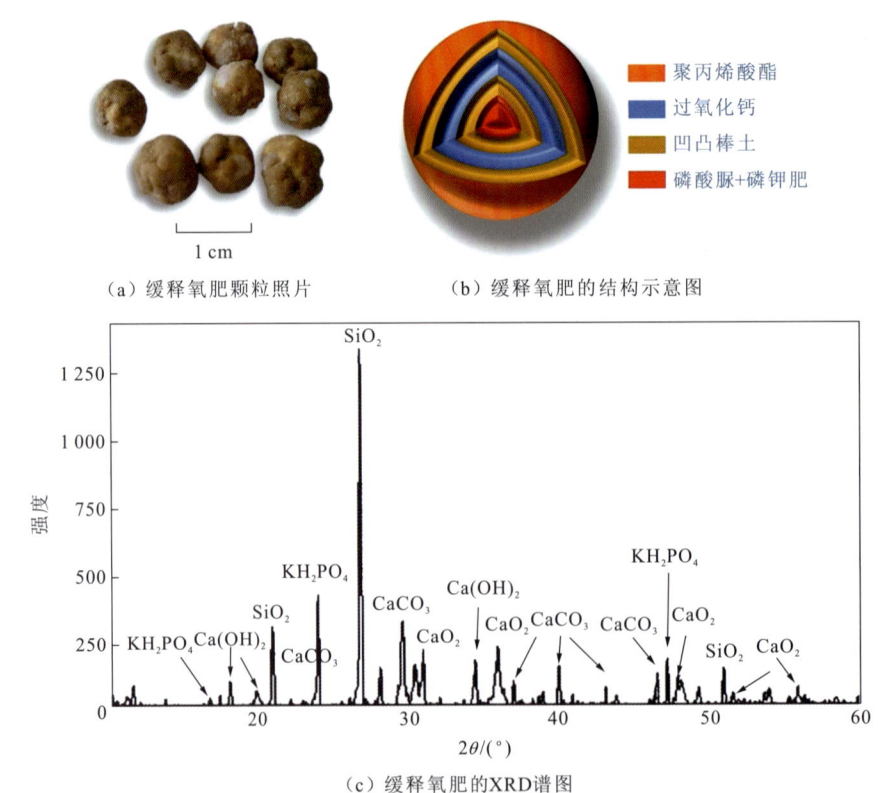

（c）缓释氧肥的XRD谱图

图 6.17　缓释氧肥形貌、结构示意图及 XRD 谱图

6. 缓释氧肥对水溶液 pH 的影响

准确称取 2 g 缓释氧肥于干净的 50 mL 离心管中，加入 40 mL 超纯水，标记为缓释氧肥组。同时称取 0.66 g CaO_2 粉末（相当于 2 g 缓释氧肥中 CaO_2 的含量）置于 50 mL 离心管中，加入 40 mL 超纯水，标记为 CaO_2 组。每个处理均设置 3 个重复。在培养过程中，分别在第 0 天、第 5 天、第 10 天、第 15 天、第 30 天、第 60 天、第 90 天测定水溶液的 pH。

图 6.18 展示了缓释氧肥组和 CaO_2 组水溶液 pH 的变化情况。CaO_2 组溶液的 pH 在 9.01~13.23 波动，特别是在前 5 天内 pH 急剧上升，随后稳定在 13.1 左右直至试验结束，溶液呈强碱性。相比之下，缓释氧肥组溶液的 pH 在 6.52~8.97 波动，前 30 天呈现缓慢升高的趋势，第 30 天后稳定在 8.8 左右。与 CaO_2 组相比，缓释氧肥组的水溶液 pH 显著降低（$P<0.05$）。这主要归因于缓释氧肥中磷酸脲的水解，水解产生的磷酸能够中和 OH^-，从而降低了溶液的 pH［如式（6.1）所示］。由此可见，通过优化缓释氧肥的配方，可以使溶液 pH 保持在中性至微碱性范围内。这也意味着在土壤中施加缓释氧肥时，不会造成土壤碱化，从而避免了土壤板结和盐渍化的问题。

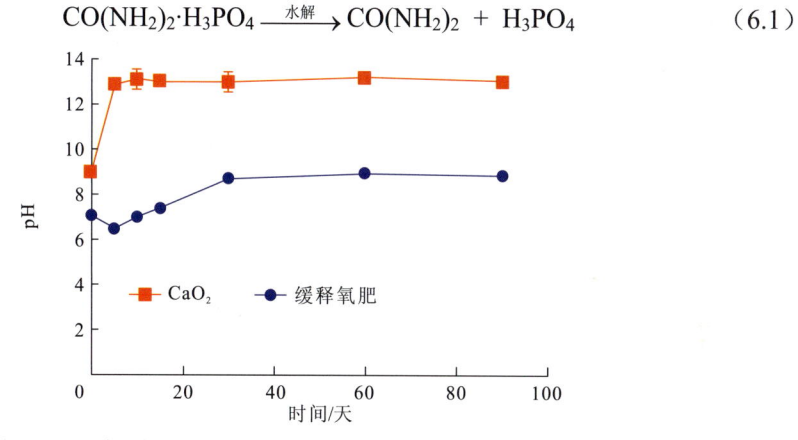

$$CO(NH_2)_2 \cdot H_3PO_4 \xrightarrow{水解} CO(NH_2)_2 + H_3PO_4 \quad (6.1)$$

图 6.18　添加缓释氧肥和 CaO_2 后溶液 pH 随时间的变化特征

7. 缓释氧肥的释氧特征

准确称取 2 g 缓释氧肥于 50 mL 离心管中，加入 40 mL 超纯水，作为缓释氧肥组。同时，称取 0.66 g CaO_2 粉末（相当于 2 g 缓释氧肥中 CaO_2 的量）置于 50 mL 离心管中，加入 40 mL 超纯水，标记为 CaO_2 组。此外，向 50 mL 离心管中加入 40 mL 超纯水作为对照组（不加 CaO_2 与缓释氧肥）。每个处理均设置 3 个重复。分别在第 0 天、第 5 天、第 10 天、第 15 天、第 30 天、第 60 天、第 90 天测定水溶液中的溶解氧浓度，并计算 CaO_2 组和缓释氧肥组的净溶解氧值。

图 6.19 展示了 CaO_2 组和缓释氧肥组溶液中溶解氧浓度的变化情况。CaO_2 处理溶液中，净溶解氧质量浓度在 0.05~7.38 mg/L 波动，特别是在第 15~20 天，净溶解氧质量浓度达到 7.38 mg/L，随后在第 20~30 天急剧下降，呈现出先上升后下降的趋势。而缓释氧肥处理溶液中，净溶解氧质量浓度在 0.06~4.78 mg/L 波动，在第 10 天达到

4.78 mg/L，并在第 10～30 天保持在 4.1 mg/L 左右，之后逐渐降低。与 CaO_2 处理组相比，缓释氧肥处理组中净溶解氧浓度的变化幅度较小，溶解氧质量浓度保持在 2.0～4.1 mg/L，维持了约 60 天，达到了缓释氧的目的。综上所述，以 CaO_2 为肥芯、磷酸脲为缓冲剂、凹凸棒土为填充剂、海藻酸钠为胶黏剂、聚丙烯酸酯为包膜剂制备出的缓释氧肥，具备较强的缓释氧的能力。

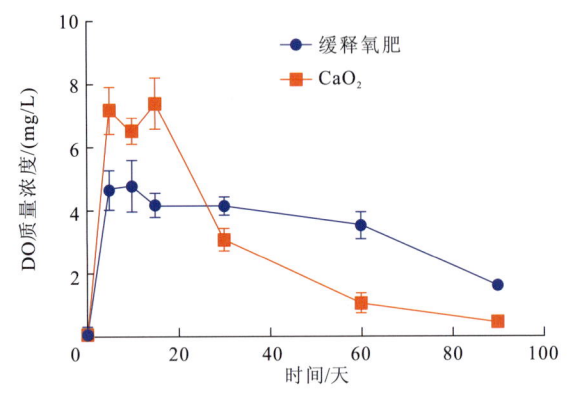

图 6.19　缓释氧肥和 CaO_2 处理水溶液中溶解氧浓度随时间的变化特征

6.3.2　缓释氧肥最佳施用条件

1. 试验设计

采集贵州省万山汞矿区四号矿坑周边的汞污染稻田土壤用于试验。该采样点土壤的总汞质量分数高达 348 mg/kg，这一数值超出我国《土壤环境质量　农用地土壤污染风险管控标准（试行）》（GB 15618—2018）中的水田土壤风险筛选值（0.6 mg/kg）。表 6.5 列出了供试土壤的基本理化性质。四号矿坑土壤中的主要矿物包括石英、白云石、方解石、透长石和白云母。

表 6.5　供试土壤的基本理化性质（$n=3$）

理化性质	单位	四号矿坑土壤
pH		7.62±0.01
总汞	mg/kg	348±17.5
甲基汞	μg/kg	2.05±0.23
粒径 < 4 μm	%	25.5
粒径 4～63 μm	%	70.0
粒径 > 63 μm	%	4.42

将 20 g 过筛的土壤置于若干个 50 mL 离心管中，并将这些离心管随机分为 4 组，包括：对照组（不添加缓释氧肥）、每 20 g 土壤添加 0.05 g 缓释氧肥（0.25%）、每 20 g 土壤添加 0.20 g 缓释氧肥（1%）、每 20 g 土壤添加 0.40 g 缓释氧肥（2%）。具体试验处理见表 6.6。将离心管置于厌氧手套箱中，共培养 90 天。在培养期间，分别在第 1 天、第 7 天、第 14 天、第 30 天、第 60 天、第 90 天采集土壤溶液和土壤样品，测定土壤溶液

中的溶解态总汞和溶解态甲基汞浓度，以及土壤中的甲基汞含量。

表 6.6 试验处理详情

处理组	土重/g	水/mL	缓释氧肥/g	标记
对照组	20	40	0	S1
0.25%缓释氧肥	20	40	0.05	S2
1%缓释氧肥	20	40	0.2	S3
2%缓释氧肥	20	40	0.4	S4

2. 不同剂量缓释氧肥对土壤中汞活化的影响

图 6.20 展示了各处理组土壤溶液中 THg 浓度的变化特征。在对照组中，THg 质量浓度为 0.49~1.90 μg/L。具体来看，第 1 天土壤溶液中 THg 质量浓度为 0.49 μg/L，随后在第 7 天上升至 1.78 μg/L，之后呈现缓慢下降趋势，直至第 30 天降至 1.09 μg/L。随培养时间的进一步延长，溶解态 THg 含量再次呈现上升的趋势，并在第 60 天后保持在 1.8 μg/L 左右。

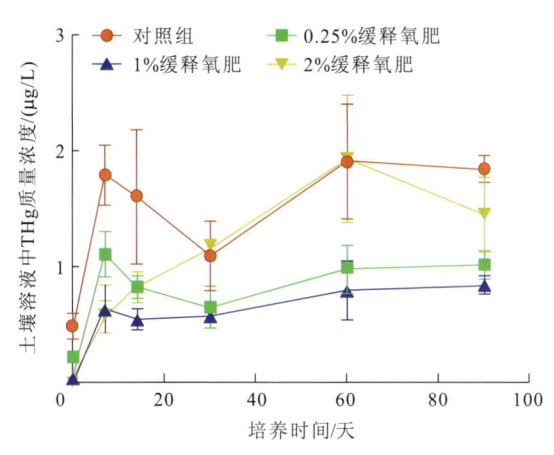

图 6.20 不同处理组土壤与土壤溶液中的 THg 浓度

对于 0.25%缓释氧肥处理组，土壤溶液中 THg 质量浓度在 0.20~1.11 μg/L 波动。其变化趋势与对照组相似，即先升高后降低，随后再次升高。在第 7 天，THg 质量浓度达到 1.1 μg/L，之后在第 30 天降至 0.6 μg/L，第 60 天后保持在 1.0 μg/L 左右。

在 1%缓释氧肥处理组中，土壤溶液中的 THg 质量浓度在 0.04~0.83 μg/L，第 7 天汞质量浓度升至 0.63 μg/L，之后保持在 0.70 μg/L 左右。

在 2%缓释氧肥处理组中，土壤溶液中的 THg 质量浓度为 0.06~1.92 μg/L，整体呈现升高趋势。特别是在第 1~7 天，THg 质量浓度升至 0.57 μg/L，并在第 60 天达到最大（1.92 μg/L）。与对照组相比，0.25%和 1%缓释氧肥处理组土壤溶液中的平均 THg 质量浓度分别降低了 44%和 58%。可见，添加 0.25%和 1%缓释氧肥对稻田土壤中汞的活化起到了明显的抑制作用，且 1%缓释氧肥对土壤汞的钝化效果要优于 0.25%缓释氧肥的处理效果。

在前 30 天内，2%缓释氧肥处理的土壤溶液中，总汞浓度相较于对照组呈现较低水平，然而在 30 天后，两组汞浓度的差异在统计学上并不显著。这一结果表明，与其他缓释氧肥处理组相比，2%的缓释氧肥处理在某种程度上促进了土壤中汞的活化。缓释氧肥中含有磷酸脲等肥料，这些肥料进入土壤后可能通过生物和非生物过程促进了汞的活化（Frohne et al.，2012）。在 2%缓释氧肥处理组中，通过缓释氧肥带入土壤的肥料最多，因而可能对汞的活化作用更为明显。这种活化作用在某种程度上削弱了缓释氧肥对土壤汞的钝化效果。

综上所述，添加 1%的缓释氧肥对土壤汞的钝化效果最佳。

3. 不同剂量缓释氧肥对土壤甲基汞的影响特征

如图 6.21（a）所示，对照组土壤中甲基汞的质量分数介于 2.59～21.51 μg/kg，其呈现先上升后下降的变化趋势。在第 30 天，土壤甲基汞质量分数最高，其值达到了 21.51 μg/kg。然而，随着时间的推移，甲基汞质量分数逐渐降低并在第 90 天后降至 9.27 μg/kg。

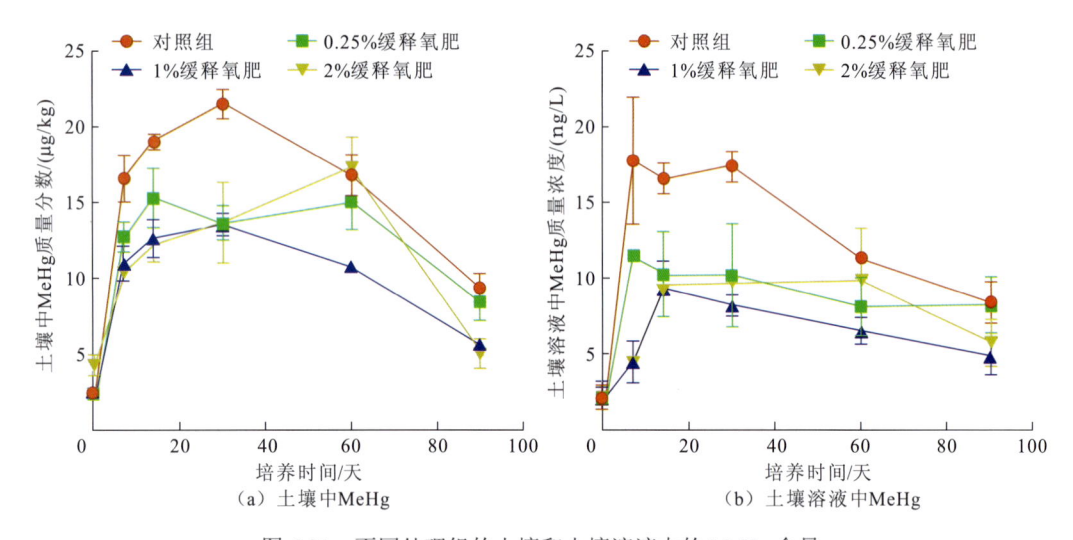

图 6.21　不同处理组的土壤和土壤溶液中的 MeHg 含量

在 0.25%缓释氧肥处理组中，甲基汞质量分数介于 3.21～15.25 μg/kg。在第 14 天，甲基汞质量分数最高，其值达到了 15.25 μg/kg，随后呈现缓慢下降的趋势，至第 90 天降至 8.37 μg/kg。在 1%缓释氧肥处理组中，甲基汞质量分数介于 2.72～13.53 μg/kg，其变化趋势与对照组相似。在第 1～7 天内，其质量分数上升至 10.96 μg/kg，并在第 30 天达到最大（13.53 μg/kg），随后在第 90 天降至 5.52 μg/kg。在 2%缓释氧肥处理组中，甲基汞质量分数介于 4.2～17.27 μg/kg，呈现出先升高后下降的趋势。在第 60 天，其质量分数达到最大，而到了第 90 天，则降低至 5.01 μg/kg。

相较于对照组，0.25%、1%和 2%缓释氧肥处理分别使土壤中的平均甲基汞质量分数降低了 20%、36%和 30%，这明确表明不同剂量的缓释氧肥对稻田土壤中的甲基汞均具有一定的抑制作用。从抑制效果来看，1%缓释氧肥的处理效果最好，2%缓释氧肥处理效果次之，0.25%缓释氧肥处理效果最弱。

图 6.21（b）展示了土壤溶液中的甲基汞含量。在对照组中，土壤溶液的甲基汞质量浓度介于 2.40～17.71 ng/L。甲基汞质量浓度在第 7 天升至 17.71 ng/L，之后呈缓慢下降的趋势，直至第 90 天后降低至 8.38 ng/L。在 0.25%缓释氧肥处理的土壤溶液中，甲基

汞质量浓度介于 2.44~11.47 ng/L。第 7 天达到最大值 11.47 ng/L，随后呈缓慢下降趋势，至第 90 天其质量浓度降低至 8.18 ng/L。在 1%缓释氧肥处理土壤的溶液中，甲基汞质量浓度介于 2.25~9.22 ng/L。整体而言，其变化趋势与对照组相似，即在第 7 天达到最大值 9.22 ng/L，之后在第 90 天降至 4.84 ng/L。在 2%缓释氧肥处理的土壤溶液中，甲基汞质量浓度在 2.24~9.79 ng/L。它在前 14 天内有所上升，但之后变化幅度较小，直至第 60 天达到 9.79 ng/L。

与对照组相比，0.25%、1%和 2%缓释氧肥处理土壤溶液中的平均甲基汞含量分别降低了 29%、51%和 41%，这与土壤甲基汞含量的变化趋势相吻合。总体来看，1%缓释氧肥处理在降低土壤溶液甲基汞含量方面的效果最为显著。

6.3.3　缓释氧肥调控土壤汞活性原理

1. 试验设计

本小节研究添加 1%缓释氧肥对不同类型汞污染土壤中汞的活化和甲基化的影响机制。选用四号矿坑、垢溪和滥木厂三种类型汞污染土壤作为研究对象，在厌氧手套箱中开展培养实验。供试土壤的基本理化性质见表 6.5 和表 6.7。每种汞污染土壤均设置了对照（无缓释氧肥）和 1%缓释氧肥处理组，共 6 个处理组。具体试验设计见表 6.8。试验周期为 90 天，分别在第 1 天、第 7 天、第 14 天、第 30 天、第 60 天、第 90 天采集土壤溶液和土壤样品。在厌氧环境下采集土壤样品，同时测定 DO 浓度、pH 和 E_h。将土壤溶液过 0.45 μm 滤膜，随后将滤液分为 5 份，分别用于 DOC、微量元素、二价铁、溶解态总汞和溶解态甲基汞含量的测定。将土壤冷冻干燥后，用于土壤甲基汞含量的测定。

表 6.7　供试土壤的基本理化性质（$n = 3$）

理化性质	单位	滥木厂（L）	垢溪（G）
pH		4.45±0.01	7.53±0.02
总汞	mg/kg	74.0±6.37	9.40±0.59
甲基汞	μg/kg	1.95±0.16	8.47±0.76
粒径 < 4 μm	%	60.4	35.0
粒径 4~63 μm	%	39.5	63.5
粒径 > 63 μm	%	0	1.41

注：因修约加和不为 100%

表 6.8　试验设计

处理组	土重/g	水/mL	缓释氧肥/g	标记
四号矿坑对照组	20	40	0	S1
四号矿坑 1%缓释氧肥	20	40	0.2	S3
垢溪对照组	20	40	0	G1
垢溪 1%缓释氧肥	20	40	0.2	G2
滥木厂对照组	20	40	0	L1
滥木厂 1%缓释氧肥	20	40	0.2	L2

2. 缓释氧肥对不同类型汞污染土壤中汞活化的影响

图 6.22 展示了不同类型汞污染土壤中溶解态 Hg 含量随时间的变化特征。在滥木厂土壤中，对照组土壤溶液中的 Hg 质量浓度介于 1.86~4.98 μg/L，而缓释氧肥处理土壤溶液中的汞质量浓度介于 0.18~0.37 μg/L。在四号矿坑土壤中，对照组土壤溶液中 THg 质量浓度介于 0.49~1.90 μg/L，而缓释氧肥处理土壤溶液中的 Hg 质量浓度介于 0.53~0.83 μg/L。类似地，在垢溪土壤中，对照组土壤溶液中 Hg 质量浓度介于 0.16~0.57 μg/L，而缓释氧肥处理土壤溶液的 Hg 质量浓度介于 0.09~0.19 μg/L。由此可见，经缓释氧肥处理后，滥木厂、四号矿坑和垢溪的土壤溶液中 Hg 的浓度均显著降低，表明缓释氧肥能有效抑制土壤中汞的活化。

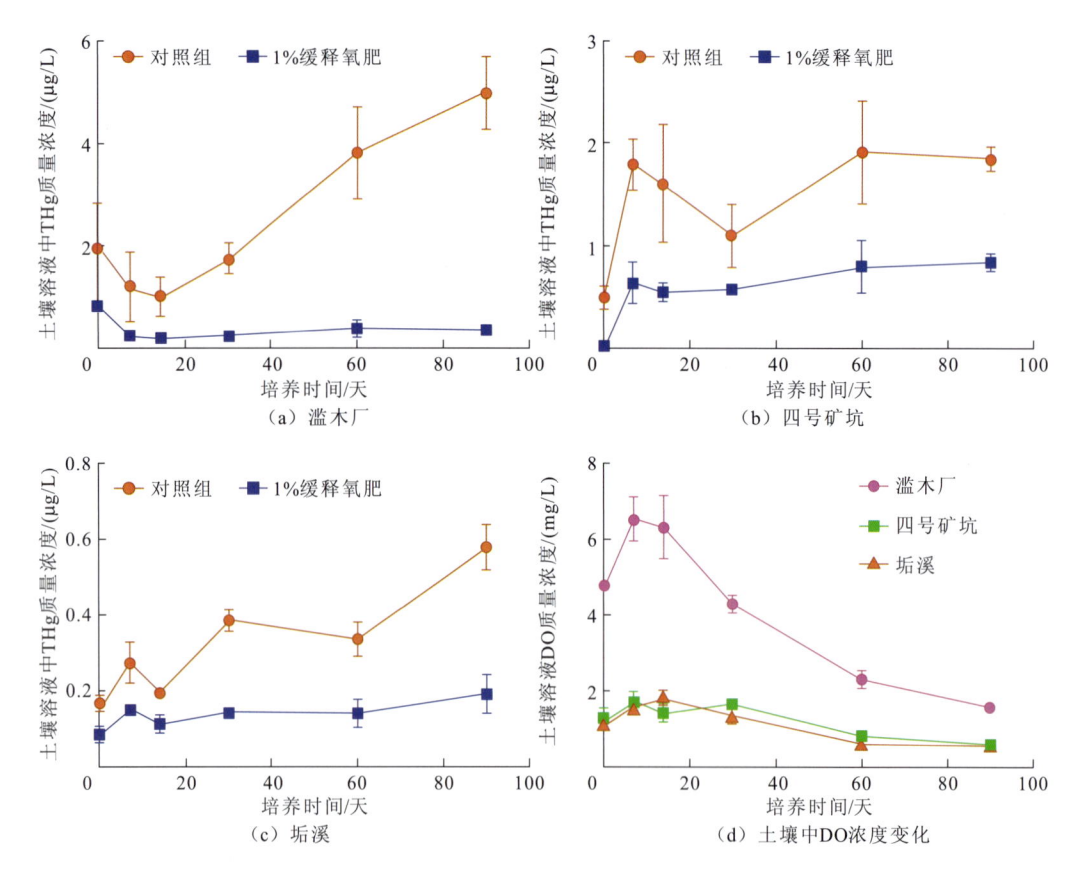

图 6.22 不同类型汞污染土壤溶液中 THg 和 DO 浓度的变化特征

进一步分析数据发现，滥木厂土壤溶液中 Hg 浓度降低的比例最大，这一现象可能与缓释氧肥处理后，该土壤中氧气含量最高有关。缓释氧肥处理后，滥木厂土壤中 DO 质量浓度为 1.58~6.53 mg/L，显著高于四号矿坑（0.60~1.73 mg/L）和垢溪（0.54~1.53 mg/L）。滥木厂土壤粒径大小分布与四号矿坑和垢溪不同（表 6.5 和表 6.7）。在滥木厂土壤中，粒径小于 4 μm 的颗粒占比达 60.4%，而四号矿坑和垢溪土壤中这一粒径的颗粒占比则分别为 25.52% 和 35.03%。通常，土壤颗粒越小，其黏结力越大，易形成粒径更大的团聚体，这种大的团聚体结构有利于缓释氧肥与水的反应，促进氧气的释放。

3. 缓释氧肥对不同类型汞污染土壤中汞甲基化的影响

图 6.23 展示了滥木厂、四号矿坑和垢溪土壤中甲基汞含量随培养时间的变化特征。在滥木厂土壤中，对照组的甲基汞质量分数为 1.95~24.86 µg/kg；缓释氧肥处理土壤中，甲基汞质量分数则始终保持在 0.71~1.96 µg/kg。在四号矿坑土壤中，对照组的甲基汞质量分数为 2.59~21.51 µg/kg；缓释氧肥处理组中甲基汞质量分数则为 2.72~13.53 µg/kg。在垢溪土壤中，对照组的甲基汞质量分数为 8.47~23.10 µg/kg；缓释氧肥处理组中甲基汞质量分数为 6.32~12.13 µg/kg。由此可见，缓释氧肥处理后，三种类型汞污染土壤中甲基汞含量均显著降低。

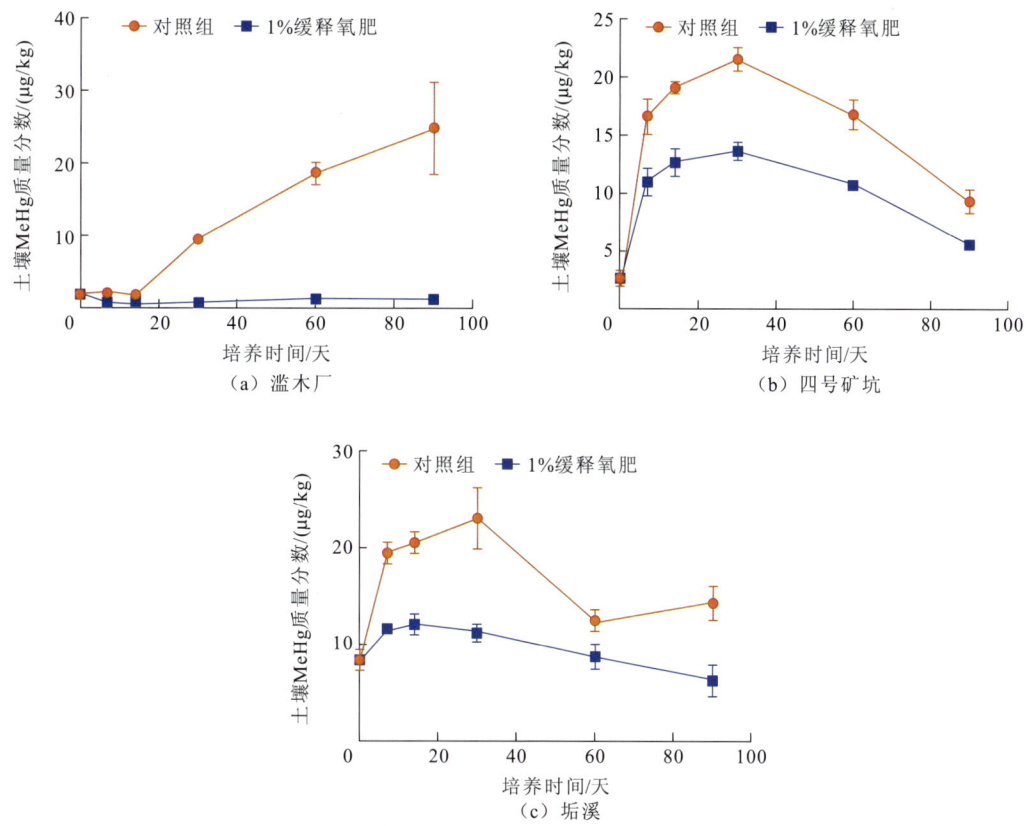

(a) 滥木厂

(b) 四号矿坑

(c) 垢溪

图 6.23 不同类型汞污染土壤中 MeHg 含量的变化特征

4. 缓释氧肥调控土壤汞活性的原理

以滥木厂土壤为研究对象，探究缓释氧肥调控土壤汞活性的机制。图 6.24 展示了土壤溶液中 pH、DO 和 E_h 的变化趋势。对照组土壤 pH 介于 4.61~4.82，而在缓释氧肥处理组中，pH 为 4.47~5.26。可见，缓释氧肥处理并没有显著提高土壤的 pH。对于土壤的 DO 浓度，对照组的 DO 质量浓度介于 0.10~1.23 mg/L，前 7 天内迅速下降至 0.30 mg/L 后保持稳定。缓释氧肥处理组的 DO 质量浓度则介于 1.5~6.5 mg/L，最高值出现在第 15~20 天内，之后逐渐降低至 1.58 mg/L 左右。在培养期间，缓释氧肥施用导致土壤的 DO 浓度保持在较高水平。对于土壤的 E_h，对照组土壤溶液的 E_h 从第 1 天的 142 mV 降至第

7 天的-152 mV，随后在-160 mV 左右波动，表明土壤逐渐呈厌氧环境。缓释氧肥处理组的 E_h 在 58～273 mV 变化，在培养初期迅速下降后稳定在 80 mV 左右，相较于对照组显著（$P<0.05$）升高。

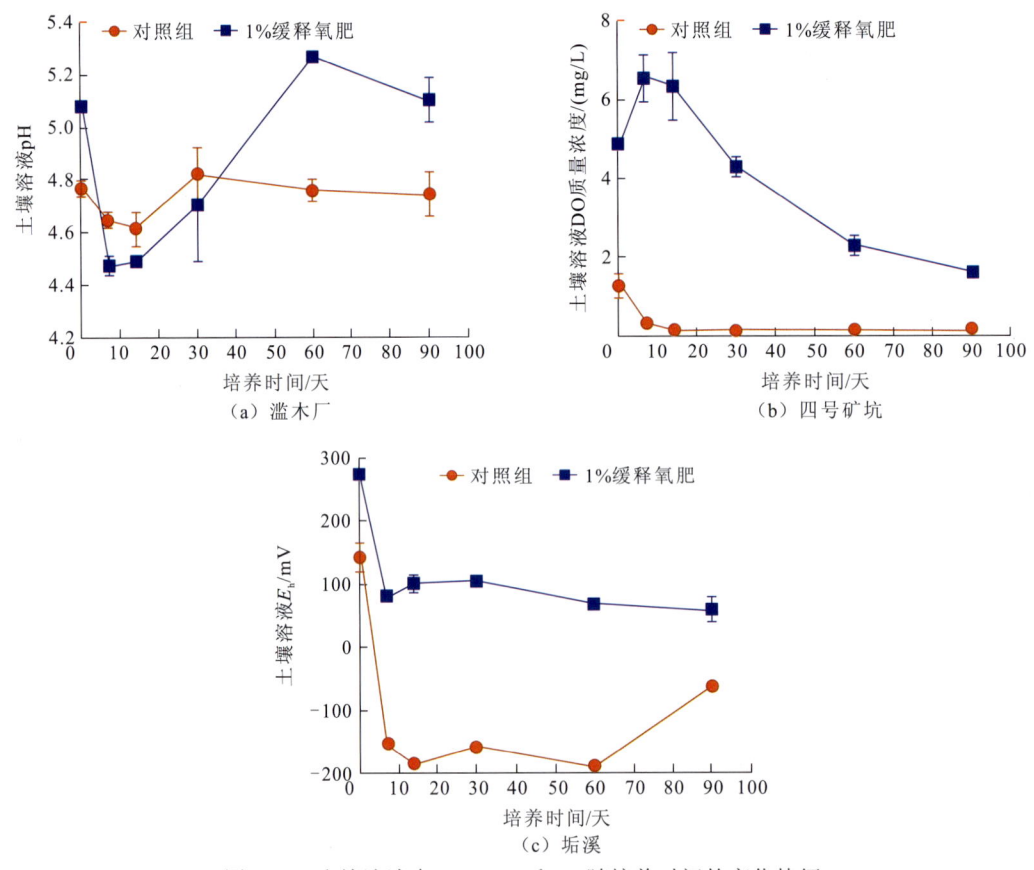

图 6.24　土壤溶液中 pH、DO 和 E_h 随培养时间的变化特征

如图 6.25 所示，对照组土壤中溶解态 Fe 和 Mn 物质的量浓度分别介于 5.21～492.96 μmol/L 和 21.05～95.59 μmol/L。在培养初始阶段，溶解态 Fe 和 Mn 物质的量浓度分别为 5.21 μmol/L 和 21.05 μmol/L，但第 90 天后溶解态 Fe 和 Mn 物质的量浓度分别升高至 492.96 μmol/L 和 89.48 μmol/L。

相较于对照组，缓释氧肥处理土壤中溶解态 Fe 和 Mn 的含量显著（$P<0.05$）降低，这表明缓释氧肥抑制了铁锰氧化物的还原性溶解。所有处理组土壤中溶解态 Fe 和 Mn 含量均与 E_h 呈显著的负相关关系，即 E_h 越低，土壤中 Fe 和 Mn 的还原性溶解作用就越强。溶解态 Hg 含量与溶解态 Fe 和 Mn 含量分别呈显著的正相关关系，这归因于铁锰氧化物的还原性溶解释放了与之结合的汞，同时也表明了土壤中汞的活化受铁锰氧化物还原溶解过程的调控（Wang et al.，2021；Ullrich et al.，2001）。与对照组相比，缓释氧肥处理土壤溶液中的 THg 浓度降低了 93%[图 6.25（a）]。以上结果表明，缓释氧肥通过提升土壤氧化还原电位，抑制了铁锰氧化物的还原性溶解，从而抑制了土壤中汞的活化。

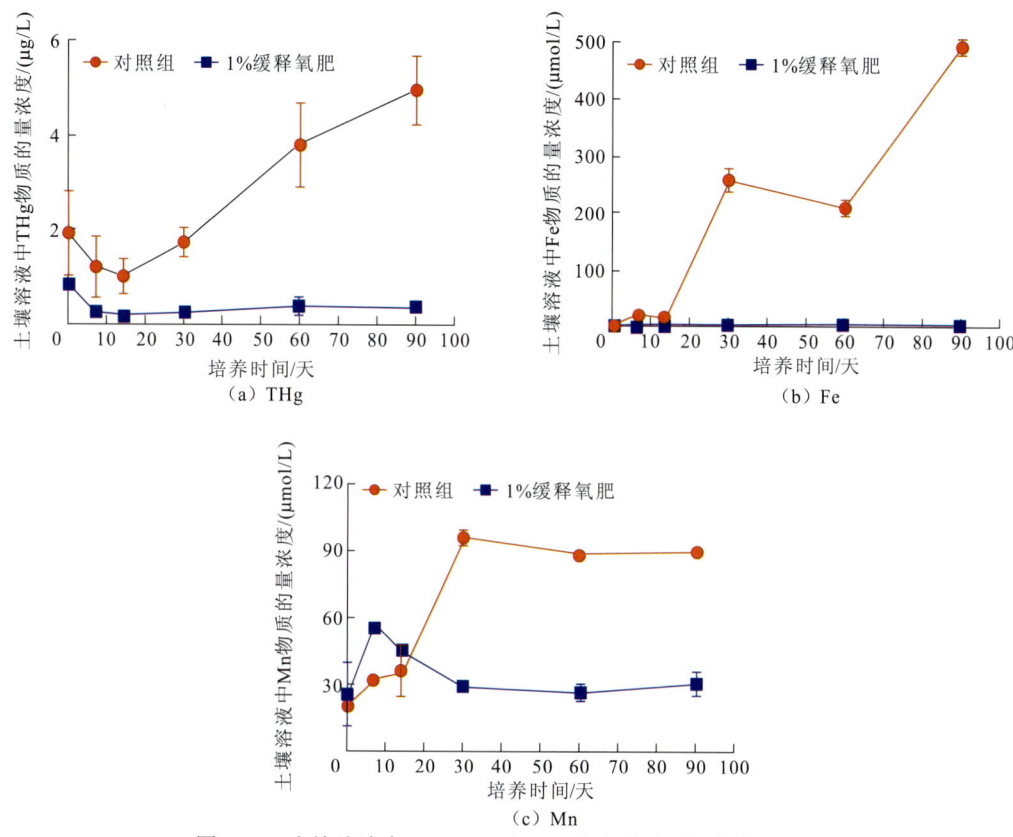

图 6.25 土壤溶液中 THg、Fe 和 Mn 的含量随时间的变化特征

5. 缓释氧肥降低土壤甲基汞的原理

甲基汞主要是无机汞在微生物的作用下生成的（Bravo et al.，2020；Liu et al.，2019）。因此，土壤中汞的生物有效性和汞甲基化微生物活性都会影响甲基汞的生成（Azaroff et al.，2020）。当土壤中汞的生物有效性高时，甲基汞含量也随之升高（Yin et al.，2022；Natasha et al.，2020）。

如图 6.26（a）和（b）所示，与对照组相比，缓释氧肥处理后，土壤溶液中 Hg 含量和土壤甲基汞含量分别降低了 93% 和 95%。此外，土壤溶液中 Hg 含量与甲基汞含量之间呈显著的正相关关系（$P=0.01$）[图 6.26（c）]。以上结果表明，土壤溶解态汞含量的降低是导致土壤甲基汞含量降低的重要原因之一。

6. 缓释氧肥对土壤微生物群落多样性的影响

采用 16SrRNA 测序技术对土壤中微生物群落的相对丰度进行分析。识别出了 1 461 个独有的操作分类单元（operational taxonmic unit，OTU）类型，分属于 1 个 Kingdom、1 个 Domain、24 个 Phylum、66 个 Class、149 个 Order、225 个 Family、428 个 Genus 和 737 个 Species。以随机抽取的测序量为横坐标，测序的物种数量为纵坐标，绘制稀释曲线（图 6.27）。从图中可以看出，随着测序深度的逐步加深，OTU 增长曲线逐渐变得平缓，这一趋势表明测序数据已趋于饱和，即当前的测序结果已能够覆盖土壤样本中的绝大部分物种。

(a) THg

(b) MeHg

(c) MeHg与溶解态总汞含量的关系

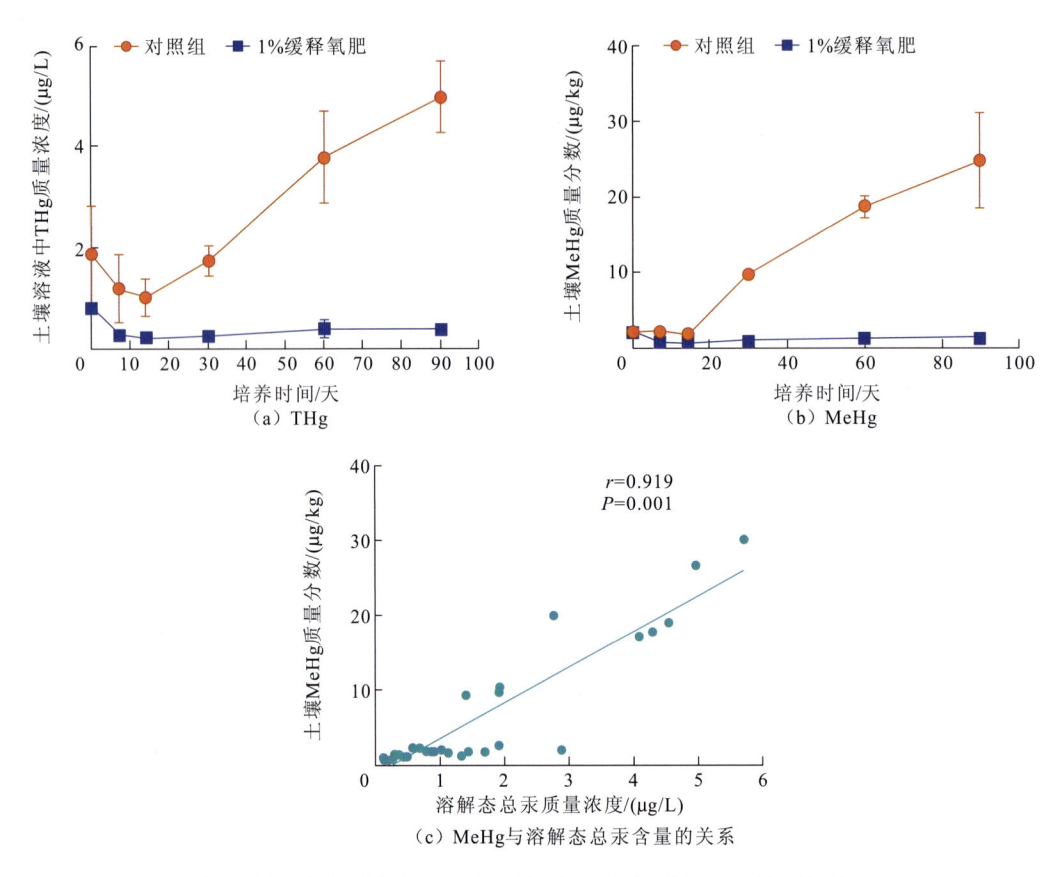

图 6.26　土壤溶液中 THg 与土壤甲基汞含量随时间的变化特征，以及土壤 MeHg 含量与溶解态总汞含量之间的关系

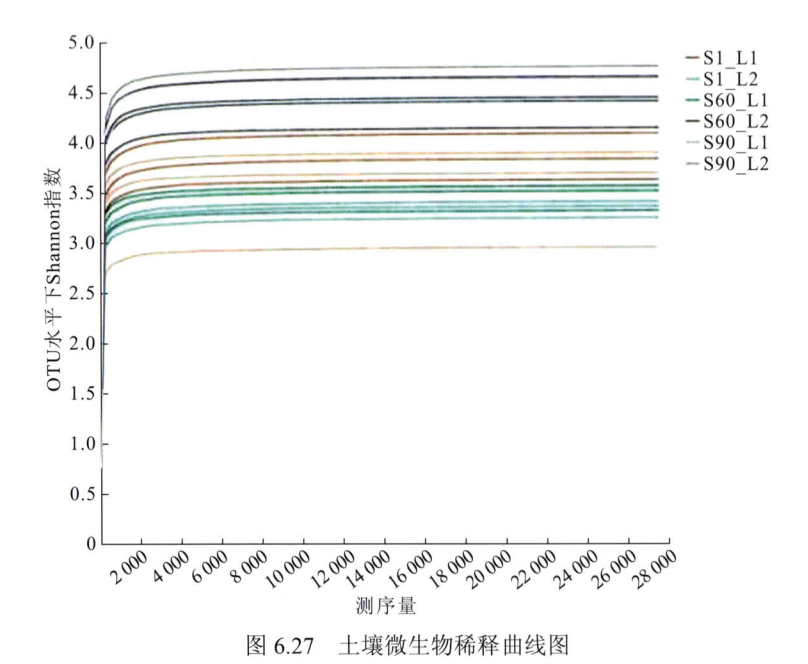

图 6.27　土壤微生物稀释曲线图

S1、S60 和 S90 分别表示第 1 天、第 60 天和第 90 天。L1 和 L2 分别表示对照组（control）和缓释氧肥处理组（oxygen fertilizer）

土壤微生物群落的丰富度和多样性可通过单样本的多样性（α多样性）来指示。表 6.9 列出了缓释氧肥处理组（oxygen fertilizer）和对照组（control）的生物α多样性指数。其中，Coverage 指数是评估物种群落覆盖程度的关键指标，各样品的 Coverage 指数均超过 99%，显示出极高的覆盖度。Shannon 指数和 Simpson 指数用来评估物种群落的多样性。Shannon 指数越大，意味着物种群落多样性越高；而 Simpson 指数则与之相反，其值越小，表明物种群落多样性越高。如图 6.28 所示，经过 60 天和 90 天的培养后，缓释氧肥处理土壤的 Shannon 指数显著（$P<0.05$）高于对照组，而 Simpson 指数则显著（$P<0.05$）低于对照组，这一结果充分表明缓释氧肥处理组的物种群落多样性明显高于对照组。通过 Chao 指数和 Ace 指数可评估物种群落的丰富度。这两个指数越大，表明群落丰富度越高。经过 60 天和 90 天的培养后，缓释氧肥处理土壤的 Chao 指数和 Ace 指数显著（$P<0.05$）高于对照组，说明缓释氧肥的施加显著提升了土壤物种群落丰度。

表 6.9 土壤微生物α多样性指数统计表

样品	Shannon 指数	Simpson 指数	Ace 指数	Chao 指数	Coverage 指数
S1_L1	3.850	0.063 8	768.8	774.8	0.993 9
S1_L2	3.340	0.104 0	755.5	773.0	0.993 4
S60_L1	3.470	0.112 4	611.6	606.1	0.995 1
S60_L2	4.337	0.047 2	737.2	734.3	0.994 6
S90_L1	3.516	0.119 9	595.8	589.5	0.995 3
S90_L2	4.692	0.028 2	839.7	854.3	0.993 8

注：S1、S60 和 S90 分别表示第 1 天、第 60 天和第 90 天；L1 和 L2 分别表示对照组（control）和缓释氧肥组（oxygen fertilizer）

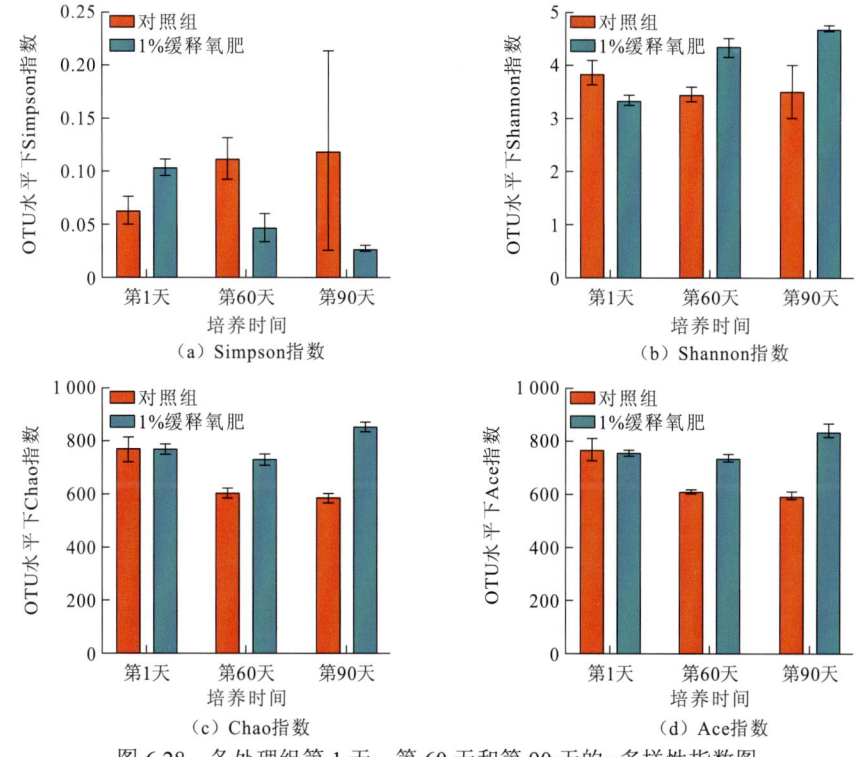

图 6.28 各处理组第 1 天、第 60 天和第 90 天的α多样性指数图

这种土壤微生物群落多样性和丰度的升高，可能与缓释氧肥中包含的 N、P、K 等营养元素及土壤理化性质的改变（如 E_h 和 pH 等）密切相关（Enebe et al., 2021; Wang et al., 2020）。

为了更直观地展示不同处理的土壤微生物群落组成的差异与相似性，利用主坐标分析（principal co-ordinates analysis，PCoA）在 OTU 水平上对微生物群落进行 β 多样性分析，结果如图 6.29 所示。在 PCoA 图中，百分比表示主坐标轴对样本组成差异的解释度值，不同颜色的点代表不同分组的样本，样本点之间的距离越近，表示微生物群落结构越相似。从图中可以看出，同一处理组的三个平行样品重复性较好。在培养初期（第 1 天），缓释氧肥处理组（S1_L2）与对照组（S1_L1）的微生物群落之间并未显现明显的差异。然而，经过 60 天和 90 天的培养后，缓释氧肥处理土壤（S60_L2、S90_L2）和对照土壤（S60_L1、S90_L1）的微生物群落之间差异显著，表明缓释氧肥的施加对土壤微生物群落组成产生了显著影响。

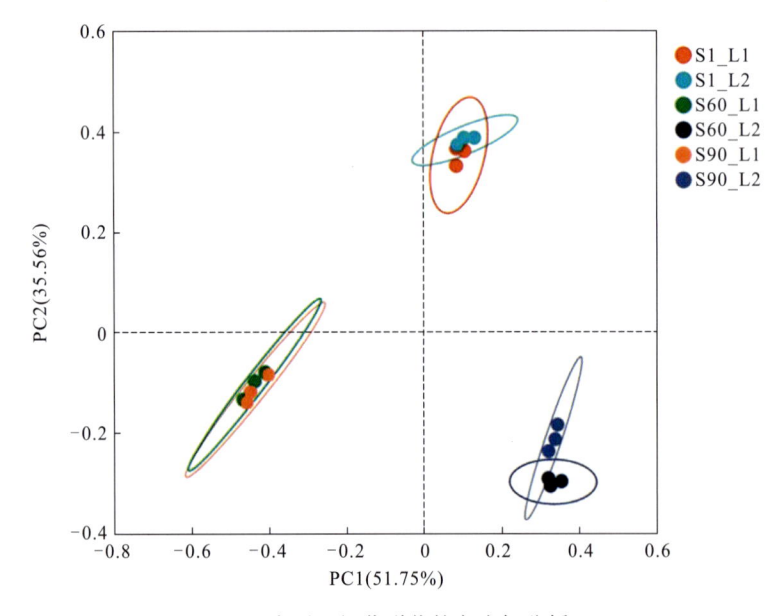

图 6.29　OTU 水平下细菌群落的主坐标分析（PCoA）

进一步分析发现，PC1 的主要因素是缓释氧肥，它解释了 51% 的变化；而 PC2 的主要因素是培养时间，它解释了 35% 的变化。这说明微生物群落分布差异主要受缓释氧肥的影响。缓释氧肥可能改变了土壤中的 pH、DO 和 DOC 等理化性质，导致土壤微生物群落组成发生了明显变化。

进一步利用典范对应分析（canonical correspondence analysis，CCA）方法，对土壤中的关键理化因子与微生物群落之间的关系进行了分析（图 6.30）。在图 6.30 中，红色箭头代表了数量型土壤因子，箭头的长度直接反映了这些土壤因子对微生物群落影响程度（即解释量）的大小。箭头之间的夹角则揭示了它们之间的正、负相关性：锐角表示正相关，钝角表示负相关，而直角则意味着无相关性。

从样品点向数量型土壤因子的箭头做了投影，投影点与原点的距离代表环境因子对样本群落分布相对影响的大小。根据 CCA 的结果，第一轴和第二轴分别解释了微生物群落 34.94%和 28.44%的变异，这充分说明了土壤理化性质对微生物群落结构的重要影响。特别值得注意的是，土壤溶液 E_h 和 pH 对微生物群落变化的贡献最为显著。这一发现与前人的研究报道（Zhang et al.，2023；Ling et al.，2022；Chandler et al.，2021）一致，即土壤 pH 和 E_h 会显著影响土壤微生物群落的组成。

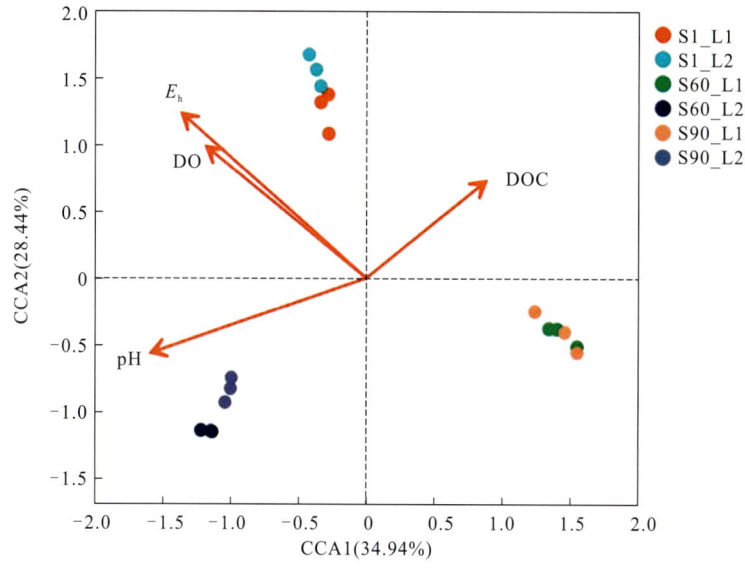

图 6.30　OTU 水平下细菌群落和土壤属性之间的典范对应分析（CCA）

7. 缓释氧肥对土壤微生物群落组成的影响

将微生物丰度超过 1%的菌门定为优势菌门，并将其他菌门统称为"others"。从图 6.31 中可以看出，土壤中的优势菌门包括 Firmicutes（厚壁菌门，7.6%~76%）、Actinobacteria（放线菌门，8.2%~64.2%）、Proteobacteria（变形菌门，3.9%~17.7%）、Acidobacteriota（酸杆菌门，0.1%~11.9%）、Chloroflexia（绿湾菌门，1.9%~7.2%）、Myxococcota（黏菌门，0.4%~1.8%）。这 6 大优势菌门的相对丰度总和占据了微生物总量的 90%以上。

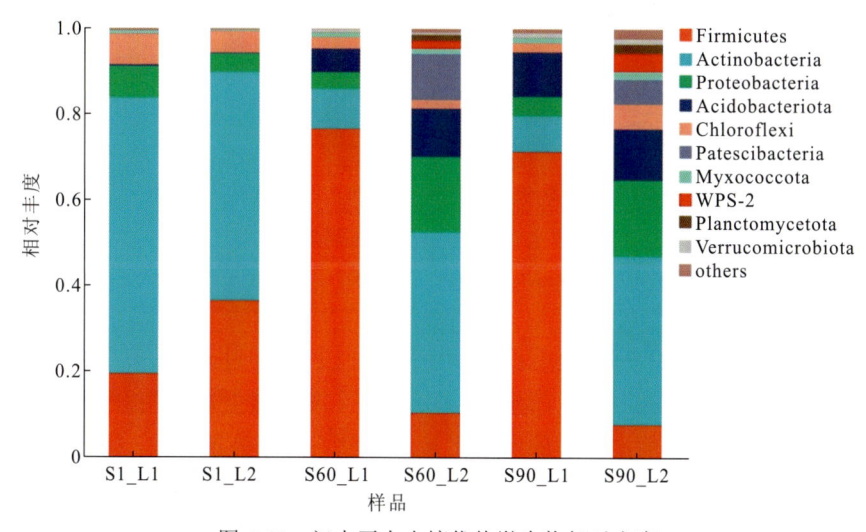

图 6.31　门水平上土壤优势微生物相对丰度

· 195 ·

在培养初期，无论是缓释氧肥处理组（S1_L2）还是对照组（S1_L1），Firmicutes 和 Actinobacteria 都是主要的优势菌门。随着培养时间延长，对照组（S60_L1、S90_L1）中 Firmicutes 的相对丰度显著升高，而 Actinobacteria 的相对丰度则有所下降。然而，在缓释氧肥处理组中（S60_L2、S90_L2），Firmicutes 的相对丰度降低，Proteobacteria 的相对丰度则呈现上升趋势。

8. 含 hgcA 基因微生物丰度的变化特征

普遍认为，微生物中的 *hgcA* 基因（编码 corrin 蛋白）和 *hgcB* 基因（编码铁还原蛋白）在汞的甲基化中起着重要的作用（Parks et al.，2013）。根据微生物宏基因组学的深入研究，*hgcA* 基因在系统发育上展现出高度的多样性，且广泛分布于各种环境中（Podar et al.，2015；Gilmour et al.，2013）。如图 6.32 所示，在属水平上，共有 8 种微生物携带 *hgcA* 基因，包括 *Pseudobacteroides*（假拟杆菌）、*Geobacter*（地杆菌）、*Desulfovibrio*（脱硫弧菌，硝化螺旋菌门）、*Desulfovibrio*（脱硫弧菌，脱硫杆菌门）、*Desulfosporosinus*（脱硫弯曲孢菌属）、*Desulfitobacterium*（脱硫杆菌属）、*Clostridium*（梭菌属）、*Acetivibrio*（醋酸弧菌）、*Anaerolinea*（厌氧绳菌属）。其中，*Desulfitobacterium*、*Desulfosporosinus* 和 *Clostridium* 是主要的优势属。

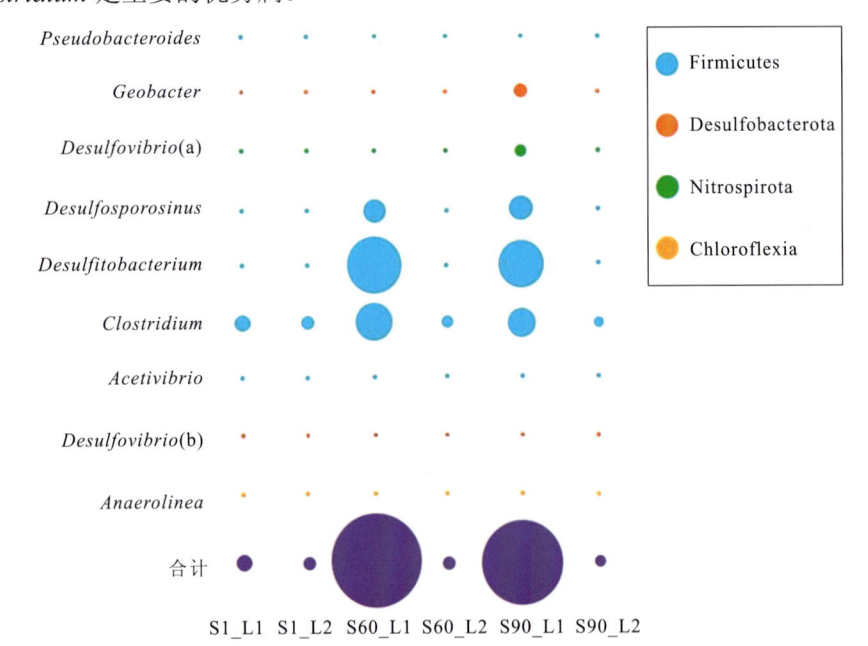

图 6.32 属水平上含 *hgcA* 基因序列的微生物相对丰度

Desulfovibrio(a)：硝化螺旋菌门，*Desulfovibrio*(b)：脱硫杆菌门；S1、S60 和 S90 分别表示第 1 天、第 60 天和第 90 天；L1 和 L2 分别表示对照组和缓释氧肥组

如图 6.32 所示，相较于对照组（S60_L1、S90_L1），经过 60 天和 90 天的培养，缓释氧肥处理（S60_L2、S90_L2）土壤中，携带 *hgcA* 基因微生物的相对丰度分别降低了 97% 和 98%。这一变化与前文所述的土壤甲基汞含量下降趋势相一致，即携带 *hgcA* 基因微生物的相对丰度越低，土壤中甲基汞的含量也就越低。通常，携带 *hgcA* 基因的微生物，如 *Desulfitobacterium*、*Desulfosporosinus* 和 *Clostridium* 等，多为厌氧性微生物。因

此，当土壤氧气浓度升高后，势必对这些微生物的活动起到抑制作用（Parks et al., 2013），从而降低土壤甲基汞的含量。

添加缓释氧肥到土壤后，提高了土壤氧气含量及氧化还原电位，降低了土壤汞的活性和甲基汞的含量。这一现象的主要机制是：氧化还原电位的升高抑制了土壤中铁锰氧化物的还原溶解，从而削弱了与该地球化学过程相关的汞活化作用，降低了土壤中汞的活性。此外，氧化还原电位的升高还降低了土壤中携带 hgcA 基因微生物的相对丰度，抑制了微生物介导的汞甲基化作用。

6.4 低积累汞水稻品种筛选与原理

水稻对甲基汞的富集能力普遍高于旱地作物，如高粱、玉米、蔬菜等。长期食用稻米会对居民造成一定程度的甲基汞暴露健康风险。甲基汞在水稻体内的吸收、转运和积累过程，主要受其遗传特性的调控。因此，筛选并种植低积累甲基汞的水稻品种是汞污染稻田安全利用的重要措施之一（Rothenberg et al., 2014；Peng et al., 2012）。本节研究 20 个水稻品种对土壤甲基汞的富集能力，并探讨高、低积累型水稻品种富集甲基汞差异的机制。

6.4.1 试验设计

采集贵阳市郊区某无污染的农田土壤用于盆栽试验。准备若干个塑料桶，并用自来水洗净，每桶装入 5 kg 左右过筛土壤，并添加 3 g 氮-磷-钾（N-P-K）复合肥，随后进行淹水处理。2 周后，添加氯化汞溶液使土壤汞质量分数达到 100 mg/kg（理论值）。通过调研，选择 20 种常规水稻品种用于研究，其中包括 12 种粳稻和 8 种籼稻，水稻品种详细信息见表 6.10。在水稻的苗期、分蘖期、抽穗期和成熟期，分别采集水稻植株及其根际土壤。部分土壤和水稻植株保存于超低温冰箱内，用于植物生理特性分析。剩余样品经冷冻干燥后，用于汞含量和形态的测定。

表 6.10 试验水稻品种的基本信息

序号	品种	类型	序号	品种	类型
1	粤禾丝苗	粳稻	11	徐稻 9 号	粳稻
2	虾稻 1 号	籼稻	12	金粳 818	粳稻
3	绣占 15	籼稻	13	连糯 1 号	粳稻
4	黄华占	籼稻	14	连粳 15	粳稻
5	玉针香	籼稻	15	绍糯 9714	粳稻
6	洋西早	籼稻	16	日本晴	粳稻
7	9311	籼稻	17	新中香 1 号	籼稻
8	武运粳 21	粳稻	18	连粳 7 号	粳稻
9	南粳 2728	粳稻	19	临稻 16	粳稻
10	南粳 9108	粳稻	20	麻谷	籼稻

参考标准方法测定植物中的总汞和甲基汞含量，以及土壤的总汞含量。利用连续化学浸提法分析土壤中汞的地球化学形态。利用标准方法对丙二醛（malondialdehyde，MDA）、超氧化物歧化酶（superoxide dismutase，SOD）活力、谷胱甘肽（GSH）、非蛋白质巯基（non-protein thiol，NPT）、过氧化氢（H_2O_2）及土壤微生物群落进行测定。

6.4.2 低积累汞水稻品种筛选

1. 土壤汞含量与形态

如图 6.33 所示，在分蘖期，所有品种水稻根际土壤甲基汞的质量分数介于 92～153 ng/g，其平均值为 132 ng/g；在抽穗期，土壤甲基汞的质量分数介于 146～335 ng/g，其平均值为 258 ng/g；在成熟期，土壤甲基汞的质量分数介于 35～131 ng/g，平均值为 82 ng/g。抽穗期土壤中的甲基汞含量显著高于分蘖期和成熟期。在成熟期，14 号品种水稻根际土壤中的甲基汞含量最低。

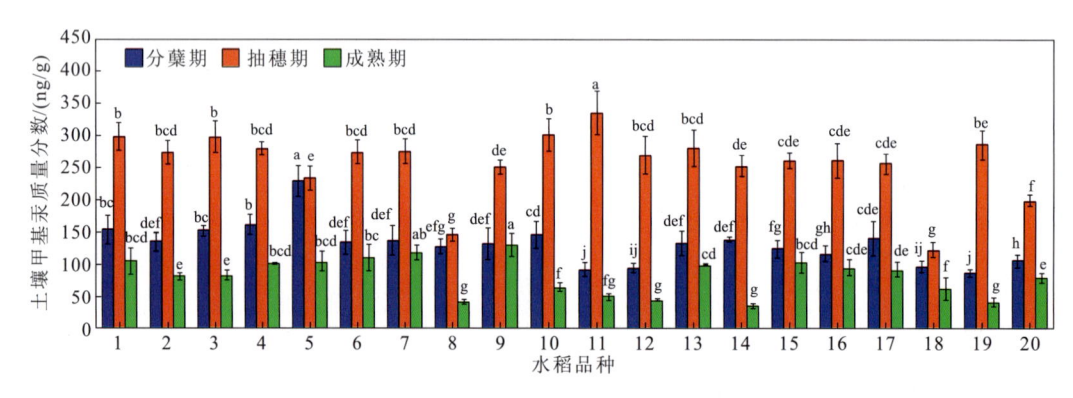

图 6.33 不同生长期水稻根际土壤中的甲基汞含量

不同小写字母表示不同水稻品种之间存在显著差异（$P<0.05$）

表 6.11 列出了不同生长期水稻根际土壤中汞的形态分布特征。在所有土壤中，残渣态汞含量占总汞含量的比例均超过 75%，而有机结合态汞、铁锰氧化物结合态汞、特殊吸附态汞和溶解态与可交换态汞含量之和占总汞含量的比例低于 25%。在 5 种汞形态中，溶解态与可交换态汞和特殊吸附态汞的生物有效性高，易被水稻富集。从表 6.11 可以看出，不同品种水稻的根际土壤中生物有效态汞含量存在显著差异。其中，8 号品种水稻根际土壤生物有效态汞含量最高，而 10 号品种则最低。植物根系分泌物中包含有机酸和柠檬酸等，它们能与重金属发生络合等作用，进而提高土壤中重金属的生物有效性。不同品种水稻可能因根系分泌物组分差异而对土壤汞的活化作用不同，进而影响土壤汞的生物有效性。此外，水稻根系还具有泌氧能力，能显著影响根际土壤氧化还原环境，进而调控根际微生物群落及汞的生物有效性。不同水稻品种因基因型的差异，其根系分泌物和泌氧特性也会不同，这可能导致不同品种水稻根际微地球化学环境的多样化，并最终影响汞的生物有效性（Mei et al.，2009）。

表 6.11 不同品种水稻根际土壤中汞的地球化学形态

品种	溶解态与可交换态汞质量分数/(ng/g)	特殊吸附态汞质量分数/(ng/g)	铁锰氧化物结合态汞质量分数/(ng/g)	有机结合态汞质量分数/(mg/kg)	残渣态汞质量分数/(mg/kg)
1	0.66±0.02	0.97±0.06	20.57±1.2	8.65±0.6	37.07±2.8
2	0.34±0.01	0.97±0.05	12.58±1.1	4.85±0.2	28.95±1.7
3	0.24±0.01	1.30±0.08	10.59±0.9	7.2±0.3	35.49±2.3
4	0.47±0.03	0.97±0.06	17.29±1.5	4.71±0.3	36.23±1.9
5	0.62±0.05	0.81±0.05	8.82±0.6	8.87±0.6	30.69±2.5
6	0.59±0.03	0.74±0.03	10.18±0.9	7.48±0.5	49.36±3.2
7	0.58±0.01	0.76±0.05	9.89±0.7	8.97±0.7	40.83±2.7
8	0.95±0.07	1.24±0.07	11.00±1.2	5.39±0.2	29.28±1.5
9	0.90±0.05	0.64±0.03	10.5±0.9	4.80±0.3	26.74±2.1
10	0.43±0.03	0.82±0.05	12.96±1.3	4.19±0.2	31.80±2.9
11	0.55±0.03	0.85±0.07	9.64±0.07	4.27±0.5	43.62±2.8
12	0.54±0.04	0.92±0.08	11.39±0.8	4.22±0.3	21.99±1.8
13	0.61±0.05	0.82±0.05	8.50±0.5	4.71±0.1	23.21±1.9
14	0.65±0.04	0.65±0.1	9.4±0.8	2.24±0.1	20.95±1.5
15	0.52±0.03	0.83±0.06	9.31±0.9	4.28±0.3	30.54±2.6
16	0.57±0.04	0.78±0.05	10.06±0.9	3.10±0.1	31.29±2.3
17	0.36±0.01	0.94±0.08	11.22±1.1	4.55±0.3	33.95±2.7
18	0.51±0.03	0.87±0.05	9.89±0.7	6.26±0.5	21.25±1.9
19	0.32±0.01	1.11±0.08	15.23±1.2	7.26±0.4	26.23±2.1
20	0.50±0.03	1.06±0.09	10.84±0.9	3.23±0.2	29.19±2.3

2. 水稻生物量

如图 6.34 所示，在水稻的不同生长阶段，其单株生物量呈现出不同的变化趋势。在苗期，所有品种水稻根系的干重介于 0.61～1.03 g，而地上部分干重则介于 1.53～2.85 g。到了成熟期，所有品种水稻根系和地上部分的干重则分别为 3.8～7.04 g 和 10.01～21.56 g。在 20 个水稻品种中，籼稻的生物量显著低于粳稻（$P<0.05$）。

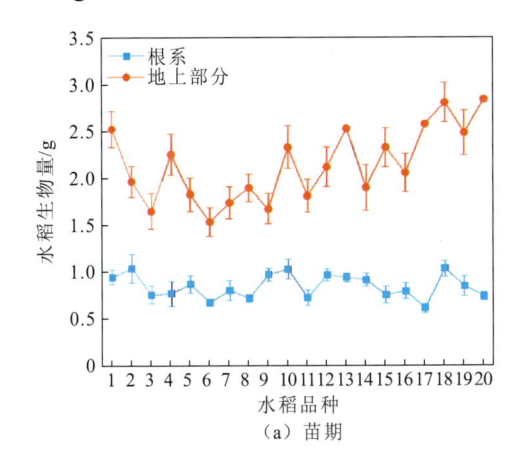

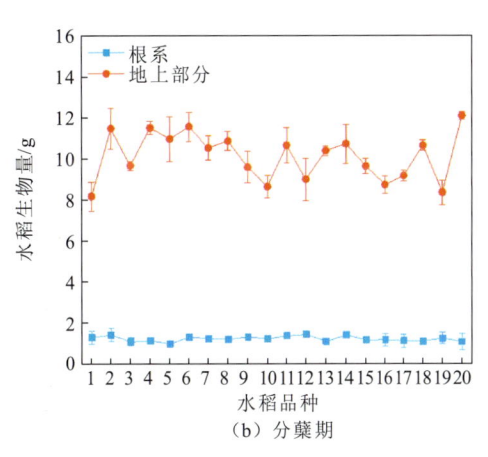

（a）苗期

（b）分蘖期

（c）抽穗期　　　　　　　　　　　　　　（d）成熟期

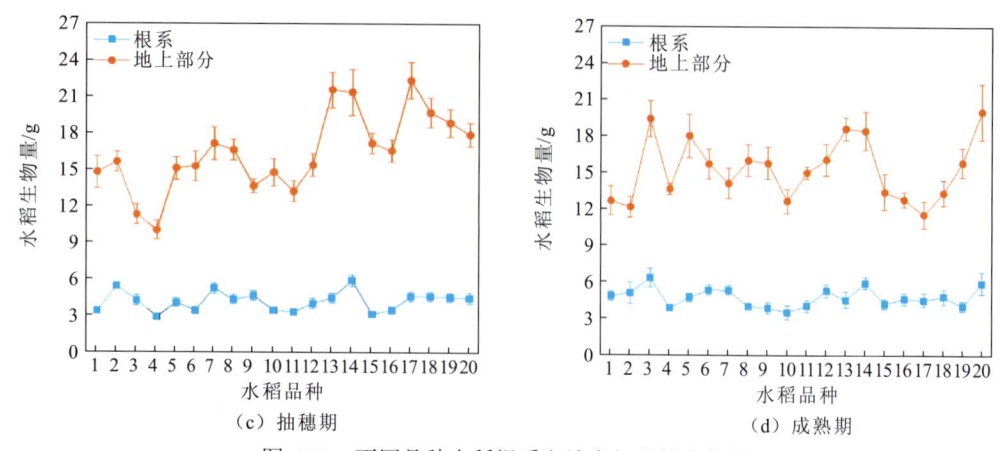

图6.34　不同品种水稻根系和地上部分的生物量

图6.35展示了单株水稻的籽粒干重。水稻籽粒干重介于29.6~69.93 g，其平均值为40.55 g。在所有水稻品种中，3号、9号、13号、14号、16号和17号品种水稻籽粒生物量显著高于平均生物量，而4号、5号、10号、18号和20号品种水稻籽粒的生物量则显著低于平均生物量（$P<0.05$）。此外，粳稻的籽粒平均生物量比籼稻高出16%。

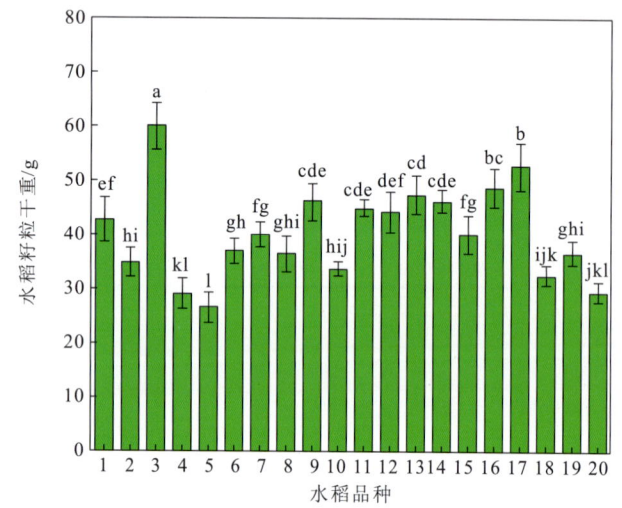

图6.35　不同品种水稻单株的籽粒干重

不同小写字母表示不同水稻品种之间存在显著差异（$P<0.05$）

3. 水稻植株中的总汞含量

图6.36展示了不同生长期水稻各组织中的总汞含量。从图中可以看出，水稻在不同生长阶段的总汞含量存在显著差异。随着水稻的生长，根系中的总汞含量逐渐升高，而茎和叶片的总汞含量则在分蘖期达到最大，之后则逐渐降低。在分蘖期，水稻根系总汞质量分数在41~59 μg/g[图6.36（a）]，茎中总汞质量分数介于6.19~13.7 μg/g[图6.36（b）]，叶片中总汞质量分数介于2.36~4.95 μg/g[图6.36（c）]。在抽穗期，水稻根系总汞质量分数上升至62~120 μg/g，茎中总汞质量分数降低至1.47~3.47 μg/g，叶片总汞质量分数也降低至1.54~2.19 μg/g。在成熟期，根系总汞质量分数升高至86~163 μg/g，茎中

总汞质量分数降至 0.99~2.08 μg/g，叶片总汞质量分数保持在 1.07~1.89 μg/g。

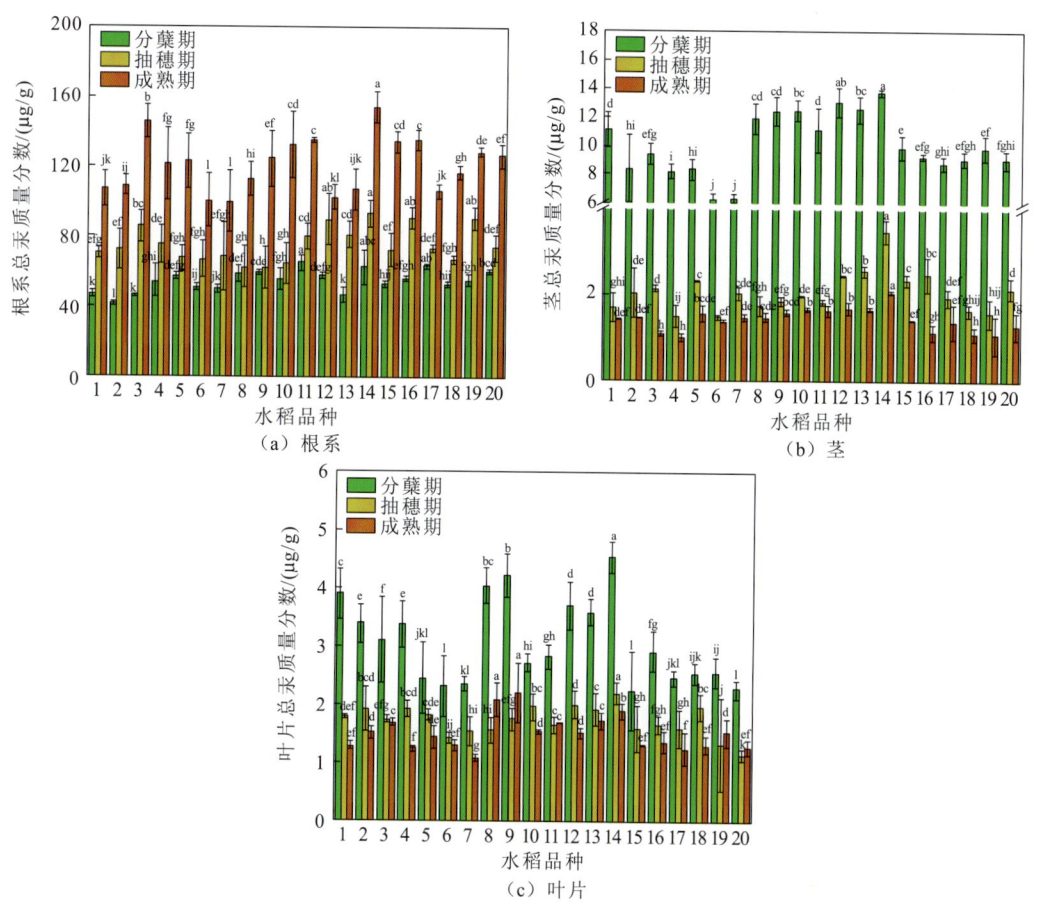

图 6.36 不同品种水稻根系、茎、叶片的总汞含量

不同小写字母表示不同水稻品种之间的差异显著（$P<0.05$）

粳稻植株中的总汞含量普遍低于籼稻。在分蘖期、抽穗期和成熟期，粳稻的根系总汞含量相较于籼稻分别高出 5.7%、12.5% 和 6.0%；茎中总汞含量高出 54%、22% 和 23%；叶片中总汞含量则高出 26%、5.7% 和 23%。总体来看，连粳 15（14 号）的总汞含量相对较高，而洋西早（6 号）和 9311（7 号）总汞含量则相对较低。在水稻的不同生长期，洋西早根系、茎和叶片中的总汞含量均显著低于连粳 15（$P<0.05$）。

4. 水稻植株中的甲基汞含量

图 6.37 展示了不同生长期水稻组织中的甲基汞含量。在分蘖期，水稻根系的 MeHg 质量分数介于 1 970~2 920 ng/g；茎的 MeHg 质量分数则在 861~1 983 ng/g；叶片的 MeHg 质量分数相对较低，介于 399~837 ng/g。在抽穗期，水稻根系的 MeHg 质量分数介于 882~1 559 ng/g；茎的 MeHg 质量分数介于 587~1 518 ng/g；叶片的 MeHg 质量分数介于 146~399 ng/g。在成熟期，根系 MeHg 质量分数降低至 282~580 ng/g；茎的 MeHg 质量分数也降低至 155~280 ng/g；叶片的 MeHg 质量分数仅为 27~78 ng/g。可以看出，分蘖期水稻植株的甲基汞含量普遍高于抽穗期和成熟期。

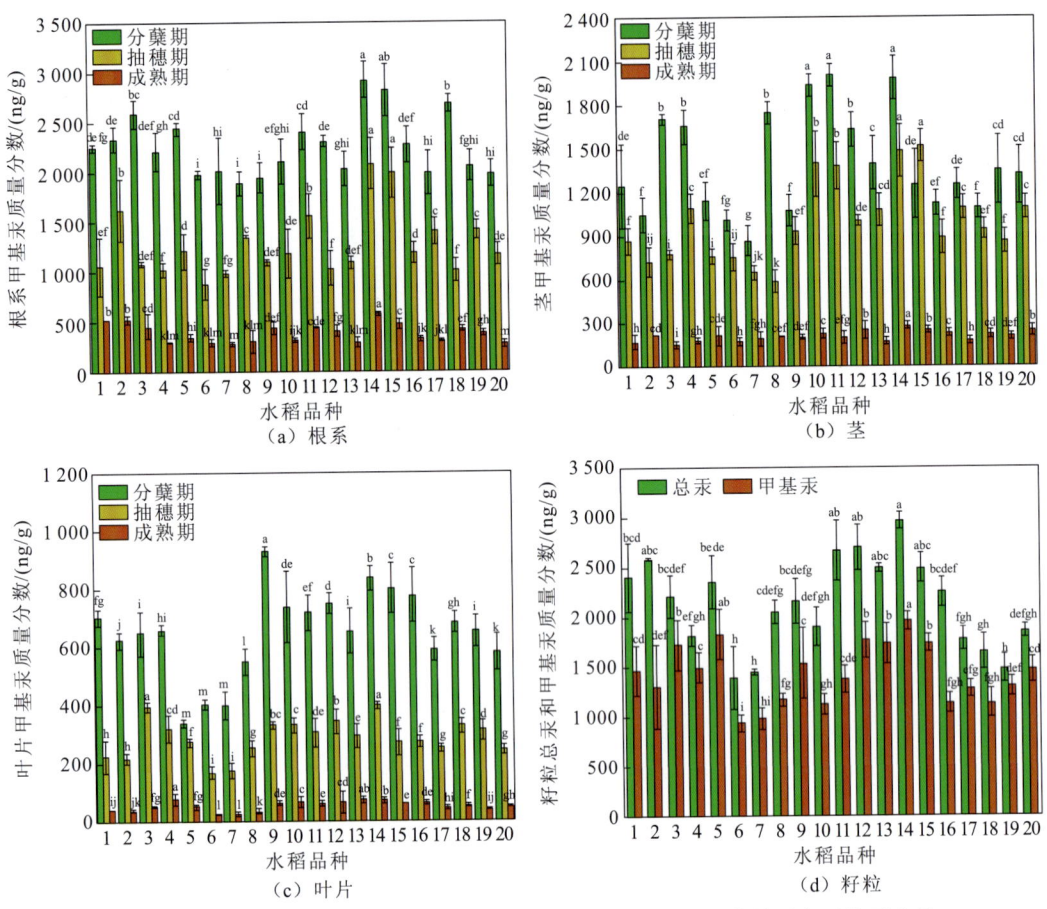

图 6.37 不同品种水稻根系、茎、叶片甲基汞含量，以及籽粒总汞和甲基汞含量
不同小写字母表示不同水稻品种之间的差异显著（$P<0.05$）

在水稻不同生长期，粳稻植株中的 MeHg 含量普遍高于籼稻。此外，在分蘖期、抽穗期和成熟期，连粳 15 根系、茎和叶片中的甲基汞含量都高于洋西早和 9311。

图 6.37（d）展示了不同品种水稻籽粒中的总汞和甲基汞含量。所有品种水稻籽粒中的总汞和甲基汞质量分数的平均值分别为 2 244 ng/g 和 1 476 ng/g，这些数值均远超出《食品安全国家标准 食品中污染物限量》（GB 2762—2017）中所允许的最大总汞含量（20 ng/g）。洋西早、9311 和连粳 15 籽粒中的甲基汞质量分数分别为 935 ng/g、951 ng/g 和 1 959 ng/g。

5. 水稻对汞的生物富集系数

表 6.12 列出了成熟期水稻不同组织对总汞和甲基汞的生物富集系数（BAF）。对于总汞，$BAF_{根系/土壤}$大于 1，其他组织的 BAF_{THg} 均小于 1，表明水稻根系对土壤汞的富集能力要强于其他组织。不同品种水稻籽粒对总汞的 BAF 介于 0.023～0.140，显示了不同品种水稻籽粒对汞的富集能力存在明显差异。在所有水稻品种中，连粳 15 的 BAF_{THg} 值最大，而洋西早和 9311 的 BAF_{THg} 值则相对较低。对于甲基汞，除了部分品种水稻的 $BAF_{叶片/土壤}$ 小于 1，其余品种的 BAF 均大于 1。水稻籽粒对 MeHg 的 BAF 平均值高达 30.9，超过其他组织的 BAF_{MeHg} 值，表现出籽粒对甲基汞的极强富集能力。特别地，连粳 15 籽粒的

BAF$_{THg}$和BAF$_{MeHg}$值均高于洋西早和9311。

表6.12 不同品种水稻对土壤汞的生物富集系数

品种	BAF$_{根系/土壤}$ THg	BAF$_{根系/土壤}$ MeHg	BAF$_{茎/土壤}$ THg	BAF$_{茎/土壤}$ MeHg	BAF$_{叶片/土壤}$ THg	BAF$_{叶片/土壤}$ MeHg	BAF$_{籽粒/土壤}$ THg	BAF$_{籽粒/土壤}$ MeHg
1	2.08	5.02	0.03	1.66	0.03	0.42	0.05	22.9
2	3.87	6.44	0.05	2.71	0.05	0.49	0.09	31.48
3	3.28	5.58	0.02	1.88	0.04	0.64	0.05	26.75
4	3.06	2.92	0.03	1.78	0.03	0.76	0.05	17.73
5	3.17	3.33	0.04	2.04	0.04	0.5	0.06	22.42
6	1.64	2.63	0.02	1.56	0.02	0.34	0.02	12.46
7	1.76	2.38	0.03	1.62	0.02	0.23	0.03	12.25
8	3.75	7.4	0.05	5.01	0.07	0.93	0.07	49.72
9	4.27	3.34	0.05	1.57	0.08	0.49	0.07	16.45
10	3.51	5.12	0.04	3.67	0.04	1.1	0.05	30.48
11	2.7	9.09	0.03	4.07	0.03	1.28	0.05	54.21
12	3.6	9.08	0.06	5.57	0.05	1.48	0.09	59.75
13	3.59	2.94	0.06	1.74	0.06	0.75	0.08	24.87
14	7.41	16.45	0.1	7.94	0.09	2.09	0.14	83.81
15	4.39	4.65	0.05	2.42	0.04	0.6	0.08	24.22
16	2.08	3.43	0.03	2.4	0.03	0.67	0.05	23.57
17	3.87	3.39	0.05	1.93	0.05	0.51	0.09	19.23
18	3.28	6.77	0.02	3.55	0.04	0.87	0.05	26.39
19	3.06	9.41	0.03	5.11	0.03	1.06	0.05	36.3
20	3.17	3.42	0.04	3.1	0.04	0.63	0.06	23.18

综上所述，连粳15对土壤甲基汞的富集能力最强，洋西早则相对较弱。为了探究连粳15和洋西早富集甲基汞差异的原因，进一步从植物生理学的角度开展研究。

6.4.3 高、低积累水稻品种富集汞差异原理

1. 水稻生理指标

1) MDA

MDA是植物体内脂质过氧化程度的敏感指标，能够反映细胞损伤的程度。在汞胁迫下，植物细胞会产生大量的活性氧，进而触发脂质过氧化连锁反应，导致细胞膜系统受损和MDA含量升高（Shi et al., 2003; Cobbett, 2000）。图6.38展示了不同生长期连粳15和洋西早根系、茎和叶片中MDA的含量。

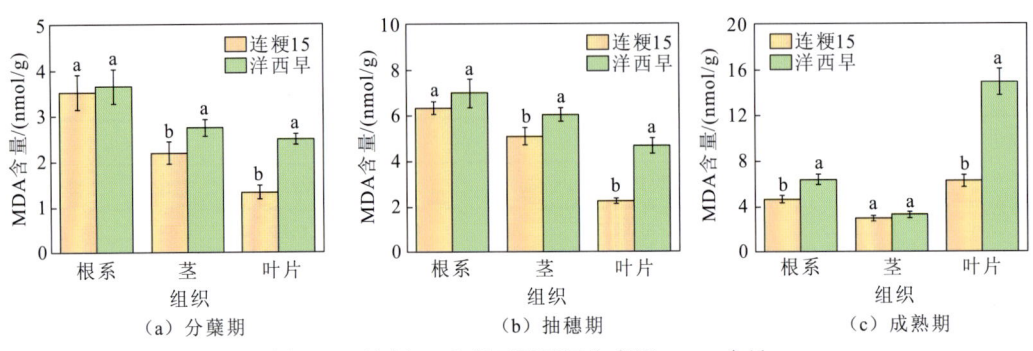

图 6.38　连粳 15 和洋西早不同生育期 MDA 含量

在分蘖期，洋西早根系、茎和叶片中的 MDA 含量分别为 3.64 nmol/g、2.74 nmol/g 和 2.48 nmol/g，连粳 15 MDA 含量为 3.51 nmol/g、2.18 nmol/g 和 1.32 nmol/g。在抽穗期，洋西早根系、茎和叶片中的 MDA 含量分别为 6.98 nmol/g、6.02 nmol/g 和 4.67 nmol/g，连粳 15 含量为 6.31 nmol/g、5.07 nmol/g 和 2.25 nmol/g。在成熟期，洋西早和连粳 15 叶片中 MDA 含量分别升高至 14.87 nmol/g 和 6.20 nmol/g。不同生长期水稻植株中 MDA 含量的变化，表明随着水稻的生长其体内脂质过氧化程度逐渐加剧。在分蘖期，根系中汞显著富集，因而根系更易遭受氧化损伤；在抽穗期和成熟期，叶片中汞含量显著升高，这加剧了叶片的氧化损伤。

在抽穗期和成熟期，洋西早根系 MDA 含量明显高于连粳 15，这表明不同品种水稻对汞胁迫的响应不同。例如，敏感水稻品种在汞胁迫下，其脂质过氧化水平较高，易导致质膜解体和电解质泄漏，进而造成严重的细胞氧化损伤（Mishra et al., 2013）。

2）SOD

SOD 在维持植物体内氧化与抗氧化平衡中起着至关重要的作用。SOD 可以将超氧阴离子自由基（O_2^-）转化为过氧化氢（H_2O_2），随后过氧化物酶（peroxidase，POD）和过氧化氢酶（catalase，CAT）再将 H_2O_2 分解成 H_2O 和 O_2（Song et al., 2013；Chen et al., 2012），从而避免了 H_2O_2 在植物体内的累积，保护细胞免受氧化损伤。图 6.39 展示了不同生长期水稻根系、茎、叶片中的 SOD 活性。随着水稻的生长，其根系、茎、叶片 SOD 的活性均呈现显著下降趋势（$P<0.05$），并在成熟期最低。从图 6.39 中可以看出，连粳 15 根系、茎和叶片片中的 SOD 活性显著高于洋西早（$P<0.05$），表明连粳 15 清除自由基的能力要强于洋西早，这样可以保护细胞免受汞胁迫造成的氧化损伤，从而易于汞的富集。

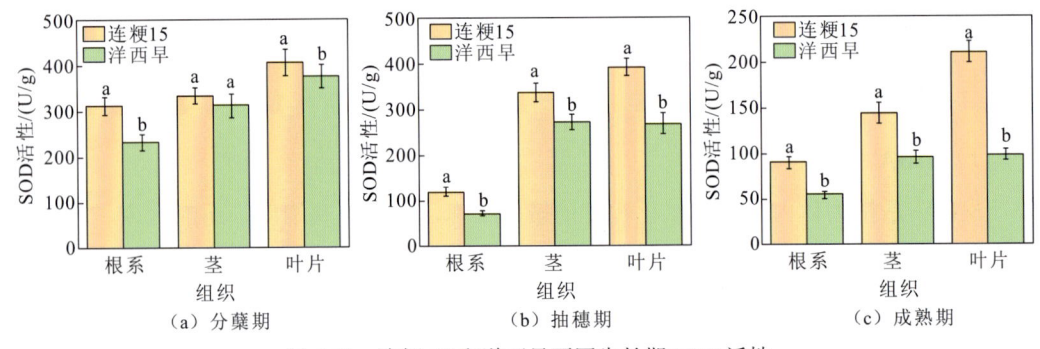

图 6.39　连粳 15 和洋西早不同生长期 SOD 活性

3）GSH

GSH 通过参与抗坏血酸-谷胱甘肽（APX-GSH）循环来清除活性氧（reactive oxygen species，ROS）(Horemans et al.，2000)，保护细胞免受氧化损伤(Seth，2012)。图 6.40 展示了不同生长期水稻根系、茎和叶片中 GSH 的含量。不同生长期水稻植株中的 GSH 含量存在显著差异（$P<0.05$）。此外，在水稻不同组织中 GSH 含量由高到低依次为根系>叶片>茎。水稻植株中 GSH 的含量随生长期呈现先升高后下降的趋势，这可能是因为生长初期水稻植株通过提高 GSH 含量来增强水稻对汞的抗性。在水稻不同生长期，连粳 15 根系、茎和叶片中的 GSH 含量普遍高于洋西早。以上结果表明，连粳 15 中较高的 GSH 含量可能有助于其抵抗汞的氧化损伤。此外，GSH 能与汞结合形成巯基汞化合物，进一步缓解汞对水稻的氧化胁迫。

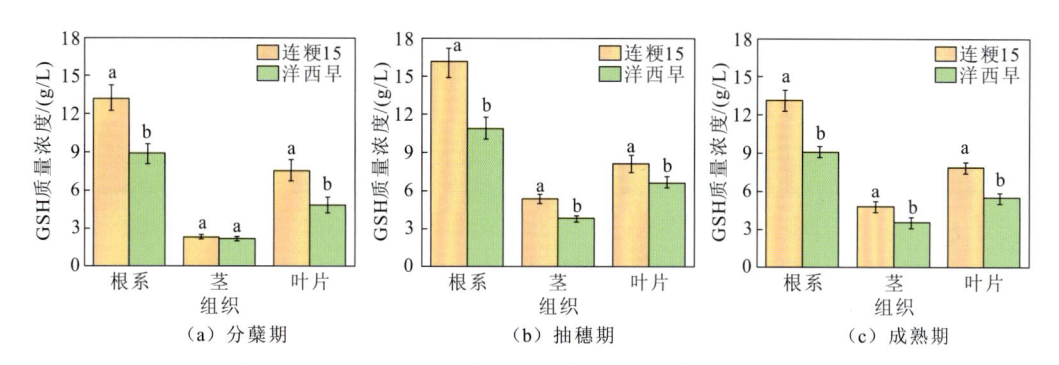

图 6.40 不同生长期连粳 15 和洋西早植株中 GSH 的含量

4）NPT

NPT 主要包括还原型谷胱甘肽、植物螯合素和半胱氨酸等。它们不仅是植物体内重要的抗氧化剂和信号物质（Jozefczak et al.，2012），而且能与汞发生螯合作用，降低汞的毒性（Li et al.，2011；Foyer et al.，2001）。图 6.41 展示了不同生长期水稻根系、茎和叶片中的 NPT 含量。随着水稻的生长，NPT 含量逐渐上升，并在成熟期达到最大；不同生长期的水稻植株中 NPT 含量存在显著差异（$P<0.05$）。此外，水稻不同组织中 NPT 含量由高到低依次为根系>叶片>茎。在不同生长期的水稻不同组织中，连粳 15 中的 NPT 含量始终高于洋西早。连粳 15 中较高的 NPT 含量有助于其抵抗汞的氧化胁迫，进而促进汞的富集。

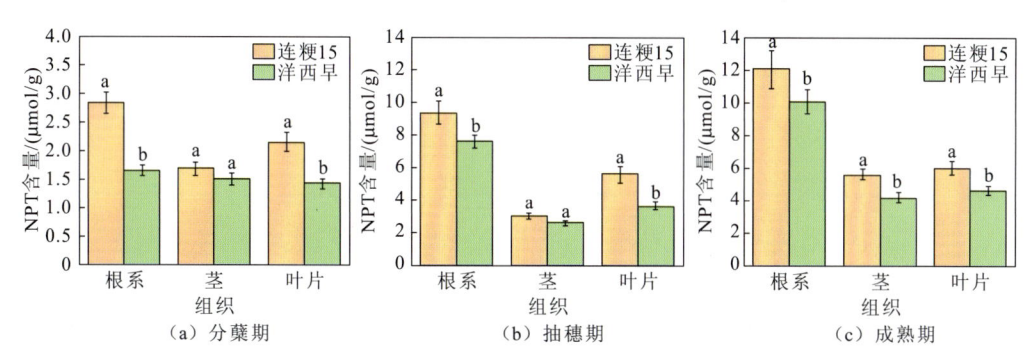

图 6.41 不同生长期连粳 15 和洋西早植株中的 NPT 含量

5) H_2O_2

植物体内 H_2O_2 含量的变化，是可用于评估细胞脂质过氧化和细胞损伤程度的指标（Pandey et al., 2016）。图 6.42 展示了不同生长期水稻根系、茎、叶片 H_2O_2 的含量。随着水稻的生长，各组织中的 H_2O_2 含量逐渐上升，至成熟期时达到峰值。在不同生长期，水稻植株中的 H_2O_2 含量在不同组织之间存在显著差异（$P<0.05$）。在分蘖期和抽穗期，水稻植株中 H_2O_2 含量由高到低依次为叶片>根系>茎，而在成熟期则为叶片>茎>根系。在分蘖期、抽穗期和成熟期，连粳 15 中的 H_2O_2 含量普遍低于洋西早，这一差异主要归因于连粳 15 中强的 H_2O_2 清除能力，降低了 H_2O_2 的含量。

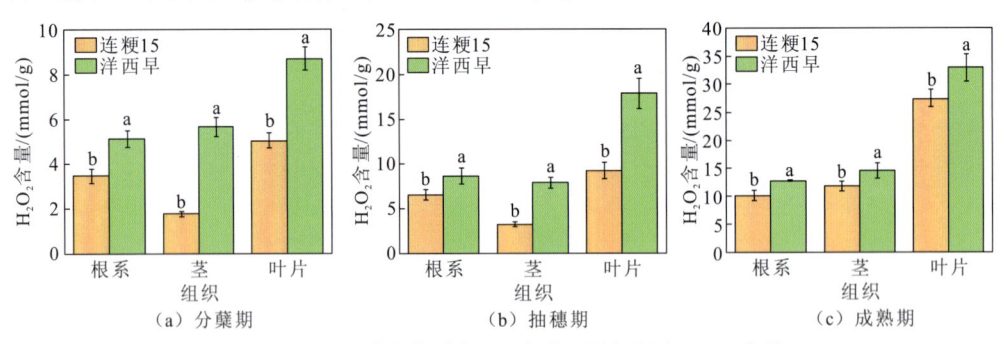

图 6.42 不同生长期连粳 15 和洋西早组织中 H_2O_2 含量

2. 土壤微生物

1）土壤微生物群落α多样性分析

对分蘖期和抽穗期的连粳 15、洋西早和 9311 的根际土壤，进行 16S rRNA 测序分析。结果显示，共识别出 2 625 个操作分类单元（OTU），它们分别属于 1 个域、1 个界、44 个门、136 个纲、281 个目、446 个科、774 个属和 942 个种。稀释曲线如图 6.43 所示。分蘖期水稻根际土壤的微生物丰富度高于抽穗期，且汞污染土壤中的微生物丰富度高于背景土壤。不同品种水稻根际土壤微生物的丰富度由高到低依次为洋西早>9311>连粳 15。

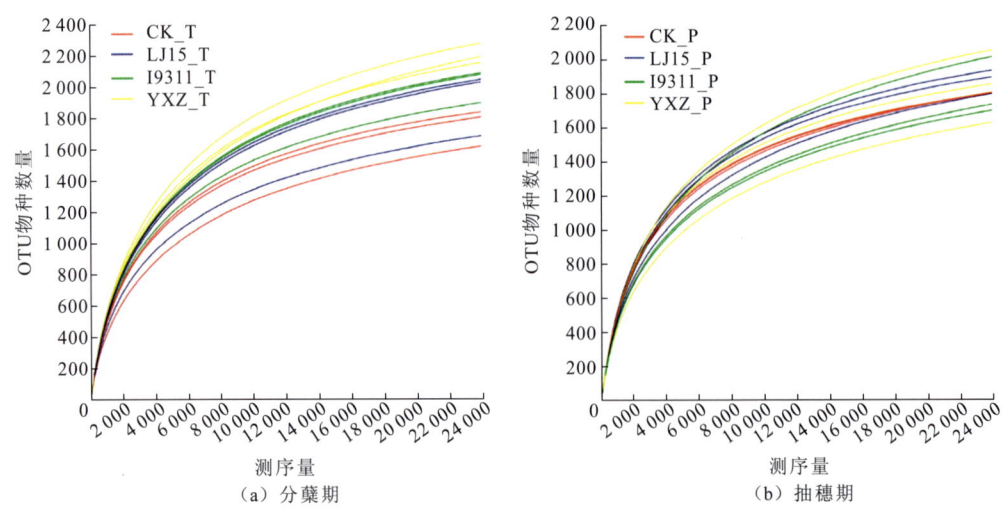

图 6.43 土壤微生物稀释曲线

LJ15 表示连粳 15，I9311 表示 9311，YXZ 表示洋西早；T 表示分蘖期，P 表示抽穗期；CK 表示背景土壤

所有样品的 Coverage 指数值均超过 98%，表明样品文库（克隆）的覆盖度极高，能够准确反映各样品的微生物群落结构（表 6.13）。分蘖期水稻的 Chao 指数和 Ace 指数略高于抽穗期，且汞污染土壤的 Chao 指数和 Ace 指数高于背景土壤。汞污染土壤的 Shannon 指数和 Simpson 指数均高于背景土壤，显示出更高的微生物群落多样性。在分蘖期，连粳 15（LJ15_T）根际土壤的 Shannon 指数最高，但 Simpson 指数最低；在抽穗期，9311（I9311_P）根际土壤的 Shannon 指数最低，但 Simpson 指数最高。总体而言，连粳 15 的 Shannon 指数和 Simpson 指数均高于 9311 和洋西早。以上结果表明，汞污染会提高土壤微生物群落的多样性，并且种植水稻会对土壤微生物群落多样性产生影响。

表 6.13 土壤微生物α多样性指数

样品	Shannon 指数	Simpson 指数	Ace 指数	Chao 指数	Coverage 指数
CK_T	6.29	0.006 2	1 980	2 012	0.985
CK_P	6.50	0.004 1	2 023	2 060	0.986
LJ15_T	6.76	0.002 5	2 516	2 528	0.986
LJ15_P	6.55	0.003 2	2 113	2 134	0.985
I9311_T	6.62	0.003 3	2 262	2 276	0.984
I9311_P	6.31	0.005 1	2 131	2 171	0.984
YXZ_T	6.49	0.004 2	2 178	2 202	0.983
YXZ_P	6.40	0.005 5	2 112	2 129	0.986

2）土壤微生物群落β多样性分析

利用 PCoA 研究不同品种水稻根际土壤微生物群落组成的相似性。不同根际土壤的平行样品紧密聚集，序列水平重复性良好（图 6.44）。从图 6.44 可以看出，PCoA 研究结果显示了 2 个主要的聚类组分。其中，PC1 反映了土壤汞污染的程度，而 PC2 则指示了不同水稻品种，它们分别解释了 54.65%和 20.38%的变异。

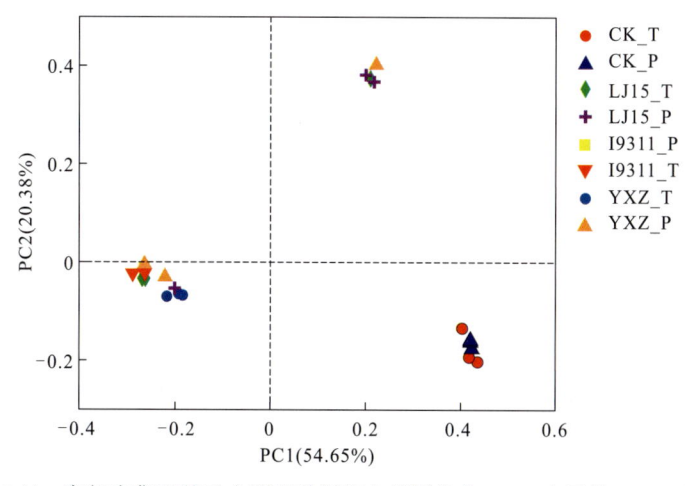

图 6.44 高低富集甲基汞水稻品种根际土壤微生物 OTU 水平的 PCoA 分析

从样品数据点的分布差异（图 6.44）来看，PC1 组分起到了主导作用，这表明土壤在受汞污染后，微生物群落组成发生了显著的变化。这与之前研究发现的土壤受汞污染后微生物群落多样性和丰富度增加的现象一致（Liu et al.，2018a；Vishnivetskaya et al.，2018）。不同品种水稻也影响土壤微生物群落组成。在分蘖期，种植连粳 15 后土壤微生物群落组成则更多地受到 PC2 的影响，即品种差异的影响。

3）物种组成分析

（1）物种维恩图分析

从维恩图（图 6.45）中可以看出，汞污染土壤中的微生物群落数量显著高于背景土壤。在分蘖期，不同品种水稻的根际土壤在 OTU 水平上有 1 572 个共有群落，而在抽穗期则为 1 430 个。在门、纲和目水平下，汞污染土壤与背景土壤的 OTU 数目并无显著差异（表 6.14），但在科和属水平上汞污染土壤 OTU 数目则高于背景土壤。不论是分蘖期还是抽穗期，不同品种水稻根际土壤的 OTU 数目并未呈现出显著差异。

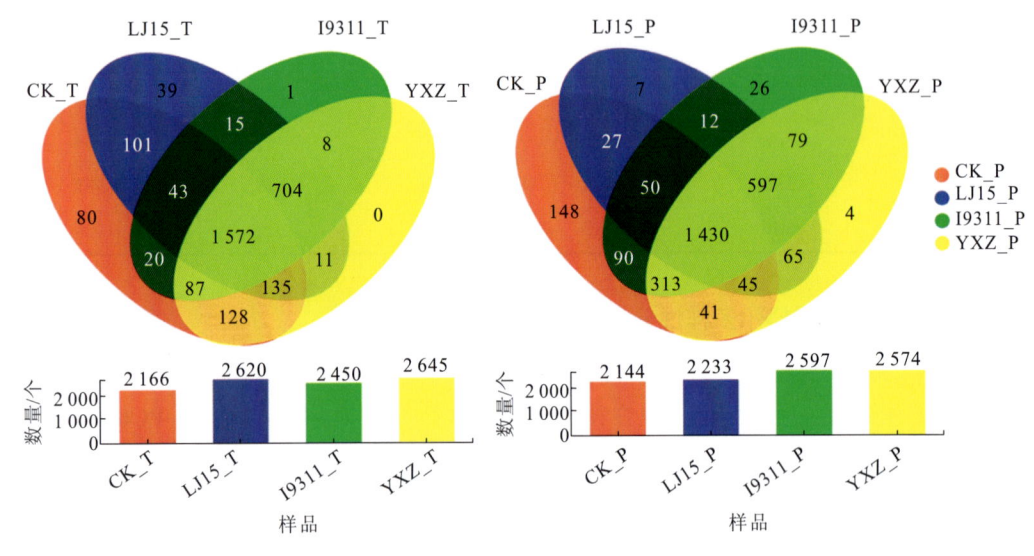

图 6.45 高低富集甲基汞水稻品种根际土壤微生物 OTU 水平维恩图

表 6.14 高低富集汞品种水稻分类水平

样品	门	纲	目	科	属	种
CK_T	39	115	241	371	643	1 173
CK_P	39	117	244	377	636	1 149
LJ15_T	40	127	259	412	706	1 226
LJ15_P	40	122	244	391	684	1 107
I9311_T	41	126	246	402	685	1 228
I9311_P	36	124	254	396	691	1 266
YXZ_T	42	129	261	419	717	1 319
YXZ_P	40	127	256	402	689	1 251

（2）群落组成分析

如图 6.46 所示，共识别出 17 个优势菌门（相对丰度>1%）。其中，变形菌门（Proteobacteria，占比 16.75%~24.73%）、厚壁菌门（Firmicutes，占比 12.95%~22.17%）、放线菌门（Actinobacteria，占比 12.68%~20.11%）、绿湾菌门（Chloroflexi，占比 8.45%~18.25%）、酸杆菌门（Acidobacteriota，占比 5.06%~14.11%）、拟杆菌门（Bacteroidota，占比 4.16%~10.39%）、黏菌门（Myxococcota，占比 2.91%~9.84%）和脱硫菌门（Desulfobacterota，占比 2.25%~9.27%）的相对丰度总和占微生物总量的 90%以上。

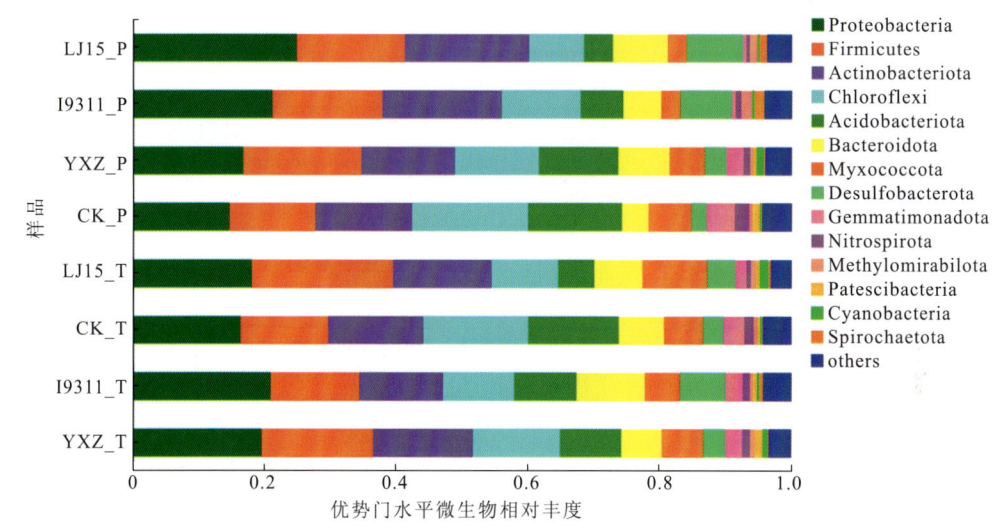

图 6.46 高低富集甲基汞水稻品种根际土壤中优势门微生物的相对丰度

在分蘖期和抽穗期，与背景土壤相比，不同品种水稻根际土壤中变形菌门、厚壁菌门和放线菌门的相对丰度均显著上升。在不同品种水稻根际土壤中，变形菌门和厚壁菌门的相对丰度由高到低依次为连粳 15>9311>洋西早>CK。值得注意的是，在汞污染土壤中，硝化菌门的相对丰度较背景土壤明显降低。前人研究发现，硝化菌门的相对丰度与土壤中的 MeHg 含量呈负相关关系，这可能与硝化菌门微生物对汞的胁迫敏感有关（Liu et al.，2010）。变形菌门和厚壁菌门中的部分微生物，如硫酸盐还原菌和铁还原菌，拥有参与汞甲基化的 *hgcA/B* 基因（Liu et al.，2018b；Gilmour et al.，2013；Parks et al.，2013）。

热图（Heatmap）是一种直观的数据可视化工具，它通过颜色的深浅变化来反映二维矩阵中的数据信息，展示了数值的大小及群落物种的组成与丰度。采用聚类分析方法评估土壤样本间微生物丰度的相似性，并将结果以群落热图的形式呈现出来。图 6.47 是基于属水平上微生物相对丰度排名前 20 的微生物种类绘制的热图，旨在分析不同样本间物种结构组成的相似性和差异性。从图中可以看出，与背景土壤相比，汞污染土壤中维西钠杆菌在目水平（Vicinamibacterales）和科水平（Vicinamibacteraceae）的相对丰度较低，这暗示了这种微生物在汞胁迫下生长受到了明显的抑制。与之不同的是，背景土壤中的拟杆菌（Bacteroidetes）和厌氧黏杆菌（*Anaeromyxobacter*）的相对丰度则较高。脱氯球菌（*Defluviicoccus*）、甲基寡菌（Methyloligellaceae）、假拉布里斯菌（*Pseudolabrys*）、梭菌（*Clostridium_sensu_stricto*）、芽孢杆菌（*Bacillus*）和产孢醋酸杆菌（*Sporacetigenium*）在汞污染土壤中的相对丰度高于背景土壤，表明它们具有一定的汞的耐受性。此外，连粳 15

根际土壤中的 *Defluviicoccus*、Methyloligellaceae、*Pseudolabrys*、*Clostridium_sensu_stricto*、*Bacillus* 和 *Sporacetigenium* 的相对丰度高于 9311 和洋西早。*Clostridium_sensu_stricto* 对汞具有抗性，其相对丰度随土壤汞含量升高而增加。这些发现进一步表明不同品种水稻和不同程度的汞污染均会对土壤微生物群落的组成、丰度和多样性产生显著影响。

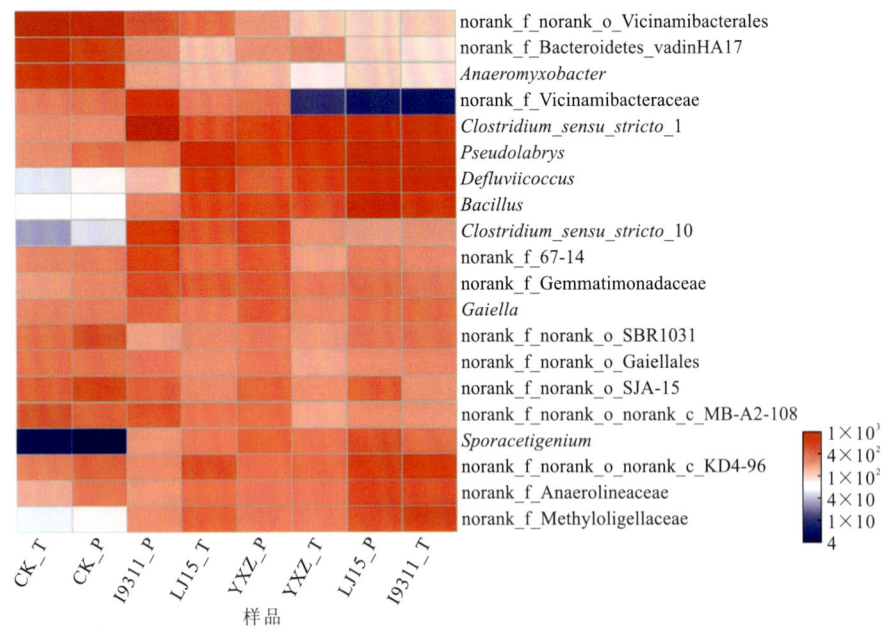

图 6.47　高低富集甲基汞水稻品种根际土壤微生物群落热图

（3）含有 *hgcA* 基因微生物分析

已知的汞甲基化微生物都拥有 *hgcA/B* 基因（Parks et al.，2013）。Liu 等（2018b，2014）利用 *hgcA* 作为特异性引物鉴定出一系列含有 *hgcA* 基因的微生物种群。参考前人发现的含 *hgcA* 基因的微生物种群，在属水平上共发现了 13 种含 *hgcA* 基因的微生物（图 6.48），它们均属于变形菌门和厚壁菌门。其中，包括醋酸弧菌（*Acetivibrio*，占比 2.94%～11.78%）、梭菌属（*Clostridium*，占比 13.96%～35.14%）、脱硫杆菌属（*Desulfitobacterium*，占比 0.38%～2.2%）、脱硫叶菌属（*Desulfobulbus*，占比 0.26%～11.63%）、脱硫念珠菌属（*Desulfomonile*，占比 0.26%～1.94%）、脱硫弯曲孢菌属（*Desulfosporosinus*，占比 0.9%～4.01%）、脱硫弧菌属（*Desulfovibrio*，占比 3.62%～21.83%）、地杆菌属（*Geobacter*，占比 24.28%～47.8%）、假拟杆菌属（*Pseudobacteroides*，占比 1.55%～3.48%）、史密斯氏互养菌属（*Smithella*，占比 0%～1.42%）、互养棍状菌属（*Syntrophorhabdus*，占比 2.58%～6.33%）、共氧菌属（*Syntrophus*，占比 0.13%～4.39%）和脱硫微菌属（*Desulfomicrobium*，占比 0.39%～9.94%）。

从图 6.48 中可以看出，不同生长期和不同品种水稻根际土壤中含 *hgcA* 基因微生物的相对丰度存在显著差异（$P<0.05$）。抽穗期土壤中含 *hgcA* 基因的相对丰度普遍高于分蘖期，这与土壤中甲基汞含量的变化趋势相一致，即抽穗期土壤的甲基汞含量高于分蘖期。特别地，连粳 15 根际土壤中 *hgcA* 基因微生物的相对丰度显著高于 9311 和洋西早，这表明连粳 15 根际土壤中可能更易发生汞的甲基化作用。因此，连粳 15 根际土壤高的甲基汞含量可能与其高的含 *hgcA* 基因微生物的相对丰度有关。需要强调的是，土壤汞

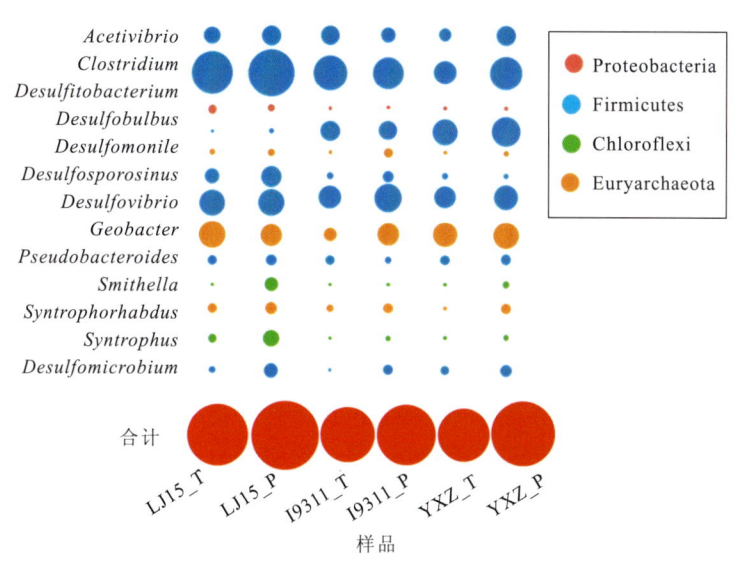

图 6.48　在属水平上含 *hgcA* 基因序列微生物的相对丰度

甲基化微生物的相对丰度受多种环境因子的影响，如有机质、总碳、总氮、总汞含量等（Liu et al.，2018b）。此外，不同品种水稻根际土壤的地球化学环境因根系分泌物和泌氧等差异而有所不同，可能也会导致根际土壤微生物群落结构与相对丰度的变化，进而对汞甲基化微生物群落产生影响。

6.5　低积累汞农作物种类筛选与农艺调控方案构建

不同种类农作物对汞的富集能力不同，筛选并种植那些低积累汞的农作物，是实现汞污染农田安全利用的重要举措。本节研究贵州典型汞矿区内广泛分布的农作物的可食用部分对汞的富集特征，旨在筛选出潜在的低积累汞的农作物。最终，结合这些低积累汞农作物的经济价值及当地土壤汞污染状况，构建适用于贵州省汞矿区的农艺调控方案，为汞矿区农作物的安全生产提供科技支撑。

6.5.1　试验设计

1. 样品采集

以贵州省铜仁市的云场坪和万山汞矿区，以及遵义市务川汞矿区为研究区域，按季节采集这些区域的农作物可食用部分及其根际土壤样品。与此同时，监测采样区域的大气汞浓度。采集的蔬菜包括鱼腥草、白菜、空心菜、生姜、韭菜、香菜、南瓜、苦瓜、番茄、丝瓜、黄瓜、豆角、茄子、辣椒、四季豆、红苋菜、卷心菜、葱、生菜、豌豆、芋头、芹菜、胡萝卜、蚕豆、大蒜和萝卜；粮食和油料作物类包括绿豆、花生、高粱、水稻、大豆、红薯、玉米和马铃薯等；瓜果类包括甜瓜、枣、梨、李子、蓝莓、核桃、桃子、橘子、葡萄、草莓和西瓜。每种作物的样本数介于 10~50。分析农作物和土壤样品的总汞含量，并用连续化学提取法分析土壤中的汞形态。

2. 农艺调控所得环境经济价值的意愿调查价值评估法

对农艺调控所产生的环境经济价值进行评估，是优化农艺调控方案的重要依据。采用意愿调查价值评估法（contingent valuation method，CVM）作为评估方法，它是一种基于调查的评估非市场物品和服务价值的方法，利用调查问卷直接引导相关物品或服务的价值，所得到的价值依赖于构建（假想或模拟）市场和调查方案所描述的物品或服务的性质（张少强，2015）。意愿调查价值评估法被普遍用于公共品的定价，公共品具有非排他性和非竞争性的特点，在现实的市场中无法给出其价格。本节中给被调查对象设定的情形是：如果您是受农作物汞超标威胁的群体中的一员，现有一份农艺调控方案，可使您通过摄食农产品途径的汞暴露量减少一半，您愿意为此付出年收入的多少？在贵州省铜仁市和贵阳市开展问卷调查，调查对象包括大学生、教师及社会人士（包括超市营业员、个体工商户等）。

6.5.2 低积累汞农作物筛选

所有土壤样品的 pH 介于 6.66~10.09，其中 pH 超过 7.5 的样本数占比达 90%。土壤总汞质量分数介于 3.06~2 920 mg/kg，平均值为 322 mg/kg，这一数值远高出我国《土壤环境质量 农用地土壤污染风险管控标准（试行）》（GB 15618—2018）。依据我国《食品安全国家标准 食品中污染物限量》（GB 2762—2022），谷物和蔬菜（以鲜重计算）中所允许的最高汞质量分数分别为 20 μg/kg 和 10 μg/kg。由于该标准中没有对油料作物和瓜果中的汞含量进行限定，所以采用谷物类汞限量标准作为粮食（非谷物类作物）和油料作物的参考依据，同时采用蔬菜汞限量标准作为瓜果类的参考依据。

如图 6.49 所示，在粮食和油料作物当中，马铃薯（鲜重）的可食用部分中汞质量分数介于 0.84~13.4 μg/kg，均低于国家食品卫生限量标准。玉米的可食用部分汞质量分数则在 1.23~36.5 μg/kg，大部分玉米样品中的汞含量低于国家标准。然而，绿豆、花生、高粱、水稻、大豆和红薯的可食用部分中总汞含量普遍超出了食品安全国家标准。在蔬菜中，大部分萝卜可食用部分的总汞含量达标，但其他蔬菜可食用部分总汞含量普遍超标。在所有蔬菜中，鱼腥草可食用部分的汞含量最高。至于瓜果类，大部分草莓、橘子和葡萄可食用部分的汞含量达标，但甜瓜、枣、梨、李子、蓝莓、核桃和桃子的可食用部分汞含量普遍超标。综上所述，尽管汞矿区土壤中的汞污染严重，但部分农作物可食用部分的汞含量依然能够达到食品安全国家标准。

农作物可食用部分汞含量与土壤汞含量的比值，即富集系数，是衡量作物对汞富集能力的重要指标。该值越小，表明作物吸收汞的能力越弱；反之，则表明作物具有较强的汞富集能力。由图 6.50 可以看出，在调查的 43 种农作物中，其可食用部分的汞富集系数相差悬殊，最高值与最低值之间差异超过 1 000 倍，这反映了不同农作物食用部分对汞的富集能力差异巨大。进一步分析发现，当土壤汞质量分数低于 10 mg/kg 时，萝卜、草莓、玉米和马铃薯的可食用部分汞含量均低于食品安全国家标准；当土壤汞质量分数低于 50 mg/kg 时，草莓、玉米和马铃薯的可食用部分汞含量依然达标；当土壤汞质量分

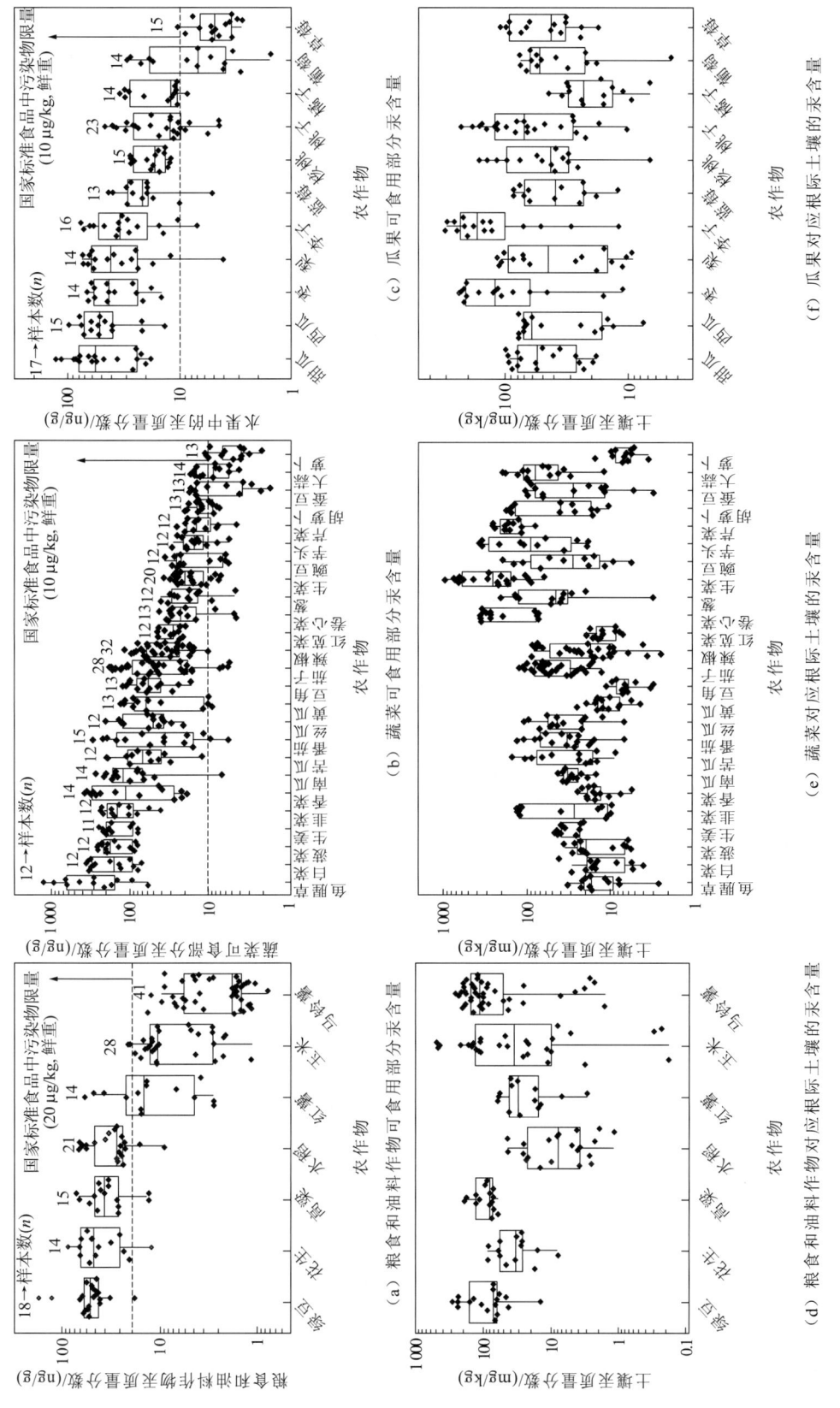

图 6.49 不同种类农作物可食用部分汞含量及对应根际土壤的汞含量

数超过 100 mg/kg 时，马铃薯的可食用部分汞含量也依然低于食品安全国家标准。基于上述发现，依据农作物可食用部分对不同汞污染水平土壤中汞富集能力的差异，制定汞矿区汞污染农田的安全利用农艺调控方案。

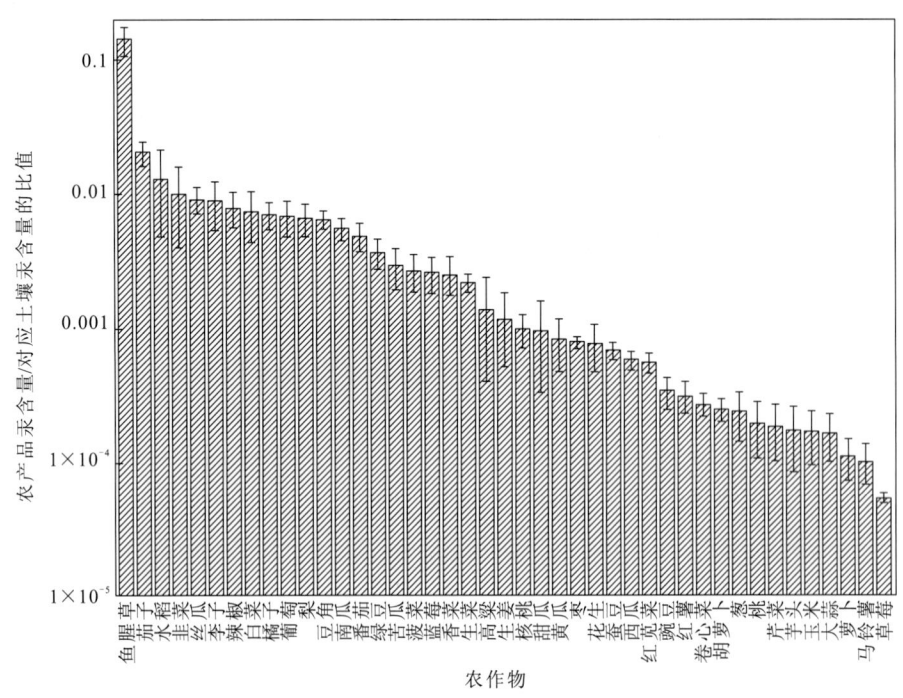

图 6.50 汞矿区农作物可食用部分汞含量/土壤汞含量的比值

6.5.3 汞污染农田农艺调控方案构建

根据农作物可食用部分和土壤汞含量的分布特征，将汞污染土壤分为 4 个等级：I 组（汞质量分数<10 mg/kg）、II 组（汞质量分数为 10~50 mg/kg）、III 组（汞质量分数为 50~100 mg/kg）和 IV 组（汞质量分数>100 mg/kg）。通过调研，估算出万山汞矿区不同汞污染水平农田的面积（表 6.15）。

表 6.15 万山汞矿区不同汞污染水平农田面积　　　　　（单位：亩）

分组	农田面积
I	19 218.3
II	21 273.0
III	11 944.6
IV	16 047.2
总计	68 483.1

在特定汞污染范围内，萝卜、草莓、玉米和马铃薯的可食用部分汞含量均未超出国家食品卫生标准，因此，这些作物被视为潜在的低积累汞农作物。基于此，提出依据土壤汞污染水平科学安排种植上述作物的方案，旨在降低农作物可食用部分的汞含量，确保汞污

染农田的安全生产。具体方案为：在 I 组污染区域种植萝卜、草莓、玉米和马铃薯；在 II 组污染区域种植草莓、玉米和马铃薯；在 III 组污染区域仅种植马铃薯。至于 IV 组高污染区域，由于目前尚未发现可安全种植的农产品种类，建议在汞污染风险得到有效控制之前，避免在该区域种植农作物，并考虑实施工程修复或退耕还林等生态恢复措施。

以 2014 年万山汞矿区为例，估算农艺调控实施前后对该区域农业产值的影响。2014 年，铜仁市万山区总人口为 19 316 人。农作物播种面积达 68 490 亩，其中涵盖了水稻、玉米、大豆、马铃薯、花生、瓜果和蔬菜等多种作物。铜仁市万山区当年的农业总产值约为 17 008.6 万元，与《万山年鉴》（2014~2015 年）中报道的 16 811 万元接近。农艺调控方案实施前的具体农业总产值详见表 6.16。

表 6.16 调控前万山汞矿区的农业总产值核算表

农产品种类	播种面积/亩	单产/(kg/亩)	总产量/t	市价/(元/kg)	总产值/万元
水稻	12 900	432	5 572.8	3.1	1 727.6
玉米	8 250	227	1 872.8	2.2	412.0
大豆	2 505	88	220.4	4.8	105.8
马铃薯	11 400	216	2 462.4	3.9	566.4
花生	12 150	200	2 430.0	5.4	1 312.2
蔬菜	18 315	1 199	21 959.7	4.1	9 003.5
水果	2 970	1 500	4 461.0	8.7	3 881.1
总计	68 490				17 008.6

注：各类农产品的播种面积、单产和总产量的数据来源于《万山年鉴》（2014~2015 年）；农产品价格引自中国粮油信息网；蔬菜的平均价格在单种蔬菜价格的基础上，以各类蔬菜采样数占总采样数中的比重，进行加权平均

表 6.17 列出了萝卜、草莓、玉米和马铃薯等低积累汞农作物单位面积的产值。基于这些农作物的产值数据及它们在不同汞污染水平农田上的适宜种植面积，设计两种农作物种植方案——最小收益农艺调控方案和最大收益农艺调控方案（表 6.18 和表 6.19）。在最小收益种植方案中，建议在汞污染程度较低的 I 组和 II 组农田种植玉米，而在污染稍重的 III 组农田种植马铃薯。而在最大收益农艺调控方案中，则建议在 I 组和 II 组农田种植高收益的草莓，而在 III 组农田继续种植马铃薯。假设萝卜、草莓、玉米和马铃薯的市场单价保持不变，且出于环境风险安全考虑，IV 组污染农田将停耕，如果将本小节提出的农艺调控方案应用于万山汞矿区，预计万山区的农业总产值将在 3 965.5 万~117 907.9 万元浮动。与调控前的农业总产值（17 008.6 万元）相比，实施农艺调控方案对提升万山区农业总产值具有一定的潜力。

表 6.17 低积累汞的农作物单位面积农产品产值

农作物	单产/(kg/亩)	市价/(元/kg)	单位面积产值/(万元/亩)
萝卜	2 500	2.2	0.55
草莓	1 000	20	2.0
玉米	227	2.2	0.050
马铃薯	216	3.9	0.084

表 6.18 最小收益农艺调控方案

农作物	播种面积/亩	单产/(kg/亩)	总产量/t	市价/(元/kg)	总产值/万元
玉米	58 435.3	227	13 264.8	2.2	2 918.2
马铃薯	12 314.5	216	2 659.8	3.9	1 037.3
总计					3 955.5

表 6.19 最大收益农艺调控方案

农作物	播种面积/亩	单产/(kg/亩)	总产量/t	市价/(元/kg)	总产值/万元
草莓	58 435.3	1 000	58 435.3	20.0	116 870.6
马铃薯	12 314.5	216	2 659.8	3.9	1 037.3
总计					117 907.9

参 考 文 献

章明奎, 符娟林, 顾国平, 等, 2006. 长三角和珠三角土壤中汞的化学形态、转化和吸附特性. 安全与环境学报, 2: 1-5.

张少强, 2015. 基于意愿调查价值评估法的居民对自然保护区环境支付意愿研究: 以白石砬子国家级自然保护区为例. 山东林业科技, 45(2): 69-71.

Azaroff A, Urriza M G, Gassie C, et al., 2020. Marine mercury-methylating microbial communities from coastal to Capbreton Canyon sediments (North Atlantic Ocean). Environmental Pollution, 262: 114333.

Bravo A G, Bouchet S, Tolu J, et al., 2017. Molecular composition of organic matter controlsmethylmercury formation in boreal lakes. Nature Communation, 8: 14255.

Bravo A G, Cosio C, 2020. Biotic formation of methylmercury: a bio-physico-chemical conundrum. Limnology and Oceanography, 65(5): 1010-1027.

Chandler L, Harford A J, Hose G C, et al., 2021. Saline mine-water alters the structure and function of prokaryote communities in shallow groundwater below a tropical stream. Environmental Pollution, 284: 117318.

Chen J, Yang Z M, 2012. Mercury toxicity, molecular response and tolerance in higher plants. Biometals, 25(5): 847-857.

Cobbett C S, 2000. Phytochelatin biosynthesis and function in heavy-metal detoxification. Current Opinion in Plant Biology, 3(3): 211-216.

Enebe M C, Babalola O O, 2021. The influence of soil fertilization on the distribution and diversity of phosphorus cycling genes and microbes community of maize rhizosphere using shotgun metagenomics. Genes, 12(7): 1022.

Foyer C H, Theodoulou F L, Delrot S, 2001. The functions of inter- and intracellular glutathione transport systems in plants. Trends in Plant Science, 6(10): 486-492.

Frohne T, Rinklebe J, Langer U, et al., 2012. Biogeochemical factors affecting mercury methylation rate in two contaminated floodplain soils. Biogeosciences, 9(1): 493-507.

Gilmour C C, Podar M, Bullock A L, et al., 2013. Mercury methylation by novel microorganisms from new environments. Environmental Science & Technology, 47(20): 11810-11820.

Horemans N, Foyer C H, Potters G, et al., 2000. Ascorbate function and associated transport systems in plants. Plant Physiology and Biochemistry, 38(7/8): 531-540.

Huang B, Wang M, Yan L X, et al., 2011. Accumulation, transfer, and environmental risk of soil mercury in a rapidly industrializing region of the Yangtze River Delta, China. Journal of Soils and Sediments, 11: 607-618.

Jozefczak M, Remans T, Vangronsveld J, et al., 2012. Glutathione is a key player in metal-induced oxidative stress defenses. International Journal of Molecular Sciences, 13(3): 3145-3175.

Li T Q, Di Z Z, Islam E, et al., 2011. Rhizosphere characteristics of zinc hyperaccumulator *Sedum alfredii* involved in zinc accumulation. Journal of Hazardous Materials, 185(2/3): 818-823.

Ling N, WangT T, Kuzyakov Y, 2022. Rhizosphere bacteriome structure and functions. Nature Communications, 13(1): 836.

Liu C X, Hao F H, Hu J, et al., 2010. Revealing different systems responses to brown planthopper infestation for pest susceptible and resistant rice plants with the combined metabonomic and gene-expression analysis. Journal of Proteome Research, 9(12): 6774-6785.

Liu J L, Wang J X, Ning Y Q, et al., 2019. Methylmercury production in a paddy soil and its uptake by rice plants as affected by different geochemical mercury pools. Environment International, 129: 461-469.

Liu X, Ma A Z, Zhuang G Q, et al., 2018a. Diversity of microbial communities potentially involved in mercury methylation in rice paddies surrounding typical mercury mining areas in China. Microbiologyopen, 7(4): e00577.

Liu Y R, Johs A, Bi L, et al., 2018b. Unraveling microbial communities associated with methylmercury production in paddy soils. Environmental Science & Technology, 52(22): 13110-13118.

Liu Y R, Yu R Q, Zheng Y M, et al., 2014. Analysis of the microbial community structure by monitoring an Hg methylation gene (HgCa) in paddy soils along an Hggradient. Applied and Environmental Microbiology, 80(9): 2874-2879.

Mei X Q, Ye Z H, Wong M H, 2009. The relationship of root porosity and radial oxygen loss on arsenic tolerance and uptake in rice grains and straw. Environmental Pollution, 157(8/9): 2550-2557.

Mikula K, Izydorczyk G, Skrzypczak D, et al., 2020. Controlled release micronutrient fertilizers for precision agriculture: a review. Science of the Total Environment, 712: 136365.

Millán R, Gamarra R, Schmid T, et al., 2006. Mercury content in vegetation and soils of the Almadén mining area (Spain). Science of the Total Environment, 368(1):79-87.

Mishra P, Bhoomika K, Dubey R S, 2013. Differential responses of antioxidative defense system to prolonged salinity stress in salt-tolerant and salt-sensitive Indica rice (*Oryza sativa* L.) seedlings. Protoplasma, 250(1): 3-19.

Natasha, Shahid M, Khalid S, et al., 2020. A critical review of mercury speciation, bioavailability, toxicity and detoxification in soil-plant environment: ecotoxicology and health risk assessment. Science of the Total Environment, 711: 134749.

Pandey P, Srivastava R K, Rajpoot R, et al., 2016. Water deficit and aluminum interactive effects on generation of reactive oxygen species and responses of antioxidative enzymes in the seedlings of two rice cultivars differing in stress tolerance. Environmental Science and Pollution Research, 23(2): 1516-1528.

Parks J M, Johs A, Podar M, et al., 2013. The genetic basis for bacterial mercury methylation. Science, 339(6125): 1332-1335.

Peng X Y, Liu F J, Wang W X, et al., 2012. Reducing total mercury and methylmercury accumulation in rice grains through water management and deliberate selection of rice cultivars. Environmental Pollution, 162: 202-208.

Podar M, Gilmour C C, Brandt C C, et al., 2015. Global prevalence and distribution of genes and microorganisms involved in mercury methylation. Science Advances, 1(9): e1500675.

Rothenberg S E, Windham-Myers L, Creswell J E, 2014. Rice methylmercury exposure and mitigation: a comprehensive review. Environmental Research, 133: 407-423.

Seth C S, 2012. A review on mechanisms of plant tolerance and role of transgenic plants in environmental clean-up. Botanical Review, 78(1): 32-62.

Shi G X, Xu Q S, Xie K B, et al., 2003. Physiology and ultrastructure of Azolla imbricata as affected by Hg^{2+} and Cd^{2+} toxicity. Acta Botanica Sinica, 45(4): 437-444.

Song Y F, Cui J, Zhang H X, et al., 2013. Proteomic analysis of copper stress responses in the roots of two rice (*Oryza sativa* L.) varieties differing in Cu tolerance. Plant and Soil, 366(1): 647-658.

Ullrich S M, Tanton T W, Abdrashitova S A, 2001. Mercury in the aquatic environment: a review of factors affecting methylation. Critical Reviews in Environmental Science and Technology, 31(3): 241-293.

Vishnivetskaya T A, Hu H, van Nostrand J D, et al., 2018. Microbial community structure with trends in methylation gene diversity and abundance in mercury-contaminated rice paddy soils in Guizhou, China. Environmental Science-Processes & Impacts, 20(4): 673-685.

Wang J Q, Shi X Z, Zheng C Y, et al., 2020. Different responses of soil bacterial and fungal communities to nitrogen deposition in a subtropical forest. Science of the Total Environment, 755(Pt 1): 142449.

Wang J X, Shaheen S M, Jing M, et al., 2021. Mobilization, methylation, and demethylation of mercury in a paddy soil under systematic redox changes. Environmental Science & Technology, 55(14): 10133-10141.

Xiang H F, Banin A, 1996. Solid-phase manganese fractionation changes in saturated arid-zone soils: pathways and kinetics. Soil Science Society of America Journal, 60: 1072-1080.

Yin D L, Zhou X, He T R, et al., 2022. Remediation of mercury-polluted farmland soils: a review. Bulletin of Environmental Contamination and Toxicology, 109: 661-670.

Zhang M M, Liang G Y, Ren S, et al., 2023. Responses of soil microbial community structure, potential ecological functions, and soil physicochemical properties to different cultivation patterns in cucumber. Geoderma, 429: 116237.